卓越工程师培养计划

·EDA·

http://www.phei.com.cn

周润景 李 楠 编著

基于PROTEUS的
电路设计、仿真
与制板（第2版）

U0281050

电子工业出版社

Publishing House of Electronics Industry

北京·BEIJING

内 容 简 介

本书基于 PROTEUS 8.5 SP0 版本软件,以软件的实际操作过程为写作次序,以丰富的实例贯穿全书进行全面的讲解,包括 PROTEUS 软件原理图绘制的操作、可视化设计、模拟电路和数字电路的分析方法、单片机电路的软/硬件调试技术、微机原理、DSP 电路设计和分析方法、PCB 设计方法。本书面向实际、图文并茂、内容详细具体、通俗易懂、层次分明、易于掌握,可以为电子产品研发、电路系统教学,以及课程设计、毕业设计和电子设计竞赛等提供很大的帮助。

本书适合从事电子设计的工程技术人员阅读,也可以作为高等院校相关专业的教学用书。

图书在版编目(CIP)数据

基于 PROTEUS 的电路设计、仿真与制板/周润景,李楠编著 . —2 版 . —北京:电子工业出版社,2018.1
(卓越工程师培养计划)
ISBN 978-7-121-33261-6

Ⅰ . ①基… Ⅱ . ①周… ②李… Ⅲ . ①电子电路-计算机辅助设计-应用软件 Ⅳ . ①TN702

中国版本图书馆 CIP 数据核字(2017)第 306167 号

策划编辑:张 剑(zhang@ phei. com. cn)
责任编辑:刘真平
印 刷:涿州市般润文化传播有限公司
装 订:涿州市般润文化传播有限公司
出版发行:电子工业出版社
　　　　　北京市海淀区万寿路 173 信箱 邮编 100036
开 本:787×1 092 1/16 印张:25.75 字数:659.2 千字
版 次:2013 年 8 月第 1 版
　　　　2018 年 1 月第 2 版
印 次:2022 年 7 月第 9 次印刷
定 价:78.00 元

凡所购买电子工业出版社图书有缺损问题,请向购买书店调换。若书店售缺,请与本社发行部联系,联系及邮购电话:(010) 88254888。

质量投诉请发邮件至 zlts@ phei. com. cn,盗版侵权举报请发邮件至 dbqq@ phei. com. cn。

本书咨询服务方式:zhang@ phei. com. cn

前　言

随着电子技术的飞速发展，电子设计的方式也在不断进步。PROTEUS 虚拟开发仿真平台是一款可以实现数字电路、模拟电路、微控制器系统仿真以及 PCB 设计等功能的 EDA 软件。电路的软、硬件的设计与调试都是在计算机虚拟环境下进行的。基于这一设计思想开发的 PROTEUS 软件，可以在原理图设计阶段对所设计的电路进行验证，并可以通过改变元器件参数使整个电路性能达到最优化。这样就避免了传统电子电路设计中方案更换带来的多次重复购买元器件及制板的麻烦，可以节省很多时间和经费，也提高了设计的效率和质量。

PROTEUS 软件集强大的功能与简易的操作于一体，成为嵌入式系统领域技术最先进的开发工具。PROTEUS 软件提供了 30 多个元件库、上万个元器件。元件涉及电阻、电容、二极管、晶体管、MOS 管、变压器、继电器、放大器、激励源、微控制器、逻辑电路和仪表等。在 PROTEUS 软件中提供的仪表有交直流电压表、交直流电流表、逻辑分析仪、定时器/计数器、液晶屏、LED、按钮、键盘等外设，同时支持图形化的分析功能，具有直流工作点、瞬态特性、交直流参数扫描、频率特性、傅里叶分析、失真分析、噪声分析等分析功能，并可将仿真曲线绘制到图表中。

本书是基于 PROTEUS 8.5 SP0 版本的软件，通过实例讲解 PROTEUS 软件的操作，包括原理图输入、可视化设计、电路仿真、软件调试及系统协同仿真等。

本书共 16 章，其主要内容如下所述。

第 1 章：介绍 ROTEUS 原理图编辑环境及 PROTEUS ISIS 软件的菜单栏、工具栏及编辑窗口导航。

第 2 章：介绍原理图的设计方法及步骤，其中包括查找、放置元件，原理图连线，以及一些批量操作等。

第 3 章：介绍 PROTEUS VSM 的分析设置，包括激励源、仿真图表和虚拟仪器的使用方法。

第 4 章：介绍模拟电路设计实例——音频功率放大器的设计，主要包括直流电源、放大电路、功率放大器的设计及分析等。

第 5 章：介绍利用 PROTEUS 软件进行仿真的多个数字电路设计实例，包括 110 序列检测器、RAM 存储器、竞赛抢答器等。

第 6 章：介绍单片机的设计与仿真实例，包括信号发生器的设计、直流电动机控制、步进电动机控制，以及温度传感器与 LCD 液晶显示屏的应用等，还包括源代码的编辑、目标代码的生成、第三方编辑器和第三方 IDE 的使用、单片机系统的调试及系统仿真等基础知识。

第 7 章：介绍微机原理设计与仿真实例，其中包括 8253 定时器/计数器的设计，基于 8279 键盘显示控制器的设计。

第 8 章：介绍 DSP 的设计与仿真实例，其中包括基于 TMS320F28027 的 I^2C 总线读/写设计、PID 温度控制器的设计。

第 9 章：介绍基于 Arduino 的可视化设计，其中包括 Arduino 工程可视化设计的流程，为了让读者更深入地了解，还增加了两个设计实例帮助读者更快地掌握设计方法。

第 10 章：介绍 PCB 设计的编辑环境、菜单栏、工具栏和编辑窗口导航，以及 PCB 设计流程等。

第 11 章：介绍元器件的创建操作，根据元器件的不同类别，介绍各类元器件的制作过程，不仅包括器件原理图符号的创建，还包括仿真模型的设计。

第 12 章：介绍元器件的封装过程，不仅介绍焊盘的分类、制作，同时还举例说明各种器件的封装过程。

第 13 章：介绍绘制 PCB 时的参数设置，不仅包括板层的参数及其他参数设置，还包括一些可以方便操作和简化绘制的批量操作。

第 14 章：介绍 PCB 设计的布局，包括布局规则并结合实例进行细化讲解。

第 15 章：介绍 PCB 布线，包括布线规则及注意事项，并结合实例讲解各种布线方法。

第 16 章：介绍 PCB 后续处理及光绘文件的生成，包括铺铜及其他一些光绘文件的生成操作。

本书由周润景、李楠编著。参加本书编写的还有刘艳珍、李志、井探亮、陈萌、邢婧、崔婧、任自鑫、李艳、冯震、邵盟、邵绪晨、南志贤和刘波。

为便于读者阅读、学习，特提供本书范例的下载资源，请访问 http://yydz.phei.com.cn 网站，到"资源下载"栏目下载。

本书在编写过程中得到了很多人的支持和帮助。书中参考了一些 PROTEUS 设计的相关书籍及 PCB 设计书籍，除此之外，还参考了网上一些不知名网友的资料，在此表示衷心的感谢。由于作者的水平有限，编写书稿时间仓促，书中难免存在不妥、遗漏甚至错误，敬请广大读者批评指正。

编著者

目　录

第 1 章　PROTEUS 概述 ·· 1

1.1　PROTEUS ISIS 及 ARES 概述 ·································· 1

1.2　PROTEUS ISIS 编辑环境 ·· 2

1.3　PROTEUS ISIS 菜单栏介绍 ······································ 5

1.4　编辑窗口显示导航 ·· 8

1.5　编辑窗口的设置 ··· 9

1.6　本章小结 ··· 15

第 2 章　PROTEUS ISIS 原理图设计 ······························· 16

2.1　PROTEUS ISIS 原理图输入流程 ······························ 16

2.2　原理图设计方法与步骤 ·· 17

2.3　PROTEUS ISIS 编辑窗口连接端子 ···························· 33

2.4　本章小结 ··· 35

第 3 章　PROTEUS VSM 的分析设置 ······························· 36

3.1　PROTEUS ISIS 激励源 ·· 36

3.2　基于图表的分析 ··· 54

3.3　虚拟仪器 ··· 74

3.3.1　虚拟示波器（Oscilloscope） ······························ 75

3.3.2　逻辑分析仪（Logic Analyser） ··························· 77

3.3.3　计数器/定时器（Counter Timer） ······················ 78

3.3.4　虚拟终端（Virtual Terminal） ··························· 80

3.3.5　SPI 调试器（SPI Debugger） ···························· 83

3.3.6　I^2C 调试器（I^2C Debugger） ···························· 85

3.3.7　信号发生器（Signal Generator） ······················· 86

3.3.8　模式发生器（Pattern Generator） ······················ 87

3.3.9　电压表和电流表（AC/DC Voltmeter/Ammeter） ······ 94

3.3.10　功率表（WATTMETER） ································· 94

3.4　探针 ·· 95

3.5　本章小结 ··· 97

第 4 章　模拟电路设计实例——音频功率放大器的设计 ··········· 98

4.1　音频功率放大器简介 ··· 98

4.2　直流稳压源设计 ··· 99

4.2.1　原理分析与设计 ··· 99

4.2.2　计算机仿真分析 ·· 100

4.3　音调控制电路 ··· 103

　　　　4.3.1　原理分析与设计 ································· 104
　　　　4.3.2　计算机辅助设计与分析 ······················· 106
　　4.4　工频陷波器 ·· 110
　　　　4.4.1　原理分析与设计 ································· 110
　　　　4.4.2　计算机仿真分析 ································· 111
　　4.5　前级放大电路 ··· 116
　　　　4.5.1　原理分析与设计 ································· 116
　　　　4.5.2　计算机仿真分析 ································· 117
　　4.6　功率放大电路 ··· 118
　　　　4.6.1　原理分析与设计 ································· 118
　　　　4.6.2　计算机仿真分析 ································· 119
　　4.7　电路整体的协调及仿真 ································· 122
　　　　4.7.1　带通滤波器的加入 ······························ 123
　　　　4.7.2　计算机辅助设计与分析 ······················· 124
　　　　4.7.3　电路整体的计算机仿真分析与验证 ·········· 125
　　4.8　本章小结 ·· 127

第5章　数字电路设计实例 ······························· 128
　　5.1　110 序列检测器电路分析 ····························· 128
　　　　5.1.1　设计原理及过程 ································· 128
　　　　5.1.2　系统仿真 ·· 131
　　5.2　RAM 存储器电路分析 ·································· 132
　　　　5.2.1　设计原理及过程 ································· 132
　　　　5.2.2　系统仿真 ·· 134
　　5.3　竞赛抢答器电路分析——数字单周期脉冲信号源与数字分析 ··· 138
　　　　5.3.1　设计原理及过程 ································· 138
　　　　5.3.2　系统仿真 ·· 142
　　　　5.3.3　利用灌电流和或非门设计竞赛抢答器电路 ··· 145
　　5.4　本章小结 ·· 148

第6章　单片机设计实例 ································· 149
　　6.1　信号发生器的设计 ····································· 149
　　　　6.1.1　设计原理 ·· 149
　　　　6.1.2　汇编语言程序设计流程 ······················· 153
　　　　6.1.3　汇编语言程序源代码 ·························· 154
　　　　6.1.4　C 语言程序源代码 ····························· 158
　　　　6.1.5　系统仿真 ·· 161
　　6.2　直流电动机控制模块设计 ····························· 162
　　　　6.2.1　设计原理 ·· 163
　　　　6.2.2　汇编语言程序设计流程 ······················· 166
　　　　6.2.3　汇编语言程序源代码 ·························· 166
　　　　6.2.4　基础操作 ·· 167

　　　6.2.5　电路调试与仿真 ··· 169

　　　6.2.6　利用输出的 PWM 波对控制转速进行仿真 ····················· 180

　6.3　步进电动机控制模块设计 ··· 182

　　　6.3.1　设计原理 ··· 183

　　　6.3.2　汇编语言程序设计流程 ·· 185

　　　6.3.3　汇编语言程序源代码 ··· 186

　　　6.3.4　系统调试及仿真 ··· 187

　6.4　温度采集与显示控制模块的设计 ·· 190

　　　6.4.1　设计原理 ··· 191

　　　6.4.2　程序设计流程 ·· 195

　　　6.4.3　C 语言程序源代码（整体程序代码）·································· 197

　　　6.4.4　系统调试及仿真 ··· 203

　6.5　将 PROTEUS 与 Keil 联调 ··· 205

　　　6.5.1　Keil 的 μVision3 集成开发环境的使用 ······························ 206

　　　6.5.2　进行 PROTEUS 与 Keil 的整合 ······································· 217

　　　6.5.3　进行 PROTEUS 与 Keil 的联调 ······································· 218

　6.6　PROTEUS 与 IAR EMBEDDED WORKBENCH 的联调应用 ········· 223

　　　6.6.1　IAR EMBEDDED WORKBENCH 开发环境的使用 ··············· 225

　　　6.6.2　IAR for 8051 与 PROTEUS 的联调 ·································· 234

　6.7　本章小结 ··· 237

第 7 章　微机原理设计实例 ·· 239

　7.1　8253 定时/计数器 ·· 239

　　　7.1.1　设计原理 ··· 239

　　　7.1.2　硬件设计 ··· 244

　　　7.1.3　软件实现 ··· 246

　　　7.1.4　系统仿真 ··· 246

　7.2　基于 8279 键盘显示控制器的设计 ·· 248

　　　7.2.1　设计原理 ··· 249

　　　7.2.2　硬件设计 ··· 251

　　　7.2.3　软件实现 ··· 253

　　　7.2.4　系统仿真 ··· 257

　7.3　本章小结 ··· 259

第 8 章　DSP 设计实例 ·· 260

　8.1　基于 TMS320F28027 的 I^2C 总线读/写设计 ····························· 260

　　　8.1.1　设计原理 ··· 260

　　　8.1.2　硬件设计 ··· 264

　　　8.1.3　软件设计 ··· 264

　　　8.1.4　系统仿真 ··· 267

　8.2　PID 温度控制器的设计 ·· 269

　　　8.2.1　设计原理 ··· 269

8.2.2　硬件设计 ·· 270

8.2.3　软件设计 ·· 272

8.2.4　系统仿真 ·· 277

8.3　本章小结 ·· 278

第9章　基于 Arduino 的可视化设计 ·· 279

9.1　可视化设计简介 ··· 279

9.2　Arduino 工程可视化设计流程 ·· 282

9.2.1　PROTEUS Visual Designer 编辑环境简介 ··························· 283

9.2.2　Arduino 工程可视化设计流程 ··· 287

9.3　基于可视化设计的数控稳压电源的设计与开发 ································ 292

9.3.1　数控稳压电源的设计任务 ·· 292

9.3.2　数控稳压电源系统方案 ··· 292

9.3.3　硬件系统与软件设计的可视化呼应 ··································· 293

9.4　本章小结 ·· 299

第10章　PCB 设计简介 ·· 301

10.1　PROTEUS ARES 编辑环境 ··· 301

10.1.1　PROTEUS ARES 菜单栏介绍 ·· 302

10.1.2　PROTEUS ARES 工具箱 ··· 303

10.1.3　印制电路板（PCB）设计流程 ······································· 304

10.2　PCB 板层结构介绍 ·· 305

10.3　本章小结 ·· 305

第11章　创建元器件 ·· 306

11.1　概述 ·· 306

11.1.1　Proteus 元器件类型 ·· 306

11.1.2　定制自己的元器件 ·· 307

11.1.3　制作元器件命令、按钮介绍 ·· 307

11.1.4　原理图介绍 ··· 307

11.2　制作元器件模型 ··· 308

11.2.1　制作单一元器件 ··· 308

11.2.2　制作同类多组件元器件 ·· 320

11.2.3　把库中元器件改成 .bus 接口的元器件 ······························ 326

11.2.4　制作模块元件 ·· 330

11.3　检查元件的封装属性 ··· 333

11.4　完善原理图 ··· 334

11.5　原理图的后续处理 ·· 335

11.6　本章小结 ·· 336

第12章　元器件封装的制作 ··· 337

12.1　基本概念 ·· 337

12.1.1　元器件封装的具体形式 ·· 337

12.1.2　元器件封装的命名 ·· 338

　　12.1.3　焊盘简介 ……………………………………………………… 338

　　12.1.4　与封装有关的其他对象 ………………………………………… 343

　　12.1.5　设计单位说明 ………………………………………………… 343

　12.2　元器件的封装 …………………………………………………………… 343

　　12.2.1　插入式元器件封装 ……………………………………………… 344

　　12.2.2　贴片式（SMT）元器件封装的制作 …………………………… 352

　　12.2.3　指定元器件封装 ………………………………………………… 356

　12.3　本章小结 ………………………………………………………………… 358

第13章　PCB设计参数设置 ……………………………………………………… 359

　13.1　设置电路板的工作层 …………………………………………………… 359

　13.2　栅格设置 ………………………………………………………………… 361

　13.3　路径设置 ………………………………………………………………… 362

　13.4　批量操作设置 …………………………………………………………… 362

　13.5　编辑环境设置 …………………………………………………………… 364

　13.6　本章小结 ………………………………………………………………… 365

第14章　PCB布局 ………………………………………………………………… 366

　14.1　布局应遵守的原则 ……………………………………………………… 366

　14.2　自动布局 ………………………………………………………………… 367

　14.3　手工布局 ………………………………………………………………… 369

　14.4　调整文字 ………………………………………………………………… 372

　14.5　本章小结 ………………………………………………………………… 373

第15章　PCB布线 ………………………………………………………………… 374

　15.1　布线的基本规则 ………………………………………………………… 374

　15.2　设置约束规则 …………………………………………………………… 375

　15.3　手动布线及自动布线 …………………………………………………… 376

　　15.3.1　手动布线 ………………………………………………………… 377

　　15.3.2　自动布线 ………………………………………………………… 379

　　15.3.3　交互式布线 ……………………………………………………… 382

　　15.3.4　手动布线与自动布线相结合 …………………………………… 384

　15.4　本章小结 ………………………………………………………………… 389

第16章　PCB后续处理及光绘文件生成 ……………………………………… 391

　16.1　铺铜 ……………………………………………………………………… 391

　　16.1.1　底层铺铜 ………………………………………………………… 391

　　16.1.2　顶层铺铜 ………………………………………………………… 392

　16.2　输出光绘文件 …………………………………………………………… 393

　　16.2.1　输出光绘文件为RS-274-X形式 ……………………………… 394

　　16.2.2　输出光绘文件为Gerber X2形式 ……………………………… 399

　16.3　本章小结 ………………………………………………………………… 400

参考文献 ……………………………………………………………………………… 401

第1章 PROTEUS 概述

PROTEUS 软件是由英国 Labcenter Electronics 公司开发的包括单片机、嵌入式系统在内的 EDA 工具软件，由 ISIS 和 ARES 两个软件构成，其中 ISIS 是一款便捷的电子系统仿真平台软件，ARES 是一款高级的布线编辑软件，它集成了高级原理布图、混合模式 SPICE 电路仿真、PCB 设计及自动布线来实现一个完整的电子设计。

 ## 1.1 PROTEUS ISIS 及 ARES 概述

1. PROTEUS ISIS 概述

通过 PROTEUS ISIS 软件的 VSM（虚拟仿真技术），用户可以对模拟电路、数字电路、模数混合电路，以及基于微控制器的系统连同所有外围接口电子器件一起仿真。

PROTEUS VSM 有两种截然不同的仿真方式，即交互式仿真和基于图表的仿真。其中交互式仿真可实时观测电路的输出，因此可用于检验设计的电路是否能正常工作；而基于图表的仿真能够在仿真过程中放大一些特别的部分，进行一些细节上的分析，因此基于图表的仿真可用于研究电路的工作状态和进行细节的测量。

PROTEUS 软件的模拟仿真直接兼容厂商的 SPICE（模型仿真）模型，采用扩充了的 SPICE3F5 电路仿真模型，能够记录基于图表的频率特性、直流电的传输特性、参数的扫描、噪声的分析、傅里叶分析等，具有超过 8000 种的电路仿真模型。

PROTEUS 软件的数字仿真支持 JDEC 文件的物理器件仿真，有全系列的 TTL 和 CMOS 数字电路仿真模型，同时一致性分析易于系统的自动测试。PROTEUS 软件支持许多通用的微控制器，如 PIC、AVR、HC11 及 8051；包含强大的调试工具，可对寄存器、存储器实时监测；具有断点调试功能及单步调试功能；可对显示器、按钮、键盘等外设进行交互可视化仿真。此外，PROTEUS 可对 IAR C-SPY、Keil μVision3 等开发工具的源程序进行调试，可与 Keil、IAR 实现联调。

对于 PROTEUS ISIS 设计，PROTEUS 8.5 中的新增技术包括：

☺ 增加了基于 Arduino 的可视化设计；

☺ 在原理图绘制时增加了一些批量操作，比如批量对齐、批量编辑器件属性等。

2. PROTEUS ARES 概述

PROTEUS ARES PCB 的设计采用了原 32 位数据库的高性能 PCB 设计系统，以及高性能的自动布局和自动布线算法；支持多达 16 个布线层、2 个丝网印刷层、4 个机械层，加上线路板边界层、布线禁止层、阻焊层，可以在任意角度放置元件和焊盘连线；支持光绘文件的生成；具有自动的门交换功能；集成了高度智能的布线算法；有超过 1000 个标准的元件引脚封装；支持输出各种 Windows 设备；可以导出其他线路板设计工具的文件格式；能自动插入最近打开的文档；元件可以自动放置。

对于 PROTEUS ARES 设计，PROTEUS 8.5 中的新增技术包括：

☺在 PCB 设计时，可以实现曲线布线；

☺在 PCB 绘制时，增加了一些批量操作，比如批量对齐、批量编辑器件属性等；

☺在 PCB 输出光绘文件时，增加了 Gerter X2 形式。

1.2　PROTEUS ISIS 编辑环境

PROTEUS 电路设计是在 PROTEUS ISIS 环境中进行绘制的。PROTEUS ISIS 编辑环境具有友好的人机交互界面，而且设计功能强大，使用方便，易于上手。

PROTEUS ISIS 可运行于 Windows PE/2000/XP/7 及更高操作系统，其对 PC 的配置要求不高，一般的配置就能满足要求。

单击"开始"菜单，选择"Proteus 8 Professional"程序，在出现的子菜单中选择"Proteus 8 Professional"选项，如图 1-1 所示，系统启动界面如图 1-2 所示。

图 1-1　选择"Proteus 8 Professional"选项　　　　图 1-2　PROTEUS ISIS 启动界面

创建新项目，如图 1-3 所示。

图 1-3　PROTEUS ISIS 创建新项目

在向导的第一页指定一个项目名称和保存路径，如图 1-4 所示。

图 1-4　指定项目名称和保存路径

选择默认的原理图设计模板，如图 1-5 所示。

单击"Next"按钮，同样，我们需要一个便于检查的 PCB 的布局页面，选择默认的模板，如图 1-6 所示。

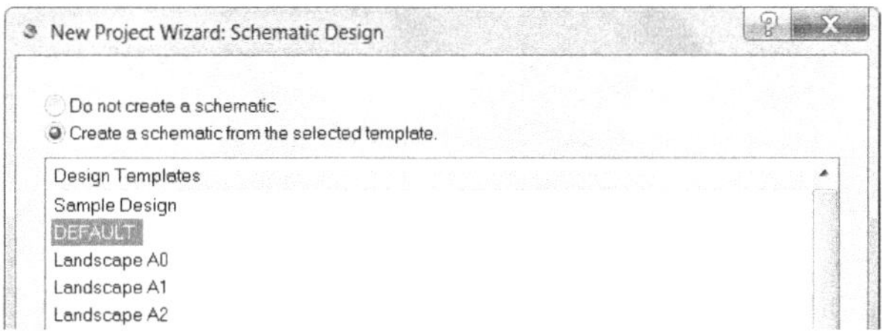

图 1-5　创建原理图设计模板

图 1-6　创建 PCB 布局模板

单击"Next"按钮，出现设置 PCB 叠层用法界面，如图 1-7 所示。

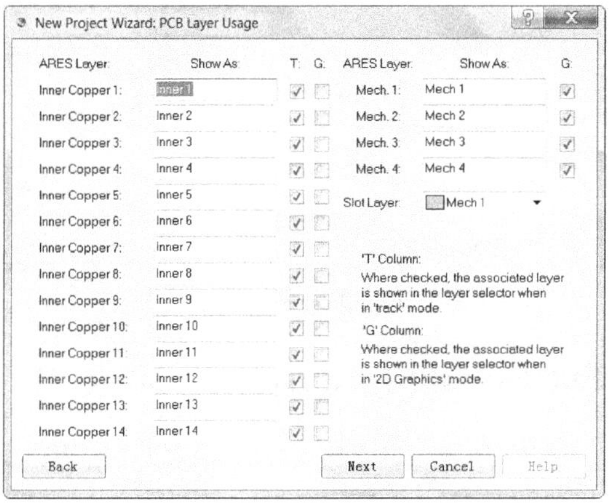

图 1-7　设置 PCB 叠层用法

单击"Next"按钮，出现创建固件的界面，如图 1-8 所示。

图 1-8　创建固件

因为不是模拟设计，所以离开创建固件页面，继续单击"Next"按钮，出现创建项目的简要说明，如图 1-9 所示。

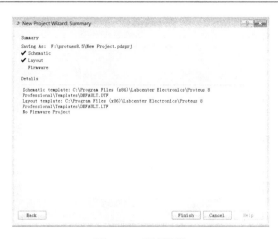

图 1-9　项目说明

单击"Finish"按钮完成项目创建。该项目由两个选项卡打开，一个是原理图编辑，另一个用于 PCB 布局。单击 Schematic Capture 选项卡，将原理图编辑置于前台，如图 1-10 所示。

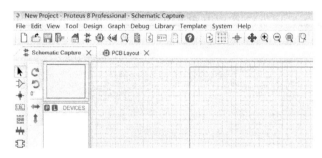

图 1-10　原理图设计选项卡

之后系统进入 PROTEUS ISIS 编辑环境，如图 1-11 所示。

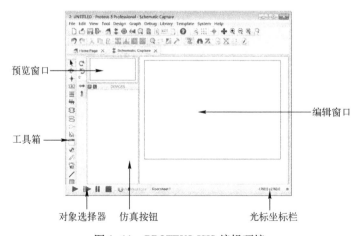

图 1-11　PROTEUS ISIS 编辑环境

编辑窗口用于放置元件，进行连线，绘制原理图，仿真及自建元器件模型等。预览窗口通常用来显示全部原理图。蓝框表示当前页的边界，电路设计需在框内完成，绿框表示当前编辑窗口显示的区域。但当从对象选择器中选中一个新的对象时，预览窗口将显示选中的对象。

1.3　PROTEUS ISIS 菜单栏介绍

1. 主菜单

PROTEUS ISIS 的主菜单栏包括 File（文件）、Edit（编辑）、View（视图）、Tool（工具）、Design（设计）、Graph（图形）、Debug（调试）、Library（库）、Template（模板）、System（系统）、Help（帮助），如图 1-12 所示。

图 1-12　PROTEUS ISIS 的主菜单和主工具栏

☺ File 菜单：包括新建设计、打开设计、保存设计、导入/导出文件，也可以用于打印、显示设计文档，以及退出 PROTEUS ISIS 系统等。

☺ Edit 菜单：包括撤销/恢复操作，查找与编辑元件，剪切、复制、粘贴对象，以及设置多个对象的层叠关系等。

☺ View 菜单：包括是否显示网格、设置格点间距、缩放电路图及显示与隐藏各种工具栏等。

☺ Tool 菜单：工具菜单。它包括实时注解、自动布线、查找并标记、属性分配工具、全局注解、导入文本数据、元件清单、电气规则检查、编译网络标号、编译模型、将网络标号导入 PCB，以及从 PCB 返回原理图设计等工具栏。

☺ Design 菜单：工程设计菜单。它具有编辑设计属性，编辑原理图属性，编辑设计说明，配置电源，新建、删除原理图，在层次原理图总图与子图以及各子图之间相互跳转和设计目录管理等功能。

☺ Graph 菜单：图形菜单。它具有编辑仿真图形，添加仿真曲线、仿真图形，查看日志，导出数据，清除数据和一致性分析等功能。

☺ Debug 菜单：调试菜单，包括启动调试、暂停仿真、停止仿真、执行仿真、执行下一条指令、执行下一条源代码指令、程序一直执行，直到当前的子程序返回、程序一直执行，直到程序到达当前行、单步运行、断点设置和重新排布弹出窗口等。

☺ Library 菜单：库操作菜单，包括选择元件及符号、制作元件及符号、设置封装工具、分解元件、导入 BSDL、编译库、自动放置库、校验封装和调用库管理器等。

☺ Template 菜单：模板菜单。包括设置图形格式、文本格式、2D 图形默认值、设计颜色以及连接点和图形等。

☺ System 菜单：系统设置菜单。包括设置系统环境、文本格式、显示、键盘、性能、图纸尺寸、文本样式、动画、仿真参数以及恢复默认设置等。

☺ Help 菜单：帮助菜单。包括版权信息、PROTEUS ISIS 学习教程和示例等。

2. 主工具栏

PROTEUS ISIS 的主工具栏位于主菜单下面两行，以图标形式给出，包括 File 工具栏、View 工具栏、Edit 工具栏和 Design 工具栏 4 个部分。工具栏中每一个按钮都对应一个具体的菜单命令，便于快捷地使用命令。主工具栏按钮功能如表 1-1 所示。

表 1-1　主工具栏按钮功能

按　钮	对 应 菜 单	功　　能
	Home Page	打开主页
	Schematic Capture	原理图输入
	PCB Layout	PCB 布局
	3D Visualizer	3D 观察器
	Gerber Viewer	PCB 观察器
	Bill of Materials	材料清单
	Source Code	源文件菜单
	Project Notes	工程说明
	Overview	概述
	Design Explorer	设计资源管理器
	File→New Project	新建项目
	File→Open Project	打开项目
	File→Save Project	保存项目
	File→Close Project	关闭项目
	View→Redraw Display	刷新
	View→Toggle Grid	栅格开关
	View→Toggle False Origin	原点
	View→Center At Cursor	选择显示中心
	View→Zoom In	放大
	View→Zoom Out	缩小
	View→Zoom To View Entire Sheet	显示全部
	View→Zoom To Area	缩放一个区域
	Edit→Undo	撤销
	Edit→Redo	恢复
	Edit→Cut To Clipboard	剪切
	Edit→Copy To Clipboard	复制
	Edit→Paste To Clipboard	粘贴
	Block Copy	（块）复制
	Block Move	（块）移动
	Block Rotate	（块）旋转
	Block Delete	（块）删除
	Library→Pick Parts From Libraries	拾取元件或符号

续表

按　钮	对应菜单	功　能
	Library→Make Device	制作元件
	Library→Packaging Tool	封装工具
	Library→Decompose	分解元件
	Tool→Wire Auto Router	自动布线器
	Tools→Search and Tag	查找并标记
	Tools→Property Assignment Tool	属性分配工具
	Design→New Sheet	新建图纸
	Design→ Remove Sheet	移去图纸
	Exit to Parent Sheet	转到主原理图
	Tools→Electrical Rule Check	生成电气规则检查报告

3. 工具箱

- Selection Mode 按钮：选择模式，可以单击任意元件并编辑元件的属性。
- Component Mode 按钮：拾取元件。
- Junction Dot Mode 按钮：放置节点，可在原理图中标注连接点。
- Wire Lable Mode 按钮：标注线段或网络名。
- Text Script Mode 按钮：输入文本。
- Buses Mode 按钮：绘制总线和总线分支。
- Subcircuit Mode 按钮：绘制电子块。
- Terminals Mode 按钮：在对象选择器中列出各种终端（输入、输出、电源和地等）。
- Device Pins Mode 按钮：在对象选择器中列出各种引脚（如普通引脚、时钟引脚、反电压引脚和短接引脚等）。
- Simulation Graph 按钮：在对象选择器中列出各种仿真分析所需的图表（如模拟图表、数字图表、混合图表和噪声图表等）。
- Active Popup Mode 按钮：对设计电路分割仿真时采用此模式。
- Generator Mode 按钮：在对象选择器中列出各种激励源（如正弦激励源、脉冲激励源、指数激励源和 FILE 激励源等）。
- Probe Mode 按钮：可在原理图中添加探针（如电压探针和电流探针）。
- Virtual Instruments Mode 按钮：在对象选择器中列出各种虚拟仪器（如示波器、逻辑分析仪、定时/计数器和模式发生器等）。

除上述图标按钮外，系统还提供了 2D 图形模式按钮，可供画线、画弧等。

- 2D Graphics Line Mode 按钮：直线图标，用于创建元件或表示图表时画线。
- 2D Graphics Box Mode 按钮：方框图标，用于创建元件或表示图表时绘制方框。
- 2D Graphics Circle Mode 按钮：圆图标，用于创建元件或表示图表时画圆。
- 2D Graphics Arc Mode 按钮：弧线图标，用于创建元件或表示图表时绘制弧线。
- 2D Graphics Closed Path Mode 按钮：任意形状图标，用于创建元件或表示图表时绘制任意形状图标。
- **A** 2D Graphics Text Mode 按钮：文本编辑图标，用于插入各种文字说明。

▣ 2D Graphics Symbols Mode 按钮：符号图标，用于选择各种符号器件。

✛ 2D Graphics Markers Mode 按钮：标记图标，用于产生各种标记图标。

对于具有方向性的对象，系统还提供了各种旋转图标按钮（需要选中对象）：

C Rotate Clockwise 按钮：顺时针方向旋转按钮，以 90°偏置改变元件的放置方向。

Ɔ Rotate Anti-clockwise 按钮：逆时针方向旋转按钮，以 90°偏置改变元件的放置方向。

↔ X-mirror 按钮：水平镜像旋转按钮，以 Y 轴为对称轴，按 180°偏置旋转元件。

↕ Y-mirror 按钮：垂直镜像旋转按钮，以 X 轴为对称轴，按 180°偏置旋转元件。

1.4 编辑窗口显示导航

PROTEUS 中提供了两种编辑窗口显示导航工具：缩放（Zooming）工具与改变显示中心（Center At Cursor）工具。其中缩放工具用于调整原理图的显示范围，而改变显示中心工具用于调整图页的显示区域。

1. 缩放

PROTEUS ISIS 中提供了多种放大与缩小原理图的方式。

☺ 使用鼠标滚轮缩放原理图（向前滚动滚轮，将放大原理图；向后滚动滚轮，将缩小原理图）。

☺ 使用功能键缩放原理图（将鼠标指向想要进行缩放的部分，并按下放大功能键 F6/缩小功能键 F7，编辑窗口将以鼠标指针的位置为中心重新显示）。

☺ 按住 Shift 键，用鼠标左键将期望放大的部分选中，此时选中的部分将会被放大。（鼠标可在编辑窗口操作，也可在预览窗口操作。）

☺ 使用工具栏 Zoom In（放大）、Zoom Out（缩小）、Zoom All（显示全部）或 Zoom Area（缩放一个区域）图标缩放编辑窗口，如图 1-13 所示。

图 1-13　工具栏缩放工具

> 📖 **说明**
>
> F8 键为 Zoom All 的快捷键。按下 F8 键，PROTEUS 将显示整张电路原理图。

2. 改变显示中心

与缩放功能一样，PROTEUS ISIS 中也提供了多种改变编辑窗口显示中心的方式。

☺ 在编辑窗口单击滚轮，然后移动鼠标，此时编辑窗口的显示中心将随着鼠标的移动而移动。当出现期望显示的部分时单击鼠标左键，编辑窗口将显示期望的部分。

☺ 将鼠标放置在期望显示的部分，按下 F5 键，编辑窗口将显示期望的部分。

☺ 在编辑窗口中按下 Shift 键，用鼠标"撞击"边框，可改变编辑窗口的显示中心。

☺ 在预览窗口，在期望显示的部分单击鼠标左键，即可改变编辑窗口的显示中心。

☺ 使用工具栏 Center At Cursor（改变显示中心）图标改变显示中心，如图 1-14 所示。

改变显示中心工具

图 1-14　工具栏改变显示中心工具

1.5　编辑窗口的设置

1. 编辑窗口的图纸

在绘制电路时，首先须按照电路的大小选择图纸，PROTEUS ISIS 中提供图纸选项。执行菜单命令 System→Set Sheet Sizes，将出现如图 1-15 所示的对话框。

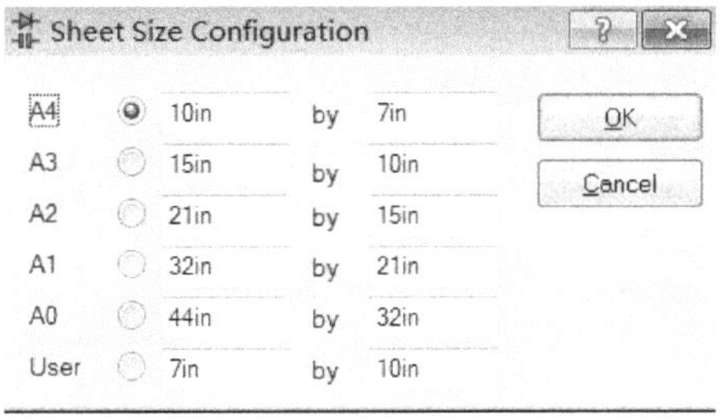

图 1-15　设置图纸大小

对于各种不同应用场合的电路设计，图纸的大小也不一样。系统默认图纸大小为 A4，如用户要将图纸大小更改成为标准 A3 图纸，将 A3 选中，单击"OK"按钮确认即可。

系统所提供的图纸样式有以下几种：

☺ 美制：A0、A1、A2、A3、A4，其中 A4 为最小。

☺ 用户自定义：User。

2. 编辑窗口的点状栅格

在设计电路图时，图纸上的点状栅格为放置元件和连接线路带来了很大的帮助，也使电路图中元件的对齐、排列更加方便。

【点状栅格的显示与隐藏】执行菜单命令 View→Toggle Grid（快捷键：G）设置窗口中点状栅格的显示与隐藏，如图 1-16 所示。

或单击工具栏中的 Grid 图标（如图 1-17 所示），也可实现对点状栅格的操作。

【点状栅格的设置】执行菜单命令 Template→Set Design Colours，如图 1-18 所示，将弹出如图 1-19 所示的编辑设计默认选项对话框。单击 Grid Colour 选项的下拉式按钮，将弹出调色板，如图 1-20 所示。

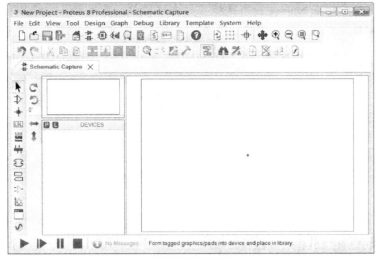

（a）隐藏点状栅格

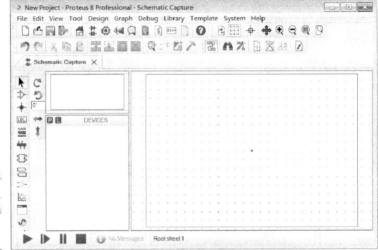

（b）执行菜单命令 View→Toggle Grid

（c）显示点状栅格

图 1-16　点状栅格的隐藏与显示

点状栅格操作工具执行

图 1-17　点状栅格操作工具

图 1-18　执行菜单命令 Template
　　　　→Set Design Colours

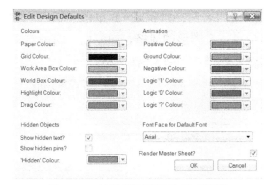

图 1-19　编辑设计默认选项对话框

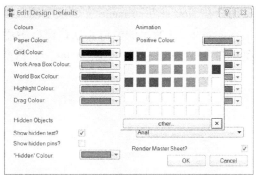

图 1-20　点状栅格格点颜色设置

下面具体介绍该界面的功能：

☺ Colours：颜色设置

 ☞ Paper Colour：图纸颜色设置；

 ☞ Grid Colour：栅格颜色设置；

 ☞ Work Area Box Colour：工作区框颜色设置；

 ☞ World Box Colour：边界框颜色设置；

 ☞ Highlight Colour：高亮颜色设置；

 ☞ Drag Colour：拖曳时的颜色设置。

☺ Animation：动画设置

 ☞ Positive Colour：高电平颜色；

 ☞ Ground Colour：地的颜色；

 ☞ Negative Colour：低电平颜色；

 ☞ Logic '1' Colour：逻辑 "1" 颜色设置；

 ☞ Logic '0' Colour：逻辑 "0" 颜色设置。

选择期望的颜色后单击 "OK" 按钮，即可改变点状栅格格点的颜色。

通过上述对话框可对图纸颜色、工作区框颜色、边界框颜色、高亮颜色、拖曳时的颜色等按用户期望的颜色进行设置，同时也可对模拟跟踪曲线（Analogue Traces）、不同类型的数字跟踪曲线（Digital Traces）进行设置。

3. 编辑图形风格

下面介绍图形风格的编辑，可以对图形的轮廓、填充色及线宽等根据用户需要进行设置，具体操作如下所述：

执行菜单命令 Template→Set Graphics Styles，编辑图形风格，如图 1-21 所示。使用这一编辑框可以编辑图形风格，如线型、线宽、线的颜色，以及图形的填充色等。点选 Style 可选择不同的系统图形风格。单击 "New" 按钮，将弹出如图 1-22 所示的对话框。

图 1-21　编辑图形风格

图 1-22　创建新的图形风格对话框

　　用户在 New style's name 文本框中输入新的风格的名称，如 peal，并单击"OK"按钮，将出现如图 1-23 所示的窗口。在该窗口中用户可自定义图形的风格，如颜色、线型等。执行菜单命令 Template→Set Text Styles，编辑全局字体风格，如图 1-24 所示。

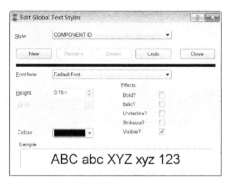

图 1-23　设置新的图形的风格　　　　　　　图 1-24　编辑全局字体风格

　　单击 Font face 的下拉式列表，可从中选择期望的字体，还可设置字体的高度、颜色，以及是否加粗、倾斜、加下画线等。在 Sample 区域可以预览更改设置后字体的风格。

　　同理，单击"New"按钮可创建新的图形文本风格。

　　执行菜单命令 Template→Set 2D Graphics Defaults，编辑图形字体格式，如图 1-25 所示。出现这一编辑框后，可在 Font face 中选择图形文本的字体类型，在 Text Justification 选择区域可选择字体在文本框中的水平位置、垂直位置，在 Effects 选择区域可选择字体的效果，如加粗、倾斜、加下画线等，而在 Character Sizes 设置区域，可以设置字体的高度和宽度。

　　执行菜单命令 Template→Set Junction Dot Style，编辑交点，如图 1-26 所示。

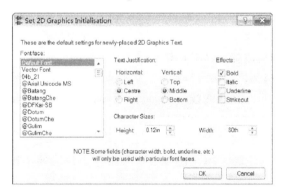

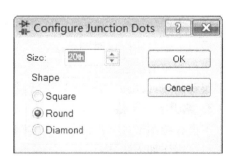

图 1-25　编辑图形字体格式　　　　　　　　图 1-26　编辑交点

　　可以设置交点的大小及其形状。单击"OK"按钮，即可完成对交点的设置。

📖 **注意**

　　模板的改变仅影响当前运行的 ISIS，尽管这些模板有可能被保存并且在别的设计中调用。为了使下次开始一个设计的时候这个改变依然有效，用户必须用保存为默认模板命令去更新默认的模板，这个命令在模板菜单下，为 Template→Save Design as Template。

4. 文本编辑器的设置

　　执行菜单命令 System→Set Text Editor，将出现如图 1-27 所示的对话框。

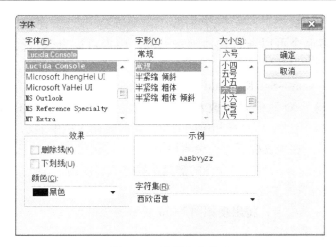

图 1-27　设置文本格式

可以对文本的字体、字形、大小、效果、颜色等进行设置。

5. 设置系统运行环境

执行菜单命令 System→System Settings，即可打开系统设置对话框，如图 1-28 所示。

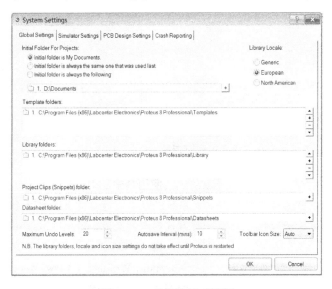

图 1-28　系统设置对话框

选项卡主要包括如下设置：

☺ Global Settings：全局设置。

☺ Simulator Settings：仿真器设置。

☺ PCB Design Settings：PCB 设计的设置。

☺ Crash Reporting：崩溃报告。

全局设置中可进行初始工程文件、模板文件、库文件等路径的设置，选项区域包括：

☺ Maximum Undo Levels：最大可撤销操作数的设置。

☺ Autosave Interval（minutes）：系统自动保存时间设置（min）。

仿真器设置中可进行仿真模型及组件路径设置和仿真结果路径设置。

6. 设置键盘快捷方式

原理图中的很多命令可以通过快捷键来完成，用户可以更改快捷键。具体操作介绍如下：

执行菜单命令 System→Set Keyboard Mapping，即可打开键盘快捷方式设置对话框，如图 1-29 所示。使用这一对话框可修改系统所定义的菜单命令的快捷方式。其中，单击 Command Groups 栏中的箭头，可选择相应的菜单，同时在列表栏中显示菜单下的可用的命令（Available Commands）。在列表栏下方的说明栏中显示所选中的命令的意义。而 Key sequence for selected command 栏中显示所选中命令的键盘快捷方式。使用"Assign"和"Unassign"按钮可编辑或删除系统设置的快捷方式。

同时选中 Options 选项卡，将出现如图 1-30 所示的菜单。

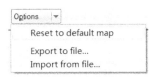

图 1-29　键盘快捷方式设置对话框　　　　图 1-30　Options 选项卡菜单

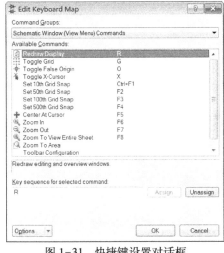

图 1-31　快捷键设置对话框

使用其中的 Reset to default map 选项，即可恢复系统的默认设置。而 Export to file 可将上述键盘快捷方式导出到文件，Import from file 为从文件导入。

单击 Command Groups 的下拉菜单，选中 Schematic Window（View Menu）Commands，出现如图 1-31 所示的界面，其所属命令的说明和快捷键会相应显示。这里选的是刷新命令，其快捷键为 R，若要删除它，可单击"Unassign"按钮；若要重新设置它，将光标指向快捷键，按下要设置的快捷键字母，此时相应的键名就会出现在 Key sequence for selected command 中，单击"Assign"按钮完成确认，再单击"OK"按钮退出，则设置完成。

📖 **注意**

　　快捷键可以设置为单键，也可以设置为 Ctrl、Shift 等的任意组合。

7. 显示设置

执行菜单命令 System→Set Display Option，出现如图 1-32 所示的显示设置界面，在这里可以选择不同的图形模式，可以设置动画等参数。

☺ Graphics Mode：图形模式

➷ Use Windows GDI Graphics：Windows GDI 图形；

➷ Use Double Buffered Windows GDI Graphics：双缓冲 Windows GDI 图形；

➷ Use Open GL Graphics：Open GL 图形；

➷ Use Direct 2D Graphics：使用 2D 图形模式。

☺ Auto-Pan Animation：自动平移动画

➷ Pan Distance：平移距离；

➷ Number of Steps：平移步长；

➷ Pan Time：时间。

☺ Highlight Animation：高亮动画

➷ Animation Interval：动画时间间隔；

➷ Attack Rate：捕捉率；

➷ Release Rate：释放率。

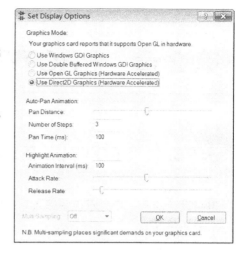

图 1-32　显示设置界面

1.6　本章小结

本章首先对 PROTEUS 软件做了一个简单的介绍，包括原理图及 PCB 两部分的功能介绍，然后详细介绍了怎样新建工程、PROTEUS ISIS 菜单栏和工具栏，以及原理图绘制时的一些系统设置，使读者对 PROTEUS 软件有个概略的了解。

思考与练习

（1）简述 PROTEUS 软件具有哪些功能。

（2）怎样创建一个新的工程？

第2章 PROTEUS ISIS 原理图设计

2.1 PROTEUS ISIS 原理图输入流程

电路设计的第一步为原理图输入。PROTEUS ISIS 原理图输入流程如图 2-1 所示。

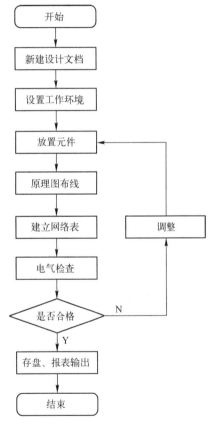

图 2-1 PROTEUS ISIS 原理图输入流程

原理图的具体设计步骤如下：

1）新建设计文档 在进入原理图设计前，首先要构思好原理图，即必须知道所设计的项目需要哪些电路来完成，用何种模板，然后用 PROTEUS ISIS 编辑环境来画出电路原理图。

2）设置工作环境 根据实际电路的复杂程度来设置图纸的大小、注释的风格等。在电路图设计的整个过程中，对图纸的大小都可以不断地调整，设置合适的图纸大小是完成原理图设计的第一步。

3）放置元件 根据需要从元件库中添加相应的类，然后从添加元件对话框中选取需要添加的元件，将其布置到图纸的合适位置，并对元件的名称、标注进行设定，根据元件之间的布线等联系对元件在工作平面上的位置进行调整和修改，使其美观、易懂。

4）原理图布线 根据实际电路的需要，利用 PROTEUS ISIS 编辑环境所提供的各种工具、指令进行布线，将工作平面上的器件用导线连接起来，构成一幅完整的电路原理图。

5）建立网络表 在完成上述的步骤后，即可看到一张完整的电路图了，但是要完成 PCB 的设计，就需要生成一个网络表文件。网络表是 PCB 与电路原理图之间的纽带。

6）电气检查 当完成原理图布线后，利用 PROTEUS ISIS 编辑环境所提供的电气规则检查命令对设计进行检查，并根据系统提供的错误检查报告修改原理图。

7）调整 如果原理图已通过电气规则检测，则原理图的设计就完成了；但是对于一般电路设计而言，尤其是较大的项目，通常需要对电路进行多次修改才能通过电气规则检测。

8）存盘、报表输出 PROTEUS ISIS 提供了多种报表输出格式，同时可以对设计好的原理图和报表进行存盘及输出打印。

2.2　原理图设计方法与步骤

为了更直观地说明电路原理图的设计方法和步骤，下面就以图 2-2 所示的简单电路为例，介绍 PROTEUS ISIS 电路原理图的设计方法和步骤。

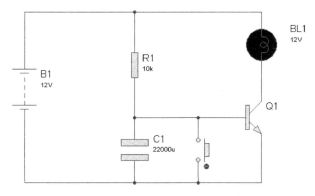

图 2-2　PROTEUS ISIS 原理图输入示例电路

1. 创建新设计文档

首先进入 PROTEUS ISIS 编辑环境。执行菜单命令 File→New Design，在弹出的模板对话框中选择 Default 模板，并将新建的设计保存在 F 盘根目录下，保存文件名为：New Project。新的设计文档如图 2-3 所示。

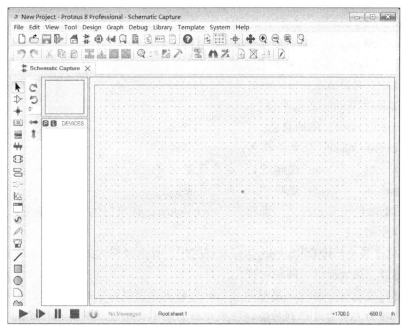

图 2-3　New Project 设计文档

2. 设置工作环境

下面对工作环境进行设置。这里只介绍常用的一些设置。

1）图纸大小设置　执行菜单命令 System→Set Sheet Sizes，在出现的对话框中，将 A4 选中，单击"OK"按钮确认，即可完成页面的设置，如图 2-4 所示。

2）设置图纸颜色　PROTEUS 的原理图一般图纸默认为灰色，有些时候为了打印或美观，经常将图纸底色设置为白色或其他颜色，执行菜单命令 Template→Set Design Colours，出现如图 2-5 所示的界面。

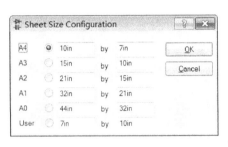

图 2-4　图纸大小设置

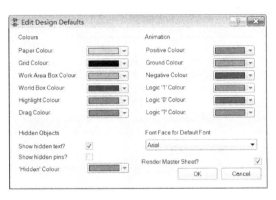

图 2-5　Edit Design Defaults 编辑界面

☺ Colours：颜色设置

　☞ Paper Colour：图纸颜色设置；

　☞ Grid Colour：栅格颜色设置；

　☞ Work Area Box Colour：工作区框颜色设置；

　☞ World Box Colour：边界框颜色设置；

　☞ Highlight Colour：高亮颜色设置；

　☞ Drag Colour：拖曳时的颜色设置。

☺ Animation：动画设置

　☞ Positive Colour：高电平颜色；

　☞ Ground Colour：地的颜色；

　☞ Negative Colour：低电平颜色；

　☞ Logic '1' Colour：逻辑"1"颜色设置；

　☞ Logic '0' Colour：逻辑"0"颜色设置。

这里将图纸颜色设置为白底，即单击 Paper Colour，选取白色，然后单击"OK"按钮即可，如图 2-6 所示。

3）可视化工具　PROTEUS ISIS 具有友好的用户界面及强大的原理图编辑功能。在 ISIS 原理图编辑窗口，系统提供了两种可视化工具：

　☺ 当鼠标掠过元件、符号、图形等对象时，将出现围绕对象的虚线框，如图 2-7 所示。

　☺ 鼠标对界面具有智能识别功能，即鼠标会自动根据功能改变显示样式。

鼠标掠过元件出现虚线框提示用户鼠标可对当前元件进行操作，而不同的鼠标样式提示用户在当前位置单击鼠标将会出现的操作。

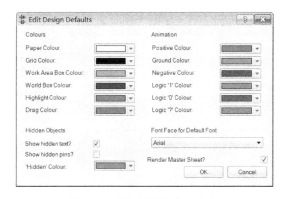

图 2-6　编辑图纸颜色为白色

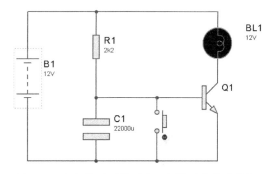

图 2-7　鼠标掠过元件时出现围绕对象的虚线框

不同的鼠标样式代表用户可进行不同的操作：

标准指针：用于选择操作模式。

放置指针：单击鼠标左键放置对象。

"热"画线指针：单击鼠标左键，开始画线或结束画线。"热"指在鼠标操作电路图时，在电路中可放置"线"的起始点或结束点的位置，将显示上述图标。

"热"画总线指针：单击鼠标左键，开始画总线或结束画总线。"热"指在鼠标操作电路图时，在电路中可放置"总线"的起始点或结束点的位置，将显示上述图标。

当对象上出现此图标后，单击鼠标左键，对象被选中。

当对象上出现此图标后，按下鼠标左键并拖动鼠标，对象可被拖到期望的位置。

此鼠标样式出现在线段上。当线段上出现此图标后，按下鼠标左键并拖动鼠标，线段可被拖到期望的位置。

当出现此图标时，单击鼠标左键可为对象分配属性。（执行菜单命令 Tool→Property Assignment Tool 时将出现此鼠标样式。）

其他的鼠标样式及其功能将在电路绘制中介绍。

3. 查找元件

PROTEUS 库包括元件库、符号库、封装库。对应每个库，又分为系统库和用户库。系统库为只读，不能添加或删除对象；用户库可读可写，能添加对象或删除对象。这里只讲元件库。

元器件根据能否仿真，又可以分为仿真模型和非仿真模型。非仿真模型是为 PCB 设计的，若设计能仿真的电路，则电路中的器件必须具有仿真模型。

绘制原理图的首要任务是从元件库选取绘制电路所需元件。PROTEUS ISIS 提供两种从元件库选取元件的方法：

1）直接查找　单击对象选择器顶端左侧"P"按钮，如图 2-8 所示；或使用库浏览图标的键盘快捷方式："P"（在英文输入法下）；或在原理图编辑窗口单击鼠标右键，从弹出的快捷菜单中选择 Place→Component→From Libraries 命令，如图 2-9 所示。

执行上述任一操作，都将弹出如图 2-10 所示的器件库浏览对话框。

在元件库查找期望的元件。PROTEUS ISIS 提供了多种查找元件的方法。当原理图给出元件名时，在 Keywords 区域输入元件名，如"BATTERY"，则在 Results 区域显示出元件库中元件名或元件描述中带有"BATTERY"的元件，如图 2-11 所示。

图 2-8　从对象选择器选取库元件　　图 2-9　从右键快捷菜单选取库元件

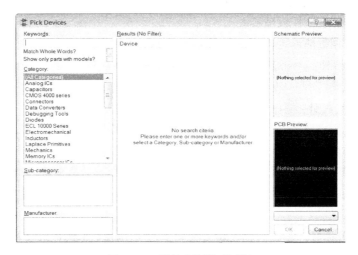

图 2-10　器件库浏览对话框

图 2-11　在 Keywords 区域输入元件"BATTERY"后系统查找的结果

　　此时用户可根据元件所属类别、子类及生产厂家进一步查找所需元件，如图 2-12 所示。

　　在 Results 列表区单击鼠标右键，弹出右键快捷菜单，如图 2-13 所示。

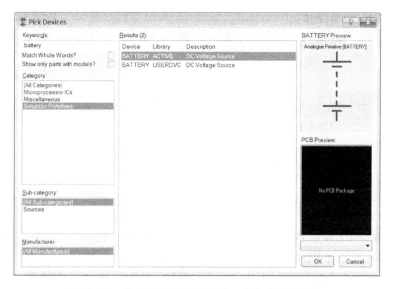

图 2-12　根据元件所属类别进一步查找所需元件

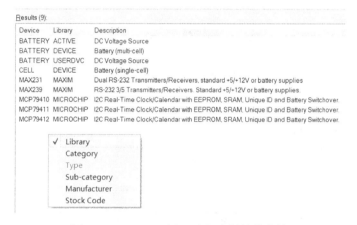

图 2-13　Results 列表区鼠标右键快捷菜单

选择相应的选项将在 Results 列表区标题栏增加相应的信息，如点选 Manufacturer 选项，如图 2-14 所示。

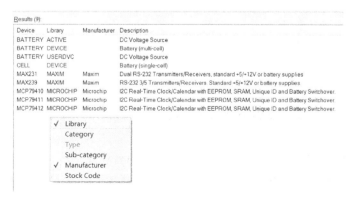

图 2-14　增加元件信息

此时在 Results 列表区将增加 Manufacturer（生产厂家）的信息，如图 2-15 所示。在结果列表中所需元件"BATTERY"上双击鼠标左键，元件将出现在对象选择器中，如图 2-16 所示。

图 2-15　增加信息后的显示结果　　　　　　图 2-16　将元件添加到对象选择器

选取元件的其他方法：以选取 LAMP（荧光灯）、CAPACITOR（电容）、RESISTOR（电阻）、NPN（晶体管）和 BUTTON（触点开关）为例。

【通过相关关键字选取元件】 在 Keywords 区域输入"LAMP"，此时 Results 列表区将出现如图 2-17 所示信息。选取其中的 LAMP 即可满足电路设计要求。

Device	Library	Manufacturer	Description
4511	CMOS		BCD To 7-Segment Latch/Decoder/Driver
4511.IEC	CMOS		BCD To 7-Segment Latch/Decoder/Driver
AD8036	ANALOGD	Analog Devices	Single, Unity Gain Stable - Low Distortion,
AD8036AN	ANALOGD	Analog Devices	Low Distortion, Wide Bandwidth Voltage Fe
AD8036AR	ANALOGD	Analog Devices	Low Distortion, Wide Bandwidth Voltage Fe
AD8037AN	ANALOGD	Analog Devices	Low Distortion, Wide Bandwidth Voltage Fe
AD8037AR	ANALOGD	Analog Devices	Low Distortion, Wide Bandwidth Voltage Fe
IRGB14C40L	IRIGBT	International Rectifier	430V, 20A @ 25瀀, 125W, Internal Clamp,
IRGS14C40L	IRIGBT	International Rectifier	430V, 20A @ 25瀀, 125W, Internal Clamp,
IRGSL14C40L	IRIGBT	International Rectifier	430V, 20A @ 25瀀, 125W, Internal Clamp,
LAMP	ACTIVE		Animated Light Bulb
STGB10NB37LZ	STIGBT	SGS-Thompson	N-CHANNEL CLAMPED 10A - D2PAK Inte
STGB10NB37LZT4	STIGBT	SGS-Thompson	N-CHANNEL CLAMPED 10A - D2PAK Inte
STGB20NB32LZ	STIGBT	SGS-Thompson	N-CHANNEL CLAMPED 20A - D2PAK Inte
STGB20NB32LZ-1	STIGBT	SGS-Thompson	N-CHANNEL CLAMPED 20A - I2PAK Inter
STGB7NB40LZ	STIGBT	SGS-Thompson	N-CHANNEL CLAMPED 14A D2PAK Inter

图 2-17　在 Keywords 区域输入"LAMP"时 Results 列表区出现的信息

【按照元件的逻辑命名习惯查找元件】 在 Keywords 区域输入"CAPACITOR"，此时 Results列表区将出现如图 2-18 所示信息。

Device	Library	Description
CAPACITOR	ASIMMDLS	Capacitor primitive
CAPACITOR	ACTIVE	Animated Capacitor model

图 2-18　在 Keywords 区域输入"CAPACITOR"时 Results 列表区出现的信息

同样，用户可从出现的列表中选取 RESISTOR（电阻）、NPN（晶体管）和 BUTTON（触点开关）以满足电路设计要求。

【通过索引系统查找库元件】 当用户不确定元件的名称或不清楚元件的描述时，可采用这一方法。首先清除 Keywords 区域的内容，然后选择 Category 目录中的 Resistors 类，如图 2-19所示。

2）复合查找方式　首先在 Keywords 区域输入"2K2"，然后选择 Category 目录中的

Resistors类，如图 2-20 所示。

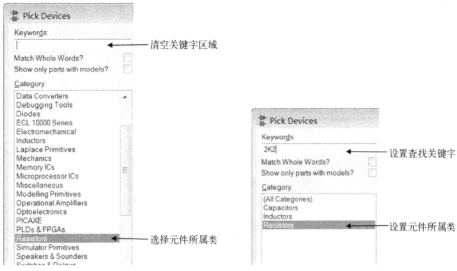

图 2-19　清除 Keywords 区域的内容　　　　图 2-20　在 Keywords 区域输入"2K2"

此时将在 Results 列表区出现如图 2-21 所示信息。

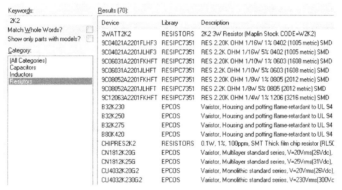

图 2-21　Results 列表区列出所属 Resistors 类中包含 2K2 关键字的元件

采用上述方法，用户可以快速查找到设计电路所需的元件。

3）相关说明

【**库元件查找结果列表**】与查找条件相匹配的元件名、元件所在库列于显示查找结果框中，其他的信息可在此框中单击（如图 2-22 所示），从弹出的选择列表菜单中取舍显示与否，如分类、子类、厂家等。

图 2-22　查找列表显示库、类别、子类、厂家信息

【结果排序】单击搜索列表上方的列标题，如 Device（元件名）、Library（库名）等，则相应列表对搜索结果按字符排序，如图 2-23 所示，Library（库）以字母顺序排列。

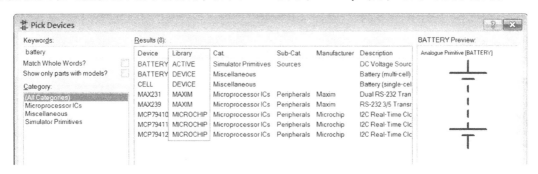

图 2-23　结果排序

【仿真模型】若电路设计需要仿真，则元器件需要有仿真模型，这时可以在查找列表上勾选 Show only parts with models?，则查找结果只显示有仿真模型的元器件，如图 2-24 所示。

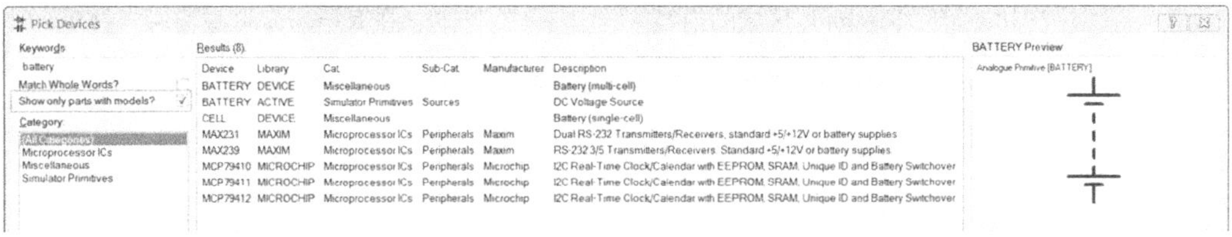

图 2-24　带仿真模型的元器件列表

其他元件名称、所属类、子类如表 2-1 所示。

表 2-1　例图原理图的元件列表

元 件 名 称	所　属　类	所 属 子 类
LAMP	Optoelectronics	Lamps
CAPACITOR	Capacitors	Animated
BATTERY	Simulator Primitives	Sources
NPN	Modeling Primitives	Analog（SPICE）
BUTTON	Switches & Relays	Switches
RESISTOR	Modeling Primitives	Analog（SPICE）

4. PROTEUS ISIS 编辑窗口放置元件

将添加到对象选择器中的元件放置到原理图编辑窗口。

1）放置元件　在 PROTEUS ISIS 中放置元件的步骤如下：

设置 PROTEUS ISIS 为元件模式，即元件图标被选择，如图 2-25 所示。在对象选择器中，用鼠标左键单击 BATTERY 元件，即选中 BATTERY 元件，此时在预览窗口出现所选器件的外观，同时状态栏显示对象选择器及预览窗口的状态，如图 2-26 所示。

预览窗口在显示出元件外观的同时，也显示出元件的方向。用户可使用旋转按钮或翻转按钮改变元件的方向，如图 2-27 所示。图中预览窗口显示的元件为执行顺时针旋转后的方向。将鼠标指针移向编辑窗口，并单击鼠标左键，此时电源轮廓出现在鼠标下方，如图 2-28 所示。

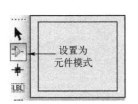

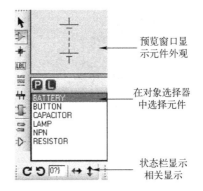

图 2-25　PROTEUS ISIS 设置为元件模式　　　图 2-26　在对象选择器中选择 BATTERY 元件

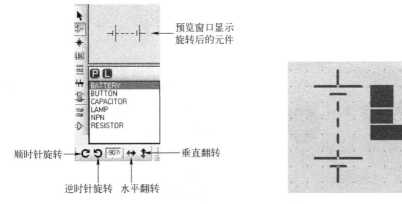

图 2-27　预览窗口显示旋转后的元件　　图 2-28　编辑窗口出现电源的轮廓（BATTERY）

这一轮廓将随着鼠标在编辑窗口移动而移动。在期望放置鼠标的位置单击鼠标左键，元件将放置到编辑窗口，如图 2-29 所示。

2）其他元件的放置　图 2-2 中，R1 电阻为垂直放置，因此首先放置一个垂直放置的电阻。在对象选择器中选择 RESISTOR 电阻，则在编辑窗口出现如图 2-30 所示的电阻外观。

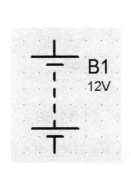

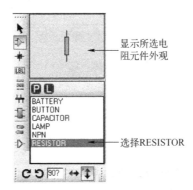

图 2-29　元件 BATTERY 放置到编辑窗口　　　图 2-30　选择 RESISTOR 电阻

在编辑窗口期望放置电阻 R1 的位置双击鼠标左键，R1 电阻将放置到编辑窗口，如图 2-31 所示。

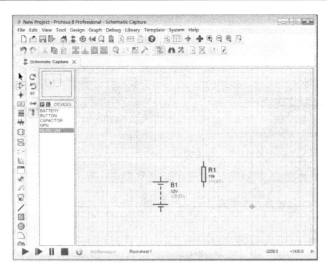

图 2-31　在编辑窗口放置电阻 R1

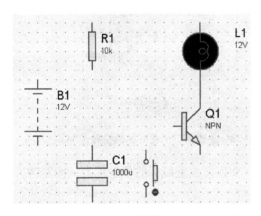

图 2-32　元件放置后

在移动标记对象时，可使用小键盘区的"+"、"−"按钮旋转对象。按照上述方式放置其他元件，如图 2-32 所示。

5. 元件的替换

若要用另一个元件代替已放置好的元件，可以将另一元件拖动到该器件上，且保证有一个引脚正好重叠，此时单击将会出现如图 2-33 所示界面，单击"OK"按钮完成替换。

6. 元件的选择、复制、粘贴、对齐操作

1）器件的选择

【单个元件的选择】将光标移到对象上，当器件被包围、以高亮状态显示且光标变为手形时，单个器件被选中，如图 2-34 所示为将 BATTERY 选中。

图 2-33　替换元件

图 2-34　选中单个元件

【多个元件的选择】按住 Ctrl 键，将光标逐个移到要选中的器件上且光标变成手形，单击即可选中多个元件。

2）对象的复制、粘贴

【单个对象的复制、粘贴】选中需复制的对象，单击鼠标右键，在弹出的快捷菜单中选中 Copy To Clipboard，再在需放置对象的地方单击鼠标右键，在弹出的快捷菜单中单击 Paste From Clipboard，即可粘贴，具体如图 2-35 所示。也可以选中对象，单击工具栏的复制按钮

　，再单击粘贴按钮　即可。

（a）　　　　　　　　　　　　　（b）

图 2-35　复制、粘贴单个对象

【多个对象的复制、粘贴】按住 Ctrl 键，一一选中需复制的对象，松开 Ctrl 键，单击鼠标右键，在弹出的快捷菜单中选中 Copy To Clipboard，再在需放置对象的地方单击鼠标右键，在弹出的快捷菜单中单击 Paste From Clipboard，即可粘贴。也可以选中对象，单击工具栏的复制按钮　，再单击粘贴按钮　即可。

> 📖 **注意**
>
> 　复制时，为了避免标号重复，要实时对元件进行编号，此时就要开启实时标号命令，即执行菜单命令 Tools→Global Annotator，出现如图 2-36 所示界面，按界面所示进行设置即可实现实时编号。

3）对象批量对齐　在绘制原理图时，有时需要将元件批量对齐，具体操作如下：

选中需对齐的器件，如图 2-37 所示。执行菜单命令 Edit→Align Objects，出现如图 2-38 所示界面，该界面包括了左对齐、上对其、居中纵对齐、居中水平对齐、右对齐、底对齐六种对齐方式。这里选择上对齐，故选择 Align Top Edges。完成编辑后，单击"OK"按钮，器件实现上对齐，如图 2-39 所示。

图 2-36　Annotator 编辑界面

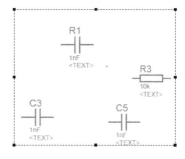

图 2-37　选中对象

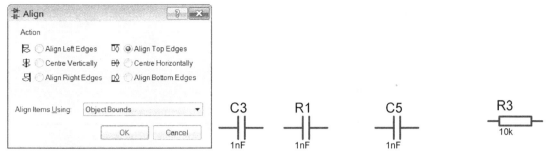

图 2-38　Align 编辑对话框　　　　　　　　　　图 2-39　完成上对齐的器件

4）端口的批量编号　绘制原理图时如有很多 I/O 端口，则需要对端口一一按顺序编号。通过批量编号可以节约大量时间，下面介绍批量编号的具体过程。

全选排列的端口，执行菜命令 Tool→Property Assignment Tool，或者直接单击工具栏中的 图标，或者单击键盘上的 A 键，就会出现如图 2-40 所示对话框。在 String 中填写"net=BD#"，其中"BD"为前缀，Count 栏为起始编号值，Increment 为编号增量，填写完之后单击"OK"按钮，即可完成端口编号批量编写。

图 2-40　Property Assignment Tool 对话框

除此之外，也可以用此操作批量修改电阻、电容的参数值，前提条件是这些值是一样的。比如，要求批量修改一些电阻的阻值为 330Ω，如图 2-41 所示，选中这几个电阻，单击键盘上的 A 键，出现如图 2-42 所示界面，只需在 String 中填写"VALUE=330"，然后单击"OK"按钮即可。批量修改完阻值后如图 2-43 所示。

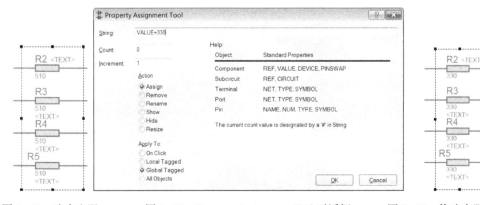

图 2-41　选中电阻　　　　　图 2-42　Property Assignment Tool 对话框　　　　　图 2-43　修改完阻值的电阻

除此之外，还可以批量修改器件的 REF、DEVICE、PINSWAP，以及终端的 NET、TYPE、SYMBOL 及引脚的名字、编号、类型等，应用的范围可以根据实际的需要来标定。

7. 编辑元件

在放置元件以后，通过选中相应的元件，再单击鼠标左键，即可打开元件的编辑对话框。下面以 LAMP 元件的编辑对话框为例，详细介绍元件的编辑方式。

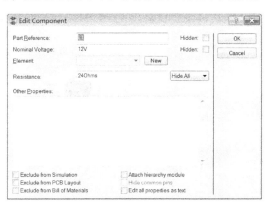

图 2-44　LAMP 编辑元件对话框

LAMP 元件编辑步骤如下：

（1）用鼠标指向 LAMP 元件，并右击。此时，LAMP 元件将高亮显示。

（2）用鼠标左键单击 LAMP 元件，将弹出如图 2-44 所示的 LAMP 编辑元件对话框。

在此对话框中包含如下项目：

☺ Part Reference：列出了元件在原理图中的参考号；

☺ Hidden：复选框，选择元件参考号是否出现在原理图中；

☺ Nominal Voltage：LAMP 电压标称值；

☺ Resistance：LAMP 阻抗。

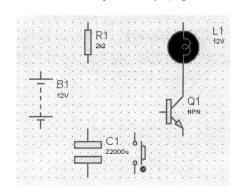

图 2-45　编辑后的原理图

在这一元件的编辑中，设置 LAMP 的电压标称值为 12V。

（3）单击"OK"按钮，元件的编辑结束。

按照上述步骤，分别编辑 BATTERY 的电压值为 12V；C1 的 Capacitance 为 22000μ，R1 的 Resistance（Ohms）为 2k2。编辑后的原理图如图 2-45 所示。

8. 原理图连线

1）自动连线　PROTEUS ISIS 编辑环境没有提供画线工具。这是因为 ISIS 具有智能化，在想要画线的时候进行自动检测。PROTEUS 提供了自动连线和手动连线两种，只需要操作工具栏中的 ▨（自动连线器）即可。当需要自动连线时，将其按下，不需要的时候按起即可。自动布线可以在光标的引导下自动以直线或直角形式连线，当中途有障碍物时，可以自动绕开障碍物，操作方便简单。在两个元件间进行自动连线的步骤如下所述：

（1）单击第一个对象连接点。

（2）如果想让 ISIS 自动定出布线路径，只需单击另一个连接点。另一方面，如果想自己决定布线路径，只需在拐点处单击鼠标左键即可。

（3）在此过程的任何一个阶段，都可以按 Esc 键来放弃画线。

按照上述步骤，分别将 LAMP、BATTERY 等连接起来。连接后的原理图如图 2-46 所示。

2）移动和改变连线操作　有些时候连线不合适，需要移动、改变连线，具体操作如下所述：

（1）在各种操作模式下，将光标移至连线且连线中出现高亮时点击，单击鼠标右键，在弹出的快捷菜单中选择 Drag Wire，即可实现线的移动和拖曳，如图 2-47 所示。

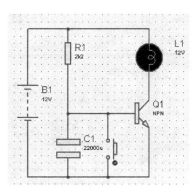

图 2-46　连接后的原理图

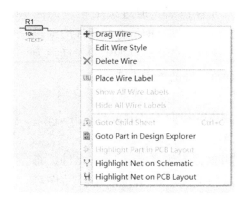

图 2-47　Drag Wire 菜单

（2）单击工具按钮，移动光标到线，出现手形时单击选中连线，连线以高亮状态显示，这时若出现双向箭头，则可直接按住鼠标左键实现连线在垂直方向的移动；若出现 4 个箭头的形状，则按住鼠标左键可以实现任意角度的拖曳连线。

3）连线的复制　当连线齐排、平行时可以复制，特别是在连接单片机和排阻的过程中，复制连线可以提高连线效率。下面就以 51 单片机和排阻为例，介绍连线如何复制。

如图 2-48 所示，首先将 P0.0 与 RP1 的 2 脚连接，然后将光标移到 P0.1 引脚上，当光标变为绿色的铅笔形状时，双击鼠标左键就可以实现连线的自动复制。将其他线按照此方法复制，复制完成后如图 2-49 所示。

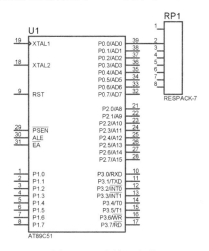

图 2-48　连接一条线

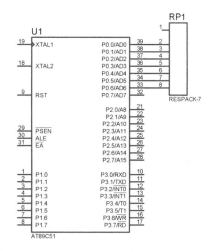

图 2-49　复制连线

4）连线删除　当连线不正确时，常常需要删除连线，此时只需要将光标移至该线段，双击鼠标右键即可删除该线段。也可以将鼠标移至该线段，当线段上出现高亮的方块时，单击鼠标右键，在弹出的快捷菜单中选中 Delete Wire，如图 2-50 所示，即可删除该线段。

5）标签操作　当原理图器件比较多、原理图比较复杂的时候，常常需要将原理图分成几部分，这时就需要给引脚连线添加标签表示它们的连接关系。同一标签标注的线段是代表相连的。下面以 AT89C51 与排阻的连接为例来具体介绍标签操作。标签操作有两种方法，下面一一进行介绍。

（1）首先单击左边工具栏图标 ⌷，进入标签模式；然后将光标移到要放置标签的线段上，此时光标上会出现"×"，单击鼠标左键出现如图 2-51 所示界面，在 String 栏中填写标签名，最后单击"OK"按钮完成编辑，标签就添加好了，如图 2-52 所示。按照同样的操作将其他线的标签添加好，如图 2-53 所示。

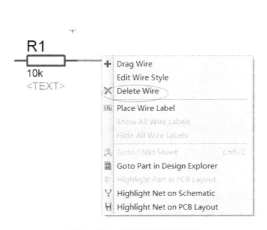

图 2-50　删除线段的菜单

图 2-51　Edit Wire Lable 编辑框

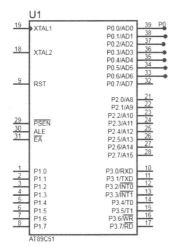

图 2-52　为 P0.0 添加好的标签

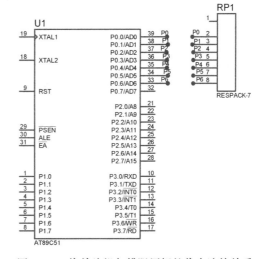

图 2-53　将单片机与排阻用标签代表连接关系

（2）在任何模式下选中该线段，单击鼠标右键，在弹出的快捷菜单中选中 Place Wire Lable，如图 2-54 所示，至此其他步骤与上面方法相同。

9. 脚本操作

原理图画好后，需要对各个部分进行注释，一方面是注释各个部分的功能，另一方面是注释属性，这时就用到了脚本操作。下面具体介绍脚本操作的步骤。

（1）放置脚本。单击左侧工具栏中的 ▤ 图标，将光标移至编辑区，在需要放置脚本的地方单击鼠标左键，就会弹出如图 2-55 所示界面。在编辑框中填写需要添加的注释。

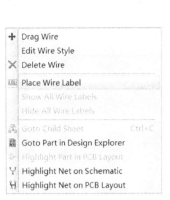

图 2-54　选中 Place Wire Lable

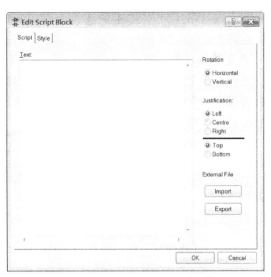

图 2-55　Edit Scrip Block 编辑框

（2）编辑脚本。当添加了脚本后需要修改时，只需要双击脚本就会出现脚本编辑框，在其中可以修改脚本内容及属性等。

图 2-56　网络表配置对话框

（3）修改完成后，单击"OK"按钮，退出编辑。

10. 建立网络表

彼此连接在一起的一组元件引脚称为网络（net）。例如，例图中 BATTERY 的正极与 R1 的上边引脚连在一起，称为网络。

执行菜单命令 Tool→Netlist Compiler，将出现网络表配置对话框，如图 2-56 所示。在这一对话框中，可设置网络表的输出形式、模式、范围、深度及格式。这里按其默认设置输出网络表。输出的网络表如图 2-57 所示。

11. 原理图电气规则检测

执行菜单命令 Tool→Electrical Rule Check，将出现检测报告单，如图 2-58 所示。

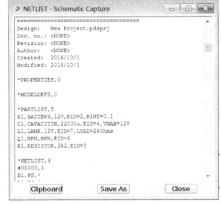

图 2-57　输出的网络表

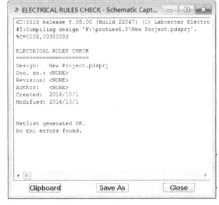

图 2-58　电气规则检测报告单

在这一规则检测报告单中，系统提示用户网络表已生成，并且无电气错误。即用户可执行下一步操作。

12. 存盘及报表输出

对设计好的原理图文件，执行菜单命令 File→Save Design 存盘。同时，可执行菜单命令 Tool→Bill of Materials 输出 BOM 文档。至此，一个简单的原理图设计完成。

按下列步骤操作，进一步熟悉在 PROTEUS ISIS 编辑窗口放置元件：

（1）在电源 BATTERY 上单击，按下鼠标左键，并移动鼠标，此时元件将随着鼠标的移动而移动，在期望元件放置的位置释放鼠标。

（2）在电源 BATTERY 上单击鼠标右键，在弹出的快捷菜单中选择 Rotate Clockwise 命令，旋转元件。

（3）使用小键盘区的 "+"、"-" 按钮将元件恢复到原位。

（4）在编辑窗口的空白处单击鼠标左键，取消对对象的选择。

（5）在 MINRES1K 元件上单击鼠标右键，在弹出的快捷菜单中选择 Drag Object 命令，移动鼠标，此时电阻轮廓将随着鼠标的移动而移动，在期望放置元件的位置单击鼠标左键放置对象。

（6）在编辑窗口单击鼠标右键，在弹出的快捷菜单中选择 Clear Selection 命令，取消对对象的选择。

（7）从编辑窗口的左上部开始，按下鼠标左键，并拖动鼠标，此时在编辑窗口将出现一个方框，释放鼠标，则方框中的对象被选中。

（8）使用方框周围的手柄，将方框调整到合适的尺寸，即方框内只包含期望选中的对象。

（9）将鼠标放置在方框中按下鼠标左键，移动鼠标，则方框及其选中的对象将随着鼠标的移动一起移动，在期望放置的位置释放鼠标，此时方框及其选中的对象将出现在新的位置。

（10）在空白处单击鼠标左键，取消对对象的选择。

2.3　PROTEUS ISIS 编辑窗口连接端子

在多数原理图中需要添加电源、地、输入、输出、总线等连接端子。下面介绍如何添加、编辑、放置连接端子。

1. 添加连接端子

选择 Terminal 图标，此时在对象选择器中列出可用的端子类型，如图 2-59 所示。

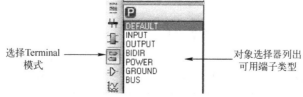

图 2-59　对象选择器中列出可用端子类型

将端子放置到编辑窗口，并将其与运算放大器 741 连接。

选择对象选择器中的 POWER 端子，查看预览窗口，调整端子的方向。调整后的方向如图 2-60 所示，并将其放置到 741 的引脚 7 之上。

2. 编辑连接端子

PROTEUS ISIS 中提供了多种编辑元件的方法，用户可采用下述方法编辑端子：

☺ 双击端子；

☺ 在端子上单击鼠标右键，在弹出的快捷菜单中选择 Edit Properties 选项；

☺ 设置编辑窗口为 Selection 模式，在端子上单击，端子将以高亮形式显示，然后单击鼠标右键，在弹出的快捷菜单中选择 Edit Properties 选项。

其中使用右键快捷菜单编辑端子属性的方法如图 2-61 所示。

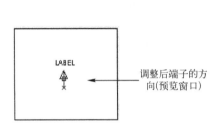

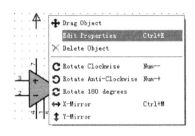

图 2-60　调整后端子的方向　　　图 2-61　使用右键快捷菜单编辑端子属性

此时系统将弹出编辑端子属性对话框，在 String 文本框中输入+12V，如图 2-62 所示。单击"OK"按钮，退出编辑窗口，完成对端子的编辑，如图 2-63 所示。

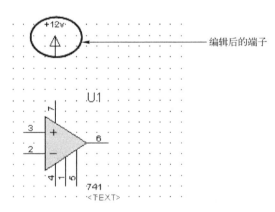

图 2-62　编辑端子属性对话框　　　图 2-63　编辑后的端子

3. 放置连接端子

将端子+12V 与运算放大器 741 的 7 脚相连。

（1）参照上述方式放置、编辑-12V 端子，并将其与运算放大器 741 的 4 脚相连。

（2）选择对象选择器中的 GROUND 端子，查看预览窗口，调整端子的方向，将其放置到电阻 R2 下方，如图 2-64 所示，并将其与 R2 的下端引脚相连。

（3）选择对象选择器中的 DEFAULT 端子，在编辑窗口放置两个默认端子，分别编辑其端子名为"DAC1"与"DAC2"，如图 2-65 所示。

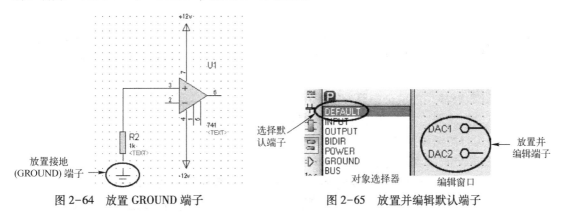

图 2-64　放置 GROUND 端子　　　　　图 2-65　放置并编辑默认端子

（4）按照图 2-66 所示连接电路。

在连线交汇点，PROTEUS ISIS 将自动放置连接点。

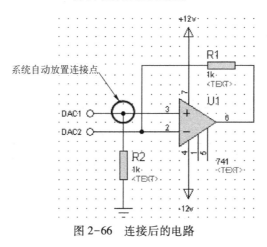

图 2-66　连接后的电路

2.4　本章小结

本章主要介绍了 PROTEUS ISIS 原理图的设计方法及步骤，其中包括工作环境的设置、元件的查找与放置、原理图连线、网络表的建立及电气规则检测，并且在其中穿插介绍了一些批量操作，如批量对齐、批量编辑器件属性。除此之外，还介绍了电路中最常用的各种连接端子。

 思考与练习

（1）简述 PROTEUS ISIS 原理图设计流程。

（2）如何批量编辑器件属性？

（3）PROTEUS ISIS 有哪些连接端子？

第3章 PROTEUS VSM 的分析设置

PROTEUS VSM 中的整个电路分析是在 ISIS 原理图设计模块下延续下来的，原理图中，电路激励、虚拟仪器、曲线图以及直接布置在线路上的探针一起出现在电路中。任何时候都能通过按下运行按钮或空格键对电路进行仿真。

PROTEUS VSM 有两种仿真方式，即交互式仿真（用于检验所设计的电路是否能正常工作）和基于图表的仿真（用于研究电路的工作状态和进行细节的测量）。

PROTEUS VSM 可以仿真模拟电路、数字电路、模数混合电路，以及进行微处理器的协同仿真。下面将依次详细介绍 PROTEUS VSM 中的电路分析。

3.1 PROTEUS ISIS 激励源

激励源（又称信号源、发生器）为电路提供输入信号，并允许使用者对它的参量进行设置。PROTEUS ISIS 为用户提供了如表 3-1 所示的各种类型的激励源，允许对其参数进行设置。

表 3-1 激励源

名　　称	符　　号	意　　义
DC	? ◁ ----	直流信号源
SINE	? ◁ ∿	正弦波信号源
PULSE	? ◁ ⎍	模拟脉冲信号源
EXP	? ◁ ⌒	指数脉冲信号源
SFFM	? ◁ ⌁	单频率调频波信号源
PWLIN	? ◁ ⋀	分段线性激励源
FILE	? ◁ 🔲	FILE 信号源
AUDIO	? ◁ ⫿	音频信号源
DSTATE	? ◁ ⚬	数字单稳态逻辑电平信号源
DEDGE	? ◁ ⌐	数字单边沿信号源
DPULSE	? ◁ ⊓	单周期数字脉冲信号源
DCLOCK	? ◁ ⊓⊓	数字时钟信号源
DPATTERN	? ◁ ⊓⊓⊓	数字模式信号源

1. 直流信号源（DC Generator）

DC 信号源用于产生模拟直流电压或电流。它只有单一的属性：电压值或电流值。

（1）在 PROTEUS ISIS 环境中单击工具箱中的 Generator Mode 按钮，出现如图 3-1 所

示的激励源列表。

（2）单击"DC"，则在预览窗口出现直流
信号源的符号，如图 3-1 所示。

（3）在编辑窗口双击，则直流信号源被放
置到原理图编辑界面中。可使用镜像、翻转工
具调整直流信号源在原理图中的位置。

（4）在原理图编辑区中双击直流信号源符
号，出现如图 3-2 所示的属性设置对话框。默认
为直流电压源，可以在右侧设置电压源的大小。

（5）如果需要直流电流源，则在图 3-2 中
选中左侧下面的 Current Source，右侧自动出现
电流值的标记，根据需要填写即可，如图 3-3 所示。

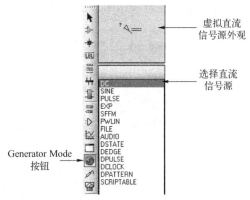

图 3-1　激励源列表

图 3-2　直流信号源的属性设置对话框（电压源）

图 3-3　直流信号源的属性设置对话框（电流源）

（6）单击"OK"按钮，完成属性设置。

（7）用虚拟示波器观测输出。单击工具箱中的 Virtual Instrument Mode 按钮，则在对
象选择器中列出所包含的项目，如图 3-4 所示。

（8）选择 OSCILLOSCOPE 后，在编辑窗口单击，可将示波器添加到编辑窗口。

（9）将直流信号源与示波器相连，如图 3-5 所示。

图 3-4　Virtual Instrument Mode 按钮

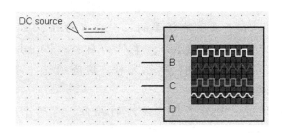

图 3-5　直流信号源与示波器连接图

（10）单击运行按钮 ▶，出现如图 3-6 所示的仿真波形（直流源的电压值为 3V）。

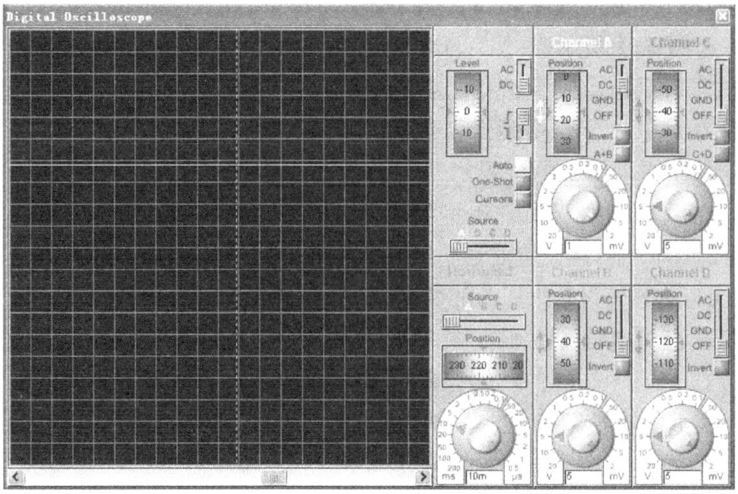

图 3-6　DC 信号源仿真波形

用户可以直接将信号发生器放置到已存在的线上，或将其放置在空白处后再连接。

2. 正弦波信号源（SINE Generator）

正弦波信号源用来产生固定频率的连续正弦波。

（1）在 PROTEUS ISIS 环境中单击工具箱中的 Generator Mode 按钮 ⊘，出现如图 3-1 所示的激励源列表。

（2）单击"SINE"，则在预览窗口出现正弦波信号源的符号。

（3）在编辑窗口双击，则正弦波信号源被放置到原理图编辑界面中。可使用镜像、翻转工具调整正弦波信号源在原理图中的位置。

（4）在原理图编辑区中，双击正弦波信号源符号，出现如图 3-7 所示的属性设置对话框。其主要选项含义如下：

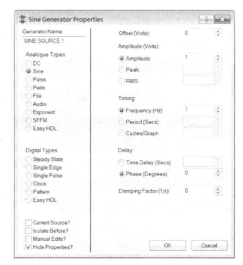

☺ Offset（Volts）：补偿电压，即正弦波的振荡中心电平。

☺ Amplitude（Volts）：正弦波频率的三种定义方法，其中 Amplitude 为振幅，即半波峰值电压，Peak 为峰值电压，RMS 为有效值电压，以上三个电压值选一项即可。

☺ Timing：正弦波频率的三种定义方法，其中 Frequency（Hz），单位为赫兹；Period

图 3-7　正弦波信号源的属性设置对话框

（Secs）为周期，单位为秒，这两项选一项即可；Cycles/Graph 为占空比，要单独设置。

☺ Delay：延时，指正弦波的相位，有两个选项，选填一个即可。其中 Time Delay（Secs）是时间轴的延时，单位为秒；Phase（Degrees）为相位，单位为度。

（5）在 Generator Name 文本框中输入正弦波信号源的名称，如 SINE SOURCE 1，在相应的项目中设置合适的值。单击"OK"按钮完成设置。

（6）连接两个正弦波信号源到示波器上，在 Generator Name 文本框中输入发生器的名称，并在相应的项目中设置合适的值。本例中使用两个正弦波信号源，其指标如表 3-2 所示。

表 3-2　两个正弦波信号源指标

信号源名称	补偿电压/V	幅值/V	频率/kHz	相位/（°）
Sine Source 1	0	1	1	0
Sine Source 2	2	2	2	90

（7）设置完成后，单击"OK"按钮。此时信号输入源编辑完成。

（8）用示波器观测输出，连接电路图如图 3-8 所示。

（9）单击运行按钮，观察到示波器上 SINE 信号源输出曲线如图 3-9 所示。

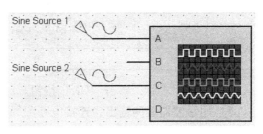

图 3-8　正弦波信号源与示波器连接图

3. 模拟脉冲信号源（PULSE Generator）

模拟脉冲信号源能产生各种周期的输入信号，如方波、锯齿波、三角波及单周期短脉冲等。

（1）在 PROTEUS ISIS 环境中单击工具箱中的 Generator Mode 按钮◎，出现如图 3-1 所示的激励源列表。单击"PULSE"，则在预览窗口出现模拟脉冲信号源的符号。

（2）在编辑窗口双击，则模拟脉冲信号源被放置到原理图编辑界面中。可使用镜像、翻转工具调整模拟脉冲信号源在原理图中的位置。在原理图编辑区中双击模拟脉冲信号源符号，出现属性设置对话框，如图 3-10 所示。其主要选项含义如下：

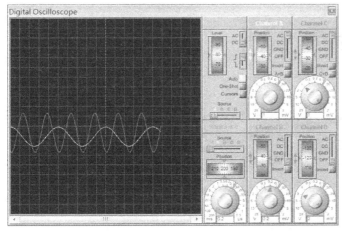

图 3-9　SINE 信号源
输出曲线

图 3-10　模拟脉冲信号源
属性设置对话框

☺ Initial（Low）Voltage：初始（低）电压值。

☺ Pulsed（High）Voltage：脉冲（高）电压值。

☺ Start（Secs）：起始时间。

☺ Rise Time（Secs）：上升时间。

☺ Fall Time（Secs）：下降时间。

☺ Pulse Width：脉冲宽度。有两种设置办法，Pulse Width（Secs）指定脉冲宽度；Pulse Width（%）指定占空比。

☺ Frequency/Period：频率或周期。

☺ Current Source：模拟脉冲信号源的电流值设置。

（3）设置完成后，单击"OK"按钮。在 Generator Name 一栏中输入发生器的名称，并在相应的项目中设置合适的值。本例中 Pulse 信号源指标如表 3-3 所示。

表 3-3 Pulse 信号源指标

Generator Name	Initial（Low）Voltage	Pulsed（High）Voltage	Start（Secs）	Rise Time（Secs）	Fall Time（Secs）	Pulse Width（%）	Frequency（Hz）
Pulse Source	0	2V	0	1ms	1ms	70	100Hz

（4）设置完成后，单击"OK"按钮。此时信号输入源编辑完成。

（5）用示波器观测输出，连接电路图如图 3-11 所示。

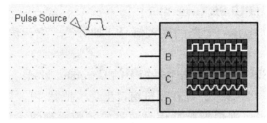

图 3-11 Pulse 信号源与示波器连接图

（6）输出曲线如图 3-12 所示。

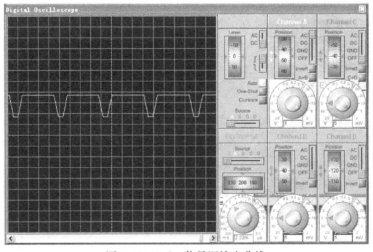

图 3-12 Pulse 信号源输出曲线

📖 **注意**

上升/下降时间不能为 0，即不可能产生无时延的方波。

4. 指数脉冲信号源 （EXP Generator）

指数脉冲信号源产生指数函数的输入信号，其参数可以通过属性对话框来设置。

（1）在 PROTEUS ISIS 环境中单击工具箱中的 Generator Mode 按钮，出现如图 3-1 所示的激励源列表。

（2）单击 "EXP"，则在预览窗口出现指数脉冲信号源的符号。

（3）在编辑窗口双击，则指数脉冲信号源被放置到原理图编辑界面中。可使用镜像、翻转工具调整指数脉冲信号源在原理图中的位置。

（4）在原理图编辑区中双击指数脉冲信号源符号，出现如图 3-13 所示的属性设置对话框。其主要选项含义如下：

图 3-13　指数脉冲信号源属性设置对话框

☺ Initial （Low） Voltage：初始（低）电压值。

☺ Pulsed （High） Voltage：脉冲（高）电压值。

☺ Rise start time （Secs）：上升沿起始时间。

☺ Rise time constant （Secs）：上升沿持续时间。

☺ Fall start time （Secs）：下降沿起始时间。

☺ Fall time constant （Secs）：下降沿持续时间。

（5）在图 3-13 中的 Generator Name 文本框中输入指数脉冲信号源的名称，并在相应的项目中输入合适的值。

（6）设置完成后，单击 "OK" 按钮。

（7）在 Generator Name 一栏中输入发生器的名称，并在相应的项目中设置合适的值。本例中 EXP 信号源指标如表 3-4 所示。

表 3-4　EXP 信号源指标

Generator Name	Initial （Low） Voltage	Pulsed （High） Voltage	Rise start time （Secs）	Rise time constant （Secs）	Fall start time （Secs）	Fall time constant （Secs）
EXP Source	0	1V	0.5s	0.5s	3s	1s

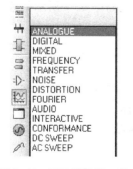

图 3-14　ISIS 编辑窗口的 Simulation Graph 工具箱

（8）设置完成后，单击 "OK" 按钮。此时信号输入源编辑完成。

（9）用模拟图表观测输出。单击工具箱中的 Simulation Graph 按钮，在对象选择器中将出现各种仿真分析所需的图表（如模拟、数字、噪声、混合、AC 变换等），如图 3-14 所示。

（10）选择 ANALOGUE 仿真图形，并在编辑窗口单击鼠标左键，即可将图表添加到窗口。选中图表，单击鼠标左键，将弹出如图 3-15 所示的对话框。在图表中设置 Stop time 值，即图标仿真的结束时间，本例中设置 Stop time 为 7s。

（11）单击工具箱中的 Inter-sheet Terminal 按钮，在对象选择器中将出现各种终端，如图 3-16 所示。

图 3-15　模拟编辑图表对话框

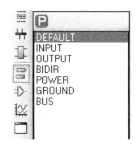

图 3-16　ISIS 编辑窗口的 Inter-sheet
Terminal 工具箱

（12）点选 DEFAULT 选项，然后在编辑窗口单击鼠标左键，即可将默认终端添加到窗口。

（13）点选 EXP Source 指针，并拖动到图表中。连接电路图如图 3-17 所示。

（14）在模拟图表上单击鼠标左键，然后单击"Space"按钮，模拟图表进行仿真。EXP 信号源输出曲线如图 3-18 所示。

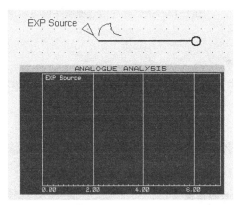

图 3-17　EXP 信号源与模拟图表连接图

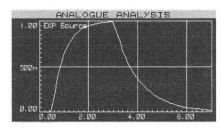

图 3-18　EXP 信号源输出曲线

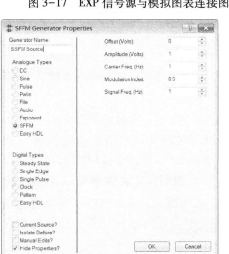

图 3-19　单频率调频波信号源属性设置对话框

5. 单频率调频波信号源（SFFM Generator）

（1）在 PROTEUS ISIS 环境中单击工具箱中的 Generator Mode 按钮 ⊘，出现如图 3-1 所示的激励源列表。

（2）单击"SFFM"，则在预览窗口出现单频率调频波信号源的符号。

（3）在编辑窗口双击，则单频率调频波信号源被放置到原理图编辑界面中。可使用镜像、翻转工具调整单频率调频波信号源在原理图中的位置。

（4）在原理图编辑区中双击单频率调频波信号源符号，出现如图 3-19 所示的属性设置对话框。其主要选项含义如下：

☺ Offset（Volts）：电压偏置值（V_0）。

☺ Amplitude（Volts）：电压幅值（V_A）。

☺ Carrier Freq.（Hz）：载波频率 f_C。

☺ Modulation Index：调制指数 M_{DI}。

☺ Signal Freq.（Hz）：信号频率 f_S。

经调制后，输出信号为 $V = V_0 + V_A \sin[2\pi f_C t + M_{DI} \sin(2\pi f_S t)]$。

（5）在图 3-19 中的 Generator Name 文本框中输入单频率调频波信号源的名称，并在相应的项目中输入合适的值。设置完成后，单击"OK"按钮。

（6）在 Generator Name 一栏中输入发生器的名称，并在相应的项目中设置合适的值。本例中 SFFM 信号源指标如表 3-5 所示。

表 3-5   SFFM 信号源指标

Generator Name	Offset（Volts）	Amplitude（Volts）	Carrier Freq.（Hz）	Modulation Index	Signal Freq.（Hz）
SFFM Source	0	1V	1Hz	0.5	1Hz

（7）设置完成后，单击"OK"按钮。此时信号输入源编辑完成。

（8）用模拟图表观测输出。点选 SFFM Source 指针，并拖动到图表中。本例中设置图表的 Stop time 为 3s。连接电路图如图 3-20 所示。

（9）在模拟图表上单击鼠标左键，然后单击"Space"按钮，模拟图表进行仿真。SFFM 信号源输出曲线如图 3-21 所示。

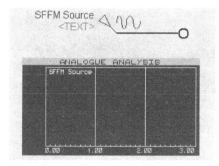

图 3-20   SFFM 信号源与模拟图表连接图

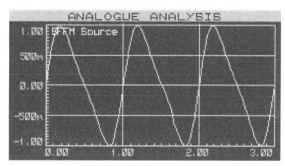

图 3-21   SFFM 信号源输出曲线

6. 分段线性激励源（PWLIN Generator）

（1）在 PROTEUS ISIS 环境中单击工具箱中的 Generator Mode 按钮 ⊙，出现如图 3-1 所示的激励源列表。单击"PWLIN"，则在预览窗口出现分段线性激励源的符号。

（2）在编辑窗口双击，则分段线性激励源被放置到原理图编辑界面中。可使用镜像、翻转工具调整分段线性激励源在原理图中的位置。

（3）在原理图编辑区中双击分段线性激励源符号，出现如图 3-22 所示的属性设置对话框。其主要选项含义如下：

☺ Time/Voltages 项：用于显示波形，X 轴为时

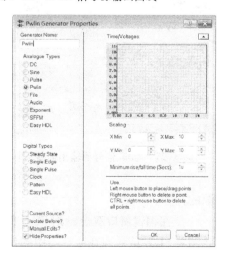

图 3-22   Pwlin 信号源属性设置对话框

间轴，Y 轴为电压轴。单击右上角的三角形按钮，可弹出放大了的曲线编辑界面。

☺ Scaling 项：

➢ X Min：横坐标（时间）最小值显示。

➢ X Max：横坐标（时间）最大值显示。

➢ Y Min：纵坐标（时间）最小值显示。

➢ Y Max：纵坐标（时间）最大值显示。

➢ Minimum rise/fall time（Secs）：最小上升/下降时间。

（4）用鼠标选中 Pwlin 信号源，单击鼠标左键，进入编辑窗口。

（5）在打开的分段线性激励源的图形编辑区中，用鼠标左键在任意点单击，则完成从原点到该点的一点直线，再把鼠标向右移动，在任意位置单击，又出现一连接的直线段，可编辑为自己满意的分段线性激励源曲线，如图 3-23 所示。

（6）编辑完成后，单击"Close"按钮，关闭曲线编辑器。然后单击"OK"按钮，此时信号输入源编辑完成。

（7）用模拟图表观测输出。点选 Pwlin Source 指针，并拖动到图表中。本例中设置图表的 Stop time 为 24s。连接电路图如图 3-24 所示。

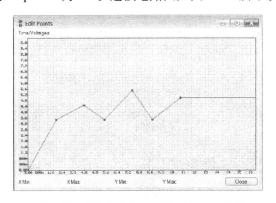

图 3-23　分段线性激励源的任意图形编辑

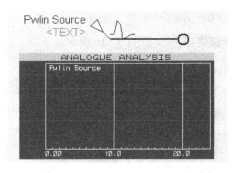

图 3-24　Pwlin 信号源与模拟图表连接图

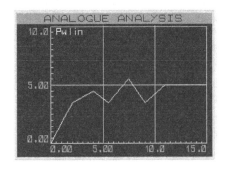

图 3-25　Pwlin 信号源输出曲线

（8）在模拟图表上单击鼠标左键，然后单击"Space"按钮，模拟图表进行仿真。Pwlin 信号源输出曲线如图 3-25 所示。如果用户试图编辑一个垂直边沿，则 Pwlin 曲线编辑器将按照 minimum 设定值分离垂直边沿上的两个点。

7. FILE 信号源（FILE Generator）

（1）在 PROTEUS ISIS 环境中单击工具箱中的 Generator Mode 按钮 ⊘，出现如图 3-1 所示的激励源列表。

（2）单击"FILE"，则在预览窗口出现 FILE 信号源的符号。

（3）在编辑窗口双击，则 FILE 信号源被放置到原理图编辑界面中。可使用镜像、翻转工具调整 FILE 信号源在原理图中的位置。

（4）在原理图编辑区中双击 FILE 信号源符号，出现如图 3-26 所示的属性设置对话框。

在 Data File 列表中输入数据文件的路径及文件名，或单击"Browse"按钮进行路径及文件名选择，即可使用电路中编制好的数据文件。

FILE 信号源与 Pwlin 信号源相同，只是数据由 ASCII 文件产生。

ASCII 数据文件的每一行为一个时间、电压数据对，时间、电压数据对间用空格分开（也可使用 Tab 键）。时间值按升序排列，所有的值都为单精度浮点数。

（5）在 Generator Name 栏中输入 FILE 信号源的名称，如 File Source。

（6）编辑完成后，单击"OK"按钮，完成信号源的设置。下面以一个例子来说明此种文件的格式：以下为三个周期的锯齿波，上升时间为 0.9ms，下降时间为 0.1ms，振幅为 1V。使用 UltraEdit 软件编辑 File Source. bak 文件，文件如图 3-27 所示。

图 3-26　FILE 信号源属性设置对话框

图 3-27　File Source. bak 文件

文件的完整数据如下：

```
0        0
0.9E-3   1
1E-3     0
1.9E-3   1
2E-3     0
2.9E-3   1
3E-3     0
```

（7）在 Generator Name 一栏中输入发生器的名称 File Source，并在 Data File 栏输入数据文件的路径及名称。

（8）编辑完成后，单击"OK"按钮。此时信号输入源编辑完成。

（9）用模拟图表观测输出。点选 File Source 指针，并拖动到图表中。本例中设置图表的 Stop time 为 4ms。连接电路图如图 3-28 所示。

（10）在模拟图表上单击鼠标左键，然后单击"Space"按钮，模拟图表进行仿真。FILE 信号源输出曲线如图 3-29 所示。

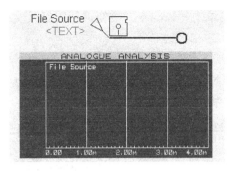

图 3-28　FILE 信号源与模拟图表连接图

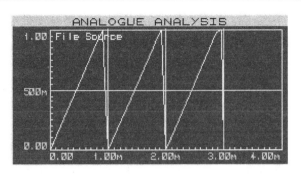

图 3-29　FILE 信号源输出曲线

8. 音频信号源（AUDIO Generator）

（1）在 PROTEUS ISIS 环境中单击工具箱中的 Generator Mode 按钮，出现如图 3-1 所示的激励源列表。

（2）单击"AUDIO"，则在预览窗口出现音频信号源的符号。

（3）在编辑窗口双击，则音频信号源被放置到原理图编辑界面中。可使用镜像、翻转工具调整音频信号源在原理图中的位置。

（4）在原理图编辑区中双击音频信号源符号，出现如图 3-30 所示的音频信号源属性设置对话框。在 Generator Name 栏中输入音频信号源的名称，如 Audio Source，在 WAV Audio File 列表中，通过单击"Browse"按钮找到一个 *.wav 音频文件，如 F:\proteus8.0\ Alarm_ Sound.wav，加载进去。

（5）编辑完成后，单击"OK"按钮，完成信号源的设置。音频文件的默认扩展名为 wav，并且应与待分析电路在同一路径下。若不在同一路径，须指定路径。

（6）在 Generator Name 栏中输入发生器的名称 Audio Source，并在 WAV Audio File 栏中输入目标文件的路径及其文件名 Alarm_Sound.wav。Alarm_Sound.wav 的部分内容如图 3-31 所示。使用系统的默认设置，单击"OK"按钮，此时信号输入源编辑完成。

图 3-30　音频信号源属性设置对话框

图 3-31　Alarm_Sound.wav 的部分内容

（7）用音频图表观测输出。单击工具箱中的 Simulation Graph 按钮，在对象选择器中将出现各种仿真分析所需的图表，如图 3-14 所示。

（8）选择 AUDIO 仿真图形，并在编辑窗口单击鼠标左键，即可将图表添加到窗口。

（9）点选 Audio Source 指针，并拖动到图表中。本例中设置图表的 Stop time 为 1s。连接电路图如图 3-32 所示。在音频图表上单击鼠标左键，然后单击"Space"按钮，音频图表进行仿真。Audio 信号源输出曲线如图 3-33 所示。

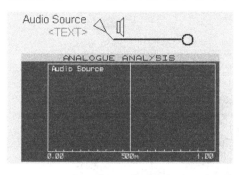

图 3-32　Audio 信号源与音频图表连接图

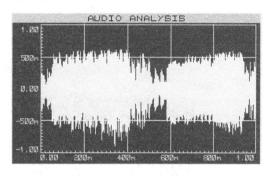

图 3-33　Audio 信号源输出曲线

9. 数字单稳态逻辑电平信号源（DSTATE Generator）

（1）在 PROTEUS ISIS 环境中单击工具箱中的 Generator Mode 按钮⊘，出现如图 3-1 所示的激励源列表。

（2）单击"DSTATE"，则在预览窗口出现数字单稳态逻辑电平信号源的符号。

（3）在编辑窗口双击，则数字单稳态逻辑电平信号源被放置到原理图编辑界面中。可使用镜像、翻转工具调整数字单稳态逻辑电平信号源在原理图中的位置。

（4）在原理图编辑区中双击数字单稳态逻辑电平信号源，出现如图 3-34 所示的数字单稳态逻辑电平信号源属性设置对话框。在 Generator Name 栏中输入数字单稳态逻辑电平信号源的名称，如 DState Source 1，在 State 选项组中，逻辑状态为 Weak Low（弱低电平）。编辑完成后，单击"OK"按钮，完成信号源的设置。

（5）在 Generator Name 栏中输入发生器的名称，并在相应的项目中设置合适的值。本例中使用 7 个 DState 信号源，来查看它们的输出。7 个 DState 信号源的设置如表 3-6 所示。

图 3-34　数字单稳态逻辑电平信号源属性设置对话框

表 3-6　数字单稳态逻辑电平信号源指标

Generator Name	State
DState Source 1	Power Rail High
DState Source2	Strong High
DState Source3	Weak High
DState Source4	Floating
DState Source5	Weak Low
DState Source6	Strong Low
DState Source7	Power Rail Low

（6）设置完成后，单击"OK"按钮。此时信号输入源编辑完成。

（7）分别用模拟图表和数字图表观测输出。点选 DState Source 1~DState Source 7 指针，并拖动到图表中。本例中设置图表的 Stop time 为 1s。连接电路图如图 3-35 所示。

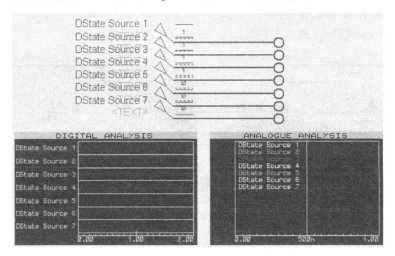

图 3-35　DState 信号源与数字、模拟图表连接图

（8）分别在数字图表、模拟图表上单击鼠标左键，然后单击"Space"按钮，数字图表、模拟图表进行仿真。模拟图表、数字图表输出曲线如图 3-36 所示。其中，Power Rail High、Strong High、Weak High 重合；Weak Low、Strong Low、Power Rail Low 重合。

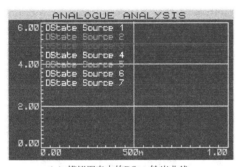

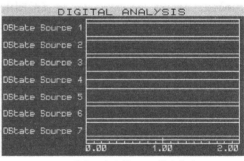

（a）模拟图表中的DState输出曲线　　　　　　　　　（b）数字图表中的DState输出曲线

图 3-36　模拟图表、数字图表输出曲线

10. 数字单边沿信号源（DEDGE Generator）

（1）在 PROTEUS ISIS 环境中单击工具箱中的 Generator Mode 按钮⊘，出现如图 3-1 所示的激励源列表。

（2）单击"DEDGE"，则在预览窗口出现数字单边沿信号源的符号。

（3）在编辑窗口双击，则数字单边沿信号源被放置到原理图编辑界面中。可使用镜像、翻转工具调整数字单边沿信号源在原理图中的位置。

（4）在原理图编辑区中双击数字单边沿信号源，出现如图 3-37 所示的数字单边沿信号源属性设置对话框。

（5）在 Generator Name 文本框中输入数字单边沿信号源的名称，如 DEDGE 1，在 Edge Polarity 栏选择 Positive（Low-To-High）Edge 正边沿项。对于 Edge At（Secs）项，输入

500m，即选择边沿发生在 500ms 处。编辑完成后，单击 "OK" 按钮，完成信号源的设置。

（6）在 Generator Name 栏中输入发生器的名称，并在相应的项目中设置合适的值。本例中 DEDGE 信号源指标如表 3-7 所示。

表 3-7　数字单边沿信号源指标

Generator Name	DEDGE 1
Edge Polarity	Positive（Low-To-High）Edge
Edge At（Secs）	1s

图 3-37　数字单边沿信号源属性设置对话框

（7）设置完成后，单击 "OK" 按钮。此时信号输入源编辑完成。

（8）用数字图表观测输出。点选 DEDGE Source 指针，并拖动到图表中。本例中设置图表的 Stop time 为 2s。连接电路图如图 3-38 所示。

（9）在数字图表上单击鼠标左键，然后单击 "Space" 按钮，数字图表进行仿真。DEDGE 1 信号源输出曲线如图 3-39 所示。

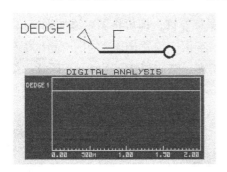

图 3-38　DEDGE 信号源与数字图表连接图

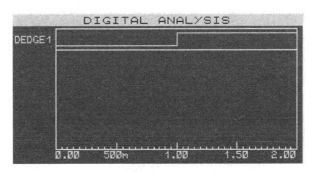

图 3-39　DEDGE 1 信号源输出曲线

11. 单周期数字脉冲信号源（DPULSE Generator）

（1）在 PROTEUS ISIS 环境中单击工具箱中的 Generator Mode 按钮，出现如图 3-1 所示的激励源列表。

（2）单击 "DPULSE"，则在预览窗口出现单周期数字脉冲信号源的符号。

（3）在编辑窗口双击，则单周期数字脉冲信号源被放置到原理图编辑界面中。可使用镜像、翻转工具调整单周期数字脉冲信号源在原理图中的位置。

（4）在原理图编辑区中双击单周期数字脉冲信号源，出现如图 3-40 所示的单周期数字脉冲信号源属性设置对话框。其主要选项含义如下：

图 3-40　单周期数字脉冲信号源属性设置对话框

☺ Pulse Polarity（脉冲极性）：包括正脉冲 Positive（Low-High-Low）Pulse 和负脉冲 Negative（High-Low-High）Pulse。

☺ Pulse Timing（脉冲定时）：Start Time（Secs）为起始时刻；Pulse Width（Secs）为脉宽；Stop Time（Secs）为停止时间。

（5）在 Generator Name 文本框中输入单周期数字脉冲信号源的名称，如 DPulse Source，并在相应的项目中设置合适的值。编辑完成后，单击"OK"按钮，完成信号源的设置。

（6）在 Generator Name 栏中输入发生器的名称，并在相应的项目中设置合适的值。本例中 DPulse 信号源指标如表 3-8 所示。

表 3-8　单周期数字脉冲信号源指标

Generator Name	Pulse Polarity	Start Time（Secs）	Pulse Width（Secs）	Stop Time（Secs）
DPulse Source	Negative（High-Low-High）Pulse	1.3μs	1.2μs	—

（7）设置完成后，单击"OK"按钮。此时信号输入源编辑完成。

（8）用数字图表观测输出。单击工具箱中的 Simulation Graph 按钮，在对象选择器中将出现各种仿真分析所需的图表，如图 3-14 所示。

（9）选择 DIGITAL 仿真图形，并在编辑窗口单击鼠标左键，即可将图表添加到窗口。

（10）点选 DPulse Source 指针，并拖动到图表中。本例中设置图表的 Stop time 为 3μs。连接电路图如图 3-41 所示。在数字图表上单击鼠标左键，然后单击"Space"按钮，数字图表进行仿真。DPulse 信号源输出曲线如图 3-42 所示。

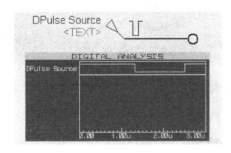

图 3-41　DPulse 信号源与数字图表连接图

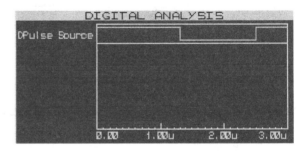

图 3-42　DPulse 信号源输出曲线

12. 数字时钟信号源（DCLOCK Generator）

（1）在 PROTEUS ISIS 环境中单击工具箱中的 Generator Mode 按钮，出现如图 3-1 所示的激励源列表。

（2）单击"DCLOCK"，则在预览窗口出现数字时钟信号源的符号。

（3）在编辑窗口双击，则数字时钟信号源被放置到原理图编辑界面中。可使用镜像、翻转工具调整数字时钟信号源在原理图中的位置。

（4）在原理图编辑区中双击数字时钟信号源，出现如图 3-43 所示的数字时钟信号源属性设置对话框。

（5）在 Generator Name 文本框中输入数字时钟信号源的名称，如 DClock Source，并在 Timing 选项组中把 Frequency（Hz）频率设为 1kHz。

（6）编辑完成后，单击"OK"按钮，完成信号源的设置。

（7）在 Generator Name 一栏中输入发生器的名称，并在相应的项目中设置合适的值。本例中 DClock 信号源指标如表 3-9 所示。

图 3-43　数字时钟信号源属性设置对话框

表 3-9　数字时钟信号源指标

Generator Name	Clock Type	First Edge At	Frequency（Hz）	Period（Secs）
DClock Source	Low-High-Low Clock	10ms	1kHz	—

（8）设置完成后，单击"OK"按钮。此时信号输入源编辑完成。

（9）用数字图表观测输出。点选 DClock Source 指针，并拖动到图表中。本例中设置图表的 Stop time 为 20ms。连接电路图如图 3-44 所示。

（10）在数字图表上单击鼠标左键，然后单击"Space"按钮，数字图表进行仿真。DClock 信号源输出曲线如图 3-45 所示。

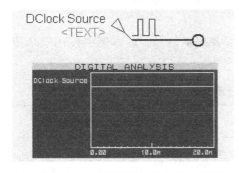

图 3-44　DClock 信号源与数字图表连接图

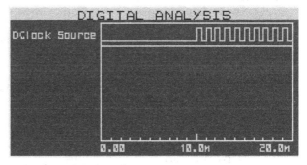

图 3-45　DClock 信号源输出曲线

13. 数字模式信号源（DPATTERN Generator）

（1）在 PROTEUS ISIS 环境中单击工具箱中的 Generator Mode 按钮，出现如图 3-1 所示的激励源列表。

（2）单击"DPATTERN"，则在预览窗口出现数字模式信号源的符号。

（3）在编辑窗口双击，则数字模式信号源被放置到原理图编辑界面中。可使用镜像、翻转工具调整数字模式信号源在原理图中的位置。

（4）在原理图编辑区中双击数字模式信号源，出现如图3-46所示的数字模式信号源属性设置对话框。其主要选项含义如下：

☺ Initial State：初始状态。

☺ First Edge At（Secs）：脉冲宽度。

☺ Specific Number of Edges：指定脉冲边沿数目。

☺ Specific pulse train：指定脉冲轨迹。

（5）在 Generator Name 文本框中输入数字模式信号源的名称，如 DPattern Source 1。

（6）在指定脉冲轨迹项的下边单击"Edit"按钮，出现如图3-47所示的数字模式信号源的轨迹编辑区。

图3-46　数字模式信号源属性设置对话框

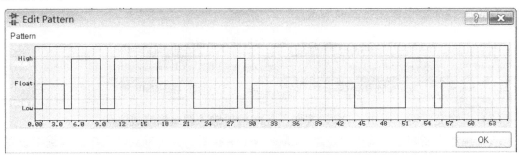

图3-47　数字模式信号源的轨迹编辑区

（7）在图3-47中，通过单击鼠标可以确定轨迹，有高电平、低电平和浮动电平三种电平可以改变。单击"OK"按钮完成轨迹编辑，返回图3-46所示的属性设置对话框。

（8）单击"OK"按钮完成属性设置。

（9）在 Generator Name 栏中输入发生器的名称，并编辑信号。在本例中使用三个信号源，对它们分别进行如表3-10所示的编辑。

表3-10　数字模式信号源指标

Generator Name	Initial State	First Edge At（Secs）	Timing		Transitions		Bit Pattern
DPattern Source 1	Low	100ms	Equal Mark/Space Timing	√	Specific Number of Edges	10	Standard High-Low Pulse Train
			Pulse width（Secs）	500ms			
DPattern Source 2	Low	100ms	Mark Time	300ms	Continuous Sequence of Pulses	Specific pulse train	—
			Space Time	700ms			
DPattern Source 3	Low	100ms	Equal Mark/Space Timing	√	Continuous Sequence of Pulses	Specific pulse train	使用 Edit 进行编辑，如图3-48、图3-49所示
			Pulse width（Secs）	500ms			

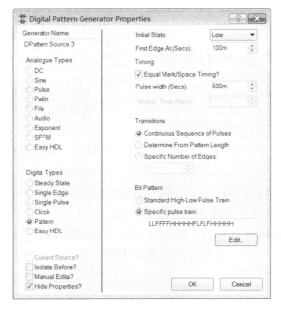

图 3-48 DPattern Source 3 编辑对话框

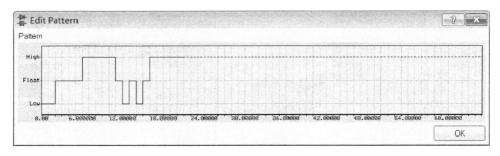

图 3-49 DPattern Source 3 曲线

（10）设置完成后，单击"OK"按钮。此时信号输入源编辑完成。

（11）用数字图表观测输出。点选 DPattern Source 1、DPattern Source 2 和 DPattern Source 3 指针，并拖动到图表中。本例中设置图表的 Stop time 为 15s。连接电路图如图 3-50 所示。

（12）在数字图表上单击鼠标左键，然后单击"Space"按钮，数字图表进行仿真。DPattern 信号源输出曲线如图 3-51 所示。

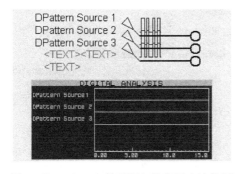

图 3-50 DPattern 信号源与数字图表连接图

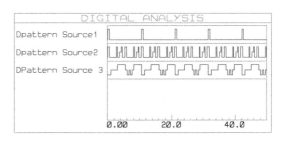

图 3-51 DPattern 信号源输出曲线

3.2　基于图表的分析

　　图表分析可以得到整个电路分析结果，并且可以直观地对仿真结果进行分析。同时，图表分析能够在仿真过程中放大一些特别的部分，进行一些细节上的分析。另外，图表分析也是唯一一种能够实现现在实时中难以做出的分析，比如交流小信号分析、噪声分析和参数扫描。

　　图表在仿真中是一个最重要的部分。它不仅是结果的显示媒介，而且定义了仿真类型。通过放置一个或若干个图表，用户可以观测到各种数据（数字逻辑输出、电压、阻抗等），即通过放置不同的图表来显示电路在各方面的特性。

　　单击工具箱中的 Simulation Graph 按钮，在对象拾取器中列出所有的电路分析图表，如图 3-52 所示。电路分析图表及其含义见表 3-11。

表 3-11　电路分析图表及其含义

名　称	含　义
ANALOGUE	模拟分析图表
DIGITAL	数字分析图表
MIXED	混合分析图表
FREQUENCY	频率分析图表
TRANSFER	转移特性分析图表
NOISE	噪声分析图表
DISTORTION	失真分析图表
FOURIER	傅里叶分析图表
AUDIO	音频分析图表
INTERACTIVE	交互分析图表
CONFORMANCE	一致性分析图表
DC SWEEP	直流扫描分析图表
AC SWEEP	交流扫描分析图表

图 3-52　电路分析图表列表

1. 基于模拟分析图表的电路分析

模拟分析图表用于绘制一条或多条电压或电流随时间变化的曲线。

1）放置模拟分析图表

（1）单击工具箱中的 Simulation Graph 按钮，在对象选择器中将出现各种仿真分析所需的图表，选择 ANALOGUE 仿真图表。

（2）在编辑窗口期望放置图表的位置单击鼠标左键，并拖动鼠标，此时将出现一个矩形图表轮廓，如图 3-53 所示。

（3）在期望的结束点单击鼠标左键，放置图表，如图 3-54 所示。

图 3-53　选择位置

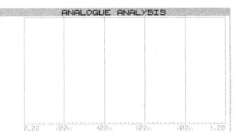

图 3-54　放置图表

　　图表与其他元件在移动、删除和编辑等方面的操作相同。

　　图表的大小可以调整：右击图表，图表被选中，四边出现小黑方框，光标指向方框拖动即可调整图表大小。

　　2）放置发生器和探针　每个发生器都默认自带一个探针，所以不需要再为发生器放置探针。有三种方法可以加入发生器和探针。

　　（1）依次选中探针或发生器，拖动到图表中。图表有左右两条竖轴，探针/发生器靠近哪边被拖入，其名字就被放置在那条轴上，图表中的探针/发生器与原理图的名字相同。

　　（2）当原理图中没有被选中的探针/发生器时，执行菜单命令 Graph→Add Trace，单击"OK"按钮，则把所有选中的探针放置到图表中，以字母顺序排序。

　　（3）如果原理图中有被选中的探针/发生器，则执行菜单命令 Graph→Add Trace，单击"OK"按钮，把所有选中的探针放置到图表中，以字母顺序排序。

　　不同的探针和发生器由不同的颜色表示。

　　同其他元件一样，右击探针名（或发生器名）选中探针名（或发生器名），探针名（或发生器名）变为白色，拖动探针名（或发生器名）来调整顺序，也可以把左边竖轴的探针名（或发生器名）放到右边的竖轴。

　　3）设置仿真图表　双击模拟图表，将弹出如图 3-55 所示的模拟图表编辑对话框。

　　对话框中包含如下设置内容：

　　☺ Graph title：图表标题。

　　☺ Start time：仿真起始时间。

　　☺ Stop time：仿真终止时间。

　　☺ Left Axis Label：左边坐标轴标签。

　　☺ Right Axis Label：右边坐标轴标签。

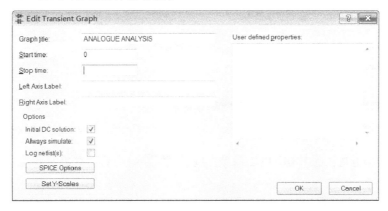

图 3-55　模拟图表编辑对话框

　　设置完成后，单击"OK"按钮。

　　本例中添加的发生器和探针为 INPUT 和 OUTPUT 两信号，设置停止时间为 1ms，如图 3-56 所示。

　　4）进行仿真　对图 3-57 所示电路进行仿真。

　　将鼠标指针放在图表上，执行菜单命令 Graph→Simulate（快捷键：空格键）开始仿真，图表也随仿真的结果进行更新。仿真日志记录最后一次的仿真情况，执行菜单命令 Graph→View Log（快捷键：Ctrl+V）可实现仿真日志的记录。当仿真中出现错误时，日志中可显示详细的出错信息。

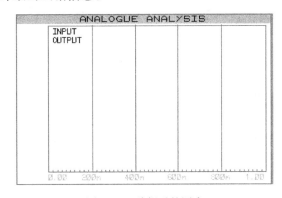

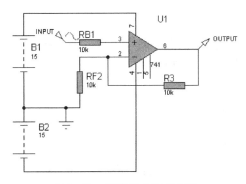

图 3-56　编辑后的图表　　　　　　　　图 3-57　模拟图表仿真电路

如果再一次执行仿真，可看到图表并没有发生变化，可在编辑瞬时图表对话框中选择 Always Simulate，此时，就可看到图表在动态刷新。当可以看到图表上的波形，但并不能看清细节时，单击图表的标题栏，可把图表最大化（全编辑窗口显示），如图 3-58 所示。分析完成后，单击图表标题栏可恢复原编辑窗口。

如图 3-59 所示为显示窗口中两条曲线幅值相差太大时的情况。

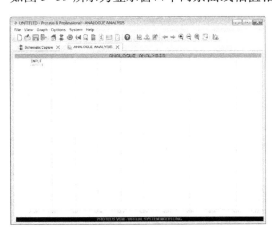

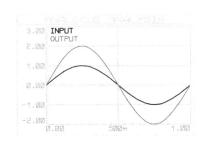

图 3-58　模拟图表以窗口形式出现　　　图 3-59　例图（两条曲线幅值相差偏大时）

可以用分离的方法：选中 OUTPUT 信号，按下鼠标左键拖动到右边的竖轴，看到如图 3-60 所示的显示窗口。

> 📖 **注意**
> 两边竖轴的单位是不同的。

测量时，需放置两条测量线（平行于竖轴）：在图表中单击鼠标，出现一条粉红线（基本指针），按下 Ctrl 键，在图表中单击鼠标，出现另一条蓝色线（参考指针），如图 3-61 所示。

移动测量线时也一样：单击鼠标移动粉红线，按下 Ctrl 键单击鼠标则移动蓝线。

删除测量线：鼠标指向任一竖轴的标值（如左轴的-200m、400m 等），单击鼠标删除绿线；鼠标指向任一竖轴的标值，按下 Ctrl 键，单击鼠标删除红线。

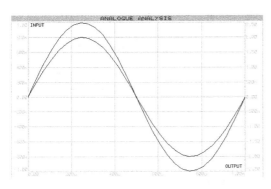

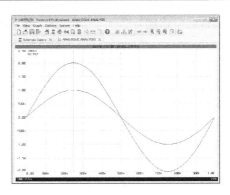

图 3-60　分离曲线　　　　　　　图 3-61　使用基本指针与参考指针进行测量

每个图表中只能出现两条测量线，对两个量进行测量。

此时图表底部为状态栏，显示的数据都是绝对值。其中，DX 显示时间相对量，DY 显示幅值相对量。

2. 基于数字分析图表的电路分析

数字分析图表用于绘制逻辑电平值随时间变化的曲线，图表中的波形代表单一数据位或总线的二进制电平值。

1）放置数字分析图表　单击工具箱中的 Simulation Graph 按钮，在对象选择器中将出现各种仿真分析所需的图表，选择 DIGITAL 仿真图表。在编辑窗口期望放置图表的位置单击鼠标左键，并拖动鼠标，此时将出现一个矩形图表轮廓，在期望的结束点单击鼠标左键，放置数字分析图表，如图 3-62 所示。

2）设置数字分析图表　双击图表，将弹出如图 3-63 所示的数字分析图表编辑对话框。

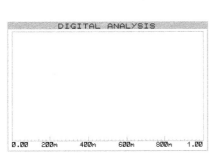

图 3-62　数字分析图表　　　　　图 3-63　数字分析图表编辑对话框

对话框中包含如下设置内容：

☺ Graph title：图表标题。

☺ Start time：仿真起始时间。

☺ Stop time：仿真终止时间。

☺ Left Axis Label：左边坐标轴标签。

☺ Right Axis Label：右边坐标轴标签。

3）进行仿真　对如图 3-64 所示电路进行仿真。

将 S、R、U1：A（Q）和 U1：B（$\overline{Q}$）添加到数字图表。执行菜单命令 Graph→Simulate

（快捷键：空格键）即可开始仿真。数字图表输出结果如图 3-65 所示。

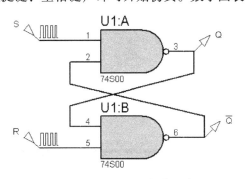

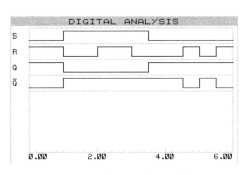

图 3-64   数字图表仿真电路   图 3-65   数字图表输出结果

3. 基于混合分析图表的电路分析

混合分析图表可以在同一图表中同时显示模拟和数字信号的波形。

1）放置混合分析图表   单击工具箱中的 Simulation Graph 按钮，在对象选择器中将出现各种仿真分析所需的图表，选择 MIXED 仿真图表。在编辑窗口期望放置图表的位置单击鼠标左键，并拖动鼠标，在期望的结束点单击鼠标左键，放置混合分析图表，如图 3-66 所示。

2）设置混合分析图表   双击图表，将弹出如图 3-67 所示的混合分析图表属性编辑对话框。

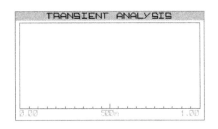

图 3-66   混合分析图表   图 3-67   混合分析图表属性编辑对话框

对话框中包含如下设置内容：

☺ Graph title：图表标题。

☺ Start time：起始仿真时间。

☺ Stop time：终止仿真时间。

☺ Left Axis Label：左边坐标轴标签。

☺ Right Axis Label：右边坐标轴标签。

设置完成后，单击 "OK" 按钮，结束设置。

3）进行仿真   本例中使用图 3-68 所示电路进行仿真。

（1）添加探针和发生器。添加第一个数字探针时，鼠标放置在图标上，右击，在弹出的快捷菜单中选择 Add Trace 命令，出现如图 3-69 所示的对话框。

在 Trace Type 中选择 Digital 型曲线，并在 Probe P1 中选择对应的数字探针，然后单击 "OK" 按钮，可将输入模式信号源添加到混合图表中。

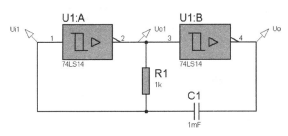

图 3-68　混合图表仿真电路　　　　　　　　　　图 3-69　Add Transient Trace 编辑对话框

其他探针的添加可以用菜单命令，也可采用拖动的方法。添加探针后的图表如图 3-70 所示。

（2）设置仿真时间为 10s，使用空格键开始仿真。混合图表仿真结果如图 3-71 所示。

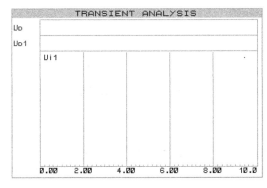

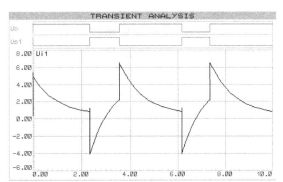

图 3-70　添加探针后的图表　　　　　　　　　　图 3-71　混合图表仿真结果

4. 基于频率分析图表的电路分析

频率分析的作用是分析电路在不同频率工作状态下的运行情况，但不像频谱分析仪那样所有频率一起被考虑，而是每次只可分析一个频率。所以，频率特性分析相当于在输入端连接一个可改变频率的测试信号，在输出端连接一个交流电表测量不同频率所对应的输出，同时可得到输出信号的相位变化情况。频率特性分析还可以用来分析不同频率下的输入、输出阻抗。此功能在非线性电路中使用时是没有实际意义的。因为频率特性分析的前提是假设电路为线性的，就是说，如果在输入端加一标准的正弦波，在输出端也相应地得到一标准的正弦波。实际中完全线性的电路是不存在的，但是大多数我们认为的线性电路是在此分析允许范围内的。另外，由于系统是在线性情况下，且引入复数算法（矩阵算法）进行的运算，其分析速度要比瞬态分析快了许多。

频率分析图表用于绘制小信号电压增益或电流增益随频率变化的曲线，即绘制波特图，可描绘电路的幅频特性和相频特性。但它们都以指定的输入发生器为参考。在进行频率分析时，图表的 X 轴表示频率，两个纵轴可分别显示幅值和相位。

1）放置频率分析图表　单击工具箱中的 Simulation Graph 按钮，在对象选择器中将出现各种仿真分析所需的图表，选择 FREQUENCY 仿真图表。在编辑窗口期望放置图表的位置单击鼠标左键，并拖动鼠标，在期望的结束点单击鼠标左键，放置频率分析图表，如图 3-72 所示。

2）设置频率分析图表　双击图表，将弹出如图 3-73 所示的频率分析图表编辑对话框。

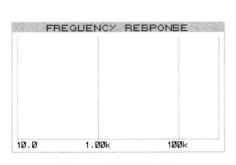

图 3-72 频率分析图表

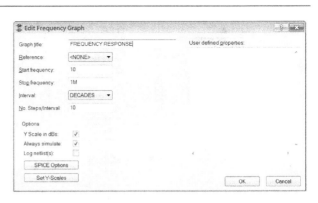

图 3-73 频率分析图表编辑对话框

对话框中包含如下设置内容：

☺ Graph title：图表标题。

☺ Reference：参考发生器。

☺ Start frequency：起始仿真频率。

☺ Stop frequency：终止仿真频率。

☺ Interval：间距取值方式。系统提供三种取值方式，即十倍频程（DECADES）、八倍频程（OCTAVESL）和线性取值（INEAR）。

☺ No. Steps/Interval：步幅数。

在频率分析中，幅值和相位都需设一个参考值，我们通过设置参考发生器来实现这一点。图表中参考发生器的幅值为 1V，相位为 0dB。原理图中的任何一个发生器都可被设为参考发生器，图中的其他发生器在频率分析时被忽略。

在进行仿真时一定要选择一个参考发生器并把它拖到图中，否则仿真不能正确进行。编辑完成后，单击"OK"按钮完成设置。

3）进行仿真 本例中使用图 3-74 所示的电路进行仿真。频率分析图表的设置如表 3-12 所示。

表 3-12 频率分析图表设置

Graph title	Reference	Start frequency	Stop frequency	Interval	No. Steps/Interval
FREQUENCY RESPONSE	INPUT	10Hz	1MHz	DECADES	10

执行菜单命令 Graph→Simulate（快捷键：空格键）开始仿真。此时，图表也随仿真的结果进行更新。电路仿真结果如图 3-75 所示。

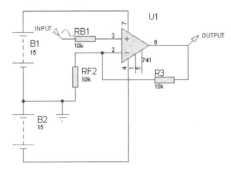

图 3-74 频率分析仿真电路

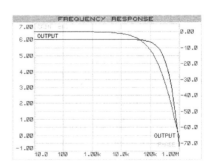

图 3-75 频率分析仿真结果

如上所述，测量时，需放置两条测量线（平行于竖轴）：在图表中单击鼠标，出现一条绿线；按下 Ctrl 键，在图表中单击鼠标，出现另一条红线。

移动测量线时也一样：单击鼠标移动绿线，按下 Ctrl 键单击鼠标则移动红线。

删除测量线：鼠标指向任一竖轴的标值（如左轴的-200m、400m 等），单击鼠标删除绿线；鼠标指向任一竖轴的标值，按下 Ctrl 键，单击鼠标删除红线。

图表底部为状态栏，显示的数据都是绝对值。其中，DX 显示时间相对量，DY 显示幅值相对量。

5. 基于转移特性分析图表的电路分析

转移特性分析是一种非线性分析，用于分析在给定激励信号情况下电路的时域响应。

1）放置转移特性分析图表　单击工具箱中的 Simulation Graph 按钮，在对象选择器中将出现各种仿真分析所需的图表，选择 TRANSFER 仿真图表。在编辑窗口期望放置图表的位置单击鼠标左键，并拖动鼠标，在期望的结束点单击鼠标左键，放置图表，如图 3-76 所示。

2）设置转移特性分析图表　双击图表，将弹出如图 3-77 所示的转移特性分析图表编辑对话框。

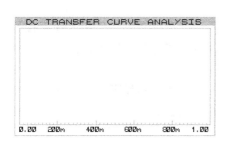

图 3-76　转移特性分析图表

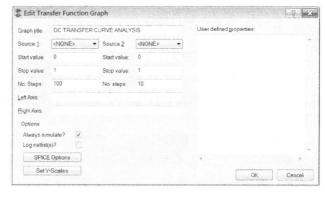

图 3-77　转移特性分析图表编辑对话框

对话框中包含如下设置内容：

☺ Graph title：图表标题。

☺ Source 1：横轴仿真源。　　　　　Source 2：激励源。

☺ Start value：横轴仿真源仿真起始值。　　Start value：激励源仿真起始值。

☺ Stop value：横轴仿真源仿真终止值。　　Stop value：激励源仿真终止值。

☺ No. Steps：步幅数。　　　　　　No. steps：步幅数。

☺ Left Axis：左边坐标轴标签。

☺ Right Axis：右边坐标轴标签。

按照电路要求设置转移特性分析图表。编辑完成后，单击"OK"按钮完成设置。

3）进行仿真　本例中使用图 3-78 所示电路进行仿真（其中，$V_{CE}=1V$）。

转移特性分析图表的设置如表 3-13 所示。

执行菜单命令 Graph→Simulate（快捷键：空格键）开始仿真。此时，图表也随仿真的结果进行更新。电路仿真结果如图 3-79 所示。

表3-13　转移特性分析图表设置

Graph title	DC TRANSFER CURVE ANALYSIS		
Source 1	V_{CE}	Source 2	I_B
Source 1 Start value	0V	Source 2 Start value	100μA
Source 1 Stop value	10V	Source 2 Stop value	1mA
No. Steps	100	No. Steps	10

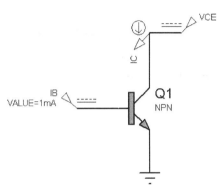

图3-78　转移特性分析仿真电路

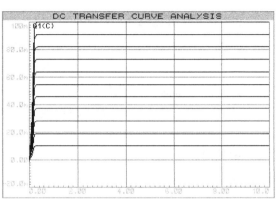

图3-79　转移特性分析仿真结果

6. 基于噪声分析图表的电路分析

由于电阻或半导体元件会自然而然地产生噪声，这对电路工作当然会产生相当程度的影响。系统提供噪声分析就是将噪声对输出信号所造成的影响予以数字化，以供设计师评估电路性能。

在分析时，SPICE 模拟装置可以模拟电阻器及半导体元件产生的热噪声，各元件在设置电压探针（因为该分析不支持噪声电流，PROSPICE 不考虑电流探针）处产生的噪声将在该点求和，即为该点的总噪声。分析曲线的横坐标表示的是该分析所在的频率范围，纵坐标表示的是噪声值（分左、右 Y 轴，左 Y 轴表示输出噪声值，右 Y 轴表示输入噪声值。一般以 $V/\sqrt{Hz}$ 为单位，也可通过编辑图表对话框设置为 dB，0dB 对应 $1V/\sqrt{Hz}$）。电路工作点将按照一般处理方法计算，在计算工作点之外的各时间，除了参考输入信号外，各信号发生装置将不被分析系统考虑，所以，分析前不必移除各信号发生装置。PROSPICE 于分析过程中在计算所有电压探针噪声的同时考虑它们相互间的影响，所以无法知道单纯的某个探针的噪声分析结果。分析过程将对每个探针逐一处理，所以仿真时间大概与电压探针的数量成正比。

> 📖 **注意**
> 噪声分析是不考虑外部电、磁等对电路的影响的。

噪声分析图表可显示随频率变化时节点的等效输入、输出噪声电压，同时可产生单个元件的噪声电压清单。

1）放置噪声分析图表　单击工具箱中的 Simulation Graph 按钮，在对象选择器中将出现各种仿真分析所需的图表，选择 NOISE 仿真图表。在编辑窗口期望放置图表的位置单击鼠标左键，并拖动鼠标，在期望的结束点单击鼠标左键，放置噪声分析图表，如图3-80所示。

2）设置噪声分析图表　双击图表，将弹出如图 3-81 所示的噪声分析图表编辑对话框。

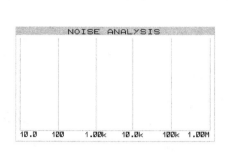

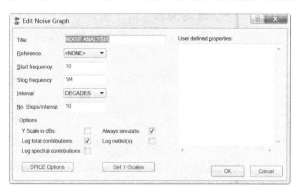

图 3-80　噪声分析图表　　　　　　　　　图 3-81　噪声分析图表编辑对话框

对话框中包含如下设置内容：

☺ Title：图表标题。

☺ Reference：参考发生器。

☺ Start frequency：起始仿真频率。

☺ Stop frequency：终止仿真频率。

☺ Interval：间距取值方式。系统提供三种取值方式，即十倍频程（DECADES）、八倍频程（OCTAVESL）和线性取值（INEAR）。

☺ No. Steps/Interval：步幅数。

按照电路实际要求设置噪声分析图表。编辑完成后，单击"OK"按钮完成设置。

3）进行仿真　本例中使用图 3-74 所示电路进行仿真。噪声分析图表的设置如表 3-14所示。

表 3-14　噪声分析图表设置

Title	Reference	Start frequency	Stop frequency	Interval	No. Steps/Interval
NOISE ANALYSIS	INPUT	10Hz	1MHz	DECADES	10

执行菜单命令 Graph→Simulate（快捷键：空格键）开始仿真。此时，图表将随仿真的结果进行更新。电路仿真结果如图 3-82 所示。

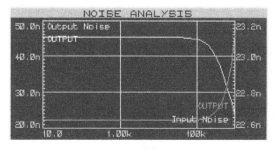

图 3-82　噪声分析仿真结果

7. 基于失真分析图表的电路分析

失真是由电路传输函数中的非线性部分产生的，仅由线性元件组成的电路（如电阻、电感、线性可控源）不会产生任何失真。失真分析用于检测电路中的谐波失真和互调失真。

PROTEUS ISIS 的失真分析可仿真二极管、双极性晶体管、场效应管、面结型场效应晶体管（JFET）和金属氧化物半导体场效应晶体管（MOSFET），用于确定由测试电路所引起的电平失真程度。

对于单频率信号，PROTEUS ISIS 失真分析可确定电路中每一节点的二次谐波和三次谐波造成的失真；对于互调失真，即电路中有频率分别为 F_1、F_2 的交流信号源，则 PROTEUS ISIS 频率分析给出电路节点在 F_1+F_2、F_1-F_2 及 $2F_1-F_2$ 不同频率上的谐波失真。

失真分析对于研究瞬态分析中不易观察到的小失真比较有效。

1）放置失真分析图表 单击工具箱中的 Simulation Graph 按钮，在对象选择器中将出现各种仿真分析所需的图表，选择 DISTORTION 仿真图表。在编辑窗口期望放置图表的位置单击鼠标左键，并拖动鼠标，在期望的结束点单击鼠标左键，放置失真分析图表，如图 3-83 所示。

2）设置失真分析图表 双击图表，将弹出如图 3-84 所示的失真分析图表编辑对话框。

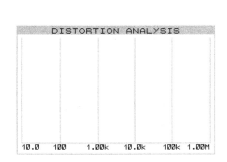

图 3-83　失真分析图表

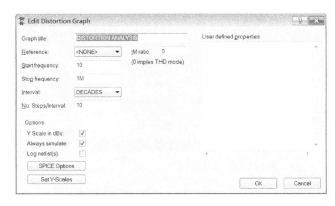

图 3-84　失真分析图表编辑对话框

对话框中包含如下设置内容：

☺ Graph title：图表标题。

☺ Reference：频率为 F_1 的发生器。

☺ IM ratio：F_2 与 F_1 的比率。

☺ Start frequency：F_1 起始仿真频率。

☺ Stop frequency：F_1 终止仿真频率。

☺ Interval：间距取值方式。系统提供三种取值方式，即十倍频程（DECADES）、八倍频
　　程（OCTAVESL）和线性取值（INEAR）。

☺ No. Steps/Interval：步幅数。

其中，IM ratio 在仿真电路的互调失真时用于设置 F_2 与 F_1 的比率。此时设置的频率范围为 F_1 的频率范围，F_2 的频率范围为 F_1 的频率乘以 F_2 与 F_1 的比率。IM ratio 的值设置为 0~1 之间的数。当 IM ratio 设置为 0 时，系统仿真电路的谐波失真。

按照电路实际要求设置失真分析图表。编辑完成后，单击"OK"按钮完成设置。

3）进行仿真 本例中使用图 3-74 所示电路进行仿真。失真分析图表的设置如表 3-15 所示。

表 3-15　失真分析图表设置

Graph title	Reference	Start frequency	Stop frequency	Interval	No. Steps/Interval	IM ratio
DISTORTION ANALYSIS	INPUT	10Hz	1MHz	DECADES	10	0

执行菜单命令 Graph→Simulate（快捷键：空格键）开始仿真。此时，图表也随仿真的结果进行更新。电路仿真结果如图 3-85 所示。

失真分析将生成每个谐波的幅值和相位信息。对于单频率谐波畸变，在图表中将出现两条曲线，分别表示信号的二次谐波和三次谐波；对于互调失真，将按照二次谐波与基波的比率输入两个频率信号。每一轨迹将有三条曲线分别显示 F_1+F_2、F_1-F_2 和 $2F_1-F_2$。

在定义二次谐波与基波的比率时须小心。因为，如果 $F_2/F_1=0.5$，则 $F_1-F_2=F_2$，且 F_1-F_2 曲线将没有意义。在通常状况下，这一比率值取无理数，如 $F_2/F_1=49/100$ 是一个比较好的取值。

📖 **注意**

$F_2/F_1<1$。

无论在何种失真分析下，将指针放置到曲线图表上后，在状态栏的右边都将会显示曲线的类型，如图 3-86 所示。

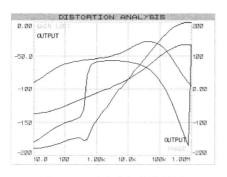 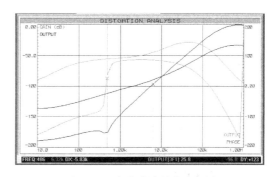

图 3-85　失真分析仿真结果　　　图 3-86　失真曲线的状态显示

8. 基于傅里叶分析图表的电路分析

傅里叶分析方法用于分析一个时域信号的直流分量、基波分量和谐波分量。即把被测节点处的时域变化信号做离散傅里叶变换，求出它的频域变换规律，将被测节点的频谱显示在分析图窗口中。在进行傅里叶分析时，必须首先选择被分析的节点，一般将电路中的交流激励源的频率设为基频；若在电路中有几个交流电源，则可将基频设为电源频率的最小公因数。

PROTEUS ISIS 系统为模拟电路频域分析提供了傅里叶分析图表。系统首先对电路进行瞬态分析，然后对瞬态分析结果执行快速傅里叶分析（FFT）。为了优化 FFT 分析，在仿真图表中提供了多种窗函数。

由傅里叶分析计算系统失真度（D）的计算公式为：$D\approx\sqrt{\dfrac{V_{om2}^2+V_{om3}^2}{V_{om1}^2}}$，其中，$V_{om1}^2$ 是基波幅度，而 V_{om2}^2、V_{om3}^2 为二次谐波与三次谐波幅度。

1）放置傅里叶分析图表　单击工具箱中的 Simulation Graph 按钮，在对象选择器中将出现各种仿真分析所需的图表，选择 FOURIER 仿真图表。在编辑窗口期望放置图表的位置单击鼠标左键，并拖动鼠标，在期望的结束点单击鼠标左键，放置傅里叶分析图表，如图 3-87 所示。

2) 设置傅里叶分析图表 双击图表，将弹出如图 3-88 所示的傅里叶分析图表编辑对话框。

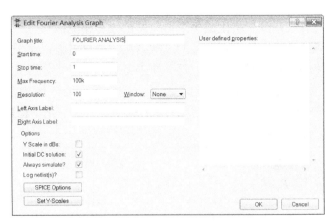

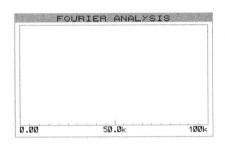

图 3-87　傅里叶分析图表　　　　　　图 3-88　傅里叶分析图表编辑对话框

对话框中包含如下设置内容：

☺ Graph title：图表标题。

☺ Start time：仿真起始时间。

☺ Stop time：仿真终止时间。

☺ Max Frequency：最大频率。

☺ Resolution：分辨率。

☺ Window：窗函数。

☺ Left Axis Label：左边坐标轴标签。

☺ Right Axis Label：右边坐标轴标签。

按照电路实际要求设置傅里叶分析图表。编辑完成后，单击"OK"按钮完成设置。

3) 进行仿真 本例中使用图 3-89 所示电路进行仿真。

傅里叶分析图表的设置如表 3-16 所示。

表 3-16　傅里叶分析图表设置

Graph title	Start time	Stop time	Max Frequency	Resolution	Window
FFT OF REAL SOUARE WAVE	0s	100ms	20kHz	125	None

执行菜单命令 Graph→Simulate（快捷键：空格键）开始仿真。此时，图表也随仿真的结果进行更新。电路仿真结果如图 3-90 所示。

9. 基于音频分析图表的电路分析

音频分析用于用户从设计的电路中听电路的输出（要求系统具有声卡）。实现这一功能的主要元件为音频分析图表。这一分析图表与模拟分析图表在本质上是一样的，只是在仿真结束后，会生成一个时域的 WAV 文件窗口，并且可通过声卡输出声音。

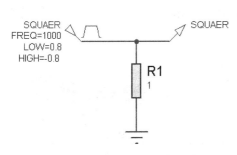

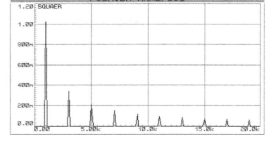

图 3-89　傅里叶分析仿真电路　　　　　　　图 3-90　傅里叶分析仿真结果

1）放置音频分析图表　单击工具箱中的 Simulation Graph 按钮 ，在对象选择器中将出现各种仿真分析所需的图表，选择 AUDIO 仿真图表。在编辑窗口期望放置图表的位置单击鼠标左键，并拖动鼠标，在期望的结束点单击鼠标左键，放置音频分析图表，如图 3-91 所示。

2）设置音频分析图表　在图表中放置测量探针，设置音频分析图表，如图 3-92 所示。

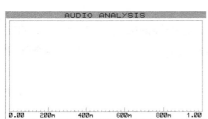

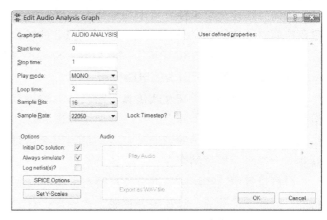

图 3-91　音频分析图表　　　　　　　　　图 3-92　设置音频分析图表

对话框中包含如下设置内容：

☺ Graph title：图表标题。

☺ Start time：仿真起始时刻。

☺ Stop time：仿真终止时刻。

☺ Play mode：播放模式，包括 MONO、INPUT、OUTPUT 和 STEREO 四种模式。

☺ Loop time：循环时间。

☺ Sample Bits：采样位。系统提供了 8 和 16 两种采样位。

☺ Sample Rate：采样率。系统提供了 11025、22050、44100 三种采样率。

按电路实际要求编辑完成后，单击"OK"按钮完成设置。

3）进行仿真　本例中使用图 3-93 所示电路进行仿真。

音频分析图表的设置如表 3-17 所示。

表 3-17　音频分析图表设置

Graph title	Start time	Stop time	Play mode	Loop time	Sample Bits	Sample Rate
AUDIO ANALYSIS	0s	1ms	MONO	2	16	44100

执行菜单命令 Graph→Simulate（快捷键：空格键）开始仿真。此时，图表也随仿真的结果进行更新。电路仿真结果如图 3-94 所示。

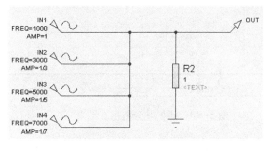

图 3-93　音频分析仿真电路

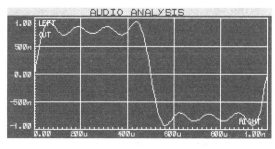

图 3-94　音频分析仿真结果

根据在最短的实际仿真内生成合适长度的波形，选择启动时间、停止时间和循环时间。通过 1ms 的分析和 1000 次的循环创建的 1s 音频将明显比 1s 的电路分析快得多。

为信号选择一个采样分辨率和采样率，以使信号不失真。在不需要创建大的文件或缺少磁盘空间时，使用 16 位的分辨率。大多数 PC 的扬声器系统选择 43.1kHz 的分辨率。

按空格键，调用 PROSPICE。按 "Ctrl+ Space" 键，重播音频文件，而不进行仿真。

10. 基于交互分析图表的电路分析

交互式分析结合了交互式仿真与图表仿真的特点，仿真过程中，系统建立交互式模型，但分析结果却是用一个瞬态分析图标记录和显示的。交互式分析特别适用于观察电路中的某一单独操作对电路产生的影响（如变阻器阻值变化对电路的影响情况），相当于将一个示波器和一个逻辑分析仪结合在一个装置上。

分析过程中，系统按照混合模型瞬态分析的方法进行运算，但仿真是在交互式模型下运行的。因此，像开关、键盘等各种激励的操作将对结果产生影响。同时，仿真速度也取决于交互式仿真中设置的时间步长。

> **📖 注意**
>
> 　在分析过程中，系统将获得大量数据，处理器每秒将会产生数百万事件，产生的各种事件将占用许多兆内存，这就很容易使系统崩溃，所以不宜进行长时间仿真。也就是说，短时间仿真不能实现目的时，应用逻辑分析仪。另外，与普通交互式仿真不同的是，许多成分电路不被该分析支持。

通常情况，可以借助交互式仿真中的虚拟仪器实现观察电路中的某一单独操作对电路产生的影响，但有时需要将结果用图表的方式显示出来以便更详细地分析，这就需要用交互式分析来实现。

1）放置交互分析图表　单击工具箱中的 Simulation Graph 按钮，在对象选择器中将出现各种仿真分析所需的图表，选择 INTERACTIVE 仿真图表。在编辑窗口期望放置图表的位置单击鼠标左键，并拖动鼠标，在期望的结束点单击鼠标左键，放置交互分析图表，如图 3-95 所示。

2）设置交互分析图表　双击图表，将弹出如图 3-96 所示的交互分析图表编辑对话框。对话框中包含如下设置内容：

☺ Graph title：图表标题。

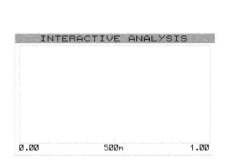

图 3-95　交互分析图表

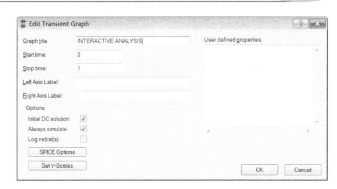

图 3-96　交互分析图表编辑对话框

☺ Start time：仿真起始时刻。

☺ Stop time：仿真终止时刻。

☺ Left Axis Label：左边坐标轴标签。

☺ Right Axis Label：右边坐标轴标签。

设置完成后，单击"OK"按钮，结束设置。

3）进行仿真　本例中使用图 3-68 所示电路进行仿真。

执行菜单命令 Graph→Simulate（快捷键：空格键）开始仿真。此时，图表也随仿真的结果进行更新。电路仿真结果如图 3-97 所示。

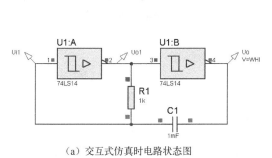

（a）交互式仿真时电路状态图

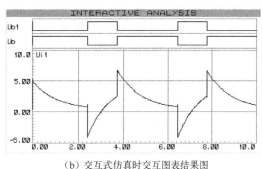

（b）交互式仿真时交互图表结果图

图 3-97　电路仿真结果

11. 基于一致性分析图表的电路分析

一致性分析用于比较两组数字仿真结果。这一分析图表可以快速测试改进后的设计是否带来不期望的副作用。一致性分析作为测试策略的一部分，通常应用于嵌入式系统的分析中。

一致性分析可以在图表中保存两组结果，并分别称其为测试结果与参考结果。

电路是否具有一致性，由初始迹线（first trace）以不同的颜色显示以使其与其他曲线区分开来。

1）放置一致性分析图表　单击工具箱中的 Simulation Graph 按钮，在对象选择器中将出现各种仿真分析所需的图表，选择 CONFORMANCE 仿真图表。在编辑窗口期望放置图表的位置单击鼠标左键，并拖动鼠标，在期望的结束点单击鼠标左键，放置图表，如图 3-98 所示。

2）设置一致性分析图表　双击图表，将弹出如图 3-99 所示的一致性分析图表编辑对话框。

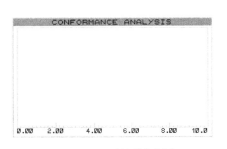

图 3-98 一致性分析图表

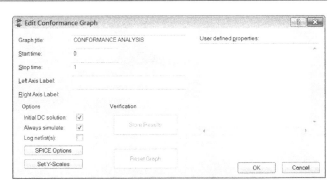

图 3-99 一致性分析图表编辑对话框

对话框中包含如下设置内容：

☺ Graph title：图表标题。

☺ Start time：仿真起始时刻。

☺ Stop time：仿真终止时刻。

☺ Left Axis Label：左边坐标轴标签。

☺ Right Axis Label：右边坐标轴标签。

根据电路实际需要设置一致性分析图表，编辑完成后，单击"OK"按钮完成设置。

3）进行仿真 本例中使用图 3-100 所示的电路进行一致性分析。

这一电路由 U1、R1 和 C1 构成了典型的 555 单稳态触发器。这一电路由数字脉冲发生器在 1ms 处触发，其中 TR 的设置为 Start Time（Secs）：1ms；Pulse Width：205μs。同时结果输出波形显示在模拟分析图表中。电路的仿真结果如图 3-101 所示。

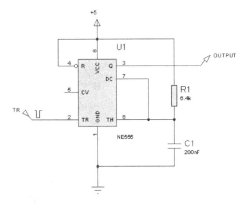

图 3-100 一致性分析仿真电路

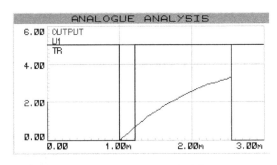

图 3-101 一致性分析仿真结果

电路仿真结果应具有以下特性：

☺ 在触发发生前，输出为低电平。

☺ 触发端变为低电平后，输出马上变为高电平。

☺ 当触发端变回高电平时，输出仍保持为高电平。

☺ 输出保持高电平约 1.5ms，之后输出变为低电平。

4）control trace 的获取 为了完成一致性分析，需在触发信号的每一边沿及输出信号的每一边沿采样输出数据。本例中采用图 3-102 所示电路获取 control trace。其中，数字单脉冲信号源指标如表 3-18 所示。

表 3-18　数字单脉冲信号源指标

Generator Name	Pulse Polarity	Start Time（Secs）	Pulse Width（Secs）
U2（D0）	Positive（Low-High-Low）Pulse	995ms	10μs
U2（D1）	Positive（Low-High-Low）Pulse	1.2ms	10μs
U2（D2）	Positive（Low-High-Low）Pulse	2.4ms	200μs

用户通过选择最后两个采样点的间距，可以设置延迟时间的容限。

用户可使用数字时钟发生器或模式发生器产生控制信号；采用单时钟信号发生器将使电路每隔一定间隔进行查证，因此常采用这一方法。

放置一致性分析图表，确保 control trace 在图表的顶端。将 CONTROL、TR、OUTPUT 指针放置到一致性分析图表中，并进行编辑。一致性分析图表编辑对话框如图 3-99 所示。电路仿真结果如图 3-103 所示。

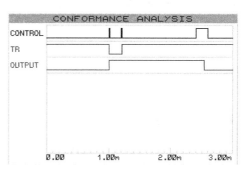

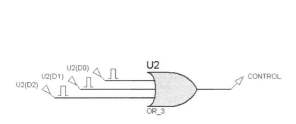

图 3-102　获取 control trace 电路　　　　图 3-103　电路仿真结果

验证结果是否与期望的结果相同，control trace 在期望的时间点处的跳变是否与期望的结果相同。打开一致性分析图表编辑对话框，并单击"Store Results"按钮。这一操作将使得当前显示的结果成为参考结果，且图线将以暗色显示，如图 3-104 所示。

保存设计。现假设元件不足，R_1 和 C_1 值需改变。例如，$R_1 = 15 k\Omega$ 和 $C_1 = 100 nF$，此时对设计进行一致性分析。试验的结果如图 3-105 所示。

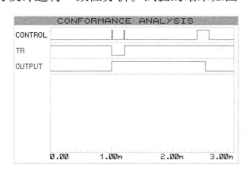

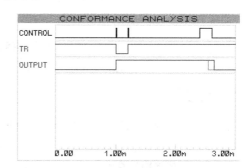

图 3-104　将获取的 control trace 保存　　　图 3-105　更改变量值后系统的仿真结果

12. 基于直流扫描分析图表的电路分析

直流扫描分析可以观察电路元件参数值在使用者定义范围内发生变化时对电路工作状态（电压或电流）的影响（如观察电阻值、晶体管放大倍数、电路工作温度等参数变化对电路工作状态的影响），也可以通过扫描激励元件参数值测量元件直流传输特性。

PROTEUS ISIS 系统为模拟电路分析提供了直流扫描分析图表，使用该图表，可以显示随扫描变化的定态电压或电流值。

1）放置直流扫描分析图表　单击工具箱中的 Simulation Graph 按钮，在对象选择器中将出现各种仿真分析所需的图表，选择 DC SWEEP 仿真图表。在编辑窗口期望放置图表的位置单击鼠标左键，并拖动鼠标，在期望的结束点单击鼠标左键，放置图表，如图 3-106 所示。

2）设置直流扫描分析图表　双击图表，将弹出如图 3-107 所示的直流扫描分析图表编辑对话框。

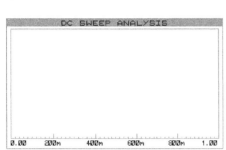

图 3-106　直流扫描分析图表　　　　　图 3-107　直流扫描分析图表编辑对话框

对话框中包含如下设置内容：

- Graph title：图表标题。
- Sweep variable：扫描变量。
- Start value：扫描变量起始值。
- Stop value：扫描变量终止值。

- Nominal value：标称值。
- No. steps：步幅数。
- Left Axis Label：左边坐标轴标签。
- Right Axis Label：右边坐标轴标签。

根据电路实际需要设置直流扫描分析图表，编辑完成后，单击"OK"按钮完成设置。

3）进行仿真　本例中使用图 3-108 所示电路进行仿真。

直流扫描分析图表的设置如表 3-19 所示。

表 3-19　直流扫描分析图表设置

Graph title	Sweep variable	Start value	Stop value	Nominal value	No. steps
DIODE CHARACTERISTIC	V	−800mV	800mV	0	50

执行菜单命令 Graph→Simulate（快捷键：空格键）开始仿真。此时，图表也随仿真的结果进行更新。电路仿真结果如图 3-109 所示。

13. 基于交流扫描分析图表的电路分析

交流扫描分析图表可以建立一组反映元件在参数值发生线性变化时的频率特性曲线，主要用来观测相关元件参数值发生变化时对电路频率特性的影响。

交流扫描分析时，系统内部完全按照普通的频率特性分析计算有关值，不同的是由于元件参数不固定而增加了运算次数，每次相应地计算一个元件参数值对应的结果。

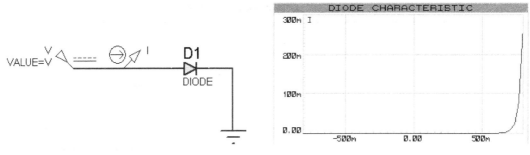

图 3-108　直流扫描分析仿真电路　　　　　　图 3-109　直流扫描分析仿真结果

与频率特性分析相同，左、右 Y 轴分别表示幅度（dB）、相位值。

1）放置交流扫描分析图表　单击工具箱中的 Simulation Graph 按钮▨，在对象选择器中将出现各种仿真分析所需的图表，选择 AC SWEEP 仿真图表。在编辑窗口期望放置图表的位置单击鼠标左键，并拖动鼠标，在期望的结束点单击鼠标左键，放置图表，如图 3-110 所示。

2）设置交流扫描分析图表　双击图表，将弹出如图 3-111 所示的交流扫描分析图表编辑对话框。

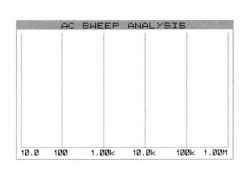

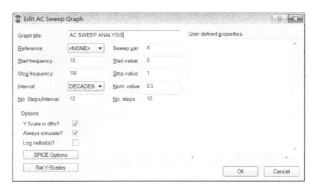

图 3-110　交流扫描分析图表　　　　　　图 3-111　交流扫描分析图表编辑对话框

对话框中包含如下设置内容，见表 3-20。

表 3-20　设置内容

Graph title：图表标题		
Reference：参考信号源		Sweep variable：扫描变量
Start frequency：参考信号源仿真起始频率		Start value：扫描变量仿真起始频率
Stop frequency：参考信号源仿真终止频率		Stop value：扫描变量仿真终止频率
Interval：间距取值方式	DECADES 十倍频程	Nom. value：标称值
	OCTAVESL 八倍频程	
	INEAR 线性取值	
No. Steps/Interval：步幅数		No. steps：步幅数

按照电路要求设置交流扫描分析图表。编辑完成后，单击"OK"按钮完成设置。

3）进行仿真　本例中使用图 3-112 所示电路进行仿真。

交流扫描分析图表的设置如表 3-21 所示。

表 3-21   交流扫描分析图表设置

Graph title	AC SWEEP ANALYSIS		
Reference	R1（1）	Sweep variable	X
Start frequency	10Hz	Start value	1
Stop frequency	1MHz	Stop value	10
Interval	DECADES	Nom. value	5.5
No. Steps/Interval	100	No. steps	6

执行菜单命令 Graph→Simulate（快捷键：空格键）开始仿真。此时，图表也随仿真的结果进行更新。电路仿真结果如图 3-113 所示。

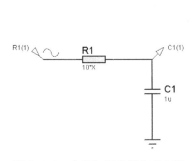

图 3-112   交流扫描分析仿真电路

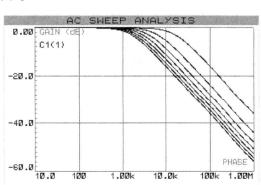

图 3-113   交流扫描分析仿真结果

 ## 3.3   虚拟仪器

PROTEUS ISIS 为用户提供了多种虚拟仪器，单击工具箱中的 Virtual Instruments Mode 按钮，在对象选择器中列出所有的虚拟仪器名称，如图 3-114 所示。虚拟仪器及其含义见表 3-22。

表 3-22   虚拟仪器及其含义

名 称	含 义
OSCILLOSCOPE	示波器
LOGIC ANALYSER	逻辑分析仪
COUNTER TIMER	计数器/定时器
VIRTUAL TERMINAL	虚拟终端
SPI DEBUGGER	SPI 调试器
I2CDEBUGGER	I^2C 调试器
SIGNAL GENERATOR	信号发生器
PATTERN GENERATOR	模式发生器
DC VOLTMETER	直流电压表
DC AMMETER	直流电流表
AC VOLTMETER	交流电压表
AC AMMETER	交流电流表

图 3-114   虚拟仪器列表

3.3.1 虚拟示波器（Oscilloscope）

（1）在 PROTEUS ISIS 环境中单击工具箱中的 Virtual Instruments Mode 按钮，出现如图 3-114 所示的虚拟仪器列表。

（2）单击"OSCILLOSCOPE"，则在预览窗口出现示波器的符号。

（3）在编辑窗口单击鼠标左键，出现示波器的拖动图像，拖动鼠标指针到合适位置，再次单击鼠标，示波器被放置到原理图编辑区中。虚拟示波器的原理图符号如图 3-115 所示。

（4）示波器的四个接线端 A、B、C、D 应分别接四路输入信号，信号的另一端应接地。该虚拟示波器能同时观看四路信号的波形。

（5）按图 3-116 所示连线。把 1kHz、1V 的正弦激励信号加到示波器 A 通道。

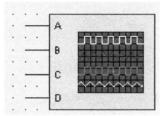
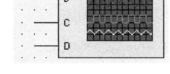

图 3-115 虚拟示波器的原理图符号   图 3-116 正弦信号与示波器的接法

（6）单击仿真运行按钮▶开始仿真，出现如图 3-117 所示的示波器运行界面。可以看到，左面的图形显示区有四条不同颜色的水平扫描线，其中 A 通道由于接了正弦信号，已经显示出正弦波形。示波器的操作区分以下几部分：

☺ Channel A：A 通道。

☺ Channel B：B 通道。

☺ Channel C：C 通道。

☺ Channel D：D 通道。

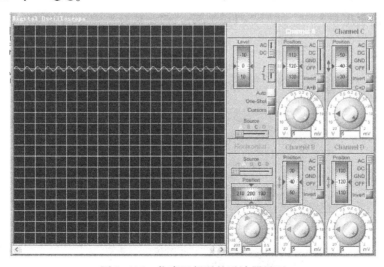

图 3-117 仿真运行后的示波器界面

 Position：示波器显示垂直机械位置调节旋钮，用于调节所选通道波形的垂直位置。

选择开关：选择通道显示波形类型。

 旋钮：用于调节垂直刻度系数。旋转图中的箭头可设置调节系统；另外，在文本框中输入数据，按回车键也可设置调节系数。

☺ Trigger：示波器触发信号设置，用于设置示波器触发信号的触发方式。

 Level：触发电平，用于调节电平。

 选择开关：触发电平类型。

 触发方式：触发电平的触发方式。

　　 Auto：自动设置触发方式。

　　 One-shot：单击触发。

　　 Cursors：选择指针模式。

☺ Horizontal：示波器显示水平机械位置调节窗口。

 滑动拨钮：用于调节波形的触发点位置。

 旋钮：用于调节水平比例尺因子。

【通道区】 每个通道区的操作功能都一样。主要有两个旋钮，"Position" 用来调整波形的垂直位移；下面的旋钮用来调整波形的 Y 轴增益，白色区域的刻度表示图形区每格对应的电压值。内旋钮是微调，粗旋钮是粗调。在图形区读波形的电压时，会把内旋钮顺时针调到最右端。

【触发区】 其中 "Level" 用来调节水平坐标，水平坐标只在调节时才显示。"Auto" 按钮一般为红色选中状态。"Cursors" 光标按钮选中后，可以在图标区标注横坐标和纵坐标，从而度量波形的电压和周期，如图 3-118 所示。单击鼠标右键弹出快捷菜单，选择清除所有的标注坐标、打印及颜色设置。

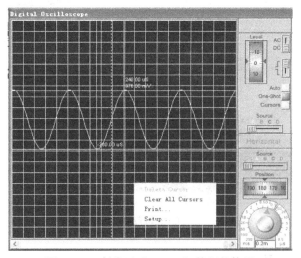

图 3-118　触发区 "Cursors" 按钮的使用

【水平区】"Position"用来调整波形的左右位移，下面的旋钮调整扫描频率。当读周期时，应把内环的微调旋钮顺时针转到底。

3.3.2　逻辑分析仪（Logic Analyser）

逻辑分析仪是通过将连续记录的输入信号存入到大的捕捉缓冲器进行工作的。这是一个采样过程，具有可调的分辨率，用于定义可以记录的最短脉冲。在触发期间，驱动数据捕捉处理暂停，并检测输入数据。触发前后的数据都可以显示。因其具有非常大的捕捉缓冲器（可存放 10 000 个采样数据），因此支持放大/缩小显示和全局显示。同时，用户还可移动测量标记，对脉冲宽度进行精确定时测量。

逻辑分析仪的原理图符号如图 3-119 所示。其中，A0 ~ A15 为 16 路数字信号输入，B0 ~ B3 为总线输入，每条总线支持 16 位数据，主要用于接单片机的动态输出信号。运行后，可以显示 A0 ~ A15、B0 ~ B3 的数据输入波形。

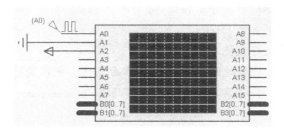

图 3-119　逻辑分析仪的原理图符号

逻辑分析仪的使用方法如下：

（1）把逻辑分析仪放置到原理图编辑区，在 A0 输入端上接 10Hz 的方波信号，A1 接低电平，A2 接高电平。单击仿真运行按钮，出现仿真操作界面，如图 3-120 所示。

（2）先调整一个分辨率，类似于示波器的扫描频率，在图 3-121 中调捕捉分辨率"Capture Resolution"，单击光标按钮"Cursors"使其不再显示。单击捕捉按钮"Capture"，开始显示波形，该按钮变红，再变绿，稍后显示如图 3-121 所示的波形。

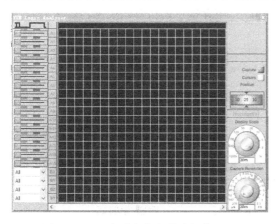

图 3-120　逻辑分析仪的仿真操作界面

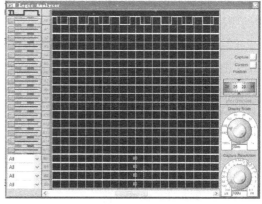

图 3-121　逻辑分析仪的仿真结果

（3）调整水平显示范围按钮"Display Scale"，或在图形区滚动鼠标滚轮，可调节波形，使其左右移动。如果希望的波形没有出现，可以再次调整分辨率，然后单击捕捉按钮

"Capture"，就能重新生成波形。

（4）"Cursors"光标按钮按下后，在图形区单击，可标记横坐标的数值，即可以测出波形的周期、脉宽等。从图 3-121 观察到，A0 通道显示方波，A1 通道显示低电平，A2 通道显示高电平，这两线紧挨着。其他没有接线的输入 A3 ~ A15 一律显示低电平，B0 ~ B3 由于不是单线而是总线，所以由两条高低电平来显示。如有输入，波形应为我们平时分析存储器读写时序时见到的数据或地址的波形。

3.3.3　计数器/定时器（Counter Timer）

PROTEUSVSM 提供的计数器/定时器是一个通用的数字仪器，可用于测量时间间隔、信号频率和脉冲数。

计数器/定时器支持以下操作模式：

☺ 计时器方式（显示秒），分辨率为 1μs。

☺ 计时器方式（显示小时、分、秒），分辨率为 1ms。

☺ 频率计方式，分辨率为 1Hz。

☺ 计数器方式，最大计数值为 99 999 999。

☺ 计时值、频率数或计数值既在虚拟仪器界面显示，也在定时计数器的弹出式窗口显示。在仿真期间，执行菜单命令 Debug→VSM Counter Timer，即可出现弹出式窗口，如图 3-122 所示。

在这一弹出式窗口中，手动选择：

☺ RESET POLARITY：复位电平极性。

☺ GATE POLARITY：门信号极性。

☺ MANUAL RESET：手动复位。

☺ MODE：工作模式。

1. 使用计数器/定时器测量时间间隔

（1）单击工具箱中的 Virtual Instruments Mode 按钮，则在对象选择器中列出所包含的项目。

（2）从对象选择器中选择"COUNTER TIMER"，则在浏览窗口显示出虚拟计数器/定时器的图标。

（3）在编辑窗口单击鼠标，添加虚拟计数器/定时器，如图 3-123 所示。

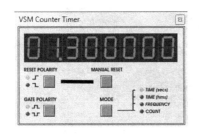

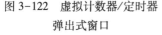

图 3-122　虚拟计数器/定时器
　　　　　弹出式窗口

图 3-123　虚拟计数器/定时器

☺ CE：时钟使能引脚。当需要使能信号时，可将使能控制信号连接到这一引脚。如果不需要时钟使能，可将这一引脚悬空。

☺ RST：复位引脚。这一引脚可使计时器复位、归零。如果不需要复位功能，也可将这
　　一引脚悬空。

☺ CLK：时钟引脚。

（4）将鼠标放置在 Counter Timer 之上，并使用快捷键"Ctrl+E"，打开编辑对话框进行
设置，如图 3-124 所示。

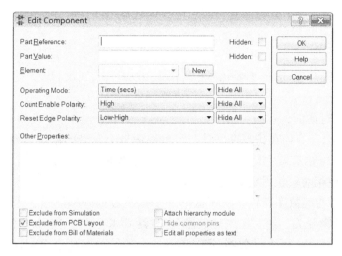

图 3-124　虚拟计数器/定时器编辑对话框

☺ Operating Mode：工作模式选项。

　　✍ Default：默认方式，系统设置为计数方式。

　　✍ Time（secs）：定时方式，相当于一个秒表，最多计 100s，精确到 1μs。CLK 端无
　　　须外加输入信号，内部自动计时。由 CE 和 RST 端来控制暂停或重新从零开始
　　　计时。

　　✍ Time（hms）：定时方式，相当于一个具有小时、分、秒的时钟，最多计 10h，精
　　　确到 1ms。CLK 端无须外加输入信号，内部自动计时。由 CE 和 RST 端来控制暂
　　　停或重新从零开始计时。

　　✍ Frequency：测频方式，在 CE 有效和 RST 没有复位的情况下，能稳定显示 CLK 外
　　　加的数字波频率。

　　✍ Count：计数方式，能够计外加时钟信号 CLK 的周期数，最多计满八位，即
　　　99 999 999。

☺ Count Enable Polarity：设置计数使能极性。

☺ Reset Edge Polarity：复位信号边沿极性。

（5）根据电路要求，选择需要的计时模式（secs 或 hms），以及 CE 和 RST 功能的逻辑
极性。

（6）退出编辑窗口，运行仿真。

☺ 复位引脚（RST pin）为边沿触发方式，而不是电平触发方式。如果想要使定时计数
　　器保持为零，可同时使用 CE 和 RST 引脚。

☺ 定时计数器的弹出式窗口提供了 manual reset（手动复位）按钮。这一按钮可在仿真
　　的任何时间复位计数器。这一功能在嵌入式系统中是非常有用的。使用这一功能，

可以仿真程序的特定部分。

2. 使用计数器/定时器测量数字信号的频率

（1）单击工具箱中的 Virtual Instruments Mode 按钮，则在对象选择器中列出所包含的项目。

（2）从对象选择器中选择"COUNTER TIMER"，则在浏览窗口显示出虚拟计数器/定时器的图标。在编辑窗口单击鼠标左键，添加虚拟计数器/定时器。

（3）将待测信号连接到 CLK pin（时钟引脚）。在测量频率模式下，CE 和 RST 引脚无效。

（4）将鼠标放置在 Counter Timer 之上，并使用快捷键"Ctrl+E"，打开编辑对话框，选择频率计方式。

（5）退出编辑对话框，运行仿真。

频率计的工作原理为：在仿真期间计数每秒钟信号上升沿的数量，因此要求输入信号稳定，并且在完整的 1s 内有效。同时，如果仿真不是在实时速率下进行的（如 CPU 超负荷运行），则频率计将在相对较长的时间内实时输出频率值。

计数器/定时器为纯数字器件。对于低电平模拟信号的频率测量，需要将待测信号通过 ADC 器件及其他逻辑开关，然后送入计数器/定时器 CLK 引脚。同时，由于模拟仿真的速率只有数字仿真的 1/1000，因而计数器/定时器不适合测量频率高于 10kHz 的模拟振荡电路的频率。在这种状况下，用户可以使用虚拟示波器（或图表）来测量信号周期。

3. 使用计数器/定时器计数数字脉冲

（1）单击工具箱中的 Virtual Instruments Mode 按钮，则在对象选择器中列出所包含的项目。

（2）从对象选择器中选择"COUNTER TIMER"，则在浏览窗口显示出虚拟计数器/定时器的图标。

（3）将鼠标放置在 Counter Timer 之上，并使用快捷键"Ctrl+E"，打开编辑对话框进行设置。

（4）选择需要的计数模式（secs 或 hms），以及 CE 和 RST 功能的逻辑极性。

（5）退出编辑窗口，运行仿真。

3.3.4　虚拟终端（Virtual Terminal）

PROTEUS VSM 提供的虚拟终端相当于键盘和屏幕的双重功能，免去了上位机系统的仿真模型，使用户在用到单片机与上位机之间的串行通信时，直接由虚拟终端经 RS232 模型与单片机之间异步发送或接收数据。虚拟终端在运行仿真时会弹出一个仿真界面，当由 PC 向单片机发送数据时，可以和实际的键盘关联，用户可以从键盘经虚拟终端输入数据；当接收到单片机发送来的数据后，虚拟终端相当于一个显示屏，会显示相应信息。

1. 虚拟终端的特性

☺ 全双工：以 ASCII 码的方式显示接收的串行数据，同时以 ASCII 码的方式传输键盘信号。

☺ 简单的两线串行数据接口：RXD 接收数据；TXD 发送数据。

☺ 简单的两线硬件握手方式：RTS 发送准备好；CTS 清除发送数据。

☺ 波特率范围为 300~57 600bps。

☺ 7 或 8 个数据位。

☺ 包含奇校验、偶校验，无校验。

☺ 具有 0、1 或 2 位停止位。

☺ 除硬件握手外，系统还提供了 XON/XOFF 软件握手方式。

☺ 可对 RX/TX 和 RTS/CTS 引脚输出极性不变或极性反向的信号。

2. 使用虚拟终端

（1）单击工具箱中的 Virtual Instruments Mode 按钮■，则在对象选择窗口列出所包含的项目。

（2）从对象选择器中选择"VIRTUAL TERMINAL"，则在浏览窗口显示出虚拟终端的图标。

（3）在编辑窗口单击鼠标左键，添加虚拟终端，如图 3-125 所示。

☺ RXD 为数据接收端。

☺ TXD 为数据发送端。

☺ RTS 为请求发送信号。

☺ CTS 为清除传送，是对 RTS 的响应信号。

将虚拟终端的 RXD 和 TXD 引脚连接到待测系统的输出线和输入线上。RXD 是输入端，TXD 为输出端。

如果待测系统使用硬件握手方式，须将 RTS 和 CTS 引脚连接到数据流控制线上。RTS 为输出端，发信号，表明虚拟仪器已准备好接收数据。而 CTS 为输入信号，在虚拟终端发送数据前，这一信号必须为高（或浮动）。

（4）选中虚拟仪器，并单击鼠标左键，弹出编辑对话框，出现如图 3-126 所示的虚拟终端属性设置对话框。

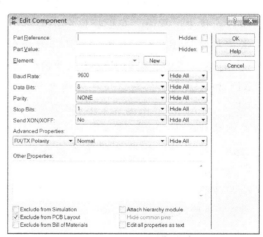

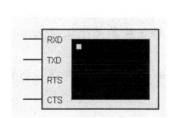

图 3-125　虚拟终端的原理图符号　　　　图 3-126　虚拟终端属性设置对话框

☺ Baud Rate：波特率，范围为 300~57 600bps。

☺ Data Bits：传输的数据位数，7 位或 8 位。

☺ Parity：奇偶校验位，包括奇校验、偶校验和无校验。

☺ Stop Bits：停止位，具有 0、1 或 2 位停止位。

☺ Send XON/XOFF：第 9 位发送允许/禁止。

选择合适电路的波特率、数据长度、奇偶校验、流控制方式和极性设置。

（5）设置完成后，开始仿真。在仿真界面中，按下运行按钮，将弹出虚拟终端仿真界面，如图 3-127 所示。

当其接收到数据后，会立即在终端显示；当传输数据到系统时，将光标置于虚拟终端屏幕，使用 PC 键盘输入数据。

（6）仿真开始后，在虚拟终端屏幕单击鼠标右键，将弹出快捷菜单，如图 3-128 所示。

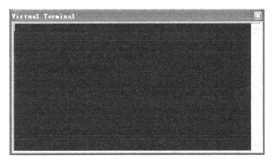
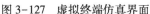

图 3-127　虚拟终端仿真界面

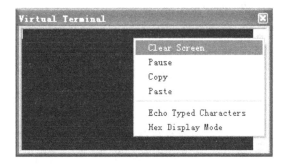

图 3-128　虚拟终端屏幕右键快捷菜单

可根据需要选择相应的操作。这一菜单可实现：清屏、停止显示、复制或粘贴等操作，同时还可选择屏幕的显示方式。

☺ 虚拟终端支持 ASCII 控制代码 CR（0Dh）、BS（0x08h）和 BEL（0x07h）。而其他的代码，包括 LF（0x0A），将被忽略。

☺ 虚拟终端为纯数字模型，因此其引脚没有特殊电平要求，可以将其直接连接到 CPU 或 UART，而不需要通过 RS232 的驱动器件（如具有逻辑电平转换的 MAX232）。

☺ RXD 和 TXD 引脚的默认值为高电平，因此静止状态为高电平，其起始位为逻辑低，而停止位为逻辑高。在数据位中，逻辑高代表"1"，而逻辑低代表"0"。这与多数微控制器 UART 定义兼容，并且与诸如 6850 和 8250 的定义也兼容。当与上述不符时（如将虚拟终端连接到 RS232 驱动器件的输出端），需要设置 RXD/TXD 极性反向。

☺ RTS 和 CTS 引脚的默认值也为高电平。如果希望将这些引脚连接到反向控制线（如 RTS/CTS），用户需要设置 RTS/CTS 极性反向。

☺ 在默认状况下，虚拟终端不显示输入的字符；也就是说，主系统将驱动输出终端显示输入的字符。如果希望显示输入的字符，须从右键快捷菜单中选择 Echo Typed Characters 选项。

☺ 使用 TEXT 属性预定义传输数据。这一功能使得电路在启动时就传输数据。例如，在 TEXT 中输入：

　　　TEXT="Hello World"

系统将会传输"Hello World"到电路。

【MAX232 模型】PROTEUS VSM 提供 RS232 驱动器件 MAX232，因此虚拟终端可以按照以下方式连接到目标 CPU，如图 3-129 所示。

> 📖 **注意**
>
> 　　MAX232 包含逻辑反相器，因此为保证电路的正确仿真，虚拟终端的 RXD/TXD 极性必须反转。

MAX232 数字模型不能进行内部电压转换操作的仿真。仿真这一特性可能带来巨大的性能损失。同样，如果在 TXDOut/RXDIn 引脚连接类似器件（电阻、电容、振荡器等），也会发生同样的仿真错误。

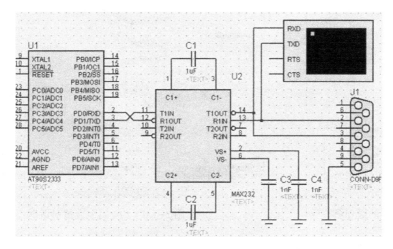

图 3-129　MAX232 与虚拟终端连接

3.3.5　SPI 调试器（SPI Debugger）

SPI（Serial Peripheral Interface，串行设备接口）总线系统是 Motorola 公司提出的一种同步串行外设接口，允许 MCU 与各种外围设备以同步串行通信方式交换信息。其外围设备种类繁多，从简单的 TTL 移位寄存器到复杂的 LCD 显示驱动器、网络控制器等，可谓应有尽有。SPI 总线可直接与厂家生产的多种标准外围器件直接接口。

SPI Protocol Debugger（SPI 协议调试器）同时允许用户与 SPI 接口交互。这一调试器允许用户查看沿 SPI 总线发送的数据，同时也可以向总线发送数据。

图 3-130 所示为 SPI 调试器的原理图符号。其元件共有五个接线端，分别如下：

☺ DIN：接收数据端。

☺ DOUT：输入数据端。

☺ SCK：连接总线时钟端。

☺ $\overline{\text{SS}}$：从模式选择端，从模式时必须为低电平才能使终端响应；主模式时当数据正传输时此端为低电平。

☺ TRIG：输入端，能够把下一个存储序列放到 SPI 的输出序列中。

双击 SPI 原理图符号，可以打开其属性设置对话框，如图 3-131 所示。

☺ SPI Mode：有三种工作模式可以选择，Monitor 为监控模式，Master 为主模式，Slave 为从模式。

☺ Master clock frequency in Hz：主模式时钟频率（Hz）。

☺ SCK Idle state is：SCK 空闲状态为高或低，选择一个。

☺ Sampling edge：采样边，指定 DIN 引脚采样的边沿，选择 SCK 从空闲到激活状态，或从激活状态到空闲状态。

☺ Bit order：位顺序，指定一个传输数据的位顺序，可先传送最高位 MSB，也可先传送最低位 LSB。

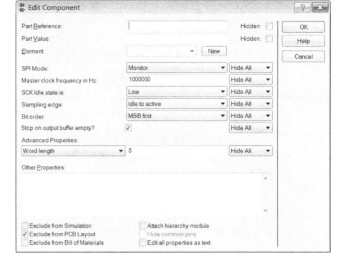

图 3-130　SPI 的原理图符号　　　　　　图 3-131　SPI 属性设置对话框

1. 使用 SPI 调试器接收数据

（1）将 SCK 和 DIN 引脚连接到电路的相应引脚。

（2）将鼠标放置在 SPI 调试器之上，并使用快捷键"Ctrl+E"，打开编辑对话框进行设置。

（3）设置 SPI 调试器字长、位顺序、SCK 空闲状态和采样边沿等属性。

（4）单击运行按钮，开始仿真。此时，将弹出 SPI 调试器的弹出式窗口，如图 3-132 所示。

图 3-132　SPI 调试器弹出式窗口

接收的数据将显示在窗口中。

2. 使用 SPI 调试器传输数据

（1）将 SCK 和 DIN 引脚连接到电路的相应引脚。

（2）将鼠标放置在 SPI 调试器之上，并使用快捷键"Ctrl+E"，打开编辑对话框进行设置。

（3）设置 SPI 调试器字长、位顺序、SCK 空闲状态和采样边沿等属性。

（4）单击"Pause"按钮启动仿真，并调出 SPI 调试器的弹出式窗口。

（5）在弹出式窗口右下方的窗口中输入需要传输的数据，如图 3-133 所示。

（6）当输入需要传输的数据后，即可直接传输数据；也可以使用"Add"按钮，将数据存放到 Predefined Sequences 列表中，以备以后使用。

（7）单击"Play"按钮，在缓冲器列表中初始化传输项。

（8）当仿真再次暂停时，若序列输入窗口为空，也可选择预定义序列，并单击"Queue"按钮，将任意预定义序列复制到缓冲器序列队列，如图 3-134 所示。

（9）当再次激活仿真时，这一序列将被传输。

图 3-133　在 SPI 调试器弹出式窗口输入传输数据　　　图 3-134　使用缓冲器序列队列传输数据

3.3.6　I²C 调试器（I²C Debugger）

I²C（Intel IC）总线是 Philips 公司推出的芯片间串行传输总线。它只需要两根线（串行时钟线 SCL 和串行数据线 SDA），就能实现总线上各器件的全双工同步数据传送，可以极为方便地构成系统和外围器件扩展系统。I²C 总线采用器件地址的硬件设置方法，避免了通过软件寻址器件片选线的方法，使硬件系统的扩展简单灵活。按照 I²C 总线规范，总线传输中的所有状态都生成相应的状态码，系统的主机能够依照这些状态码自动地进行总线管理，用户只要在程序中装入这些标准处理模块，根据数据操作要求完成 I²C 总线的初始化，启动 I²C 总线就能自动完成规定的数据传送操作。由于 I²C 总线接口已集成在片内，用户无须设计接口，使设计时间大为缩短，且从系统中直接移去芯片对总线上的其他芯片没有影响，这样方便产品的改性或升级。

虚拟仪器中的 I²C Debugger 允许用户检测 I²C 接口并与之交互，用户可以查看 I²C 总线发送的数据，同时也可以向总线发送数据。

I²C 调试器的原理图符号如图 3-135 所示，它共有三个接线端，分别如下：

☺ SDA：双向数据线。

☺ SCL：双向输入端，连接时钟。

☺ TRIG：触发输入，能引起存储序列被连续地放置到输出队列中。

双击该元件，打开属性设置对话框，如图 3-136 所示。

I²C 调试器的仿真运行界面与 SPI 类似。

I²C 调试器具有许多用户可配置的属性（用于传输数据）。所有的属性都可通过编辑元件对话框（选中器件，单击鼠标左键，即可弹出编辑元件对话框）进行编辑。

☺ Address byte 1：地址字节 1。如果用户使用这一终端仿真一个从器件，则这一属性用于指定从器件地址的第一个地址字节。主机使用最低有效位用于指示是否传输一个读或写，或被忽略（for the purpose of addressing）。如果这一属性设置框为默认值，或为空，则这一终端将不被认作从器件。

☺ Address byte 2：地址字节 2。如果用户使用这一终端仿真一个从器件，并期望使用 10 位地址，则这一属性用于指定从器件地址的第二个地址字节。如果这一属性设置框为空，则假定地址为 7 位。

☺ Stop on buffer empty：为空时停止。指定当输出缓冲器为空，并且一个字节要求被发送时，是否停止仿真。

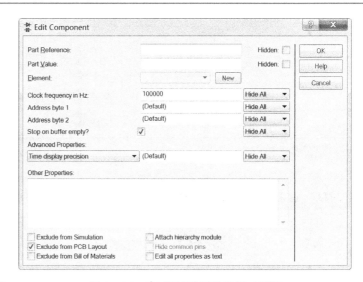

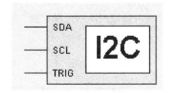

图 3-135 I^2C 调试器的原理图符号   图 3-136 I^2C 调试器属性设置对话框

☺ Advanced Properties：在这一设置中允许用户指定预先存放输出序列的文本文件的名称。如果这一属性设置为空，则序列作为器件属性的一部分进行保存。

除以上属性外，当接收数据时，I^2C 终端需要使用一种特殊的序列句法。这一句法出现在输入数据显示窗口（调试器窗口左上方），包括序列起始（sequence starts）和（acknowledges）。显示的序列字符如下：

☺ S   Start Sequence.

☺ S   rRestart Sequence.

☺ P   Stop Sequence.

☺ N   Negative Acknowledge received.

☺ A   Acknowledge received.

3.3.7   信号发生器（Signal Generator）

PROTEUS 的虚拟信号发生器主要有以下功能：

☺ 产生方波、锯齿波、三角波和正弦波；

☺ 输出频率范围为 0~12MHz，8 个可调范围；

☺ 输出幅值为 0~12V，4 个可调范围；

☺ 幅值和频率的调制输入和输出。

信号发生器的原理图符号如图 3-137 所示。

信号发生器有两大功能，一是输出非调制波，二是输出调制波。通常使用它的输出非调制波功能来产生正弦波、三角波和锯齿波，方波直接使用专用的脉冲发生器来产生比较方便，主要用于数字电路中。

在用于非调制波发生器时，信号发生器的下面两个接头"AM"和"FM"悬空不接，右面两个接头"+"端接至电路的信号输入端，"-"端接地。

仿真运行后，出现如图 3-138 所示的界面。

最右端两个方形的按钮，上面一个用来选择波形，下面一个选择信号电路的极性，即是双极型（Bi）还是单极型（Uni）三极管电路，以和外电路匹配。最左边两个旋钮用来选择信号频率，左边是微调，右边是粗调。中间两个旋钮用来选择信号的幅值，左边是微调，右边是粗调。如果在运行过程中关掉信号发生器，则需要从主菜单 Debug 中选取最下面的 VSN Signal Generator 来重现。

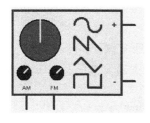

图 3-137 信号发生器
原理图符号

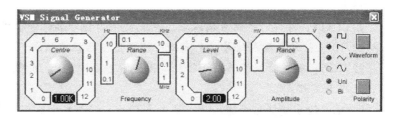

图 3-138 信号发生器仿真运行后的界面

设置频率度盘，以满足应用电路的需求。当 Centre 的指针被设置在 1 的位置时，Range 值表明所发生信号的频率。

设置幅度度盘，以满足应用电路的需求。当 Level 的指针被设置在 1 的位置时，Range 值表明所发生信号的幅值。幅值为输出电平的峰-峰值。

单击"Waveform"按钮，代表波形类型的 LED 灯将会点亮，从而选择适合电路的输出信号。

使用 AM & FM 调制输入。信号发生器模型支持调幅波和调频波的输出。幅值输入和频率输入具有以下特性：

☺ 调制输入的增益由 Frequency Range 和 Amplitude Range 分别按照 Hz/V 和 V/V 进行设置。

☺ 调制输入的电压范围为−12~+12V。

☺ 调制输入的输入阻抗为无穷大。

☺ 调制输入的电压值为 Range 设置值与 Centre/Level 设置值的乘积，倍乘后的值为幅度的瞬时输出频率。

例如，如果 Frequency Range 设置为 1kHz，同时 Frequency Centre 设置为 2.0，则 2V 的调频信号的输出频率为 4kHz。

3.3.8 模式发生器（Pattern Generator）

模式发生器是模拟信号发生器的数字等价物，它支持 8 位 1KB 的模式信号，同时具有以下特征：

☺ 既可以在基于图表的仿真中使用，也可以在交互式仿真中使用；

☺ 支持内部和外部时钟模式及触发模式；

☺ 使用游标调整时钟刻度盘或触发器刻度盘；

☺ 十六进制或十进制栅格显示模式；

☺ 在需要高精度设置时，可直接输入指定的值；

☺ 可以加载或保存模式脚本文件；

☺ 可单步执行；

☺ 可实时显示工具包；

☺可使用外部控制，使其保持当前状态；

☺栅格上的块编辑命令使得模式配置更容易。

【模式发生器的原理图符号及引脚说明】 模式发生器的原理图符号如图 3-139 所示，各接线端含义如下：

☺CLKIN：外部时钟信号输入端，系统提供两种外部时钟模式。

☺HOLD：外部输入信号，用来保持模式发生器目前状态，高电平有效。

☺TRIG：触发输入端，用于将外部触发脉冲信号反馈到模式发生器。系统提供五种外部触发模式。

☺OE：输出使能信号输入端，高电平有效，模式发生器可输出模式信号。

☺CLKOUT：时钟输出端，当模式发生器使用的是外部时钟时，可以用于镜像内部时钟脉冲。

☺CASCADE：级联输出端，用于模式发生器的级联，当模式发生器的第一位被驱动，并且保持高电平时，此端输出高电平，保持到下一位被驱动之后一个周期时间。

☺B[0..7]和 Q0~Q7：分别为数据输入和输出端。

【模式发生器的属性设置对话框主要参数说明】 双击模式发生器的原理图符号，则弹出其属性对话框，如图 3-140 所示。

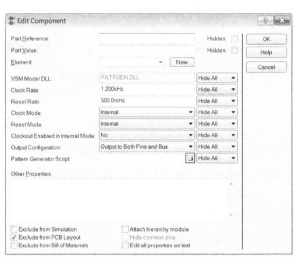

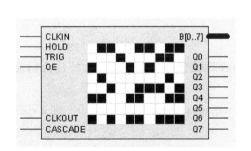

图 3-139　模式发生器原理图符号　　　　图 3-140　模式发生器属性设置对话框

☺Clock Rate：时钟频率。

☺Reset Rate：复位频率。

☺Clock Mode：时钟模式，有以下三种。

　↳ Internal：内部时钟；

　↳ External Pos Edge：外部上升沿时钟；

　↳ External Neg Edge：外部下降沿时钟。

☺Reset Mode：复位模式，有以下四种。

　↳ Internal：内部复位；

　↳ Async External Pos Edge：异步外部上升沿脉冲；

　↳ Async External Neg Edge：异步外部下降沿脉冲；

☞ Sync External Neg Edge：同步外部下降沿脉冲。

☺ Clockout Enabled in Internal Mode：内部模式下时钟输出使能。

☺ Output Configuration：输出配置方式，有以下三种。

　　☞ Output to Both Pins and Bus：引脚和总线均输出；

　　☞ Output to Pins Only：仅在引脚输出；

　　☞ Output to Bus Only：仅在总线输出。

☺ Pattern Generator Script：模式发生器脚本文件。

参数设置完成后，单击"OK"按钮结束。

在仿真界面中，单击运行按钮，将弹出模式发生器编辑窗口，如图 3-141 所示。

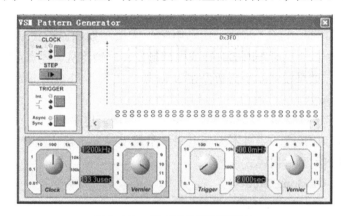

图 3-141　模式发生器编辑窗口

通过左击模式发生器中的栅格并设置其逻辑状态，设置用户需要发生的模式。

确定时钟是内部时钟还是外部时钟，然后设置时钟模式按钮。

（1）如果使用的是内部时钟，可通过调整时钟刻度盘以期得到期望的时钟频率。

确定触发是内部触发还是外部触发，然后使用触发按钮设置相应的模式。如果是外部触发，用户需要考虑是同步时钟触发还是异步时钟触发。

（2）如果是内部触发，可通过调整触发刻度盘以期得到期望的触发频率。

单击仿真界面中的运行按钮，即可输出相应的模式。

（3）如果期望得到单时钟周期的模式信号，须在仿真控制面板中单击"Step"按钮，使栅格向左移动。

1）在基于图表的仿真中使用模式发生器输出模式

（1）创建电路。在原理图中用户感兴趣的部位插入探针，并将这些探针添加到图表。

（2）在原理图中选中模式发生器，并单击鼠标左键，打开元件编辑对话框。

（3）根据系统要求，配置触发选项和时钟选项。

（4）在模式发生器脚本区域（Pattern Generator Script Field）加载期望的模式文件。

（5）退出模式发生器编辑对话框，并单击空格"Space"按钮，运行仿真。

2）模式发生器元件引脚

（1）数据输出引脚（Tri-State Output）。模式发生器可以在总线上输出，也可在单个引脚上输出。

（2）时钟输出引脚 Clock-Out Pin（Output）。当模式发生器使用的是外部时钟时，用户可以配置这一引脚，用以镜像内部时钟脉冲。这一功能是模式发生器的一个属性，可以通过编辑元件对话框进行修改。在默认情况下，这一选项是无效的，因为它可能导致仿真故障，尤其在高频时钟仿真时更容易引发这样的恶性事件。

（3）层叠引脚 Cascade Pin（Output）。当模式的第一位被驱动，并且保持高电平时，层叠引脚 Cascade Pin 被拉高，直至模式的下一位被驱动（一个时钟周期之后）。这就意味着当开始仿真的第一个时钟周期，Cascade Pin 为高电平，而在第一个时钟周期之后被复位。

（4）触发引脚 Trigger Pin（Input）。这一引脚用于将外部触发脉冲信号反馈到模式发生器。系统提供四种外部触发模式。

（5）时钟输入引脚 Clock-In Pin（Input）。这一引脚用于输入外部时钟信号。系统提供两种外部时钟模式。

（6）保持引脚 Hold Pin（Input）。这一引脚为高电平期间，模式发生器将保持在暂停点，直至这一引脚被释放。对于内部时钟或内部触发，时钟将从暂停点重新开始。例如，对于 1Hz 的内部时钟，如果模式发生器暂停在 3.6s 处，在 5.2s 处重新开始，则下一个下降时钟边沿将发生在 5.6s 处。

（7）输出使能引脚 Output Enable Pin（Input）。使用高电平驱动这一引脚，则模式发生器可输出模式信号。如果这一引脚不为高电平，虽然模式发生器依然按照指定的模式运行，但并不驱动模式输出引脚输出模式信号。

3）时钟模式（Clocking Modes）

☺ 内部时钟（Internal Clocking）

  ➴ 内部时钟是负沿脉冲。

  ➴ 内部时钟既可在仿真之前使用元件编辑对话框进行指定，也可在仿真暂停期间使用时钟模式按钮进行指定。

  ➴ 当时钟输出引脚 Clock-Out Pin 被激活时，可镜像内部时钟。在默认状况下，这一选项是无效的，因为它可能导致仿真故障，尤其在高频时钟仿真时更容易引发恶性事件。但是，如果需要使用这一引脚，可以使用模式发生器的编辑元件对话框来激活。

☺ 外部时钟（External Clocking）

  ➴ 有两种外部时钟模式：负沿脉冲（low-high-low）和正沿脉冲（high-low-high）。

  ➴ 使用外部连线将外部时钟脉冲连接到时钟输入引脚 Clock-In，并选择一种时钟模式。

  ➴ 在外部时钟模式下，可以通过在仿真前编辑元件或仿真暂停期间改变外部时钟模式。

4）触发模式（Trigger Modes）

【内部触发】模式发生器的内部触发模式按照指定的间隔触发。如果时钟是内部时钟，则时钟脉冲在这一触发点复位，如图 3-142 所示。

例如，设定内部时钟为 1Hz，并且设定内部触发时间为 3.75s，则层叠引脚（Cascade Pin）在模式第一位时为高，而在其他时间为低。

📖 **注意**

  在触发时间，内部时钟同时被复位，模式的第一位被输出，层叠引脚被拉高。

【**外部异步正脉冲触发**】触发器在触发引脚由正边沿转换指定。当触发发生时，触发器立即动作，下一个时钟边沿将要在 bitclock/2，与复位并发由低到高转换，如图 3-143 所示。

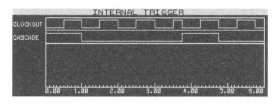

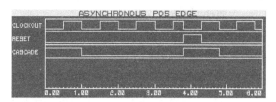

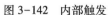

图 3-142　内部触发　　　　　　　　　　　图 3-143　外部异步正脉冲触发

例如，设定内部时钟为 1Hz，并且触发引脚在 3.75s 时拉高，则立即在触发引脚的正边沿时钟复位，模式的第一位驱动层叠引脚。

【**外部同步正脉冲触发**】触发器在触发引脚由正边沿转换指定。触发被锁定，与下一个时钟的下降沿同步动作，如图 3-144 所示。例如，设定内部时钟为 1Hz。

> 📖 **注意**
>
> 　　时钟不受触发影响，并且触发器在时钟下降沿动作，与正边沿脉冲并发。

【**外部异步负脉冲触发**】触发器在触发引脚由负边沿转换指定。当触发发生时，触发器立即动作，且模式的第一位在输出引脚输出，如图 3-145 所示。

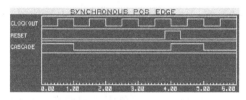

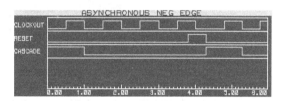

图 3-144　外部同步正脉冲触发　　　　　　图 3-145　外部异步负脉冲触发

例如，设定内部时钟为 1Hz。从图中可以看到时钟在触发脉冲的负边沿复位，并且模式的第一位在那时被驱动。

【**外部同步负脉冲触发**】触发器在触发引脚由负边沿转换指定。触发被锁定，与下一个时钟的下降沿同步动作，如图 3-146 所示。例如，设定内部时钟为 1Hz。

> 📖 **注意**
>
> 　　触发发生在触发脉冲的下降沿，模式直到时钟脉冲的下降沿，与触发动作并发复位。

5）外部保持（External Hold）　保持模式发生器的当前状态。如果想要在一段时间内保持模式，可以在期望保持的那段时间内使保持引脚（Hold Pin）为高电平，如图 3-147 所示。

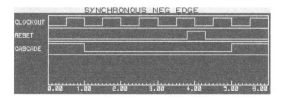

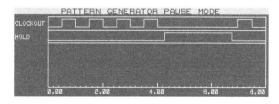

图 3-146　外部同步负脉冲触发　　　　　　图 3-147　外部保持

如果使用的是内部时钟，在释放保持引脚的同时，模式发生器将重新启动。也就是说，保持引脚在时钟周期的一半变高。然后，当释放保持引脚时，下一位将要在以后的时钟周期的一半时驱动输出引脚。

若保持引脚为高，则内部时钟被暂停。当释放保持引脚时，时钟将在相对于一个时钟周期的暂停点重新启动。

6）附加功能（Additional Functionality）

【加载和保存模式脚本】在栅格上单击鼠标右键，将弹出快捷菜单，如图 3-148 所示。

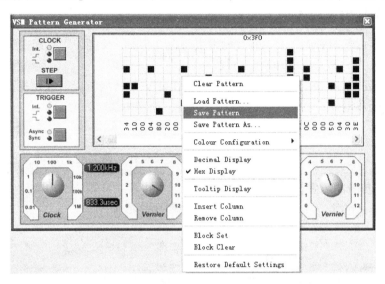

图 3-148   右键快捷菜单

从弹出的菜单中选择相关的选项，则可加载或保存模式脚本。如果用户想要在多个设计中使用特殊模式，这一方法是非常有用的。

模式脚本为纯文本文件，每个字节由逗点分隔，每个字节代表栅格上的一栏。以分号起始的行被记为注释行，并且被剖析器忽略。在默认情况下，字节格式为十六进制。当用户创建脚本文件时，输入值可以是十进制、二进制或十六进制数。

【为刻度盘设置指定值】用户可以通过双击合适的刻度盘，指定位和触发频率的精确值。双击后，将出现浮动的编辑框，如图 3-149 所示。

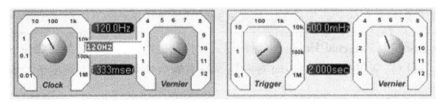

图 3-149   使用浮动编辑框设置刻度盘

用户可以将设置值输入其中。在默认情况下，输入值被认作频率，同时，用户也可以通过为输入值加上合适的后缀（如 sec、ms 等）来指定输入值的类型。此外，如果用户希望触发为时钟的精确倍乘，可以附加期望的倍乘后缀（如 5bits）。

按 Enter 键或 Escape 键，或单击模式发生器窗口的任何其他部位，用于确认输入。

> 📖 **说明**
> 　通过对编辑元件对话框的合理设置，可以指定这些值的周期，以便进行仿真。

【设定模式栅格的值】 在显示当前那一栏的值的文本上单击，可以指定栅格上该栏中任何一个值。单击后，将出现一个浮动的编辑框，如图 3-150 所示。

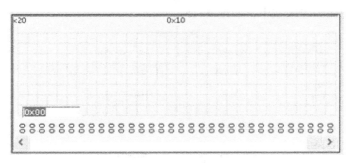

图 3-150　使用浮动编辑栅格

可在框中输入期望的值。用户可以输入十进制值（如 135）、十六进制值（如 0xA7），或二进制值（如 0b10110101）。

按 Enter 键或 Escape 键，或单击模式发生器窗口的任何其他部位，用于确认输入。

> 📖 **说明**
> 　为了方便，用户可以在想要编辑的栏，使用快捷键 "Ctrl+1" 设置一栏，而使用 "Ctrl+Shift+1" 清除一栏。

7）手动指定模式的周期长度　在期望模式结束的栏的栅格上单击鼠标左键，可以手动指定周期。在同样的区域单击鼠标右键，可以取消周期。

☺ 当时间周期与内部时钟或外部时钟所指定的时钟相等时，单步执行按钮可用于进一步仿真。直到下一个时钟周期完成，并且再次单击单步执行按钮，仿真将继续。

☺ 栅格的显示方式可在十六进制和十进制显示方式间切换。在栅格上右击，从弹出的快捷菜单中选择期望的选项，或使用快捷键 "Ctrl+X"（十六进制显示）或 "Ctrl+D"（十进制显示）切换，可实现显示模式的转换。

☺ 单击模式发生器的原理图部分，以产生编辑元件对话框。实际上属性允许用户配置是否在总线和引脚上均输出模式，或只在总线，或只在引脚输出模式。

☺ 用户可设定随鼠标移动而显示当前行、当前列信息的工具栏的可用性。通过单击鼠标右键出现的文本，或快捷键 "Ctrl+Q" 实现对工具栏的控制。

> 📖 **注意**
> 　在 Block Set 或 Block Clear 期间，工具栏是不可用的。

☺ 用户可使用 Block Set 和 Block Clear 命令实现对栅格期望模式的配置。通过单击鼠标右键出现的文本，或快捷键 "Ctrl+S" 和 "Ctrl+C" 实现上述操作。

> 📖 **注意**
> 　块编辑命令（Block Editing Commands）在 tooltip 模式是不可用的。

3.3.9　电压表和电流表（AC/DC Voltmeter/Ammeter）

PROTEUS VSM 提供了四种电表，分别是 AC Voltmeter（交流电压表）、AC Ammeter（交流电流表）、DC Voltmeter（直流流电压表）和 DC Ammeter（直流电流表）。

（1）在 PROTEUS ISIS 的界面中选择虚拟仪器图标，在出现的元件列表中分别把上述四种电表放置在原理图编辑区域中，如图 3-151 所示。

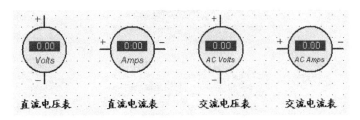

图 3-151　四种电表的原理图符号

（2）双击任一电表的原理图符号，出现其属性对话框。如图 3-152 所示是直流电流表的属性设置对话框。

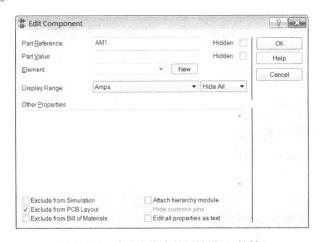

图 3-152　直流电流表的属性设置对话框

在元件名称 Part Reference 项中将该交流电压表命名为 AM1，元件值 Part Value 项中不填。在显示范围 Display Range 中有四个选项，用来设置该直流电流表是千安表（kA）、安培表（Amps）、毫安表（Milliamps）或微安表（Microamps），默认是安培表。单击"OK"按钮完成设置。

☺ 电表的 FSD 的分辨率为三位，最大可显示两位小数位。同时，通过编辑元件，选择需要的 Display Range 属性，可设置显示范围：100、100m 和 100μ。

☺ 电压表模型支持内置电阻（internal load resistance）属性，其默认值为 100M。同时，可以通过编辑元件改变这一值。当 internal load resistance 为空时，即加载模型内阻选项无效。

☺ 交流电压表和交流电流表显示的是在用户定义的时间常量内电压或电流的平均值 RMS。

3.3.10　功率表（WATTMETER）

在 PROTEUS ISIS 环境中单机工具箱中的 Virtual Instruments Mode 按钮 ▦，单击

"WATTMETER"，在编辑窗口单击鼠标左键，将功率表放在原理图编辑区合适的位置。功率表原理图符号如图 3-153 所示。

双击功率表原理图符号，弹出如图 3-154 所示的功率表属性设置对话框。

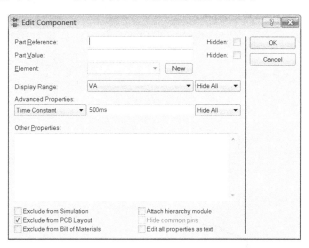

图 3-153　功率表原理图符号　　　　　图 3-154　功率表属性设置对话框

在元件名称 Part Reference 项中将功率表命名为 WAT1，元件值 Part Value 中不填。在显示范围 Display Range 中有许多选项，用来设置该功率表的量程范围。进行设置，单击"OK"按钮完成设置。

3.4　探针

探针用于记录所连接网络的状态，ISIS 系统提供了两种探针，即电压探针（Voltage Probe）和电流探针（Current Probe）。

☺电压探针既可以在模拟仿真中使用，也可以在数字仿真中使用。在模拟电路中记录真实的电压值，而在数字电路中，记录逻辑电平及强度。

☺电流探针仅在模拟电路中使用，可显示电流方向。

☺探针既可用于图表的仿真，也可用于交互式仿真。

1. 电压探针

1）电压探针的放置

（1）单击工具箱中的 Probe Mode 按钮🖉，在对象选择器中选择 VOLTAGE，将在预览窗口显示电压探针的图标。

（2）电压探针和原理图中其他元件一样，可以进行相关操作，如放置、编辑、旋转和移动等。

（3）在编辑窗口单击，则电压探针被添加到原理图中，如图 3-155 所示。

当探针未被连接到任何已存在的导线上时，其默认名称为"?"，说明此时它未被标注。而当探针被连接到一个网络（如探针被直接置于已存在的导线上）时，它将以这个网络名称作为标志。如果其所连接的网络也未被标注，则以其最接近的元件参考号或引脚名称作为标志。当其连线被断开，或被拖到其他网络时，探针的标志将随时更新。

用户也可以根据自己的要求，使用探针编辑对话框，编辑探针标志。此时，编辑后的探针标志将作为永久性表示，而不再被更新。

2）电压探针的编辑

（1）右击选中电压探针，再单击，进入电压探针编辑对话框，如图 3-156 所示。

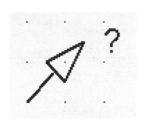

图 3-155　电压探针　　　　　　　　　　图 3-156　电压探针编辑对话框

电压探针编辑对话框包含两个设计项目。

☺ Load Resistance：电压探针阻抗。当测量点与地之间没有直流通道时，需设置电压探针的阻抗。

☺ Record Filename：记录文件名称。电流或电压探针可以将数据记录到文件，用于在 Tape 发生器中播放。探针的这一特性使得用户可以使用某一电路创建测试波形，然后在另一电路中使用。

（2）按照电路要求进行设置，设置完成后，单击"OK"按钮，则探针编辑完成。

2. 电流探针

1）电流探针的放置

（1）单击工具箱中的 Probe Mode 按钮 ，在对象选择器中选择 CURRENT，将在预览窗口显示电流探针的图标。

（2）电流探针和原理图中其他元件一样，可以进行相关操作，如放置、编辑、旋转和移动等。

（3）在编辑窗口单击，则电流探针被添加到原理图中，如图 3-157 所示。

当探针未被连接到任何已存在的导线上时，其默认名称为"？"，说明此时它未被标注。而当探针被连接到一个网络（如探针被直接置于已存在的导线上）时，它将以这个网络名称作为标志。如果其所连接的网络也未被标注，则以其最接近的元件参考号或引脚名称作为标志。当其连线被断开，或被拖到其他网络时，探针的标志将随时更新。

用户也可以根据自己的要求，使用探针编辑对话框，编辑探针标志。此时，编辑后的探针标志将作为永久性表示，而不再被更新。

电流探针有方向性，需考虑回路中电流的流向。调整电流探针的方向与其他元件一样。

> **📖 注意**
> 电流探针的方向为小圆圈内的箭头方向。

2）电流探针的编辑

（1）右击选中电流探针，再单击，进入电流探针编辑对话框，如图 3-158 所示。

图 3-157　电流探针　　　　图 3-158　电流探针编辑对话框

电流探针编辑对话框包含的设计项目有 Record Filename，即记录文件名称。电流或电压探针可以将数据记录到文件中，用于在 Tape 发生器中播放。探针的这一特性使得用户可以使用某一电路创建测试波形，然后在另一电路中使用。

（2）按照电路要求进行设置，设置完成后，单击"OK"按钮，则探针编辑完成。

3.5　本章小结

本章详细介绍了原理图仿真时的各种工具，包括各种激励源的使用、图表的使用、虚拟仪器及探针的添加使用，并通过实例加以演示，使读者对各种工具的使用场合和设置方法有了更深入的了解。PROTEUS 软件具有丰富的仿真工具，适用于多种电路仿真，仿真结果直观明了。

思考与练习

（1）PROTEUS VSM 仿真方式有哪些？它们有什么区别？

（2）PROTEUS 的图表仿真工具有哪些？

第4章 模拟电路设计实例——音频功率放大器的设计

【设计题目】音频功率放大器设计。

【设计要求】在放大通道的正弦信号输入电压幅度为 5~10mV，等效负载电阻 $R_L = 8W$ 下，放大通道应满足如下要求：

☺ 额定输出功率 $P_{OR} \geqslant 2W$；

☺ 带宽 BW 为 20~20 000Hz；

☺ 在 P_{OR} 下和 BW 内的非线性失真系数 $\leqslant 3\%$；

☺ 在 P_{OR} 下的效率 $\geqslant 55\%$；

☺ 在前置放大级输入端交流短接到地时，$R_L = 8\Omega$ 上的交流声功率 $\leqslant 10mW$。

4.1 音频功率放大器简介

1. 音频放大器原理介绍

音频放大器已经快有一个世纪的历史了，最早的电子管放大器的第一个应用就是音频放大器。音频功率放大器是声重放设备的重要组成部分，其作用是将传声器件获得的微弱信号放大到足够的强度去推动声重放系统中的扬声器或其他电声器件，使得原声重现。

2. 音频放大器的组成

本次设计在仿真软件的基础上，设计一个简单的音频放大器，将小的音频信号放大，并在一定的频率范围内将信号输出。电路的设计包括直流稳压源、音调控制电路、一级放大电路、二级放大电路、工频陷波电路、功率放大电路共六部分。各部分的作用介绍如下：

（1）直流稳压源输出 ±15V 的稳定电压，为整个电路提供稳定的电源电压。

（2）前级放大电路（包括一级和二级放大电路）的作用是对输入信号进行放大，以满足额定输出功率，其中的输入级基本上都用运放作为前置单元，一级、二级放大电路在放大信号的同时也充当带通滤波器的角色。

（3）音调控制采用反馈式控制电路，可以调控高低音的放大或衰减程度。

（4）工频陷波器主要用来滤除来自稳压电源的工频干扰，提升音频功放的性能。

（5）功率放大电路用来输出足够大的功率以驱动扬声器发声。

电路总体框架如图 4-1 所示。

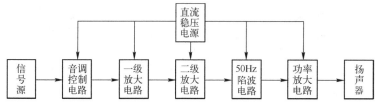

图 4-1 音频功率放大器结构

 ## 4.2 直流稳压源设计

4.2.1 原理分析与设计

设计好的直流稳压电源电路如图 4-2 所示。

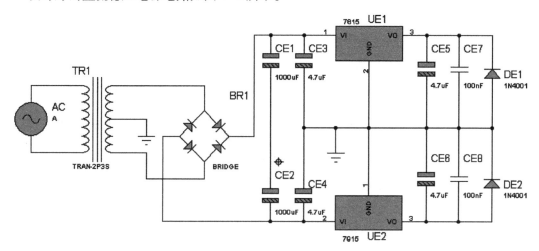

图 4-2 直流稳压电源电路

1) 直流稳压电源设计要求 直流稳压电源的要求是同时输出 +15V、-15V 两路电压，最大输出电流为 1A，电压调整率≤0.2%，负载调整率≤1%，纹波电压（峰-峰值）≤5mV（最低输入电压下，满载），具有过流及短路保护功能。

2) 直流稳压电源的组成及各部分的作用 整个直流稳压电路由四部分构成，分别为变压电路、整流电路、滤波电路和稳压电路，下面具体介绍。

（1）由于输出的稳压电压是 15V，所以这里是降压变压器，通过计算设置变压器一级线圈与二级线圈之比为 1:5。

（2）这里整流电路采用 4 只整流二极管构成全桥整流电路。全桥整流电路利用率高，输出的电压 $V_o = 0.9V_2$（V_2 为次级输出电压）。

（3）电路在三端稳压器的输入端接入电解电容 $C_{CE1} = C_{CE2} = 1000\mu F$，用于电源滤波，其后并入电解电容 $C_{CE3} = C_{CE4} = 4.7\mu F$，用于进一步滤波。

（4）由于要稳定输出 +15V、-15V 两路电压，所以三端稳压器选择 7815、7915（输出电压 ±15V，最大输出电流 1A，且稳压器内部已有限流电路）。在三端稳压器输出端接入电

解电容 $C_{CE5} = C_{CE6} = 4.7\mu F$ 用于减小电压纹波，而并入陶瓷电容 $C_{CE7} = C_{CE8} = 100nF$ 用于改善负载的瞬态响应并抑制高频干扰（陶瓷小电容电感效应很小，可以忽略，而电解电容因为电感效应在高频段比较明显，所以不能抑制高频干扰）。

在输出端同时并入二极管 DE1、DE2（型号为 1N4001），当三端稳压器未接入输入电压时可保护其不至于损坏。

4.2.2　计算机仿真分析

1. 输出端电压

按照图 4-2 所示编辑元件参数，并在正负输出端分别放置电压探针并单击仿真按钮，如图 4-3 所示。单击仿真停止按钮并放置模拟分析图表，设置图表的终止仿真时间为 50ms。添加探针到图表中，仿真结果如图 4-4 所示。

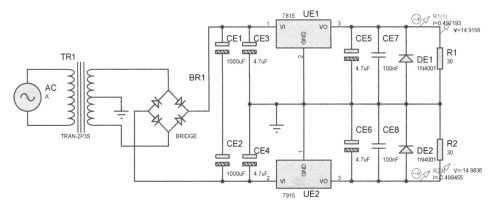

图 4-3　放置电压探针仿真

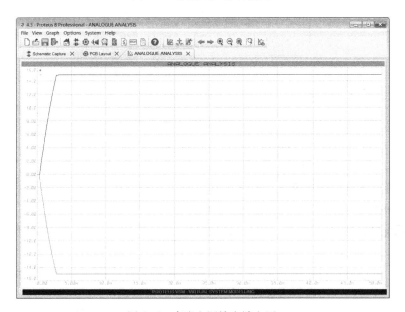

图 4-4　直流电源输出端电压

由图 4-4 可知，正电压为 14.0V，负电压为 -14.1V，基本符合设计要求。负电压绝对值偏大是因为三端稳压器 7815 和 7915 各参数不可能绝对对称造成的。

2. 最大输出电流

通过改变负载电阻，可以得出最大输出电流。通过调整各种阻值，得出负载电阻为 15Ω 时电流值最大。这里在线路上添加电压和电流探针，注意电流探针的电流方向。单击仿真按钮 ▶，仿真结果如图 4-5 所示。由图可见，没有达到预期的最大输出电流 1A，正电压端电流大约为 0.91A，负电压端电流为 −0.99A。不过对于额定功率 2W 而言，应有的最大电流为 0.7A，所以这样的最大输出电流可以满足要求。

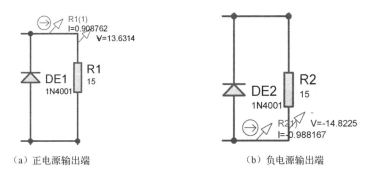

（a）正电源输出端　　　　　　　　　（b）负电源输出端

图 4-5　最大输出电流

3. 电压调整率

当输出电流为 500mA 时，负载电阻为 30Ω，按电网电压的波动范围为 ±10% 计算电压调整率。

当电网电压偏高，即为 220×1.1＝242V（有效值）时，输出电压如图 4-6 所示。此时，正电压端输出电压为 14.914 1V，负电压端输出电压为 −14.982 2V。

当电网电压偏低，即为 220×0.9＝198V（有效值）时，输出电压如图 4-7 所示。此时，正电压端输出电压为 14.913 7V，负电压端输出电压为 −14.980 1V。

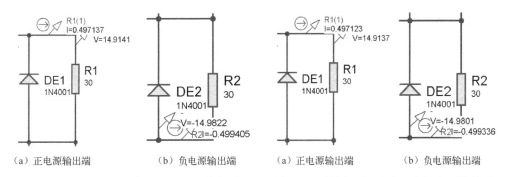

（a）正电源输出端　　　（b）负电源输出端　　　　（a）正电源输出端　　　（b）负电源输出端

图 4-6　测量电压调整率（电网电压偏高时）　　图 4-7　测量电压调整率（电网电压偏低时）

故正电压调整率为

$$S_{U+} = \frac{14.914\ 1 - 14.913\ 7}{15} = 0.002\% \qquad (4\text{-}1)$$

负电压调整率为

$$S_{U-} = \frac{14.982\ 2 - 14.980\ 1}{15} = 0.014\% \qquad (4\text{-}2)$$

它们均低于所要求的值 0.2%，显然满足设计要求。

4. 电压负载调整率

在电网电压为 220V，负载电流从 10mA 变为 500mA 时，测量该直流电源的电流调整率。

当负载电流为 10mA 时，经计算负载电阻为 1500Ω，输出电压如图 4-8 所示。此时，正电压端输出电压为 15.008V，负电压端输出电压为 -15.047 4V。

当负载电流为 500mA 时，输出电压如图 4-9 所示。此时，正电压端输出电压为 14.913 3V，负电压端输出电压为 -14.983 2V。

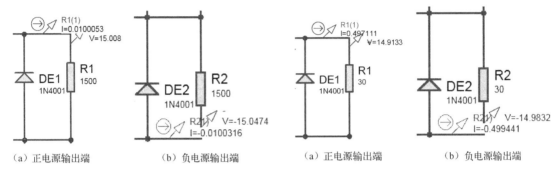

| （a）正电源输出端 | （b）负电源输出端 | （a）正电源输出端 | （b）负电源输出端 |

图 4-8　测量电流调整率（负载电流为 10mA）　　图 4-9　测量电流调整率（负载电流为 500mA）

故正电压负载调整率为

$$S_{I+} = \frac{15.008 - 14.913\ 3}{15} = 0.63\% \tag{4-3}$$

负电压负载调整率为

$$S_{I-} = \frac{15.047\ 4 - 14.983\ 2}{15} = 0.43\% \tag{4-4}$$

它们均低于所要求的值 1%，显然满足设计要求。

5. 纹波电压

用模拟分析分析电路的输出电压，如图 4-10 所示。

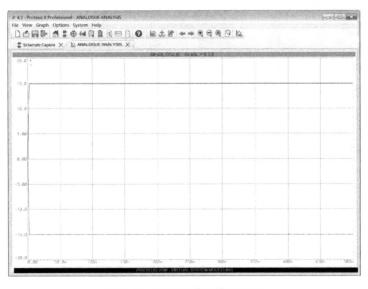

图 4-10　稳压电路的输出电压

结果表明，在软件设定的精度内，在 mV 级别上纹波电压几乎为零，输出电压比较稳定。

通过傅里叶分析图表可以观察谐波分量，再利用傅里叶分析观察正电压端输出电压的谐波分量，如图 4-11 所示。

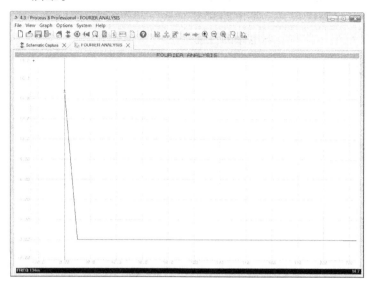

图 4-11　正电压端输出电压的傅里叶分析

由图 4-11 可知，电源电路在 0Hz 处的分量幅度即直流分量为+15V，而在其他频率点的分量为零。负电压端输出电压的情况类似，如图 4-12 所示。

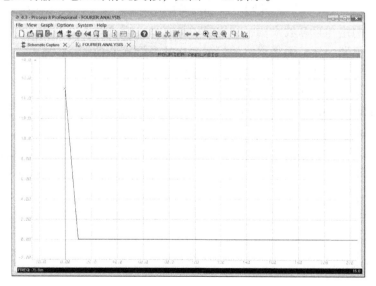

图 4-12　负电压端输出电压的傅里叶分析

 # 4.3　音调控制电路

高低音控制器是高传真放音设备中不可缺少的单元，主要是为了满足听音者自己的听音爱好，通过对声音某部分频率信号进行提升或衰减，以满足听者对不同频率的需要。一般音响系统中通常设有低音调节和高音调节两个按钮，用来对音频信号中的低频成分和高频成分进行提升或衰减。音调控制电路的形式不少，其中以反馈型电路最为常用，它具有较宽的控制范围和较小的失真等优点，只是电路稍复杂些。与流行方案不同的是，该控制电路中 $R_1 \neq R_2$，而是 $R_1 = nR_2$，此时音调电路的性能好些。

4.3.1　原理分析与设计

设计好的音调控制电路如图 4-13 所示。

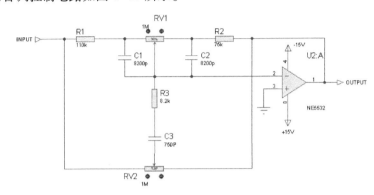

图 4-13　音调控制电路

1. 电路原理介绍

电路中，RV1、RV2 分别是控制低音和高音的电位器。$C_1 = C_2$，$C_3 < C_1$，$R_1 = nR_2$。这些阻容元件构成的网络与运算放大器一起构成了具有高、低频两条反馈通道的滤波器，分别调节图中的两个电位器，便可测得增益随频率变化的音调控制曲线。对于低音信号，C1 和 C2 相当于断路，而对于高音信号，C3 相当于短路。

下面具体介绍低音调节和高音调节两个过程。

1) 低音调节　低音调节时，当 RV1 滑动到最左端时，C1 被短路，C2 可视为开路；低音信号经过 R1 直接被送入运放，输入量最大，而低音输出则经过 R2 和 RV1 负反馈送入运放，负反馈量最小，因而低音提升最大。当电位器 RV1 滑到最右端时，情况正好与之相反，因而低音衰减最大。不论 RV1 怎么滑动，因为 C1 和 C2 对高音信号可视为短路，所以对高音信号无任何影响。

2) 高音调节　当 RV2 滑到最左端的时候，因 C3 对高音信号可视为短路，高音信号经过 C3 和 R3 直接送入放大器，输入量最大，而高音输出则经过 RV2、C3 和 R3 反馈到运放，反馈量最小。当电位器 RV2 滑到最右端时，情况正好与之相反，因而高音衰减最大。

2. 计算转折频率

该音调控制电路高低音最大提升时幅频特性曲线的 4 个转折频率分别为

$$f_1 = \frac{1}{2\pi RV_1 C_2} \tag{4-5}$$

$$f_2 = \frac{1}{2\pi (RV_1 // R_2) C_2} \tag{4-6}$$

$$f_3 = \frac{1}{2\pi (R_1 + R_3) C_3} \tag{4-7}$$

$$f_4 = \frac{1}{2\pi R_3 C_3} \tag{4-8}$$

其中，f_1、f_4 是控制电路最大提升曲线两端的转折频率，f_2、f_3 是中间的两个转折频率。

高低音最大衰减时其幅频特性曲线的 4 个转折频率为

$$f_1 = \frac{1}{2\pi RV_1 C_1} \tag{4-9}$$

$$f'_2 = \frac{1}{2\pi (RV_1 // R_1) C_1} \tag{4-10}$$

$$f'_3 = \frac{1}{2\pi (R_2 + R_3) C_3} \tag{4-11}$$

$$f_4 = \frac{1}{2\pi R_3 C_3} \tag{4-12}$$

相应地，f_1、f_4 是控制电路最大衰减曲线两端的转折频率，f'_2、f'_3 是中间的两个转折频率。

中音增益为

$$K_M = \frac{R_2}{R_1} \tag{4-13}$$

高低音最大提升时增益为

$$K_R = \frac{RV_1 + R_2}{R_1} \tag{4-14}$$

高低音最大衰减时衰减倍数为

$$K_A = n \cdot K_R = \frac{RV_1 + R_2}{R_2} \tag{4-15}$$

为满足高低音的最大提升倍数和衰减倍数分别相等，得出

$$R_3 = \frac{R_1 \cdot R_2}{RV_1} \tag{4-16}$$

现令 $K_R = 10$，$RV_1 = RV_2 = 1M\Omega$，$n = \sqrt{2}$，则 $K_A \approx 14$。令 $f_1 = 20Hz$，$f_4 = 20kHz$，由式（4-15）得 $R_2 = 76.09k\Omega$，取系列值 $R_2 = 77k\Omega$。

由 $R_1 = \sqrt{2} R_2$ 得出 $R_1 = 108k\Omega$，取系列值 $R_1 = 110k\Omega$。

由式（4-16）得 $R_3 = 8.3k\Omega$，取系列值 $R_3 = 8.2k\Omega$。

由式（4-5）得 $C_2 = 8000pF$，取系列值 $C_2 = 8200pF$，所以 $C_1 = 8200pF$。

由式（4-12）得 $C_3 = 970pF$，取系列值 $C_3 = 1000pF$。

由系列值验算所得结果如下：

$$K_M = \frac{R_2}{R_1} = 0.7(-3dB) \tag{4-17}$$

$$K_R = \frac{RV_1 + R_2}{R_1} = 9.8(19.8dB) \tag{4-18}$$

$$K_A = \frac{RV_1 + R_1}{R_2} = 14.8(23.5dB) \tag{4-19}$$

$$n = \frac{R_1}{R_2} = 1.5 \tag{4-20}$$

$$f_1 = \frac{1}{2\pi RV_1 C_2} = 19.4\text{Hz} \tag{4-21}$$

$$f_2 = \frac{1}{2\pi (RV_1 /\!/ R_2) C_2} = 278\text{Hz} \tag{4-22}$$

$$f_3 = \frac{1}{2\pi (R_1 + R_3) C_3} = 1.33\text{kHz} \tag{4-23}$$

$$f_3' = \frac{1}{2\pi (R_2 + R_3) C_3} = 1.91\text{kHz} \tag{4-24}$$

$$f_4 = \frac{1}{2\pi R_3 C_3} = 19.4\text{kHz} \tag{4-25}$$

上述结果基本符合要求，即可认为设计基本完毕。下面可进行电路的仿真分析。

4.3.2　计算机辅助设计与分析

为电路添加正弦信号源和电压探针，分别命名为 INPUT 和 OUTPUT。正弦信号的幅值为 1V，频率为 50Hz。当 RV1、RV2 都滑到最左端，高低音都处于最大提升状态时，电路的幅频特性曲线如图 4-14 所示。

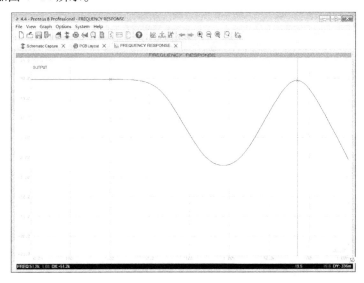

图 4-14　高低音最大提升时的幅频特性曲线

由图 4-14 可知，低音增益大约为 19.9dB，高音增益大约为 19.8dB。由图可以看出，高音增益偏低且高频段出现大幅衰减，这是运放内晶体管呈现低通特性导致的。

截止频率的测量如图 4-15 所示。

由图 4-15 可知，$f_1 = 19.4$Hz，$f_4 = 16.4$kHz。上限截止频率偏低还是运放的低通特性造成的。由式（4-8）可知，通过减小电容 C_3，可增大 f_4，进而由多级放大电路截止频率的计算公式知，可增大该音调控制电路的 f_4。经过调试，当 $C_3 = 750$pF（为系列值）时，幅频特性曲线如图 4-16 所示。此时 $f_4 = 19.5$kHz，与计算值相比较，基本符合要求。

中音增益的仿真值如图 4-17 所示。通过测量，中音增益仿真值为 -2.06dB。而该值的计算值（-3dB）不很准确，这是因为计算过程采用了近似的分析方法，所以与仿真值偏差较大。

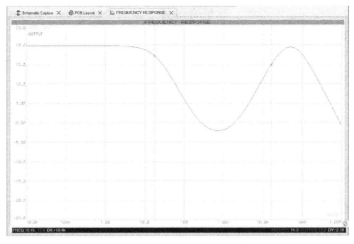

图 4-15　最大提升曲线的截止频率

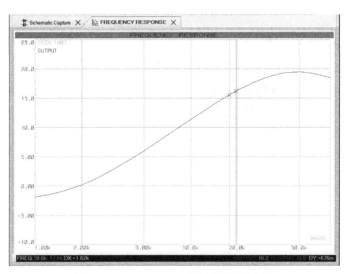

图 4-16　$C_3 = 750\text{pF}$ 时的幅频特性曲线

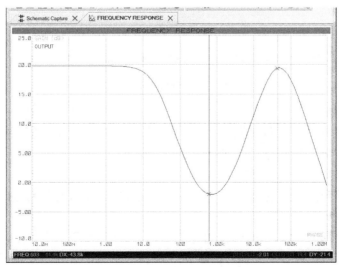

图 4-17　提升曲线的中音增益

当 RV1、RV2 都滑到最右端时，高低音均处于最大衰减状态，通过仿真，电路的幅频特性曲线如图 4-18 所示。

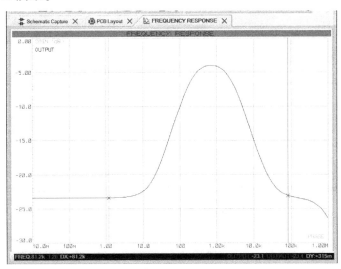

图 4-18　高低音最大衰减时的幅频特性曲线

通过仿真图，测得高低音增益为-23.4dB，与计算值相符。而在 500kHz 处增益出现了剧烈的衰减，同样，这也是由运放的低通特性造成的。

此时的转折频率测量如图 4-19 所示。

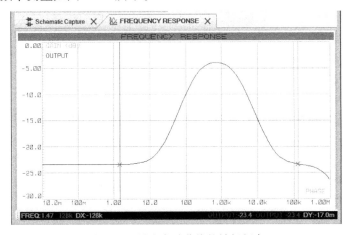

图 4-19　最大衰减曲线的转折频率

由图 4-18 可知，$f_1 = 19.4$Hz，$f_4 = 24.2$kHz，与理论推导的过程中得出的最大提升曲线的 f_4 和最大衰减曲线的 f_4 相等，但由于各环节的传递函数的作用，此时的 f_4 偏高。

中音增益的测量结果如图 4-20 所示。

由测量结果可知，中音增益为-3.98dB。

当低音最大提升而高音最大衰减，即 RV1 在最左端，RV2 在最右端时，电路的幅频特性曲线如图 4-21 所示。

曲线形状和预期的一致，并且高、中、低音增益，f_1，f_4 等几乎不变。

当低音最大衰减而高音最大提升，即 RV1 在最右端，RV2 在最左端时，电路的幅频特性曲线如图 4-22 所示。

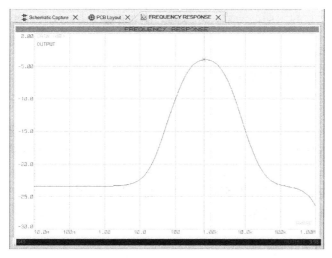

图 4-20　衰减曲线的中音增益

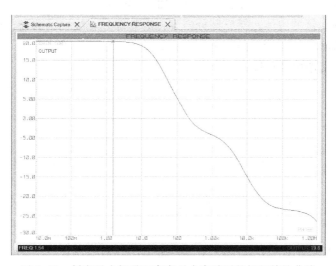

图 4-21　低音最大提升而高音最大衰减时的幅频特性曲线

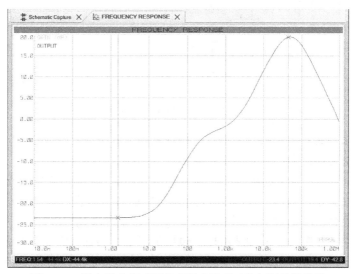

图 4-22　低音最大衰减而高音最大提升时的幅频特性曲线

同样，曲线的形状和预期的一致，并且高、中音增益，f_1，f_4 等几乎不变。

4.4 工频陷波器

陷波器也称带阻滤波器（窄带阻滤波器），它能在保证其他频率的信号不损失的情况下，有效地抑制输入信号中某一频率的信息。所以当电路中需要滤除存在的某一特定频率的干扰信号时，就经常用到陷波器。我国市电电网供应的电力信号是 50Hz 正弦波，对于从电网获得工作电源的电子设备存在着 50Hz 工频干扰。为了抑制或减少 50Hz 交流电噪声干扰，需要在输入电路中加入陷波电路。

4.4.1 原理分析与设计

陷波器的实现方法有很多，本次设计采用的是电路比较简单、易于实现的双 T 型陷波器。双 T 型带阻滤波器的主体包括三部分内容：选频部分、放大器部分、反馈部分。此陷波器具有良好的选频特性和比较高的 Q 值（品质因数）。

设计好的工频陷波电路如图 4-23 所示。

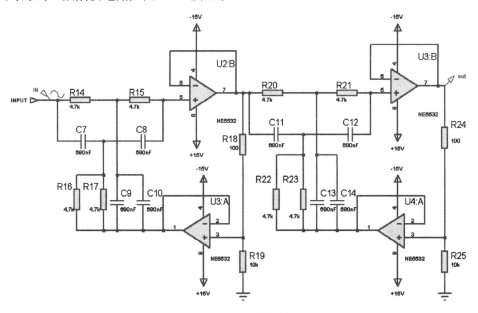

图 4-23　工频陷波电路

电路由两级相同的双 T 双跟随陷波电路级联而成，目的是让电路在 50Hz 处衰减的程度更大。这里只分析前面部分的双 T 陷波电路。

图中 U2:B 用作放大器，其输出端作为电路的输出。U3:A 接成电压跟随器的形式。因为双 T 网络只有在离中心频率较远时才能达到较好的衰减特性，因此滤波器的 Q 值不高。加入电压跟随器是为了提高 Q 值，此电路中，Q 值可以提高到 50 以上。调节 R18、R19 两个电阻的阻值，来控制陷波器的滤波特性，包括带阻滤波的频带宽度和 Q 值的高低。

电路中，$R_{14}=R_{15}=R_{16}=R_{17}$，$C_7=C_8=C_9=C_{10}$，第二级类推。对每一级陷波器，其传递函数为

$$\dot{H}(j\omega) = \frac{\omega^2 - \omega_0^2}{\omega^2 - \omega_0^2 - j4\omega_0(1-K)\omega} \tag{4-26}$$

其中

$$K = \frac{R_{19}}{R_{19} + R_{18}} \tag{4-27}$$

中心频率

$$f_0 = \frac{1}{2\pi R_{14} C_7} \tag{4-28}$$

品质因数

$$Q = \frac{1}{4(1-K)} \tag{4-29}$$

阻带宽度

$$BW = \frac{f_0}{Q} \tag{4-30}$$

由上式可知，Q 值越高，阻带越窄，有用信号的失真越小。

该电路的通带增益

$$\dot{A}_{up} = 1 \tag{4-31}$$

由于要利用电阻、电容的系列值来组成电路，使中心频率严格等于 50Hz 将会变得十分困难，同时电阻、电容的实际值和标称值总存在偏差，故采用两级陷波器级联的方式，增大 50Hz 处对信号的衰减程度。通过对 30 多组电阻、电容值对应的中心频率的比较与分析，最终选定 $R_{14} = 4.7\text{k}\Omega$，$C_7 = 680\text{nF}$。此时，中心频率

$$f_0 = \frac{1}{2\pi R_{14} C_7} = 49.798\text{Hz} \tag{4-32}$$

同时，令 $Q=25$，$R_{19} = 10\text{k}\Omega$，由式（4-27）、式（4-29）可得

$$R_{18} = 101.01\Omega \tag{4-33}$$

取系列值 $R_{18} = 100\Omega$。此时，$Q = 25.25$。在以上所选取的参数下，电路在 50Hz 处的增益计算如下：

$$\omega_0 = 2\pi f_0 = 312.89\text{rad/s} \tag{4-34}$$

$$\omega = 2\pi f = 314.16\text{rad/s} \tag{4-35}$$

$$K = \frac{R_{19}}{R_{19} + R_{18}} = \frac{10\,000}{10\,100} = 0.99 \tag{4-36}$$

将式（4-34）～式（4-36）代入式（4-26），得

$$|\dot{H}(j100\pi)| = 0.198(-14.07\text{dB}) \tag{4-37}$$

则电路在该频率处的增益

$$|\dot{A}_u|_{f=50\text{Hz}} = |\dot{H}(j100\pi)|^2 = 0.039(-28.18\text{dB}) \tag{4-38}$$

4.4.2　计算机仿真分析

放置频率分析图表，添加输出电压探针 OUT，开始仿真。电路的幅频特性曲线如图 4-24 所示。由指针的读数可以看出，电路的通带增益几乎为零。

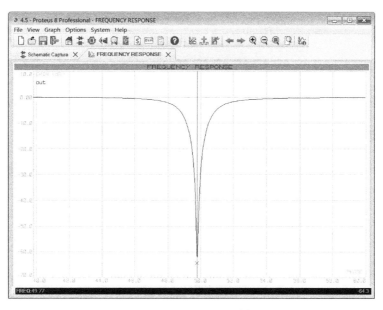

图 4-24　工频陷波器的幅频特性曲线

　　图表放大后，观察电路各参数，如图 4-25 所示。由测量的结果可知，陷波器的中心频率为 49.775Hz，50Hz 处的增益为-28.2dB，与计算的结果一致。

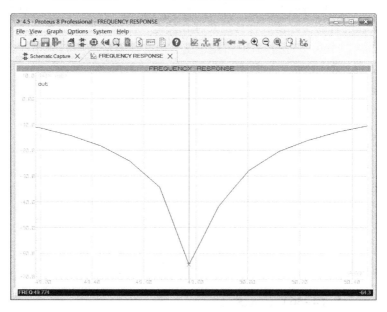

图 4-25　放大后的工频陷波器的幅频特性图表

　　工频陷波器阻带的测量如图 4-26 所示。

　　由测量的结果可知，陷波器的阻带宽为 3.09Hz，截止频率分别为

$$f_{p1} = 48.30\text{Hz} \tag{4-39}$$

$$f_{p2} = 51.38\text{Hz} \tag{4-40}$$

这样，各项指标均与理论值相一致，该陷波器的设计较为成功。

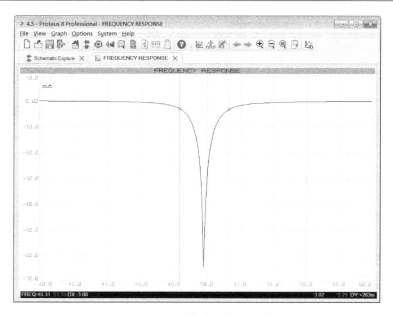

图 4-26　工频陷波器阻带的测量

分别选择输入正弦波信号 1V、5Hz，1V、50Hz 和 1V、1kHz 进行分析，来计算各频率处的增益。以上各信号电压均为幅值。

当输入信号为 1V、5Hz 时，陷波电路的输入/输出电压波形如图 4-27 所示。

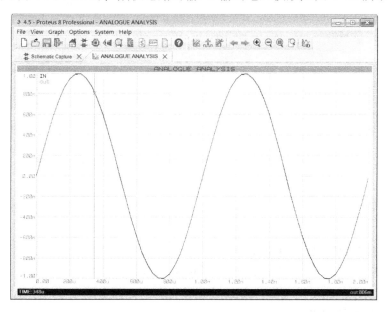

图 4-27　输入信号为 1V、5Hz 时陷波电路的输入/输出电压波形

图中有两条波形曲线，分别是输入信号和输出信号，它们几乎重合，幅值都为 1V。说明此时相移为零，放大倍数为 1，与理论分析及频率分析的结果一致。频率分析的相频特性曲线如图 4-28 所示，图中示出了 5Hz 处的相移为-0.463°。

当输入信号为 1V、50Hz 时，陷波电路的输入/输出波形如图 4-29 所示。

输出幅值变为 39.94mV，放大倍数为

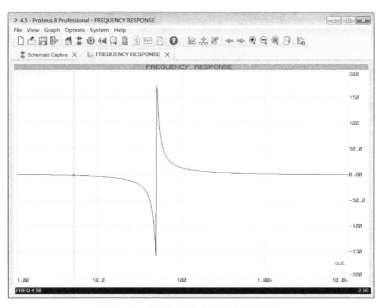

图 4-28　陷波电路在 5Hz 处的相移

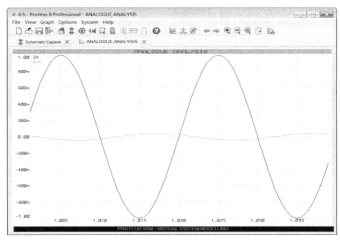

图 4-29　输入信号为 1V、50Hz 时陷波电路的输入/输出波形

$$|\dot{H}|_{f=50\text{Hz}} = \frac{0.0399}{1} = 0.0399(-27.98\text{dB}) \tag{4-41}$$

与理论计算及频率分析的结果几乎相等。

在频率分析中，50Hz 处相移的测量如图 4-30 所示。

由图 4-30 所示的测量结果知，50Hz 处相移为 143°。而由图 4-31 的测量结果可以计算得到电路在 50Hz 处的相移。

由图 4-31 可得时间差 $\Delta t = 12.1\text{ms}$，算出相移为

$$\varphi = 12.1 \times 10^{-3} \times 100\pi \times \frac{180°}{\pi} = 217.8° \tag{4-42}$$

也即输出超前输入的相角为

$$\varphi' = 360° - 217.8° = 142.2° \tag{4-43}$$

与频率分析得到的结果相近。

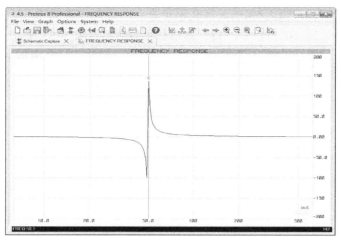

图 4-30　陷波电路在 50Hz 处的相移

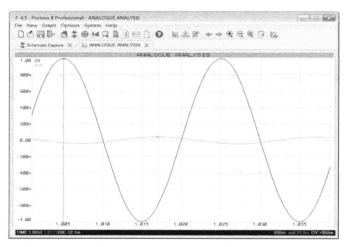

图 4-31　利用模拟分析计算相移

当输入信号为 1V、1kHz 时，陷波电路的输入/输出波形如图 4-32 所示。

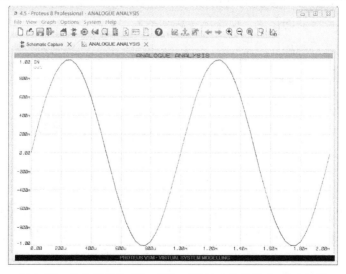

图 4-32　输入信号为 1V、1kHz 时陷波电路的输入/输出波形

同低频 5Hz 时一样，输入/输出波形几乎重合，即放大倍数为 1，且相移为零，与理论分析及频率分析的结果（0.112°）一致。频率分析的结果如图 4-33 所示。

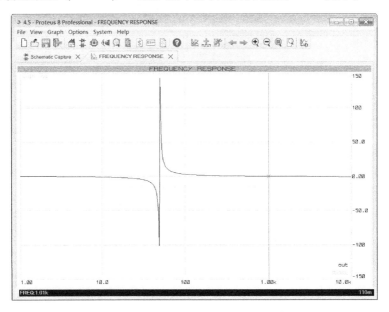

图 4-33　陷波电路在 1kHz 处的相移

 # 4.5　前级放大电路

由于信号源输出电压幅度往往很小，不足以驱动功率放大器输出额定功率，因此常在功率放大电路之前插入前置放大器将信号源输出的信号加以放大。而本电路是音调控制，对音色要求比较高，所以放大电路同时对信号进行适当的音色处理。在本次设计中，前级放大电路（包括一级放大电路和二级放大电路）对音色所做的处理就是滤波的作用，即前级放大电路同时充当带通滤波器的角色，使整体音频功率放大电路的带宽为 20Hz~20kHz。下面具体介绍前级放大电路及其设计原理。

4.5.1　原理分析与设计

设计好的前级放大电路如图 4-34 所示。

在电路的通带内，前级放大电路为两级反相比例运算放大电路的级联，故其通带放大倍数为

$$\dot{A}_{up} = \dot{A}_{up1} \cdot \dot{A}_{up2} = \frac{R_6}{R_4} \cdot \frac{R_9}{R_8} \tag{4-44}$$

在输入信号为 5~10mV 时，为保证额定功率 $P_{OR} \geqslant 2W$，功率放大电路输出端电压的峰值应为 5.65V。当功率放大电路的放大倍数最大时（等于 3），前级放大电路的输出电压峰值应为 5.65/3 = 1.88V，按此时的输入电压为 5mV，则前级放大电路的放大倍数应至少为 1.88/0.005 = 376。电路中取 $R_6 = R_9 = 100\text{k}\Omega$，$R_4 = R_8 = 5.1\text{k}\Omega$，则放大倍数

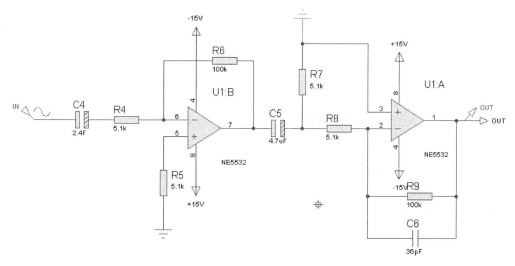

图 4-34　前级放大电路

$$\dot{A}_{\mathrm{up}} = \left(\frac{100}{5.1}\right)^2 = 384.47 \tag{4-45}$$

故放大倍数满足要求。两级放大电路中所加的电解电容 C4 和 C5 起到了滤波的作用，同时也可以展宽频带。

4.5.2　计算机仿真分析

放置模拟分析图表，设置仿真终止时间为 1.5ms。

当输入信号为 5mV（幅值）、1kHz 的正弦波时，电路的输入/输出波形如图 4-35 所示。

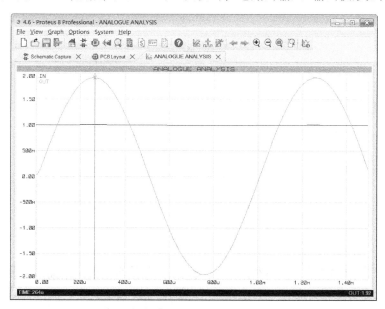

图 4-35　输入信号为 5mV、1kHz 的正弦波时电路的输入/输出波形

由输入/输出波形可知，电路实现了同相放大（因为是两级反相放大器级联）。由图 4-35 测得输出电压幅度为 1.92V，则电路在 1kHz 处的放大倍数为

$$\dot{A}_{up} = \frac{1.92}{0.005} = 384 \tag{4-46}$$

与理论分析的结果相近。

4.6 功率放大电路

欲使扬声器发声，必须要用足够的功率来驱动它。功率放大器不是仅仅的电压放大或电流放大，而是追求功率的放大。本次设计采用的是 OCL 功率放大电路，它是一种直接耦合的功率放大器，具有频响宽、高保真度、动态特性好的特性。在电路中引入负反馈，可以减小非线性失真、展宽频带。

4.6.1 原理分析与设计

设计好的功率放大电路如图 4-36 所示。由电路图可知，本设计采用集成运放作为驱动级的 OCL 功率放大电路，由输入级、驱动级、输出级及偏置电路组成。输入级由正弦信号、RV3 和 R11 组成；驱动级采用集成运放；输出级由双电源供电的 OCL 电路构成；为了克服交越失真，由二极管和电阻构成输出级的偏置电路，以使输出级工作于甲乙类状态。为了稳定工作状态和功率增益并减小失真，电路中引入反馈。该放大电路采用复合管无输出耦合电容，并采用正负两组双电源供电。

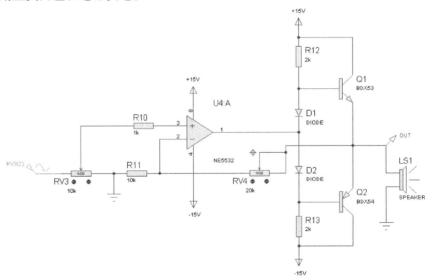

图 4-36 功率放大电路

静态时，正负电源的作用使晶体管 Q1、Q2 处于微导通状态。在输入信号的正半周主要是 Q1 管发射极驱动负载，而负半周主要是 Q2 管发射极驱动负载，而且两管的导通时间都比半个周期长，所以即使输入电压很小，总能保证至少有一只晶体管导通，因而消除了交越失真。电路最大不失真输出电压的有效值为

$$U_{om} = \frac{V_{CC} - U_{CES1}}{\sqrt{2}} \tag{4-47}$$

设饱和管压降

$$U_{\mathrm{CES1}} = -U_{\mathrm{CES2}} = U_{\mathrm{CES}} \tag{4-48}$$

最大输出功率

$$P_{\mathrm{om}} = \frac{U_{\mathrm{om}}^2}{R_{\mathrm{L}}} = \frac{(V_{\mathrm{CC}} - U_{\mathrm{CES}})^2}{2R_{\mathrm{L}}} \tag{4-49}$$

在忽略基极回路电流的情况下，电源 V_{CC} 提供的电流

$$i_{\mathrm{C}} = \frac{V_{\mathrm{CC}} - U_{\mathrm{CES}}}{R_{\mathrm{L}}} \sin \omega t \tag{4-50}$$

电源在负载获得最大交流功率时所消耗的平均功率等于其平均电流与电源电压之积，其表达式为

$$P_{\mathrm{V}} = \frac{1}{\pi} \int_0^{\pi} \frac{V_{\mathrm{CC}} - U_{\mathrm{CES}}}{R_{\mathrm{L}}} \sin \omega t \cdot V_{\mathrm{CC}} \mathrm{d}\omega t \tag{4-51}$$

可得

$$P_{\mathrm{V}} = \frac{2}{\pi} \cdot \frac{V_{\mathrm{CC}}(V_{\mathrm{CC}} - U_{\mathrm{CES}})}{R_{\mathrm{L}}} \tag{4-52}$$

因此，转换效率

$$\eta = \frac{P_{\mathrm{om}}}{P_{\mathrm{V}}} = \frac{\pi}{4} \cdot \frac{V_{\mathrm{CC}} - U_{\mathrm{CES}}}{V_{\mathrm{CC}}} \tag{4-53}$$

在理想情况下，即饱和管压降可忽略不计的情况下

$$P_{\mathrm{om}} = \frac{U_{\mathrm{om}}^2}{R_{\mathrm{L}}} = \frac{V_{\mathrm{CC}}^2}{2R_{\mathrm{L}}} \tag{4-54}$$

$$P_{\mathrm{V}} = \frac{2}{\pi} \cdot \frac{V_{\mathrm{CC}}^2}{R_{\mathrm{L}}} \tag{4-55}$$

$$\eta = \frac{\pi}{4} \approx 78.5\% \tag{4-56}$$

显然，在实际情况中一般都不能忽略饱和管压降，即不能用式（4-54）和式（4-56）计算电路的最大输出功率和效率。在仿真中测得所用的晶体管饱和管压降大约为 $U_{\mathrm{CES}} = 3.1\mathrm{V}$，故由式（4-49）算得最大输出功率

$$P_{\mathrm{om}} = 8.85\mathrm{W} \tag{4-57}$$

满足额定功率 $P_{\mathrm{OR}} \geqslant 2\mathrm{W}$ 的要求。

此时的效率

$$\eta = 62.3\% \tag{4-58}$$

故满足在 P_{OR} 下的效率 $\geqslant 55\%$ 的要求。

4.6.2　计算机仿真分析

通过改变输入电压的幅度，来观察电路的输出，进而确定功放电路的最大不失真输出电压。调节两个电位器，RV3 用于调节输出电压幅值，RV4 用于调节带宽。

当输入信号为 8V（峰值）、1kHz 的正弦波时，电路的输出电压波形如图 4-37 所示。

由图 4-37 所示的测量结果可知，输出电压的峰值为 8.01V，负半周电压峰值也大约为 8.01V。

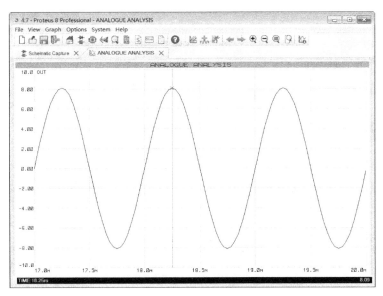

图 4-37　输入信号为 8V、1kHz 的正弦波时电路的输出电压波形

　　令输入信号为 8.8V、1kHz 的正弦波，此时电路的输出电压波形如图 4-38 所示。

　　由图 4-38 所示的测量结果可知，正电压可能出现的最大峰值为 8.69V，而负电压可能出现的最大峰值为 8.59V，几乎是对称的。

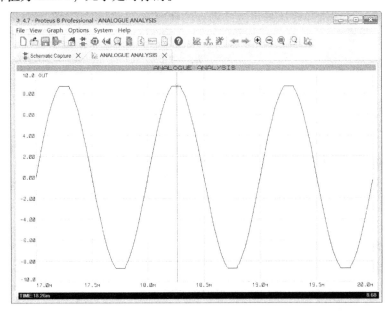

图 4-38　输入信号为 8.8V、1kHz 的正弦波时电路的输出电压波形

　　当输入信号为 8.7V、1kHz 的正弦波时，电路的输出电压波形如图 4-39 所示。

　　可以认为电路的最大不失真输出电压为 8.7V。这样由式（4-49）及式（4-51）知最大输出功率和效率与计算值相等。

　　当输入信号为 1V、1kHz 时，对输出端电压进行傅里叶分析，如图 4-40 所示。

　　由图像可得基波的频率为 1kHz，基波的增益大小为 0.95V，二次谐波的增益大小为 0.000 021V，三次谐波的增益大小为 0.000 001 2V，又因为整个系统的失真度为

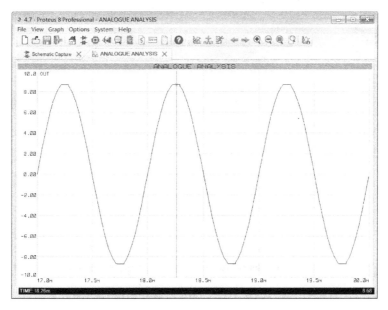

图 4-39 输入信号为 8.7V、1kHz 的正弦波时电路的输出电压波形

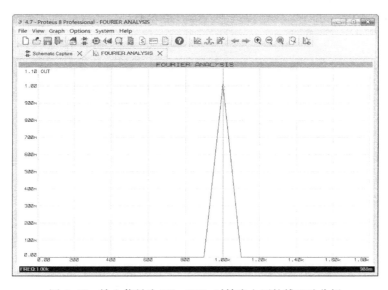

图 4-40 输入信号为 1V、1kHz 时输出电压的傅里叶分析

$$\text{THD} = \sqrt{\frac{V_{\text{om2}}^2 + V_{\text{om3}}^2}{V_{\text{om1}}^2}}$$

式中，V_{om1} 为基波的增益分量，V_{om2} 为二次谐波的增益分量，V_{om3} 为为三次谐波的增益分量，因此整个系统的总谐波失真 THD = 0.002 214 132%，此时能量主要集中在基频 1kHz 处。这时的总谐波失真很小，可以忽略。

当输入信号为 4V、1kHz 时，对输出端电压进行傅里叶分析，如图 4-41 所示。此时，THD 变为 0.167 308%，与 1V 时相比有所增大，说明输出电压越接近最大输出电压，THD 越大。

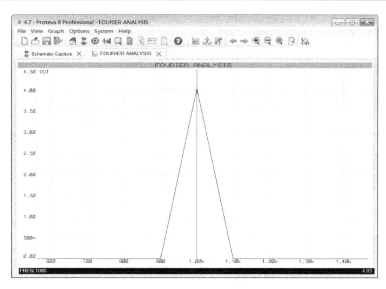

图 4-41　输入信号为 4V、1kHz 时输出电压的傅里叶分析

当输入信号为 8.7V、1kHz 时，对输出端电压进行傅里叶分析，如图 4-42 所示。果然，THD 变为 1.506 021%，与上一种情况相比，进一步变大。

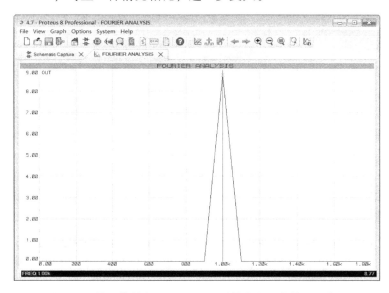

图 4-42　输入信号为 8.7V、1kHz 时输出电压的傅里叶分析

 ## 4.7　电路整体的协调及仿真

当电路各部分设计完毕后，需对整体电路进行仿真。由于子模块比较多，需对各部分进行适当的连接，并考虑器件间相互的影响。各部分的连接顺序为：信号源→音调控制电路→一级放大电路→二级放大电路→工频陷波电路→功率放大电路。其中，工频陷波电路放在二级放大电路和功率放大电路之间，是为了最大限度地对来自电源的工频干扰进行抑制。

4.7.1　带通滤波器的加入

在前级放大电路中，电容与电阻的适当组合构成了带通滤波器，如图 4-43 所示。

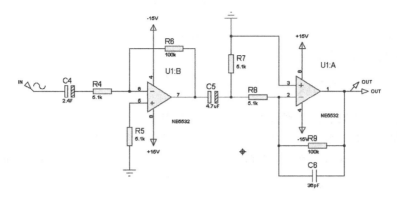

图 4-43　前级放大电路

电路中，R_4、C_4 和 C_5、R_7、R_8 都为高通网络，决定电路的下限截止频率 f_L。

$$f_L = 1.1\sqrt{f_{L1}^2 + f_{L2}^2} \tag{4-59}$$

其中，

$$f_{L1} = \frac{1}{2\pi R_4 C_4} \tag{4-60}$$

$$f_{L2} = \frac{1}{2\pi (R_7 // R_8) C_5} \tag{4-61}$$

令 $f_L = 20\text{Hz}$，$f_{L1} = f_{L2}$，则式（4-59）变为

$$f_L = 1.1\sqrt{2} f_{L1} \tag{4-62}$$

得到

$$f_{L1} = 12.86\text{Hz} \tag{4-63}$$

由式（4-60）可得

$$C_4 = \frac{1}{2\pi R_4 f_{L1}} = 2.43\mu\text{F} \tag{4-64}$$

由式（4-61）可得

$$C_5 = \frac{1}{2\pi (R_7 // R_8) f_{L2}} = 4.85\mu\text{F} \tag{4-65}$$

分别取系列值 $C_4 = 2.4\mu\text{F}$，$C_5 = 4.7\mu\text{F}$。将此二值代入式（4-60）和式（4-61）中，得

$$f_L = 1.1\sqrt{f_{L1}^2 + f_{L2}^2} = 20.44\text{Hz} \tag{4-66}$$

同时，R_9、C_6 为低通网络，会影响电路的上限截止频率 f_H。

$$\frac{1}{f_H} = 1.1\sqrt{\frac{1}{f_{H1}^2} + \frac{1}{f_{H2}^2}} \tag{4-67}$$

其中，f_{H1} 为 R_9、C_6 所决定的上限截止频率，且

$$f_{H1} = \frac{1}{2\pi R_9 C_6} \tag{4-68}$$

f_{H2} 为运放、晶体管所决定的上限截止频率。在本次设计中，它的确定将变得非常困难。

在 $R_9 = 100\text{k}\Omega$ 的前提下，令 $f_{H1} = 20\text{kHz}$，则可得到

$$C_6 = \frac{1}{2\pi R_9 f_{H1}} = 79.58\text{pF} \tag{4-69}$$

但如果 C_6 按上述取值，则由式（4-67）知电路的上限截止频率 f_H 必然小于 20kHz。故利用计算机辅助设计的手段确定 C_6 的取值。

4.7.2　计算机辅助设计与分析

在进行仿真分析时，由于音调控制电路的变化范围大，传递函数复杂，研究起来比较困难，故此处仅研究剩余部分电路的频率响应，这里只使用了一级放大电路。

当 $C_6 = 79.58\text{pF}$ 且功率放大电路的电压放大倍数为 1 时，该剩余部分电路的幅频特性曲线如图 4-44 所示。

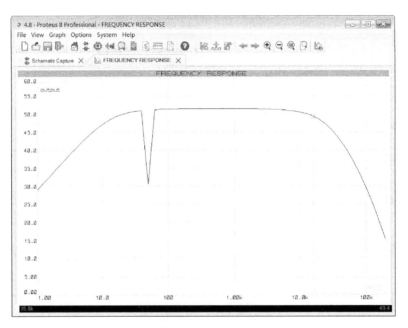

图 4-44　不含音调控制电路时音频功放的幅频特性曲线

由图 4-44 的测量值可得，电路的通带增益为 51.7dB。在 4.5.1 节算得通带放大倍数为

$$\dot{A}_{up} = \left(\frac{100}{5.1}\right)^2 = 384.47(51.697\text{dB}) \tag{4-70}$$

故该仿真值与理论值符合得很好。

电路的通频带测量如图 4-45 所示。由图 4-45 可知，电路的上限截止频率为 13.2kHz，下限截止频率为 20.4Hz。该下限截止频率与计算值吻合得很好，但上限截止频率较目标频率 20kHz 偏低。

逐渐减小 C_6，观察电路的上限截止频率。当 $C_6 = 36\text{pF}$（系列值）时，电路的通频带如图 4-46 所示。此时，电路的上限截止频率为 19.2kHz，基本符合要求。

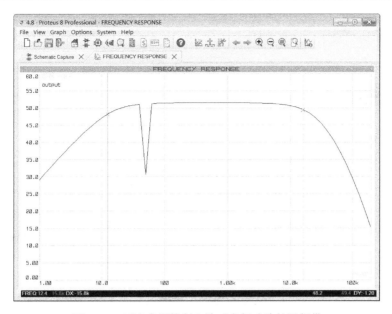

图 4-45　不含音调控制电路时音频功放的通频带

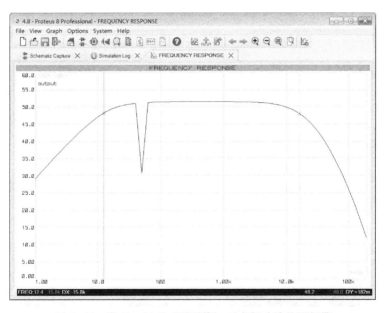

图 4-46　当 $C_6 = 36\text{pF}$（系列值）时音频功放的通频带

4.7.3　电路整体的计算机仿真分析与验证

对电路进行噪声分析（不含音调控制电路），结果如图 4-47 和图 4-48 所示。

由图 4-47 可以看出，最大噪声电压为 $9.31\mu\text{V}/\sqrt{\text{Hz}}$。

由图 4-48 可知，在电路的工作频率范围内，输出电压噪声范围为 $5.09 \sim 6.66\mu\text{V}/\sqrt{\text{Hz}}$。接入音调控制电路后，对电路进行频率分析，结果如图 4-49 所示。

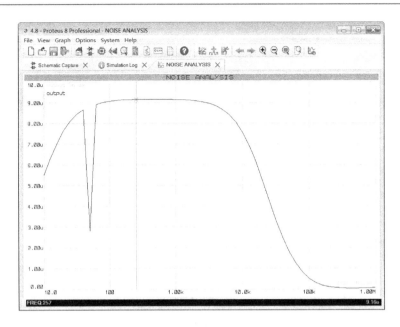

图 4-47　音频功放噪声分析（最大噪声电压）

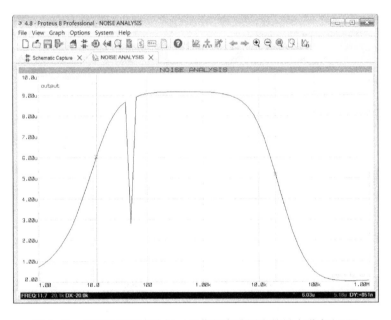

图 4-48　音频功放噪声分析（工作频率范围内的最小噪声电压）

　　根据电路的频响特性，能够预测音色的特征。比如，当高频段提升的幅度比较大时，声音听起来应比较尖锐。按此思路进行音频分析，比较各种频响特性下的音质，会得出与理论分析一致的结果。在音频信号源中添加钢琴曲 "Kiss the rain"，钢琴曲的频率范围为 26.5 ~ 4860Hz，通过调节低、高音控制电位器 RV1、RV2，使上限截止频率为 5kHz，如图 4-50 所示，可以得到较为良好的音质，如图 4-51 所示。

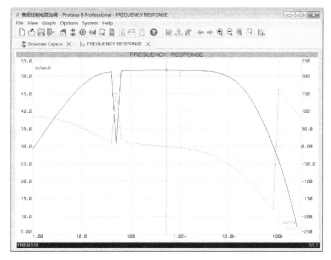

图 4-49　接入音调控制电路后进行频率特性分析（高低音电位器滑动端都在中点）

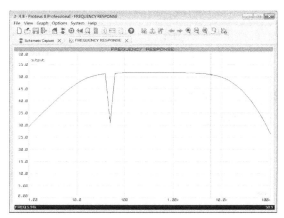

图 4-50　电路上限截止频率为 5kHz

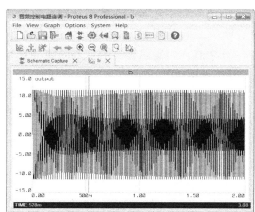

图 4-51　电路的音频分析

4.8　本章小结

音频功率放大器由直流稳压电源、音调控制电路、放大电路、工频陷波电路、功率放大电路构成，这些电路都是典型的模拟电路。本章详细介绍了这些电路的原理，并且结合第 3 章的模拟仿真工具进行仿真，使读者进一步熟悉仿真工具的使用。

思考与练习

（1）简述音频功率放大电路的构成及工作原理。

（2）简述 +12V 直流稳压电源的电路构成。

（3）简述 50Hz 陷波电路的工作原理。

第5章 数字电路设计实例

PROTEUS ISIS 数字电路分析支持 JDEC 文件的物理器件仿真，有全系列的 TTL 和 CMOS 数字电路仿真模型，可对数字电路进行一致性分析。

5.1 110 序列检测器电路分析

【设计目的】

☺ 学习数字电路 110 序列检测器的原理；

☺ 掌握用 PROTEUS ISIS 对数字电路进行仿真和分析的方法；

☺ 了解序列检测器的构成和功能并对其进行调试。

【设计任务】

利用数字电路的基础知识和 PROTEUS 软件设计一个序列编码检测器，当检测到输入信号出现 110 序列编码（按照自左至右的顺序）时，电路输出为 1，否则输出为 0。

5.1.1 设计原理及过程

本实例的设计思路如下：

（1）由给定的逻辑功能建立原始状态图和原始状态表；

（2）状态简化；

（3）状态分配；

（4）选择触发器类型；

（5）确定激励和输出方程组；

（6）画出逻辑图并检查自启动能力。

1. 建立原始状态图和原始状态表

根据设计任务的要求，电路有一个输入信号 A 及一个输出信号 Y，该电路是要对输入信号 A 的编码序列进行检测。设电路的初始状态为 S_1，对应的输出为 Y=0，此时的输入可能是 A=0 或 A=1。当时钟脉冲上升沿到来时，A=0 则保持状态不变，表示收到一个 0；A=1 则转向第二个状态，表示收到一个 1。当在状态 S_2 时，若 A=0 则表示连续输入编码 10 而不是 110，则回到初始状态重新检测；若 A=1 则表示连续输入编码 11，则继续检测，转向第三个状态 S_3。当在状态 S_3 时，若 A=0 则表示连续输入编码 110，则输出 Y=1 并转向第四个状态；若 A=1 则表示连续输入编码 110 后又收到一个 1，视为进行下一轮检测。当在状态 S_4 时，无论 A 为何值，输出 Y 均为 0。

根据给定的逻辑功能可列出电路的原始状态转换表，如表 5-1 所示，并画出原始状态转换图，如图 5-1 所示。

表 5-1　110 序列检测器的原始状态转换表

现态 (S_n)	次态/输出 (S_{n+1}/Y)	
	A = 0	A = 1
S_1	$S_1/0$	$S_2/0$
S_2	$S_1/0$	$S_3/0$
S_3	$S_4/1$	$S_3/0$
S_4	$S_1/0$	$S_2/0$

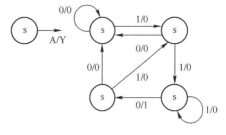

图 5-1　110 序列检测器原始状态转换图

2. 状态化简

下面进行状态化简，观察 110 序列检测器原始状态转换表中的 S_1 与 S_4 可得出，当 A = 0 和 A = 1 时，分别具有相同的次态及相同的输出，因此 S_1 与 S_4 存在等价状态，故可以对原始状态表进行化简。化简后的状态转换表如表 5-2 所示。

表 5-2　化简后的状态转换表

现态（S_n）	次态/输出 (S_{n+1}/Y)	
	A = 0	A = 1
S_1	$S_1/0$	$S_2/0$
S_2	$S_1/0$	$S_3/0$
S_3	$S_1/1$	$S_3/0$

3. 状态分配

化简后的三个状态可以用二进制代码组合（00，01，10，11）任意三个来表示，用两个触发器组合电路，观察表 5-2，当输入信号 A = 1 时，有 $S_1 \rightarrow S_2 \rightarrow S_3$ 的变化顺序；当 A = 0 时，又有 $S_3 \rightarrow S_1$ 的变化，综合这两方面，这里采取 $00 \rightarrow 01 \rightarrow 11 \rightarrow 00$ 的变化顺序，能使其中的组合电路变得简单。于是选用 $S_1 = 00$，$S_2 = 01$，$S_3 = 11$。根据状态转换表可以确定 110 序列检测器的状态分配图如图 5-2 所示。

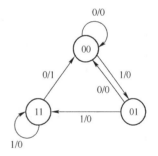

图 5-2　110 序列检测器的状态分配图

4. 触发器的选择

为实现 110 序列选择器电路功能，本设计中采用了小规模集成触发芯片 JK 触发器，其功能最为齐全并且有很强的通用性，适用于简化的组合电路。JK 触发器的特性表如表 5-3 所示。

根据 JK 触发器特性表可以得出其特性方程如下：

$$Q^{n+1} = J\overline{Q^n} + \overline{K}Q^n \tag{5-1}$$

5. 确定激励和输出方程组

用 JK 触发器设计时序电路时，电路的激励方程需要间接导出。与设计要求和状态转换结合，将特性表做适当变换推导出激励条件，建立 JK 触发器的激励表，如表 5-4 所示。

根据图 5-2 所示的状态分配图和表 5-4 所示的激励表可以建立状态转换真值和激励信号表，如表 5-5 所示。根据化简和推导得出的激励方程组及输出方程如下：

$$J_1 = Q_0 A \qquad K_1 = \overline{A} \qquad J_0 = A \qquad Y = Q_1 \overline{A} \tag{5-2}$$

表 5-3　JK 触发器的特性表

J	K	Q^n	Q^{n+1}	功　能
0	0	0	0	$Q^{n+1}=Q^n$
0	0	1	1	保持
0	1	0	0	$Q^{n+1}=0$
0	1	1	0	置 0
1	0	0	1	$Q^{n+1}=1$
1	0	1	1	置 1
1	1	0	1	Q^{n+1}
1	1	1	0	翻转

表 5-4　JK 触发器的激励表

Q^n	Q^{n+1}	J	K
0	0	0	×
0	1	1	×
1	0	×	1
1	1	×	0

注：×表示逻辑值与该行状态转换无关。

表 5-5　真值激励表

Q_1^n	Q_0^n	A	Q_1^{n+1}	Q_0^{n+1}	Y	J_1	K_1	J_0	K_0
0	0	0	0	0	0	0	×	0	×
0	0	1	0	1	0	0	×	1	×
0	1	0	0	0	0	0	×	×	1
0	1	1	1	1	0	1	×	×	0
1	1	0	0	0	1	×	1	×	1
1	1	1	1	1	0	×	0	×	0

6. 根据真值表设计逻辑电路图

　　首先在原理图添加元器件，点选 Component 图标，单击"P"按钮，从弹出的选取元件对话框中选择 110 序列检测器电路仿真元件。仿真元件信息如表 5-6 所示。

表 5-6　仿真元件信息

元 件 名 称	所 属 类	所 属 子 类
74S112（JK 触发器）	TTL 74S series	Flip-Flops & Latches
7408（逻辑"与"门）	TTL 74 series	Gates & Inverters
7404（逻辑"非"门）	TTL 74 series	Gates & Inverters
AND_4（逻辑"与"门、4 输入）	Modelling Primitives	Digital（Buffer & Gate）

　　将仿真元件添加到对象选择器后关闭元件选取对话框。

　　选中对象选择器中的仿真元件，在编辑窗口单击鼠标左键放置仿真元件，按照图 5-3 所示编辑元件并添加连接端子，连接电路。放置数字时钟信号源、数字模式信号源及电压探针，设置 CP 的时钟模式为 High-Low-High Clock，第一个边沿发生的时刻 First Edge At 为 0，频率 Frequency（Hz）为 1Hz，设置 INPUT 的脉冲宽度 Pulse width（Secs）为 1s，可将位模式选择为特定脉冲序列，并输入一串脉冲序列。

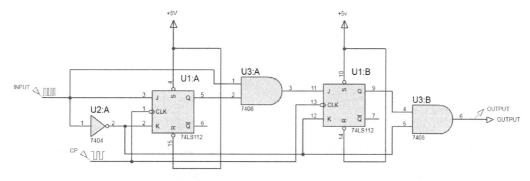

图 5-3 110 序列检测器的逻辑电路图

5.1.2 系统仿真

连接好逻辑电路图后，对 110 序列检测器进行仿真。

双击数字模式信号源，将弹出数字模式信号源编辑对话框，如图 5-4 所示。

在编辑对话框中将 Pulse width（Secs）设置为 1s，然后按照图 5-5 所示编辑数字时钟信号作为电路的时钟触发，此处时钟频率 Frequency（Hz）设置为 1Hz。

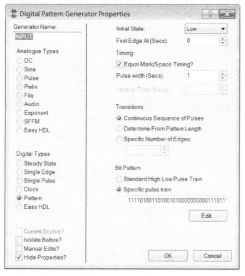

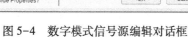

图 5-4 数字模式信号源编辑对话框 　　图 5-5 编辑数字时钟信号属性

> **📖 注意**
>
> 　　输入脉冲的带宽为 1s 而时钟脉冲带宽为 0.5s。这是由 JK 触发器的工作特性决定的。为保证 JK 触发器可靠翻转，输入信号需要保持一定的时间。由触发器建立时间和传输延迟时间决定输入脉冲宽度和时钟脉冲宽度两者之间的关系，避免了 JK 触发器进行错误翻转或不执行翻转动作等情况，保证 110 序列检测器的正确检测。

编辑完成后单击"OK"按钮完成设置。

对电路进行仿真，仿真结果如图 5-6 所示。对仿真结果进行分析，如图 5-7 所示。

图 5-6   仿真结果   图 5-7   对仿真结果进行分析

从电路仿真图可知，当有时钟脉冲触发并且输入为 110 时，输出会产生一个相应的脉冲，实现了序列检测的功能。

5.2   RAM 存储器电路分析

【设计目的】

☺ 学习数字电路中 RAM 的工作原理；

☺ 学习用 PROTEUS ISIS 对 RAM 的工作过程进行仿真和分析；

☺ 验证 RAM 存储器的功能并熟悉操作。

【设计任务】

利用数字电路的基础知识和 PROTEUS 软件模拟仿真一个 2K8RAM 存储器的存储和读取过程，将数据存入相应的地址并能够在读取模式将数据读取出来。

5.2.1   设计原理及过程

1. 2K8RAM 简介

RAM 就是我们平常所说的内存，主要用来存放各种现场的输入、输出数据，中间计算结果，以及与外部存储器的交换信息。内存（RAM，随机存储器）可分为静态随机存储器 SRAM 和动态随机存储器 DRAM 两种，我们经常说的计算机内存条指的是 DRAM，而 SRAM 接触得相对要少（像大部分的 FPGA 就是基于 SRAM 工艺的）。它的存储单元根据具体需要可以读出，也可以写入或改写。一旦关闭电源或发生断电，其中的数据就会丢失。静态存储单元是在静态触发器的基础上附加门控管而构成的，因此，它是靠触发器的自保功能存储数据的。SRAM 由存储阵列、地址译码电路、读/写控制电路、输入/输出控制电路和片选控制组成。

RAM 的内部结构框图如图 5-8 所示，其工作模式如表 5-7 所示。

SRAM 的存储阵列由许多存储单元构成，这些存储单元中都存放一位二进制码，属于时序逻辑电路，在供电过程中具有锁存记忆功能。存储器通过地址译码电路进行读/写的操作，一个地址对应一个行/列选择线，当行/列选择线呈高电平时，存储单元才与数据线联通，以实现数据的读取和写入。

读操作时，令 R/W=1，RAM 将存储阵列中的内容送到输入/输出控制电路中。写操作时，R/W=0，RAM 将输入/输出控制电路中的数据写入存储阵列中。由于读/写操作不能同时进行，只能分别执行，因此输入/输出共用一条双向数据线（I/O）。

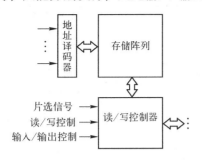

图 5-8　RAM 的内部结构框图

表 5-7　RAM 的工作模式

工 作 模 式	$\overline{CE}$	$\overline{OE}$	$\overline{WE}$	I/O
保持	1	×	×	高阻
读出数据	0	1	0	数据输出
写数据	0	0	×	数据输入
输出无效	0	1	1	高阻

由于 RAM 的存储空间有限，当需要将大容量信息存入 RAM 时，则需对 RAM 进行扩展，往往进行位扩展或字扩展，这时需要用到若干片 RAM 来满足需要。而每次对 RAM 进行读/写时，只会用到其中的一片或几片，这时就需要用到片选端来选择执行操作的芯片。片选信号 CS 低电平有效，当呈现高阻态时，虽然数据段连接但并不进行数据的交换。

2K8RAM 是可存储 2048 个 8 位二进制数的电可擦除可编程随机存取器。常用的 SRAM 集成芯片有 6116（2K×8 位）、6264（8K×8 位）、62256（32K×8 位）、2114（1K×4 位）。在 PROTEUS ISIS 中选择一个 2K8 的静态存储器 6116。HM6116 是一种 2K×8 位的高速静态 CMOS 随机存取存储器，具有高速、低功耗、与 TTL 兼容的特点，完全静态，不需时钟脉冲与定时选通脉冲。HM6116 有 11 条地址线（A0～A10）、8 条数据线（I/O1～I/O8）、1 条电源线、1 条接地线 GND 和 3 条控制线——片选信号 CE、写允许信号 WE 和输出允许信号 OE（3 条控制线低电平有效）。

2. RAM 读/写电路

根据设计要求设计一个存储器读/写电路，利用数码管显示读/写数据，设计电路图如图 5-9 所示。下面添加元器件到原理图界面。

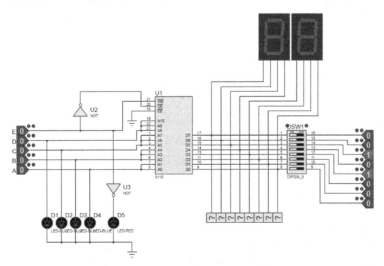

图 5-9　RAM 存储器读/写电路

在 PROTEUS 原理图界面点选 Component 图标，单击"P"按钮，从弹出的选取元件对话框中选择 RAM 存储器读/写电路仿真元件。仿真元件信息如表 5-8 所示。

表 5-8 仿真元件信息

元 件 名 称	所 属 类	所 属 子 类
6116（SRAM）	Memory ICs	Static RAM
NOT（逻辑"非"门）	Simulator Primitives	Gates
DIPSW_8（拨码开关）	Switches & Relays	Switches
LOGICSTATE（逻辑状态）	Debugging Tools	Logic Stimuli
LOGICPROBE（BIG）（逻辑探针）	Debugging Tools	Logic Probes
7SEG-BCD-GRN（七段数码管）	Optoelectronics	7-Segment Displays
LED-BLUE（蓝色 LED 灯）	Optoelectronics	LEDs
LED-RED（红色 LED 灯）	Optoelectronics	LEDs

将仿真元件添加到对象选择器后关闭元件选取对话框。

选中对象选择器中的仿真元件，在编辑窗口单击鼠标左键放置仿真元件，按照图 5-9 所示连接电路，用 7 个数字键产生存储数据，数据范围为 00～FF。RAM 的 A0～A10 为地址输入端，由于数量太多，将相邻的几条并接成 4 组，并用 A、B、C、D 这 4 个"0"、"1"按键控制电位，用蓝色指示灯显示，从而从 2048 个地址中选定了 16 个，用于演示数据的存储和读取。$\overline{WE}$ 为读/写控制端，用字母键 E 控制，用红色指示灯显示，低电平为写入（红灯亮），高电平为读出（红灯灭）。$\overline{CE}$ 为片选端，低电平有效。$\overline{OE}$ 为片选端。用绿色七段数码管显示存储和读取的数字。

由于输入/输出双向数据端 D0～D7 不能同时进行读/写的工作，所以在数据输入端放置拨码开关来控制数据输入。当 E 为低电平时，写入数据，此时拨码开关应置 ON 形成通路，使数据能够传送到 D0～D7，此时七段数码管显示的数字是存入的数据。当 E 为高电平时，读取数据，此时拨码开关置 OFF 使 7 个输入按键与 D0～D7 端断开，数据从 D0～D7 端读出，送到七段数码管显示。

5.2.2 系统仿真

1. 写操作

打开电源开关，调试电路，单击"逻辑状态"调试元件的活性标识 ↑ ↓ 即可实现对信号"0"、"1"状态的设置。先令 E 键置"0"，此时为低电平写状态，红色指示灯点亮。用 A～D 键编辑一个地址，拨码开关置 ON，用 0～7 个数字键编辑一组数据存入，并做记录（存储一组数据后要使 E 键置"1"）；再编辑第二个地址，重复上述操作，编辑第二个数据存入，也做记录；照此方法存入若干个数据。RAM 写入状态仿真如图 5-10 所示。

例如，在地址 0001H 中存入数据 22，在地址 0010H 中存入数据 50，在地址 0100H 中存入数据 72。

打开电源，将 E 的"逻辑状态"设置为 0，红灯亮起，将地址输入端的"逻辑状态"DCBA 设置为"0001"，数据输入端的"逻辑状态"设置为"00100010"，也就是要存入的数据为 22，并使拨码开关的所有开关置 ON，此时电路状态如图 5-11 所示。

七段数码管显示的值为 22，表示将 22 这个数存入 RAM6116 芯片中。

下面存入第二个数据，准备存入第二个数据到第二个地址中，此时将 E 的"逻辑状态"设置为 1，脱离写入数据的状态，改变 DCBA 地址为"0100"，数据输入端设置为"01010000"，再使 E 置 0，将数据 50 存入地址 0100H 中。此时电路状态如图 5-12 所示。

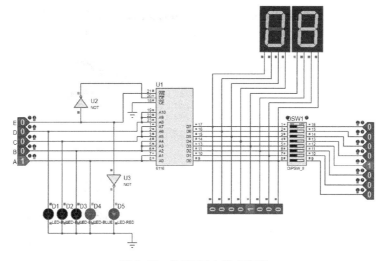

图 5-10　RAM 写入状态仿真

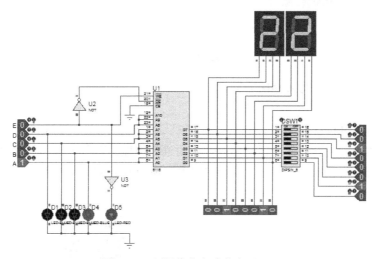

图 5-11　写操作的电路状态（一）

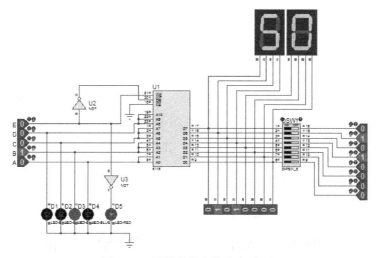

图 5-12　写操作的电路状态（二）

七段数码管显示的值为 50，表示将 FF 这个数存入 RAM6116 芯片中。

重复上述操作，将数据 72 存入地址 0100H 中，如图 5-13 所示。

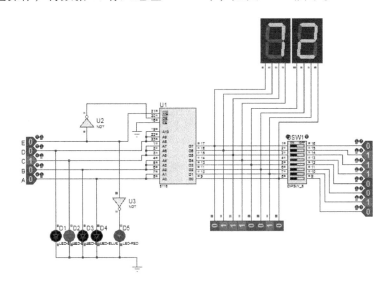

图 5-13   写操作的电路状态（三）

完成对这 3 个数据的写入存储器操作。

2. 读操作

对存储的数据进行读取操作。将 E 键置 "1"，此时为高电平读取状态，红灯熄灭，转为读取状态，拨码开关置 OFF。任意选取曾经用过的地址，对照记录，看读取得到的数据是否一致，从而验证其功能。关闭电源，再次打开，所有存储数据全部丢失。

RAM 读取状态仿真如图 5-14 所示。

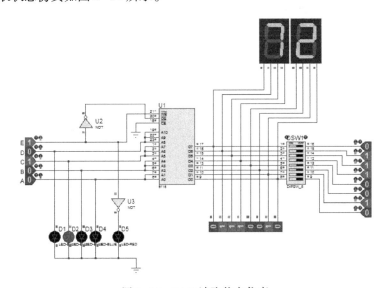

图 5-14   RAM 读取状态仿真

上述实例中，已经分别将 3 个数据存入存储器，下面对这些信息进行读取操作。

将 E 的 "逻辑状态" 设置为 1，红灯熄灭，将拨码开关全部设置为 OFF 状态，此时数据输入键与 RAM 的 I/O 端之间断路，即输入键不会影响 D0～D7 转换为输出端输出数据。再将地址输入端的"逻辑状态"DCBA 设置为"0001"。此时电路状态如图 5-15 所示。

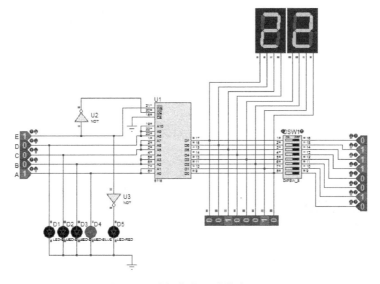

图 5-15　读操作的电路状态（一）

数码管显示的数据便是从 RAM 中读出的数据，即从地址 0001H 中读出的数据为 22，进行记录，与写入的数据比对，读出数据正确。

变换地址输入端的"逻辑状态"DCBA 为"0010"，电路状态如图 5-16 所示。

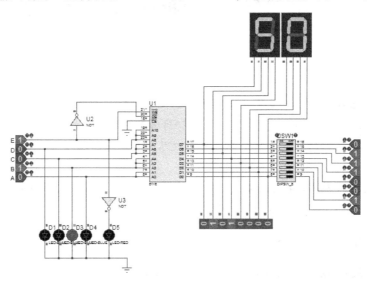

图 5-16　读操作的电路状态（二）

数码管显示的从地址 0010H 中读出的数据为 50，进行记录，与写入的数据比对，读出数据正确。

变换地址输入端的"逻辑状态"DCBA 为"0100"，电路状态如图 5-17 所示。

数码管显示的从地址 0100H 中读出的数据为 72，进行记录，与写入的数据比对，读出数据正确。

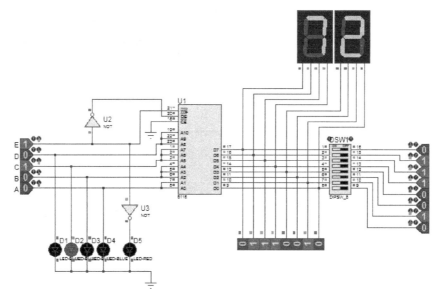

图 5-17　读操作的电路状态（三）

经过上面 PROTEUS ISIS 实际电路仿真验证，能够实现 RAM6116 芯片的存储与读/写功能转换。

5.3　竞赛抢答器电路分析——数字单周期脉冲信号源与数字分析

【设计目的】

☺ 学习利用数字电路设计竞赛抢答器电路的工作原理及设计思路；

☺ 学习用 PROTEUS ISIS 对竞赛抢答器进行仿真和分析；

☺ 验证竞赛抢答器的功能并对竞赛抢答器电路进行完善。

【设计任务】

以 4 人抢答电路为例。4 人参加比赛，每人一个按钮，其中一人按下按钮后，相应的指示灯点亮，并且其他人按下的按钮不起作用。

5.3.1　设计原理及过程

1. 竞赛抢答器的功能及原理

这里以 74LS171 四 D 触发器为核心器件设计 4 人竞赛抢答电路。74LS171 内部包含了 4 个 D 触发器，各输入、输出以序号相区别，并且包含清零端，引脚如图 5-18 所示。以 74LS171 四 D 触发器为核心器件设计的 4 人竞赛抢答器电路如图 5-19 所示。

其中清零信号用于赛前清零，清零后电路结果如图 5-20 所示。此时 4 个 LED 均熄灭，电路的反相端输出均为 1，时钟端"与"门开启，等待输入信号。当第一个按钮被按下时，Q0 端输出信号为高，点亮 LED，而 $\overline{Q0}$ 端输出信号为低，如图 5-21 所示。

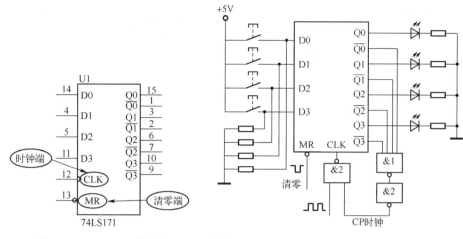

图 5-18　74LS171 引脚图　　　　图 5-19　以 74LS171 四 D 触发器为核心器件设计
　　　　　　　　　　　　　　　　　　　　的 4 人竞赛抢答器电路

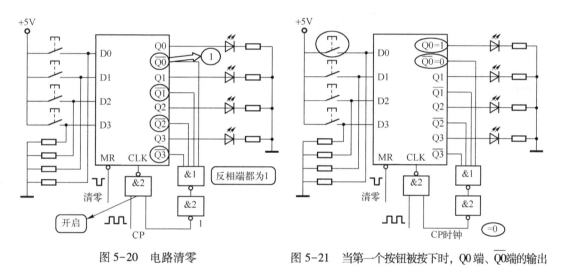

图 5-20　电路清零　　　　　　图 5-21　当第一个按钮被按下时，Q0 端、$\overline{Q0}$ 端的输出

当 $\overline{Q0}$ 端输出信号为低时，74LS171 时钟端被封，此后其他输入信号对系统输出不起作用。

2. 竞赛抢答器电路搭建

首先在电路原理图界面添加元器件，点选 Component 图标，单击"P"按钮，从弹出的选取元件对话框中选择竞赛抢答器电路仿真元件。仿真元件信息如表 5-9 所示。

表 5-9　仿真元件信息（竞赛抢答器电路分析）

元 件 名 称	所 属 类	所 属 子 类
74LS171（四 D 触发器）	TTL 74S series	Flip-Flops & Latches
74LS20（四输入与门）	TTL 74S series	Gates & Inverters
74LS00（二输入与门）	TTL 74S series	Gates & Inverters
RES（电阻）	Resistors	Generic
BUTTON（按钮）	Switches & Relays	Switches
LED-GREEN（绿色指示灯）	Optoelectronics	LEDs

将仿真元件添加到对象选择器后关闭元件选取对话框。下面连接并标注电路。

选中对象选择器中的仿真元件，在编辑窗口单击鼠标左键放置仿真元件，按图 5-22 所示编辑元件，添加连接端子，并连接电路。

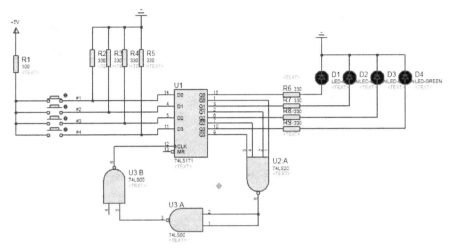

图 5-22   竞赛抢答器电路（含参数）

标注设计。使用文本编辑（Text Scripts）标注电路。单击工具箱中的 Text Script Mode 按钮，如图 5-23 所示。在期望放置标注的位置单击鼠标左键，将出现如图 5-24 所示的 Edit Script Block 对话框。在 Text 区域输入如图 5-24 所示文本后，单击"OK"按钮，完成编辑。结果如图 5-25 所示。

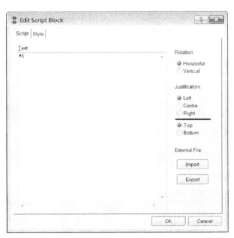

图 5-23   点选文本编辑图标   图 5-24   Edit Script Block 对话框

按照上述方式编辑标注其他按钮，结果如图 5-26 所示。

3. 数字时钟信号源及数字单周期脉冲信号源编辑

在电路中添加数字时钟仿真输入源，由于人们对于激励的最快响应时间为 0.02s，则设置数字时钟信号源的频率为 1kHz，时钟模式 Clock Type 为 Low-High-Low Clock，也就是使按键速度识别的周期为 1ms，能够满足实际要求，如图 5-27 所示。

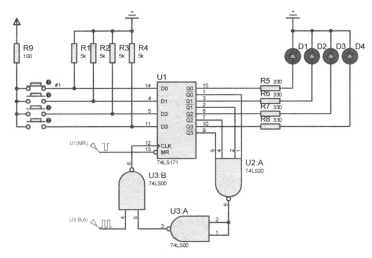

图 5-25　标注按钮

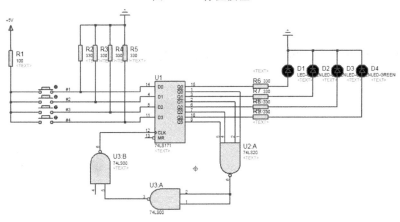

图 5-26　标注其他按钮

放置数字单周期脉冲信号源，并将其与 74LS171 的清零引脚相连，设置单周期脉冲信号源的脉冲极性 Pulse Polarity 为负脉冲 Negative Pulse，起始时刻 Start Time（Secs）为 0s，脉宽 Pulse Width（Secs）为 500ms，起到清零的作用，如图 5-28 所示。

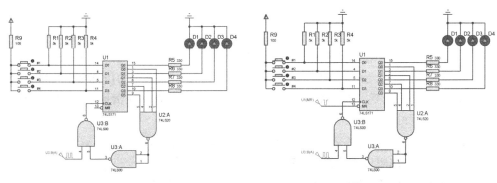

图 5-27　连接数字时钟信号源　　　　图 5-28　连接数字单周期脉冲信号源
　　　　与 U3:B 的输入引脚　　　　　　　　与 74LS171 的清零引脚

编辑好的竞赛抢答器仿真电路如图 5-29 所示。

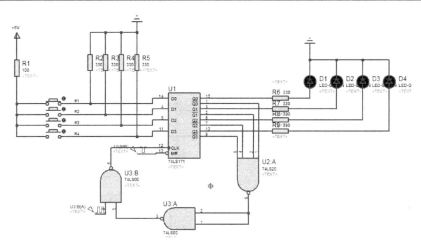

图 5-29　竞赛抢答器仿真电路

5.3.2　系统仿真

下面开始仿真，验证设计的正确性。单击控制面板中的运行按钮，系统进入仿真状态，如图 5-30 所示。

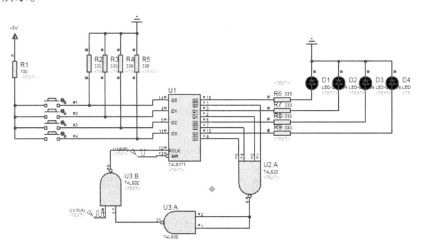

图 5-30　系统进入仿真状态

从系统的仿真图可知，系统经清零后，LED 全部熄灭，且系统输入时钟有效。

（1）当按下#1 键后，系统的仿真结果如图 5-31 所示。从系统的仿真结果可知，按下#1 键后，D1 发光二极管点亮，同时系统的时钟输入端被锁定。在上述情形下，按动其他按键，系统不响应动作，如图 5-32 所示。

（2）改变限流电阻，观察指示灯的变化。限流电阻的作用是减小负载端电流，在 LED 一端添加一个限流电阻可以减小流过 LED 的电流，防止损坏。

☺当限流电阻 R6～R9 的阻值为 1kΩ 时，电路如图 5-33 所示。

☺当限流电阻 R6～R9 的阻值为 300Ω 时，电路如图 5-34 所示。

【相关结论】由比较可以得出，限流电阻越小，指示灯越亮。每种指示灯用的 LED 工作电流为 10mA 左右，电流过大就会影响指示灯的寿命。不同颜色的 LED 端压降不同，比如蓝光、白光的通常为 3V 左右，高亮的为 2.5V 左右，普通亮度的为 1.5～2V。因此在选择限流电阻时要考虑 LED 指示灯所需电流，电流太大或太小都会影响指示灯正常工作。

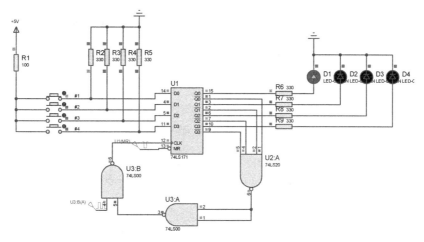

图 5-31　按下 #1 键后系统的仿真结果

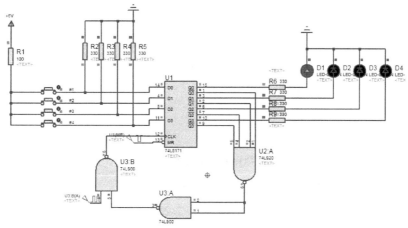

（a）#1 键按下状态，系统不响应其他按键的操作

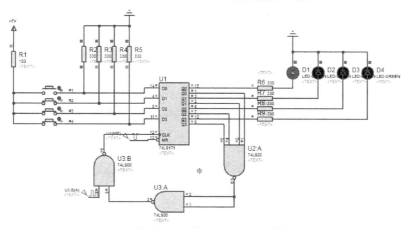

（b）#1 键释放后，系统仍不响应其他按键的操作

图 5-32　系统不响应其他按键的操作

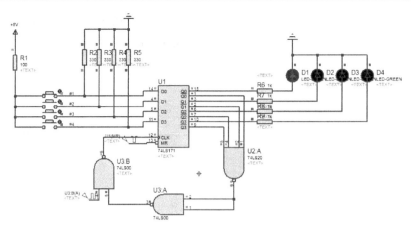

图 5-33　限流电阻阻值为 1kΩ 的仿真结果

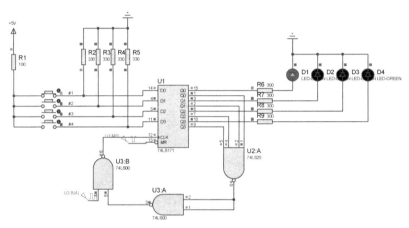

图 5-34　限流电阻阻值为 300Ω 的仿真结果

（3）改变下拉电阻，观察指示灯的变化。因为电阻接地，所以叫作下拉电阻，用于将电路一端的电平向低方向（地）拉。下拉电阻的主要作用是与上接电阻一起在电路驱动器关闭时给线路（节点）一个固定的电平，可以加大输出引脚的驱动能力，可以提高输出的高电平值，另外，下拉电阻还可以提高抗电磁干扰能力。

☺ 下拉电阻 R2~R5 的阻值为 330Ω 时，电路如图 5-35 所示。

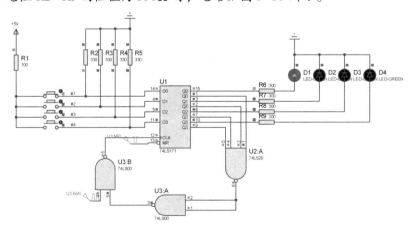

图 5-35　下拉电阻阻值为 330Ω 时的仿真结果

☺当下拉电阻 R2~R5 的阻值为 5kΩ 时，电路如图 5-36 所示。

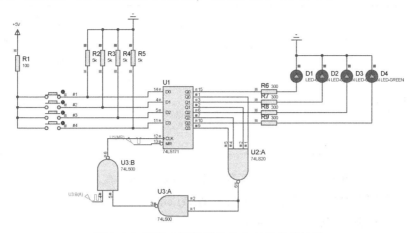

图 5-36 下拉电阻阻值为 5kΩ 时的仿真结果

【相关结论】由于 TTL 门电路的特点是当悬空时为高电平，TTL 电路规定高电平阈值大于 3.4V，如果要加高电平信号，必须保证输入电压大于 3.4V。通过电路计算理论上当串联大于 1.4kΩ 的电阻时，输入端呈现高电平。因此，当输入端串联 5kΩ 电阻后，再输入低电平，输入端呈现高电平，而实际中需要串联小于 2.4kΩ 的电阻，输入的低电平才会被识别。

5.3.3 利用灌电流和或非门设计竞赛抢答器电路

1. 设计原理

利用灌电流和或非门设计竞赛抢答器的思路几乎如出一辙，这里选用 74HC175 作为 4D 触发器，利用灌电流驱动 LED，这就导致 LED 灯连接 74HC175 的一端的输入要为低电平，才能使 LED 灯亮。又为了使一个按键按下后，其他按键不起作用，因而使用或非门连接电路，具体电路设计如图 5-37 所示。

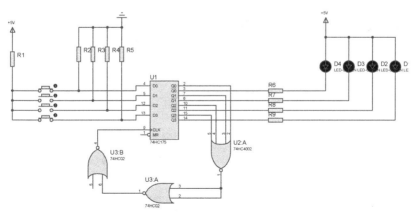

图 5-37 用灌电流和或非门设计竞赛抢答器电路

2. 搭建电路原理图及仿真分析

1）放置仿真元件 在 PROTEUS 原理图左边编辑区点选 Component 图标，单击"P"按钮，从弹出的选取元件对话框中选择竞赛抢答器电路仿真元件。仿真元件信息如表 5-10 所示。

表 5-10　仿真元件信息（竞赛抢答器电路分析）

元 件 名 称	所 属 类	所 属 子 类
74HC175（四 D 触发器）	TTL 74HC series	Flip-Flops & Latches
74HC4002（四输入或非门）	TTL 74HC series	Gates & Inverters
74HC02（二输入或非门）	TTL 74HC series	Gates & Inverters
RES（电阻）	Resistors	Generic
BUTTON（按钮）	Switches & Relays	Switches
LED-GREEN（绿色指示灯）	Optoelectronics	LEDs

74HC 系列是高速集成电路，74LS 系列是低速集成电路。在实际使用时可以使用高速集成电路来代替低速集成电路，但不可以使用低速集成电路来代替高速集成电路。

选中对象选择器中的仿真元件，在编辑窗口单击鼠标左键放置仿真元件，并连接电路。结果如图 5-38 所示。

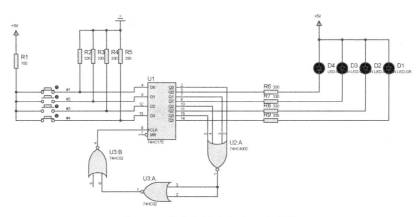

图 5-38　竞赛抢答器电路（含参数）

2）添加信号源　与之前的竞赛抢答器输入信号相同，时钟信号（CLK）为下降波，脉冲宽度为 500ms。U2:B 输入信号为"高-低-高"类型的脉冲，频率为 1kHz。

3）进行仿真　按下运行键后，进入仿真状态，如图 5-39 所示。按下 #1 键后系统的仿真结果如图 5-40 所示。

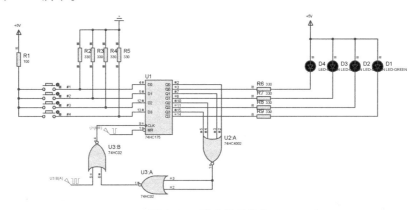

图 5-39　进入仿真状态

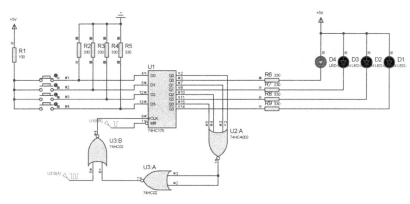

图 5-40 按下#1 键后系统的仿真结果

4) 电路分析 图 5-37 中使用灌电流和或非门来设计，而之前使用拉电流和与非门进行设计。

拉电流和灌电流是衡量电路输出驱动能力的参数，由于数字电路的输出只有高、低（0、1）两种电平值，高电平输出时，一般是对负载提供电流，其提供电流的数值叫"拉电流"；低电平输出时，一般要吸收负载的电流，其吸收电流的数值叫"灌电流"。

或非门的定义是当输入都为低电平时，输出才为高电平。在按下#1 键时，D0 为高电平，Q0 也为高电平，给予 U2 高电平的输入信号，输出为低电平，经由 U3:A、B 后给时钟信号输入低电平，因此再按其他按键均不起作用，如图 5-41 所示。

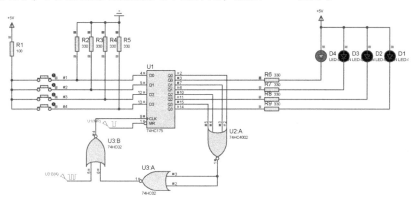

（a）#1键按下状态，系统不响应其他按键的操作

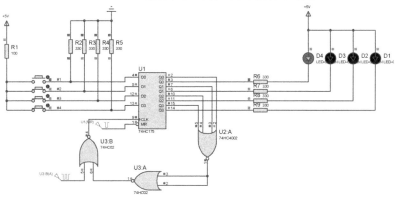

（b）#1键释放后，系统仍不响应其他按键的操作

图 5-41 系统不响应其他按键的操作

5.4　本章小结

本章以 110 序列检测器电路、RAM 存储器电路读/写、竞赛抢答器电路这些典型电路的设计为例，介绍了如何使用 PROTEUS 软件进行数字电路设计，详细介绍了这些电路的原理及设计过程，包含的数字电子技术的知识全面，读者可以通过这些例子加强对数字电子技术知识的学习。

思考与练习

（1）简述 110 序列检测器的设计思路和过程。

（2）简述 RAM 存储和读取数据的过程。

（3）讨论竞赛抢答器电路中拉电流和与非门设计、灌电流和或非门设计的原理。

第6章 单片机设计实例

在基于微处理器系统的设计中，即使没有物理原型，PROTEUS VSM 也能够进行软件开发。模型库中包含 LCD 显示、键盘、按钮、开关等通用外围设备。同时，提供的 CPU 模型有 ARM7、PIC、Atmel AVR、Motorola HCXX 及 8051/8052 系列。

单片机系统的仿真是 PROTEUS VSM 的一大特色。同时，本仿真系统将源代码的编辑和编译整合到同一设计环境中，这样使得用户可以在设计中直接编辑代码，并可容易地查看用户修改源程序后对仿真结果的影响。

6.1 信号发生器的设计

【设计目的】
☺ 掌握 DAC0808 和 ADC0804 的工作原理与使用方法；
☺ 掌握 DAC0808 控制信号的原理。

【设计任务】
利用 AT89S52 单片机、DAC0808、ADC0804 设计信号发生器，能够产生固定幅度的方波、锯齿波、三角波及正弦波，能在程序运行的过程中调节信号的幅度及频率，并且在波形切换过程中，能够给予相应的指示。其中幅值采用 DAC0808 进行调节，频率的设定部分采用 ADC0804 进行调节，并可以在不同的波形之间任意切换。

PWM 是单片机上常用的模拟量输出方法，通过外接的转换电路，可以将脉冲的占空比变成电压。程序中通过调整占空比来调节输出模拟电压。占空比是指脉冲中高电平与低电平的宽度比。

6.1.1 设计原理

1. 系统结构图

信号发生器的原理图如图 6-1~图 6-4 所示。图 6-2 中框选部分是 D/A、A/D 转换电路部分。

2. ADC0804 简介

ADC0804 是一种 8 位 CMOS 依次逼近型的 A/D 转换器，三态锁定输出，存取时间大约为 135μs，8 位分辨率。若输入电压 V_{in} = +5V，则最小输出电压为 U = 5V/256 = 0.019 53V，转换时间大约为 100μs，总误差为 ±1LSB，工作温度区间为 0~70℃。ADC0804 引脚图如图 6-5 所示，具体说明如下：

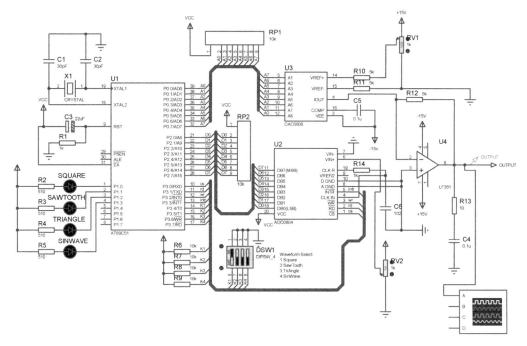

图 6-1 信号发生器总设计图

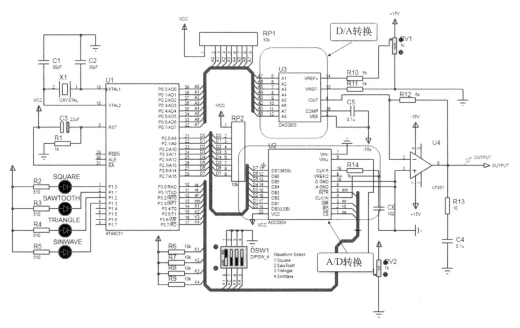

图 6-2 D/A 转换电路

☺ $\overline{\text{CS}}$：芯片选择信号。

☺ $\overline{\text{RD}}$：外部读取转换结果的控制输出信号。$\overline{\text{RD}}$ 为 HI 时，DB0～DB7 处理高阻抗；$\overline{\text{RD}}$ 为 LO 时，数字数据才会输出。

☺ $\overline{\text{WR}}$：用来启动转换的控制输入，相当于 ADC 的转换开始（$\overline{\text{CS}}=0$ 时）。当 $\overline{\text{WR}}$ 由 HI 变为 LO 时，转换器被清除：当 $\overline{\text{WR}}$ 回到 HI 时，转换正式开始。

☺ CLK IN、CLK R：时钟输入或接振荡元件（R、C），频率限制在 100～1460kHz。如果使用 RC 电路，则其振荡频率为 $1/(1.1RC)$。

☺ $\overline{\text{INTR}}$：中断请求信号输出，低电平动作。

☺ VIN(+)、VIN(-)：差动模拟电压输入。输入单端正电压时，VIN(-)接地；而差动输入时，直接加入 VIN(+)、VIN(-)。

☺ A GND、D GND：模拟信号及数字信号的接地。

☺ VREF：辅助参考电压。

☺ DB0~DB7：8 位数字输出。

☺ VCC：电源供应及作为电路的参考电压。

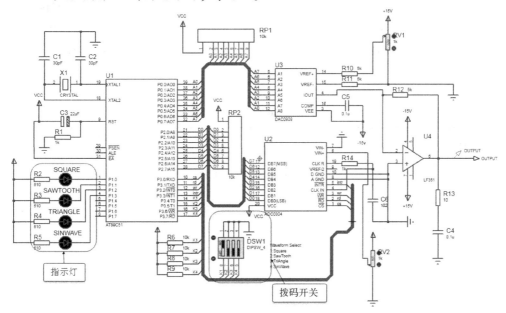

图 6-3　单片机控制及指示电路

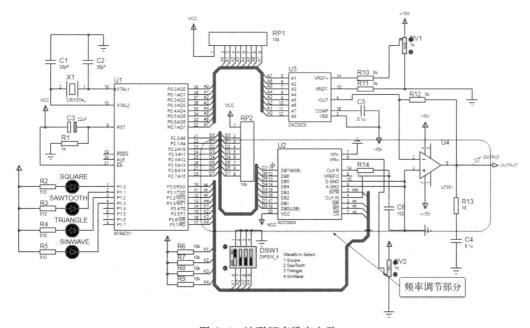

图 6-4　波形频率设定电路

ADC0804 参考原理图如图 6-6 所示。

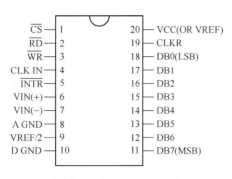

图 6-5　ADC0804 引脚图

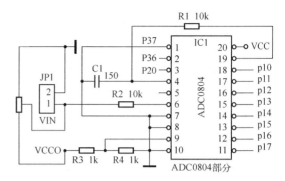

图 6-6　ADC0804 参考原理图

ADC0804 模数转换表见表 6-1。

表 6-1　ADC0804 模数转换表

十六进制	二进制	与满刻度的比率		相对电压值 $V_{REF} = 2.560V$	
		高四位字节	低四位字节	高四位电压	低四位电压
F	1111	15/16	15/256	4.800	0.300
E	1110	14/16	14/256	4.480	0.280
D	1101	13/16	13/256	4.160	0.260
C	1100	12/16	12/256	3.840	0.240
B	1011	11/16	11/256	3.520	0.220
A	1010	10/16	10/256	3.200	0.200
9	1001	9/16	9/256	2.880	0.180
8	1000	8/16	8/256	2.560	0.160
7	0111	7/16	7/256	2.240	0.140
6	0110	6/16	6/256	1.920	0.120
5	0101	5/16	5/256	1.600	0.100
4	0100	4/16	4/256	1.280	0.080
3	0011	3/16	3/256	0.960	0.060
2	0010	2/16	2/256	0.640	0.040
1	0001	1/16	1/256	0.320	0.020
0	0000			0	0

3. 信号的产生

利用 8 位 D/A 转换器 DAC0808，可以将 8 位数字量转换成模拟量输出。数字量输入的范围为 0～255 之间，对应的模拟量输出范围在 VREF−～VREF+之间。根据这一特性，可以利用单片机的并行口输出的数字量，产生常用的波形。

例如，要产生幅度为 0～5V 的锯齿波，只要将 DAC0808 的 VREF−接地，VREF+接+5V，单片机的并行口首先输出 00H，再输出 01H、02H，直到输出 FFH，再输出 00H，依次循环，这样在图 6-1 所示的 OUTPUT 端就可以看到在 0～5V 之间变化的锯齿波。

4. 信号幅度控制

如上所述，DAC0808 的模拟量输出范围为 VREF−～VREF+之间，也就是说，当数字量输入为 00H 时，DAC0808 的输出为 VREF−；当输入为 FFH 时，DAC0808 的输出为 VREF+。所以，为了调节输出波形的幅度，只要调节 VREF 即可。如图 6-1 所示，在 VREF+端串接一个电位器，调节 VREF 的电压，即可达到调节波形幅度的目的。

5. 信号频率控制

仍以锯齿波为例，若要调节信号的频率，只需在单片机输出的两个数据之间加入一定的延时即可。如图 6-3 所示，通过调节输入 ADC0804 转换的模拟电压值，从而产生 8 位二进制数作为延时函数，即可控制输出波形的幅值与频率。

6. 波形切换

如图 6-4 所示，利用 4 位 DIP 开关 DSW1 来选择波形，并通过 4 个 LED 进行指示。

6.1.2　汇编语言程序设计流程

程序流程图如图 6-7 所示。

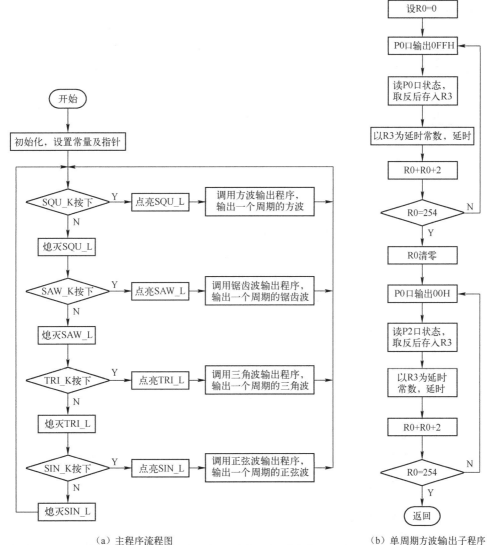

（a）主程序流程图　　　　　　（b）单周期方波输出子程序

图 6-7　程序流程图

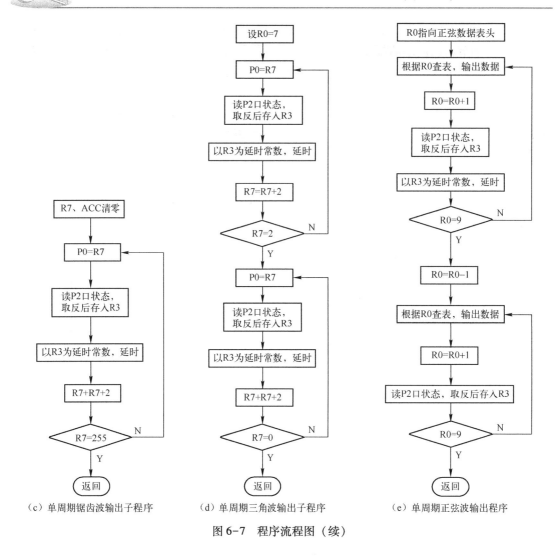

（c）单周期锯齿波输出子程序　　（d）单周期三角波输出子程序　　（e）单周期正弦波输出程序

图 6-7　程序流程图（续）

6.1.3　汇编语言程序源代码

```
ORG             00H
SQU_K    BIT    P3.4
SAW_K    BIT    P3.5
TRI_K    BIT    P3.6
SIN_K    BIT    P3.7

SQU_L    BIT    P1.0
SAW_L    BIT    P1.1
TRI_L    BIT    P1.2
SIN_L    BIT    P1.3

INTAD    BIT    P3.3
CS       BIT    P3.0
W_R      BIT    P3.2
R_D      BIT    P3.1
```

```
START:   MOV     P1,#0FFH
         MOV     P2,#0FFH
         MOV     P3,#0FFH
         MOV     DPTR,#SIN_TAB
MAIN:    MOV     P0,#00H
         JNB     SQU_K,S1
         SETB    SQU_L
         JNB     SAW_K,S2
         SETB    SAW_L
         JNB     TRI_K,S3
         SETB    TRI_L
         JNB     SIN_K,S4
         SETB    SIN_L
         SJMP    MAIN
S1:CLR   SQU_L
         LCALL   SQUARE
         SJMP    MAIN
S2:      CLR     SAW_L
         LCALL   SAWTOOTH
         SJMP    MAIN
S3:      CLR     TRI_L
         LCALL   TRIANG
         SJMP    MAIN
S4:      CLR     SIN_L
         LCALL   SINWAVE
         SJMP MAIN
AD_0804: SETB    R_D
         SETB    W_R
         SETB    INTAD
         MOV     P2,#0FFH
         CLR     CS
         CLR     W_R
         SETB    W_R

WAIT:    JB      INT1,WAIT
         CLR     R_D
         NOP
         NOP
         MOV     B,P2
         SETB    RD
         SETB    CS
         RET
SQUARE:
         MOV     R0,#00H
J11:     MOV     P0,#0FFH
         MOV     P2,#0FFH
         LCALL   AD_0804
         MOV     A,B
```

```
              CPL      A
              MOV      R3,A
    L11:      DEC      R3
              CJNE     R3,#255,L11
              INC      R0
              INC      R0
              CJNE     R0,#254,J11
              MOV      R0,#00H
    J12:      MOV      P0,#00H
              MOV      P2,#0FFH
              LCALL    AD_0804
              MOV      A,B
              CPL      A
              MOV      R3,A
    L12:      DEC      R3
              CJNE     R3,#255,L12
              INC      R0
              INC      R0
              CJNE     R0,#254,J12
              MOV      R0,#00H
              RET
SAWTOOTH:
              CLR      A
              MOV      R7,A
    J21:      MOV      P0,R7
              MOV      P2,#0FFH
              LCALL    AD_0804
              MOV      A,B
              CPL      A
              MOV      R3,A
    L21:      DEC      R3
              CJNE     R3,#255,L21
              INC      R7
              CJNE     R7,#255,J21
              RET
TRIANG:
              MOV      R7,#00H
    J31:      MOV      P0,R7
              MOV      P2,#0FFH
              LCALL    AD_0804
              MOV      A,B
              CPL      A
              MOV      R3,A
    L31:      DEC      R3
              CJNE     R3,#255,L31
              INC      R7
              INC      R7
              CJNE     R7,#254,J31
    J32:      MOV      P0,R7
```

```
            MOV        P2,#0FFH
            LCALL      AD_0804
            MOV        A,B
            CPL        A
            MOV        R3,A
L32:        DEC        R3
            CJNE       R3,#255,L32
            DEC        R7
            DEC        R7
            CJNE       R7,#00,J32
            RET
SINWAVE:
            MOV        R0,#00H
K41:        MOV        A,R0
            MOVC       A,@A+DPTR
            MOV        P0,A
            INC        R0
            MOV        P2,#0FFH
            LCALL      AD_0804
            MOV        A,B
            CPL        A
            MOV        R3,A
L41:        DEC        R3
            CJNE       R3,#255,L41
            CJNE       R0,#92,K41
K42:        DEC        R0
            MOV        A,R0
            MOVC       A,@A+DPTR
            MOV        P0,A
            MOV        P2,#0FFH
            LCALL      AD_0804
            MOV        A,B
            CPL        A
            MOV        R3,A
L42:        DEC        R3
            CJNE       R3,#255,L42
            CJNE       R0,#0,K42
            RET
SIN_TAB:
            DB 0,0,0,0
            DB 1,1,2,3,4,5,6,8
            DB 9,11,13,15,17,19,22,24
            DB 27,30,33,36,39,42,46,49
            DB 53,56,60,64,68,72,76,80
            DB 84,88,92,97,101,105,110,114
            DB 119,123,128,132,136,141,145,150
            DB 154,158,163,167,171,175,179,183
            DB 187,191,195,199,202,206,209,213
            DB 216,219,222,225,228,231,233,236
            DB 238,240,242,244,246,247,249,250
            DB 251,252,253,254,254,255,255,255
            END
```

6.1.4　C 语言程序源代码

```c
// ***************************************************
//包含文件，端口定义，程序开始
// ***************************************************
#include <reg51. h>
#define uchar unsigned char
#define uint   unsigned int
sbit SQU_K   =P3^4;
sbit SAW_K   =P3^5;
sbit TRI_K   =P3^6;
sbit SIN_K   =P3^7;
sbit SQU_L   =P1^0;
sbit SAW_L   =P1^1;
sbit TRI_L   =P1^2;
sbit SIN_L   =P1^3;
sbit INTad=P3^3;
sbit CS=P3^0;          //使能端
sbit W_R=P3^2;         //写端口
sbit R_D=P3^1;         //读端口
uchar code sin_tab[ ] = {0,0,0,0,1,1,2,3,4,5,6,8,
                    9,11,13,15,17,19,22,24,
                    27,30,33,36,39,42,46,49,
                    53,56,60,64,68,72,76,80,
                    84,88,92,97,101,105,110,114,
                    119,123,128,132,136,141,145,150,
                    154,158,163,167,171,175,179,183,
                    187,191,195,199,202,206,209,213,
                    216,219,222,225,228,231,233,236,
                    238,240,242,244,246,247,249,250,
                    251,252,253,254,254,255,255,255 };
// ***************************************************
// 读 ADC0804 子程序
// ***************************************************
unsigned char adc0804( void)
{     uchar dat,i;
      R_D=1;
      W_R=1;
      INTad=1;                  //读 ADC0804 前准备
      P2=0xff;                  //P2 全部置 1 准备
      CS=0;
      W_R=0;
      W_R=1;                    //启动 ADC0804 开始测电压
      while( INT1 == 1);        //查询等待 A/D 转换完毕产生的 INT 信号
      R_D=0;                    //开始读转换后数据
      i=i;                      //无意义语句，用于延时等待 ADC0804 读数完毕
      dat=P2;                   //读出的数据赋予 addate
      R_D=1;
```

```
        CS=1;                   //读数完毕
        return(dat);            //返回最后读出的数据
}
// ***********************************************
//方波发生函数
// ***********************************************
void square()
{
    uchar a,b;
    for(a=0;a<127;a++)
    {
        P0=0xff;
        P2=0xff;
        b=adc0804();
        b=~b;
        while(b--);                     //调节相位,b 的变化越大,相位变化越小
    }
    for(a=0;a<127;a++)
    {
        P0=0;
        P2=0xff;
        b=adc0804();
        b=~b;
        while(b--);
    }
}

// ***********************************************
//锯齿波发生函数
// ***********************************************
void sawtooth()
{
    uchar a,b;
    for(a=0;a<255;a++)
    {
        P0=a;
        P2=0xff;
        b=adc0804();
        b=~b;
        while(b--);
    }
}
// ***********************************************
// 三角波发生函数
// ***********************************************
void triang()
{
    uchar a,b;
    for(a=0;a<254;a=a+2)
    {
```

```
        P0=a;
        P2=0xff;
        b=adc0804();
        b=~b;
        while(b--);
      }
    for(a;a>1;a=a-2)
      {
        P0=a;
        P2=0xff;
        b=adc0804();
        b=~b;
        while(b--);
      }
}
// ********************************************
//正弦波发生函数
// ********************************************
void  sinwave()
  {
    uchar a,b;
    for(a=0;a<92;a++)
      {
        P0=sin_tab[a];
        P2=0xff;
        b=adc0804();
        b=~b;
        while(b--);
      }
    for(a=a-1;a>0;a--)
      {
        P0=sin_tab[a];
        P2=0xff;
        b=adc0804();
        b=~b;
        while(b--);
      }
  }
// ********************************************
//主函数
// ********************************************
void main()
  {
    P1=0xff;
    P2=0xff;
    P3=0xff;
    while(1)
      {
```

```
        P0=0;
        if( SQU_K= =0)
        {
        SQU_L=0;
        square( );
        }
        SQU_L=1;
        if( SAW_K= =0)
        {
        SAW_L=0;
        sawtooth( );
        }
        SAW_L=1;
        if( TRI_K= =0)
        {
          TRI_L=0;
        triang( );
        }
        TRI_L=1;
        if( SIN_K= =0)
        {
          SIN_L=0;
          sinwave( );
        }
        SIN_L=1;
      }
    }
```

6.1.5 系统仿真

在 PROTEUS 中对输出波形进行波形分析，选择图 6-1 中不同的开关，调节图 6-1 中的频率控制电位器 RV2，可以得到如图 6-8～图 6-11 所示的波形，其中（a）图频率大于（b）图的频率；同时，调节图 6-1 中的幅值电位器 RV1，可以改变输出波形的幅值。

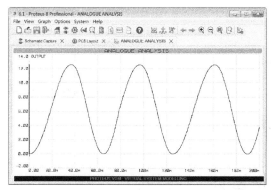
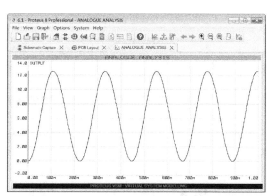

（a）幅值为12.6，周期为125ms的正弦波　　　　　　（b）幅值为12.6，周期为450ms的正弦波

图 6-8 正弦波图形

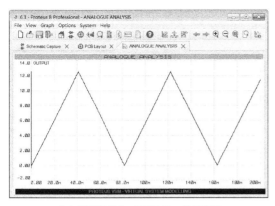
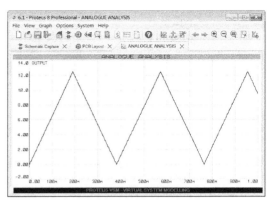

（a）幅值为12.2，周期为82ms的三角波　　　　　（b）幅值为12.2，周期为382ms的三角波

图 6-9　三角波图形

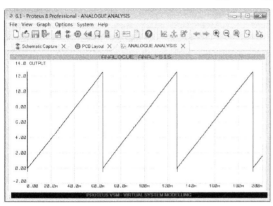
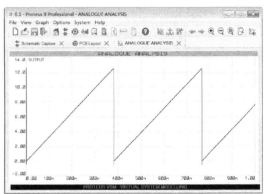

（a）幅值为12.3，周期为64.3ms的锯齿波　　　　　（b）幅值为12.3，周期为384ms的锯齿波

图 6-10　锯齿波图形

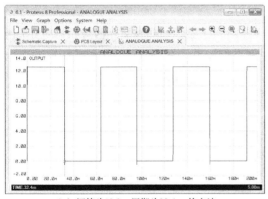
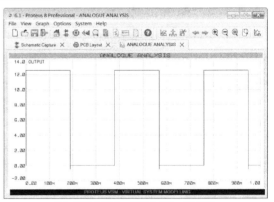

（a）幅值为12.3，周期为32.4ms的方波　　　　　（b）幅值为12.3，周期为190ms的方波

图 6-11　方波图形

6.2　直流电动机控制模块设计

【设计目的】

☺掌握串行 A/D 转换器 ADC0808 的工作原理与使用方法；

☺ 掌握利用 AT89C51 单片机产生占空比可调的 PWM 波形的方法；

☺ 了解直流电动机驱动电路的工作原理及设计方法。

【设计任务】

利用 AT89C51 单片机对直流电动机进行转速的控制。用电位器通过 ADC0808 将模拟电压量转换为数字值，作为 PWM 波形的延时常数，从而控制电动机的转速。

【设计要求】

用 AT89C51 单片机输出占空比固定的 PWM 波，通过驱动电路使直流电动机按固定方向和固定转速旋转。

6.2.1　设计原理

1. 直流电动机简介

1）直流电动机的物理模型　直流电动机的物理模型如图 6-12 所示。其中，固定部分有磁铁，这里称作主磁极；固定部分还有电刷。转动部分有环形铁芯和绕在环形铁芯上的绕组（其中两个小圆圈是为了方便表示该位置上的导体电势或电流的方向而设置的）。图 6-12 表示一台最简单的两极直流电动机模型，它的固定部分（定子）上，装设了一对直流励磁的静止的主磁极 N 和 S，在旋转部分（转子）上装设电枢铁芯。定子与转子之间有一气隙。在电枢铁芯上放置了由两根导体连成的电枢线圈，线圈的首端和末端分别连到两个圆弧形的铜片上，此铜片称为换向片。换向片之间互相绝缘，由换向片构成的整体称为换向器。换向器固定在转轴上，换向片与转轴之间也互相绝缘。在换向片上放置着一对固定不动的电刷，当电枢旋转时，电枢线圈通过换向片和电刷与外电路接通。

2）直流电动机工作过程　对上述直流电动机，如果去掉原动机，并给两个电刷加上直流电源，如图 6-13（a）所示，则有直流电流从电刷 A 流入，经过线圈 abcd，从电刷 B 流出。根据电磁力定律，载流导体 ab 和 cd 受到电磁力的作用，其方向可由左手定则判定。两段导体受到的力形成了一个转矩，使得转子逆时针转动。如果转子转到如图 6-13（b）所示的位置，电刷 A 和换向片 2 接触，电刷 B 和换向片 1 接触，直流电流从电刷 A 流入，在线圈中的流动方向是 dcba，从电刷 B 流出。

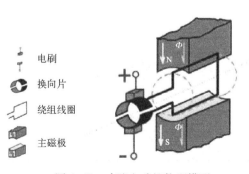

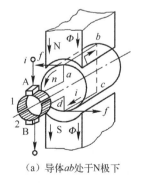
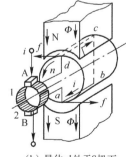

电刷　换向片　绕组线圈　主磁极

（a）导体 ab 处于 N 极下　　（b）导体 ab 处于 S 极下

图 6-12　直流电动机物理模型　　　　图 6-13　直流电动机工作模型

此时载流导体 ab 和 cd 受到电磁力的作用方向同样可由左手定则判定，它们产生的转矩仍然使得转子逆时针转动。这就是直流电动机的工作原理。外加的电源是直流的，但由于电刷和换向片的作用，在线圈中流过的电流是交流的，其产生的转矩的方向却是不变的。

实用中的直流电动机转子上的绕组也不是由一个线圈构成的，同样是由多个线圈连接而成，以减小电动机电磁转矩的波动，绕组形式同发电机。

2. 直流电动机驱动电路

如图 6-14 所示，当 OUTPUT 端输入为高电平时，Q1 和 Q2 导通，电动机两端有电流流过，即可驱动电动机转动。在 OUTPUT 信号端和负载端加两个电压跟随器，第一级电压跟随器做缓冲级，为了使信号不会有相当的部分损耗在前级的输出电阻中，需要用电压跟随器来进行缓冲，起到承上启下的作用，提高输入阻抗。这样，输入电容的容量可以大幅度减小。第二级电压跟随器做隔离电路，构成有源滤波电路。

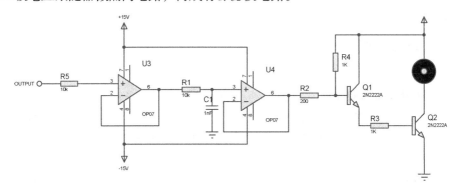

图 6-14   直流电动机驱动电路

3. 电动机转速控制

如图 6-15 所示，用一个电位器作为 ADC0808 的模拟量输入，最大输入电压及参考电压均为 5V，数字量输出范围为 $0<D_{out}<255$。首先，单片机的 PWM 端（P3.7）输出高电平，延时一段时间，延时常数为 $255-D_{out}$。再输出低电平，延时常数为 D_{out}。这样，通过改变模拟输入电压的大小，就可以改变单片机 PWM 输出的占空比，从而达到调节电动机转速的目的。

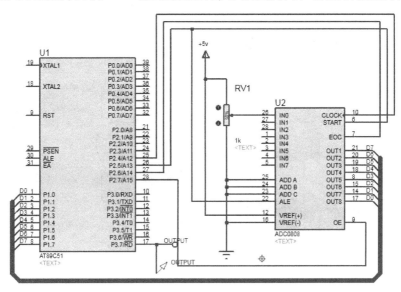

图 6-15   电动机转速控制电路

4. ADC0808 简介

本设计中所用到的 ADC0808 是美国国家半导体公司生产的 CMOS 工艺 8 通道 8 位逐次

逼近式 A/D 模数转换器。其内部有一个 8 通道多路开关，它可以根据地址码锁存译码后的信号，只选通 8 路模拟输入信号中的一个进行 A/D 转换。它由 8 路模拟开关、地址锁存与译码器、比较器、8 位开关树型 A/D 转换器、逐次逼近寄存器、逻辑控制和定时电路组成。它的主要特性包括 8 路输入通道、8 位 A/D 转换器，即分辨率为 8 位，具有转换启停控制端，转换时间为 100μs（时钟为 640kHz 时）、130μs（时钟为 500kHz 时），单个 +5V 电源供电，模拟输入电压范围为 0~+5V，无须零点和满刻度校准，工作温度范围为 −40~+85℃，低功耗，约 15mW。

与更为复杂的 ADC0834、ADC0838 相比，ADC0808 和 ADC0809 的运行情况是非常相似的。通过设置 REF 输入等于最大模拟输入信号的值才能实现比例转换，这就要求尽可能高的转换分辨率。通常情况下，参考输入电压设置为与 VCC 相等。

ADC0808 引脚图如图 6-16 所示，具体说明如下：

☺ ALE：地址锁存允许信号，输入，高电平有效。

☺ START：A/D 转换启动脉冲输入端，输入一个正脉冲（至少 100ns 宽）使其启动（脉冲上升沿使 ADC0808 复位，下降沿启动 A/D 转换）。

☺ EOC：A/D 转换结束信号，输出。当 A/D 转换结束时，此端输出一个高电平（转换期间一直为低电平）。

☺ OE：数据输出允许信号，输入，高电平有效。当 A/D 转换结束时，此端输入一个高电平，才能打开输出三态门，输出数字量。

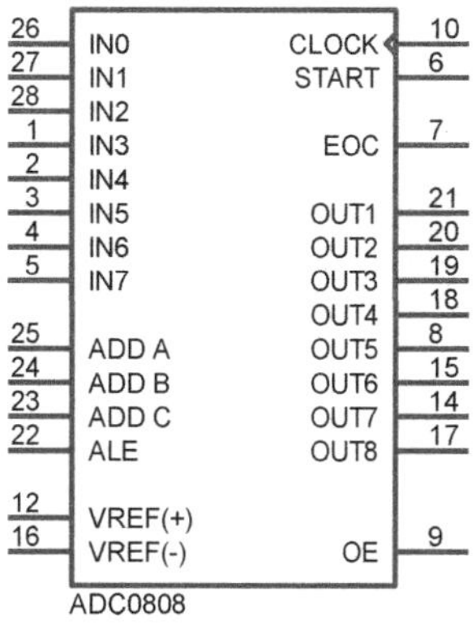

图 6-16　ADC0808 引脚图

☺ VREF(+) 和 VREF(−)：参考电压输入端。

通过查阅数据手册，ADC0808 的工作时序如图 6-17 所示。

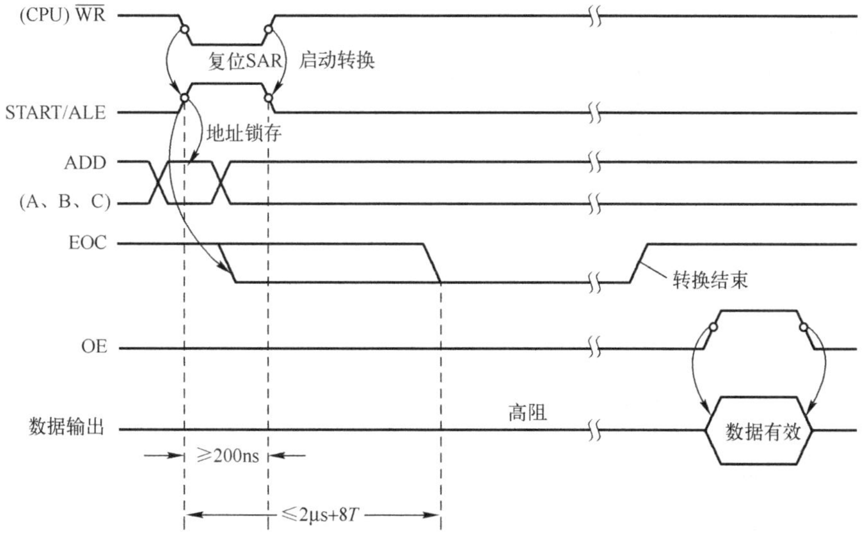

图 6-17　ADC0808 的工作时序

ADC0808 的工作过程：当通道选择地址有效时，ALE 信号一出现，地址便马上被锁存，这时转换启动信号紧随 ALE 之后（或与 ALE 同时）出现。START 的上升沿将逐次逼近寄存器 SAR 复位，在该上升沿之后的 2μs 加 8 个时钟周期内（不定），EOC 信号将变为低电平，以指示转换操作正在进行中，直到转换完成后 EOC 再变为高电平。微处理器收到变为高电平的 EOC 信号后，便立即送出 OE 信号，打开三态门，读取转换结果。

6.2.2 汇编语言程序设计流程

程序流程图如图 6-18 所示。

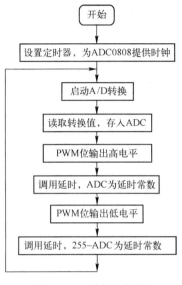

图 6-18 程序流程图

6.2.3 汇编语言程序源代码

```
ADC      EQU     35H
CLOCK    BIT     P2.4            //定义 ADC0808 时钟位
ST       BIT     P2.5
EOC      BIT     P2.6
OE       BIT     P2.7
PWM      BIT     P3.7
         ORG     00H
         SJMP    START
         ORG     0BH
         LJMP    INT_T0
START：  MOV     TMOD,#02H
         MOV     TH0,#20
         MOV     TL0,#00H
         MOV     IE,#82H
         SETB    TR0
WAIT：   CLR     ST
         SETB    ST
         CLR     ST              //启动 A/D 转换
         JNB     EOC,$           //等待转换结束
         SETB    OE
```

```
                MOV         ADC,P1          //读取 A/D 转换结果
                CLR         OE
                SETB        PWM             //PWM 输出
                MOV         A,ADC
                LCALL       DELAY
                CLR         PWM
                MOV         A,#255
                SUBB        A,ADC
                LCALL       DELAY
                SJMP        WAIT
    INT_T0：     CPL         CLOCK           //提供 ADC0808 时钟信号
                RETI
    DELAY：      MOV         R6,#1
    D1：         DJNZ        R6,D1
                DJNZ        ACC,D1
                RET
                END
```

6.2.4　基础操作

【**PROTEUS ISIS 的源代码**】PROTEUS VSM 源代码控制系统包含以下两个主要特性：

（1）程序源代码置于 ISIS 中。这一功能使得用户可以直接在 ISIS 编辑环境中编辑源代码，而无须手动切换应用环境。

（2）在 ISIS 中定义了源代码编译为目标代码的规则。一旦程序启动，并执行仿真，这些规则将被实时加载，因此目标代码被更新。

如果用户定义的汇编程序或编译器自带 IDE，可直接在其中编译，无须使用 ISIS 提供的源代码控制系统。当生成外部程序时，切换回 PROTEUS 即可。

1. 在 PROTEUS ISIS 中创建源代码文件

单击工具栏中的 Source Code ![icon]图标，如图 6-19 所示，出现如图 6-20 所示的源文件编辑界面。

图 6-19　Source Code 图标　　　　　　　图 6-20　源文件编辑界面

（1）执行菜单命令 Project→Create Project，如图 6-21 所示，弹出如图 6-22 所示的代码生成工具列表。

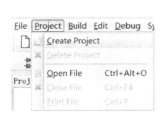

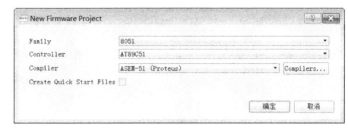

图 6-21　执行菜单命令　　　　　　　　图 6-22　代码生成工具列表
Project→Create Project

在本例中微处理器为 AT89C51，因此选择 ASEM-51 代码生成工具。若要自己建立新的源代码，则取消选中 Create Quick Start Files 选项，如图 6-22 所示。

（2）执行菜单命令 Project→Add New File，弹出如图 6-23 所示的 Add New File 对话框。将文件保存为 8051PWM. ASM，如图 6-24 所示。

图 6-23　Add New File 对话框　　　　　图 6-24　源文件编辑窗口

单击"保存"按钮，这样就将 8051PWM. ASM 添加到 Source Files 中了，如图 6-25 所示。

双击 8051PWM. ASM，即可打开源文件编辑窗口，如图 6-26 所示。在编辑环境中输入程序。

图 6-25　添加 8051PWM. ASM 文件到源文件中　　　　图 6-26　源文件编辑窗口

PWM 输出控制电路软件源程序如 6.2.3 节所示。

编辑完成后，执行菜单命令 File→Save Project，或者单击菜单栏上的快捷工具 保存源文件。

2. 在 PROTEUS ISIS 中将源代码文件生成目标代码

在源程序编辑窗口，执行菜单命令 Build→Build Project，如图 6-27 所示，或者单击菜单栏中的"Build Project"按钮 。

执行这一操作后，ISIS 将运行相应的代码生成工具，对所有源文件进行编译、链接，生成目标代码，同时在 VSM Studio Output 中显示相关内容。双击 VSM Studio Output，以窗口形式出现，如图 6-28 所示。

图 6-27　执行菜单命令
Build→Build Project

图 6-28　VSM Studio Output 窗口

这一创建信息给出了关于源代码的编译信息。本例中的源代码没有语法错误，并且 PROTEUS ISIS 将源代码生成了目标代码。

> 📖 **注意**
>
> 8.5 版本默认的 HEX 文件的名称是 Debug，默认的路径和文件名在一个文件夹里。不同的文件会自动建立不同的文件夹。

6.2.5　电路调试与仿真

PROTEUS VSM 支持源代码调试。系统的 debug loaders 包含在系统文件 LOADERS.DLL 中。目前，系统可支持的工具的数量正在迅速增加。

对于系统支持的汇编程序或编译器，PROTEUS VSM 将会为设计项目中的每一个源代码文件创建一个源代码窗口，并且这些代码会在 Debug 菜单中显示。

在进行代码调试时，须先在微处理器属性编辑中的 Program File 项配置目标代码文件名（通常为 HEX、S19 或符号调试数据文件（symbolic debug data file））。ISIS 不能自动获取目标代码，因为在设计中可能有多个处理器。

1. 将目标代码添加到电路

在 PROTEUS ISIS 编辑环境中，双击 AT89C51，将弹出如图 6-29 所示的 AT89C51 元件属性编辑对话框。

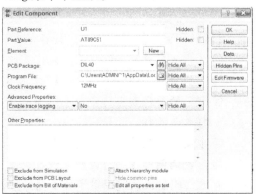

图 6-29　AT89C51 元件属性编辑对话框

单击 Program File 文本框中的打开按钮，如图 6-30 所示，将弹出如图 6-31 所示的文件浏览窗口。

图 6-30　单击 Program File 文本框中
的打开按钮

图 6-31　文件浏览窗口

选择 Debug.HEX 文件后，单击"打开"按钮，就将目标代码添加到了电路中，如图 6-32 所示。

单击"OK"按钮完成编辑。

2. 进行电路调试

单击控制面板中的"暂停"按钮，开始调试程序。此时系统弹出源代码窗口，如图 6-33 所示。

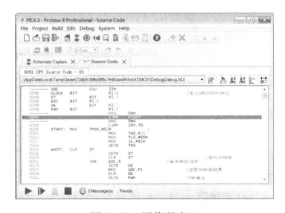

图 6-32　添加目标代码到电路

图 6-33　源代码窗口

【源代码窗口】源代码窗口具有以下特性：

☺ 源代码窗口为一组合框，允许用户选择组成项目的其他源代码文件。用户也可使用快捷键"Ctrl+1"、"Ctrl+2"、"Ctrl+3"等切换源代码文件。

☺ 蓝色的条代表当前命令行，在此处按 F9 键，可设置断点；如果按 F10 键，程序将单步执行。

☺ 前面的红色箭头表示处理器程序计数器的当前位置。

☺ 红色圆圈标注的行说明系统在这里设置了断点。

在源代码窗口系统提供了如下命令按钮：

☺ Step Over：执行下一条指令。在执行到子程序调用语句时，整个子程序将被执行。

☺Step Into：执行下一条源代码指令。如果源代码窗口未被激活，系统将执行一条机器代码指令。

☺Step Out：程序一直在执行，直到当前的子程序返回。

☺Step To：程序一直在执行，直到程序到达当前行。这一选项只在源代码窗口被激活的状况下才可用。

除 Step To 选项外，单步执行命令可在源代码窗口不出现的状况下使用。

在源代码窗口右击，将出现如图 6-34 所示的快捷菜单。快捷菜单中提供了许多功能选项，其中 Display Line Numbers 为显示行号，如图 6-35 所示；Display Opcodes 为显示操作码，如图 6-36 所示；而 Goto Line 为转到行，点选这一命令后，将弹出如图 6-37 所示的对话框。

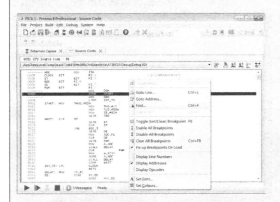

图 6-34　源代码窗口中的快捷菜单

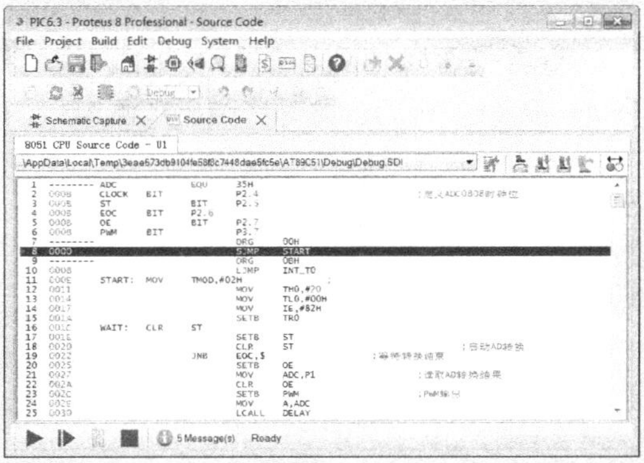

图 6-35　在源代码窗口显示行号

图 6-36　显示操作码

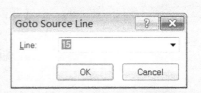

图 6-37　跳转到行对话框

在 Line 文本框中输入待跳转的行号，如 15，单击"OK"按钮，程序中的当前命令行将显示为第 15 行，如图 6-38 所示。

另外，Goto Address 为转到地址，Find Text 为查找文本，Display addresses 为显示地址等。

当调试高级语言时，用户也可以在显示源代码行和显示系统可执行实际机器代码的列表间切换。机器代码的显示或隐藏可通过快捷键"Ctrl+D"进行设置。

点选 Step Into，执行下一条源代码指令。

当程序执行到如图 6-39 所示的位置时，此条语句为将定时的高位赋值为 20。

图 6-38　当前命令行为第 15 行　　　　　图 6-39　程序执行到赋值语句

查看是否赋值到计数器的初值寄存器。执行菜单命令 Debug→Watch Window，如图 6-40（a）所示，此时将弹出观测窗口，如图 6-40（b）所示。

（a）执行菜单命令 Debug→Watch Window　　　　　　（b）观测窗口

图 6-40　打开观测窗口

【观测窗口】观测窗口可实时更新显示处理器的变量、存储器的值和寄存器值。它同时还可给独立存储单元指定名称。

在观测窗口中添加项目的步骤如下：

（1）按快捷键"Ctrl+F12"开始调试，或在系统正处于运行状态时单击"Pause"按钮，暂停仿真。

（2）单击 Debug 菜单中的窗口序号，显示 Watch Window 窗口。

（3）在 Watch Window 窗口右击，将弹出如图 6-41 所示的快捷菜单。其中 Add Items（By Name）为按名称添加项目，Add Items（By Address）为按地址添加项目。点选 Add Items（By Name），将出现如图 6-42（a）所示的对话框。

如果电路中包含多个 CPU，则可单击 Memory 的下拉式按钮，选择期望的 CPU。

图 6-41　Watch Window 窗口
右键快捷菜单

双击希望观测的变量，变量将添加到观测窗口。如双击 SCON 变量，它将被添加到观测窗口，如图 6-42（b）所示。

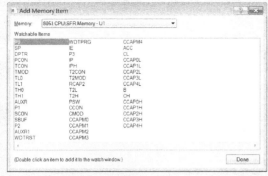

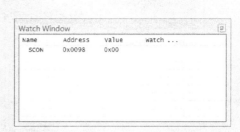

（a）按名称添加项目对话框　　　　　　　　　　（b）添加 SCON 变量到观测窗口

图 6-42　按名称添加项目

若使用 Add Items（By Address）命令添加项目到观测窗口，将出现如图 6-43（a）所示的对话框。单击 Memory 的下拉式按钮，可选择其他寄存器，如图 6-43（b）所示。

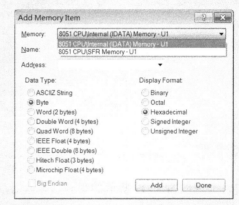

（a）按地址添加项目对话框　　　　　　　　　　（b）选择其他寄存器

图 6-43　按地址添加项目

选择期望观测的寄存器后，在 Name 文本框中输入名称，在 Address 文本框中输入地址，即可将项目添加到 Watch Window 窗口。如在 Name 文本框中输入 data1，在 Address 文本框中输入 0x0018，数据类型设置为 Byte（字节），数据显示方式设置为 Hexadecimal，如图 6-44 所示。

单击 "Add" 按钮，0x0018 地址的数据将被添加到观测窗口，如图 6-45 所示。

当数据格式不便于观测时，单击鼠标右键，在弹出的快捷菜单中选择 Display Format 命令，系统将列出如图 6-46 所示的数据格式，包括二进制、八进制、十进制和十六进制等数据形式。点选 Binary（二进制）选项，则观测窗口的数据格式以二进制形式显示，如图 6-47 所示。

在观测窗口可设置观测点。当项目的值与观测点设置条件相符时，观测窗口可延缓仿真。按快捷键 "Ctrl+F12" 开始调试，或当系统正处于运行状态时单击 "Pause" 按钮，暂停仿真。单击 Debug 菜单中的窗口序号，显示 Watch Window。添加需要观测的项

目，点选需要设置观测点的观测项目，并选择窗口右键快捷菜单中的 Watchpoint Condition
命令，如图 6-48 所示。

图 6-44　数据设置

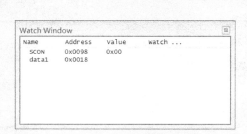

图 6-45　添加 0x0018 地址的数据到观测窗口

图 6-46　PROTEUS ISIS 提供的数据格式

图 6-47　SCON 数据以二进制形式显示

此时将出现如图 6-49 所示的观测点设置对话框。下面介绍该对话框的功能。

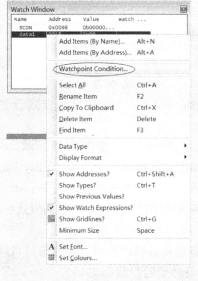

图 6-48　选择观测点的观测条件命令

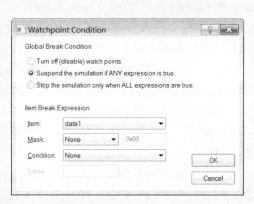

图 6-49　观测点设置对话框

☺ Global Break Condition 用于设置观测方式，其中包括三种方式，具体如下：

   ☞ Turn off（disable）watch points：关闭观测功能。

   ☞ Suspend the simulation if ANY expression is true：任一表达式为真时，延缓仿真。

   ☞ Stop the simulation only when ALL expressions are true：所有表达式为真时，停止仿真。

☺ Item Break Expression 为观测点观测表达式，其中包括四项，具体如下：

   ☞ Item：观测项目。

   ☞ Mask：屏蔽方式及屏蔽操作数。屏蔽操作方式包括无（None）、与（AND）、或（OR）及异或（XOR），如图 6-50 所示。

   ☞ Conditional Operator：操作算符。所包含的操作算符如图 6-51 所示。

   ☞ value：操作数。

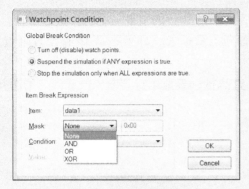

图 6-50　屏蔽方式

图 6-51　操作算符

按图 6-52 所示设置观测点。

这里的观测设置为：任一表达式为真时，延缓仿真模式；观测项目为 data1，屏蔽方式设置为 None（无），观测操作算符设置为 Equals（相等），而操作数设置为 10，即当 data1 = 10 时，系统暂停仿真。设置完成后单击"OK"按钮，即可完成设置，如图 6-53 所示。

在观测窗口右击，在弹出的快捷菜单中选择 Add Items（By Name），在弹出的添加寄存器项目窗口，点选待添加的项目，如图 6-54 所示。

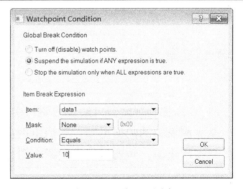

图 6-52　设置观测点

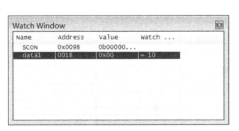

图 6-53　添加观测点观测条件
后的 Watch Window 窗口

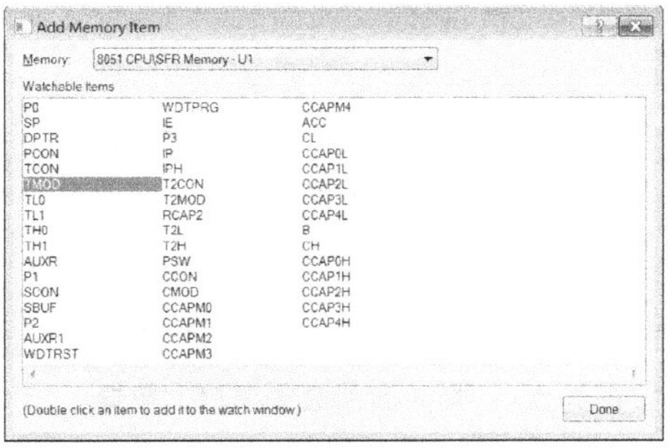

图 6-54　选定项目

双击项目即可添加项目到观测窗口。添加 TMOD、TH0 和 TL0 到编辑窗口，如图 6-55 所示。

单击 Step Into，执行下一条源代码指令。此时观测窗口各变量值如图 6-56 所示。

图 6-55　添加 TMOD、TH0 和 TL0 到编辑窗口　　图 6-56　观测窗口各变量值

从观测窗口的数据可知，观测窗口可实时显示程序执行的结果。

在程序的第 16 行，单击源代码窗口的设置断点图标，即可在第 16 行设置断点，如图 6-57 所示。

单击源代码窗口的运行 按钮，程序会一直执行，直到运行到断点设置处，如图 6-58 所示。

图 6-57　设置断点　　　　　　　　　　图 6-58　程序运行到断点

将 IE 添加到观测窗口后观测窗口中的数据，如图 6-59 所示。

从观测窗口的数据可知，观测窗口实时显示程序数据。

再次双击源代码窗口的设置断点图标，即可取消断点，如图 6-60 所示。

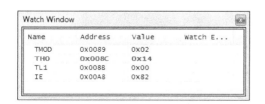

图 6-59　添加 IE 后观测窗口的数据　　　　图 6-60　取消断点

单击 Step Into，执行下一条源代码指令。这一代码的意义为清零 P2.5 端口。执行菜单命令 Debug→8051 CPU→Register-U1，如图 6-61 所示。

图 6-61 执行菜单命令 Debug→8051 CPU→Register-U1

此时，将弹出寄存器窗口，双击寄存器窗口标题，将以独立的窗口出现，如图 6-62 所示。再次单击 Step Into，执行下一条源代码指令。这一代码的意义为置位 P2.5 端口，如图 6-63 所示。

图 6-62 清零 P2.5 端口

图 6-63 置位 P2.5 端口

第三次单击 Step Into，这一操作将清零 P2.5 端口。这一系列操作用于产生启动 A/D 转换的脉冲信号。单击控制面板中的停止按钮，停止仿真。在 START 引脚放置电压探针，如图 6-64 所示。

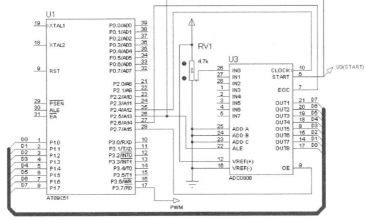

图 6-64 在 START 引脚放置电压探针

单击工具箱中的 Simulation Graph 按钮，在对象选择器中将出现各种仿真分析所需的图表，选择 INTERACTIVE 仿真图表（交互式仿真图表），如图 6-65 所示。

在交互式仿真图表上单击鼠标右键，在弹出的快捷菜单中选择 Add Traces，弹出如图 6-66 所示界面。将探针添加到图表中，探针信号按数字信号处理。

图 6-65　放置交互式仿真图表

图 6-66　探针信号按数字信号处理添加到图表

设置完成后单击"OK"按钮。

双击交互式仿真图表，设置仿真起始时间为 10μs，停止时间为 25μs，如图 6-67 所示。

单击控制面板中的暂停按钮，打开源代码编辑窗口，在源代码的第 19 行设置断点，如图 6-68 所示。

图 6-67　交互式仿真图表属性对话框

图 6-68　在源代码窗口的第 19 行设置断点

单击控制面板中的停止按钮，停止仿真。然后将鼠标放置到交互式仿真图表中，按下 Space 空格键仿真电路。电路将在断点处暂停仿真，单击控制面板中的停止按钮，停止仿真，此时交互式仿真图表绘制出 START 端口信号，如图 6-69 所示。

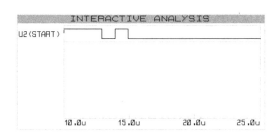

图 6-69　交互式图表绘制出 START 端口信号

按上述方式调试电路，直至程序达到期望的结果。

3. 进行电路仿真

将 AT89C51 的 PWM 输出端口与示波器的 A 端口相连，如图 6-70 所示。

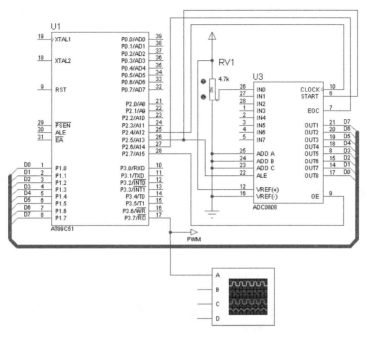

图 6-70　连接 PWM 输出端口与示波器的 A 端口

单击控制面板中的运行按钮，则示波器显示电路输出波形，如图 6-71 所示。

如果不小心或因为其他原因关闭了示波器的输出窗口，可以在仿真运行时执行菜单命令 Debug→Digital Oscilloscope 打开示波器的输出窗口，如图 6-72 所示。

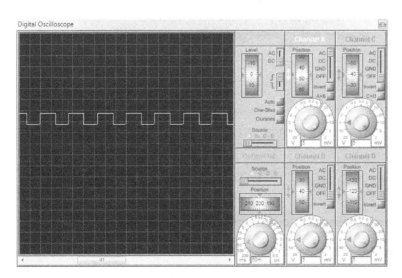

图 6-71　示波输出结果

图 6-72　打开示波器
输出窗口

放置数字分析图表，测量输出 PWM 波的占空比。将数字分析图表放置到电路编辑窗口，并添加 PWM 变量（在 PWM 波输出端口放置电压探针），如图 6-73 所示。

将鼠标放置到图表中，按 Space 键仿真电路，结果如图 6-74 所示。

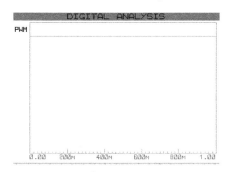

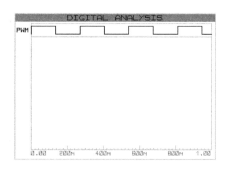

图 6-73　采用数字分析图表测量　　　　　图 6-74　PWM 波数字分析图表仿真结果
　　　　　输出 PWM 波的占空比

单击图表的表头，图表将以窗口形式出现，在窗口中放置测量指针，则可以测量 PWM 波的周期。

6.2.6　利用输出的 PWM 波对控制转速进行仿真

使用 PROTEUS 的仿真功能，可以清楚地看到单片机在输入不同模拟电压时（即调节电位器 RV1），输出占空比不同的 PWM 波形。

（1）当电位器 RV1 调至最上端，即模拟量输入为 5V 时，电动机的驱动信号是占空比为 100% 的方波，对应电动机的转速最快，PWM 波形如图 6-75 所示。

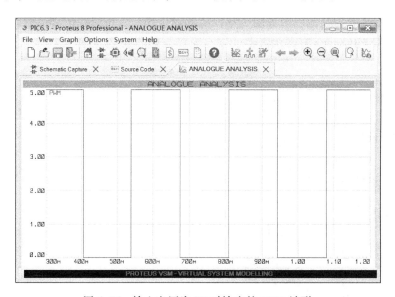

图 6-75　输入电压为 5V 时输出的 PWM 波形

（2）当电位器 RV1 调到最下端，即模拟量输入为 0V 时，电动机的驱动信号是占空比为 0% 的方波，此时电动机基本不会转动，PWM 波形如图 6-76 所示。

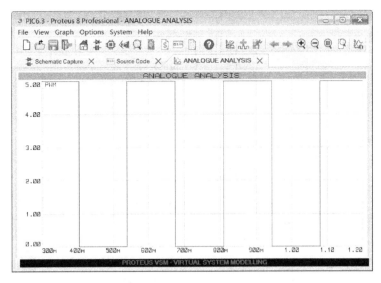

图 6-76　输入电压为 0V 时输出的 PWM 波形

（3）当电位器 RV1 调到中间位置，即模拟量输入为 2.5V 时，电动机的驱动信号是占空比为 50% 的方波，电动机以最快转速的一半速度转动，PWM 波形如图 6-77 所示。

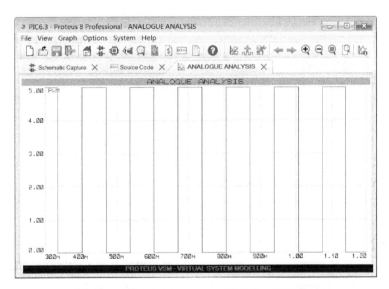

图 6-77　输入电压为 2.5V 时输出的 PWM 波形

下面查看电动机以 PWM 信号驱动时的转动情况。可以看到电动机旋转，通过调节电位器，可以查看不同电压下的 PWM 驱动的电动机转速的快慢，如图 6-78 所示为电压为 5V 时的转动图。

通过调节电位器，在不同的电压输入情况下，电动机转速是不同的，输入电压为 5V 时转速最快，2.5V 时次之，输入电压为 0V 时电动机几乎不转。

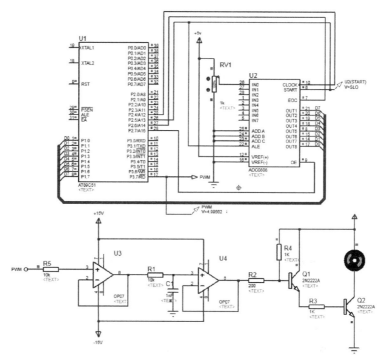

图 6-78　输入为 5V 时的仿真图像

6.3　步进电动机控制模块设计

【设计目的】

☺ 学习步进电动机的工作原理；

☺ 掌握用 AT89C51 控制电动机以及用程序控制步进电动机的方法；

☺ 能读懂程序并学会编写控制程序的思路；

☺ 了解 ULN2003A 步进电动机驱动器的驱动作用及原理。

【设计任务】

利用 AT89C51 单片机实现对步进电动机的控制，编写相关控制程序，用单片机的四路 I/O 通道实现环形脉冲的分配，用于控制步进电动机的转动，通过按键控制步进电动机的旋转角度。

☺ 初级要求：利用 AT89C51 单片机实现对步进电动机的控制，编写程序，用单片机的四路 I/O 通道实现环形脉冲的分配，控制步进电动机按固定方向连续转动。

☺ 中级要求：在上述设计要求的基础上，单片机外接 A、B 两个按键。

🔄 按键 A 每按下一次，控制步进电动机正转 45°，长按时电动机持续正转；

🔄 按键 B 每按下一次，控制步进电动机反转 45°，长按时电动机持续反转；

🔄 按键放开时，电动机应停止转动。

6.3.1 设计原理

1. 系统结构图

步进电动机控制电路如图 6-79 所示。

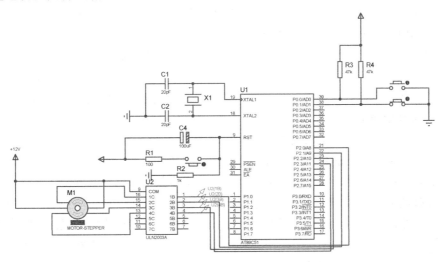

图 6-79 步进电动机控制电路

2. ULN2003A 简介

1）ULN2003A 概述 ULN 是集成达林顿管 IC，内部还集成了一个消线圈反电动势的二极管，可用来驱动继电器。它是双列 16 脚封装，NPN 晶体管矩阵，最大驱动电压为 50V，电流为 500mA，输入电压为 5V，适用于 TTL、CMOS 等由达林顿管组成的驱动电路。它的输出端允许通过电流为 200mA，饱和压降 V_{CE} 约为 1V，耐压 BV_{CEO} 约为 36V。用户输出口的外接负载可根据以上参数估算。采用集电极开路输出，输出电流大，故可直接驱动继电器或固体继电器，也可直接驱动低压灯泡。通常单片机驱动 ULN2003A 时，上拉 2kΩ 的电阻较为合适，同时，COM 引脚应该悬空或接电源。ULN2003A 是一个非门电路，包含 7 个单元，但每个单元驱动电流最大可达 350mA。下面有引用电路图，9 脚可以悬空。比如 1 脚输入，16脚输出，负载可以接在 VCC 与 16 脚之间，不用 9 脚。

2）ULN2003A 的作用 ULN2003A 是大电流驱动阵列，多用于单片机、智能仪表、PLC、数字量输出卡等控制电路中，可直接驱动继电器等负载。输入 5V TTL 电平，输出可达 500mA/50V。ULN2003A 是高耐压、大电流达林顿阵列，由 7 个硅 NPN 型达林顿管组成。

ULN2003A 是高压大电流达林顿晶体管阵列系列产品，具有电流增益高、工作电压高、温度范围宽、带负载能力强等特点，适用于各类要求高速大功率驱动的系统。

3）ULN2003A 引脚图及功能 ULN2003A 引脚图如图 6-80 所示。

ULN2003A 是高耐压、大电流、内部由 7 个硅 NPN 型达林顿管组成的驱动芯片。经常在显示驱动、继电器驱动、照明灯驱动、电磁阀

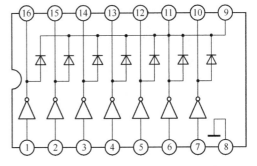

图 6-80 ULN2003A 引脚图

驱动、伺服电动机及步进电动机驱动等电路中使用。

ULN2003A 的每一对达林顿管都串联一个 3.7kΩ 的基极电阻，在 5V 工作电压下它能与 TTL 和 CMOS 电路直接相连。ULN2003A 可以并联使用，在相应的 OC 输出引脚上串联几欧姆的均流电阻后再并联使用，防止阵列电流不平衡。可以直接处理原先需要标准逻辑缓冲器来处理的数据。ULN2003A 工作电压高，工作电流大，灌电流可达 500mA，并且能够在关态时承受 50V 的电压，输出还可以在高负载电流情况下并行运行。

ULN2003A 的封装采用 DIP16 或 SOP16。ULN2003A 可以驱动 7 个继电器，具有高电压输出特性，并带有共阴极的续流二极管，使器件可用于开关型感性负载。每对达林顿管的额定集电极电流是 500mA，达林顿对管还可并联使用以达到更高的输出电流能力。

3. 步进电动机概述

步进电动机是将电脉冲信号转变为角位移或线位移的开环控制元件。在非超载的情况下，电动机的转速、停止的位置只取决于脉冲信号的频率和脉冲数，而不受负载变化的影响，即给电动机加一个脉冲信号，电动机则转过一个步距角。这一线性关系的存在，加上步进电动机只有周期性的误差而无累积误差等特点，使得在速度、位置等控制领域用步进电动机来控制变得非常简单。步进电动机实际上是一种单相或多相同步电动机。单相步进电动机由单路电脉冲驱动，输出功率一般很小，其用途为微小功率驱动。多相步进电动机由多相方波脉冲驱动，在经功率放大后分别送入步进电动机各相绕组。当向脉冲分配器输入一个脉冲时，电动机各相的通电状态就发生变化，转子会转过一定的角度（称为步距角）。正常情况下，步进电动机转过的总角度和输入的脉冲数成正比；连续输入一定频率的脉冲时，电动机的转速与输入脉冲的频率保持严格的对应关系，不受电压波动和负载变化的影响。由于步进电动机能直接接收数字量的输入，所以特别适合于微处理器控制。

步进电动机有三线式、五线式、六线式三种，但其控制方式均相同，必须以脉冲电流来驱动。若每旋转一圈以 20 个励磁信号来计算，则每个励磁信号前进 18°，其旋转角度与脉冲数成正比，正、反转可由脉冲顺序来控制。

步进电动机的励磁方式可分为全部励磁及半步励磁，其中全部励磁又有 1 相励磁及 2 相励磁之分，而半步励磁又称 1~2 相励磁。

☺ 在每一瞬间只有一个线圈导通。消耗电力小，精确度良好，但转矩小，振动较大，每送一个励磁信号可走 18°。若欲以 1 相励磁法控制步进电动机正转，其励磁顺序如表 6-2 所示。若励磁信号反向传送，则步进电动机反转。

☺ 在每一瞬间会有两个线圈同时导通。因其转矩大、振动小，故为目前使用最多的励磁方式，每送一个励磁信号可走 18°。若以 2 相励磁法控制步进电动机正转，其励磁顺序如表 6-3 所示。若励磁信号反向传送，则步进电动机反转。

表 6-2 正转励磁顺序：A→B→C→D→A

STEP	A	B	C	D
1	1	0	0	0
2	0	1	0	0
3	0	0	1	0
4	0	0	0	1

表 6-3 正转励磁顺序：AB→BC→CD→DA→AB

STEP	A	B	C	D
1	1	1	0	0
2	0	1	1	0
3	0	0	1	1
4	1	0	0	1

☺　　　　　　　为 1 相与 2 相轮流交替导通。因分辨率提高，且运转平滑，每送一个励磁信号可走 9°，故也被广泛采用。若以 1 相励磁法控制步进电动机正转，其励磁顺序如表 6-4 所示。若励磁信号反向传送，则步进电动机反转。

表 6-4　正转励磁顺序：A→AB→B→BC→C→CD→D→DA→A

STEP	A	B	C	D
1	1	0	0	0
2	1	1	0	0
3	0	1	0	0
4	0	1	1	0
5	0	0	1	0
6	0	0	1	1
7	0	0	0	1
8	1	0	0	1

电动机的负载转矩与速度成反比，速度越快负载转矩越小，但速度快至其极限时，步进电动机即不再运转。所以在每走一步后，程序必须延时一段时间，以对转速加以限制。

单片机控制电路如图 6-79 所示，用两个按键分别控制步进电动机正转和反转。按下"Positive"键时，单片机的 P1.3~P1.0 口按正向励磁顺序 A→AB→B→BC→C→CD→D→DA→A 输出电脉冲，电动机正转；按下"Negative"键时，单片机的 P1.3~P1.0 口按反向励磁顺序 A→DA→D→CD→C→BC→B→AB→A 输出电脉冲，电动机反转。

步进电动机的型号主要由三个方面确定，即步距角（涉及相数）、静力矩和电流。一旦三大要素确定，步进电动机的型号便确定下来了。

（1）步距角的选择：电动机的步距角取决于负载精度的要求，将负载的最小分辨率（当量）换算到电动机轴上，计算每个当量电动机应走多少角度（包括减速），电动机的步距角应等于或小于此角度。目前市场上步进电动机的步距角一般有 0.36°/0.72°（五相电动机）、0.9°/1.8°（二、四相电动机）、1.5°/3°（三相电动机）等。

（2）静力矩的选择：步进电动机的动态力矩一下子很难确定，我们往往先确定电动机的静力矩。静力矩选择的依据是电动机工作的负载，而负载可分为惯性负载和摩擦负载两种。单一的惯性负载和单一的摩擦负载是不存在的。直接启动时（一般由低速）两种负载均要考虑，加速启动时主要考虑惯性负载，恒速运行时只要考虑摩擦负载。一般情况下，静力矩应为摩擦负载的 3 倍。静力矩一旦选定，电动机的机座及长度便能确定下来（几何尺寸）。

（3）电流的选择：静力矩相同的电动机，由于电流参数不同，其运行特性差别很大，可依据矩频特性曲线图，判断电动机的电流（参考驱动电源及驱动电压）。

选择电动机一般应遵循以上步骤。

6.3.2　汇编语言程序设计流程

汇编语言程序流程图如图 6-81 所示。

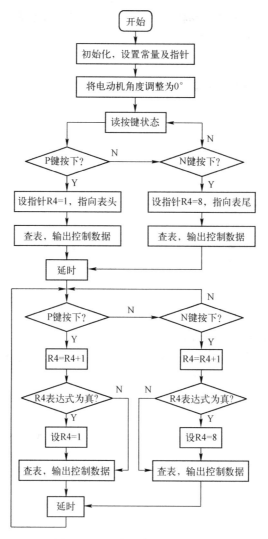

图 6-81　汇编语言程序流程图

6.3.3　汇编语言程序源代码

```
          ORG      00H
START：   MOV      DPTR,#TAB1
          MOV      R0,#3
          MOV      R4,#0
          MOV      P2,R0              ;初始角度设为 0°
WAIT：    MOV      P0,#0FFH
          JNB      P0.0,POS          ;判断键盘状态
          JNB      P0.1,NEG
          SJMPWAIT
POS：     MOV      R4,#1
          MOV      A,R4              ;正转 9°
          MOVCA,@ A+DPTR
          MOV      P2,A
```

```
              ACALL     DELAY
              AJMPKEY
NEG：         MOV       R4,#7                    ;反转9°
              MOV       A,R4
              MOVCA,@ A+DPTR
              MOV       P2,A
              ACALL     DELAY
              AJMPKEY
KEY：         MOV       P0,#03H
              JB        P0.0,NR1
              INC       R4
              CJNER4,#9,LOOPP
              MOV       R4,#1
LOOPP：       MOV       A,R4
              MOVCA,@ A+DPTR
              MOV       P2,A
              ACALL     DELAY
              AJMPKEY
NR1：         JB        P0.1,KEY
              DEC       R4
              CJNER4,#0,LOOPN
              MOV       R4,#8
LOOPN：       MOV       A,R4
              MOVCA,@ A+DPTR
              MOV       P2,A
              ACALL     DELAY
              AJMPKEY
DELAY：       MOV       R6,#5
DD1：         MOV       R5,#080H
DD2：         MOV       R7,#0
DD3：         DJNZR7,DD3
              DJNZR5,DD2
              DJNZR6,DD1
              RET
TAB1：        DB        00H,02H,06H,04H
              DB        0CH,08H,09H,01H,03H      ;控制数据表
              END
```

6.3.4　系统调试及仿真

（1）使用 PROTEUS 的波形分析功能，可以分析按下一个键以后单片机的步进电动机驱动信号输出。这里仿真按下正转和反转按键的波形，如图 6-82、图 6-83 所示。

由图 6-82 的波形可以看出，步进电动机的驱动序列为（4B-1B）：0010，0110，0100，1100，1000，1001，0001，0011，0010…可知其与设计思想相吻合。

（2）正向旋转键每按下一次，单片机输出正向励磁信号走 9°，仿真情况如图 6-84 和图 6-85 所示。

图 6-82　按下正转按键步进电动机驱动信号波形　　图 6-83　按下反转按键步进电动机驱动信号波形

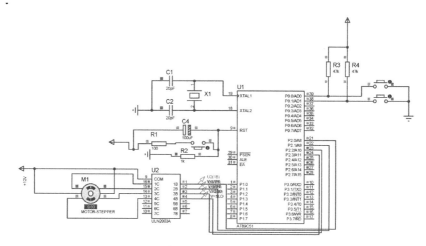

图 6-84　正向旋转键按下前电动机转子的位置

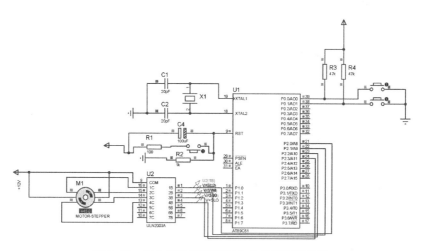

图 6-85　正向旋转键按下后电动机转子的位置

（3）反向旋转键每按下一次，单片机输出反向励磁信号走 9°，仿真情况如图 6-86 及图 6-87 所示。

（4）图 6-86 所示为正向旋转键和反向旋转键都不按下时，电动机既不正转也不反转的情况。

（5）长按下正向旋转键或反向旋转键时，步进电动机正向或反向持续转动。图 6-88 所示为正向旋转键闭合时电动机的正转图；图 6-89 所示为反向旋转键闭合时电动机的反转图。

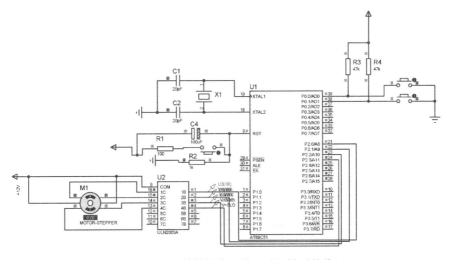

图 6-86　反向旋转键按下前电动机转子的位置

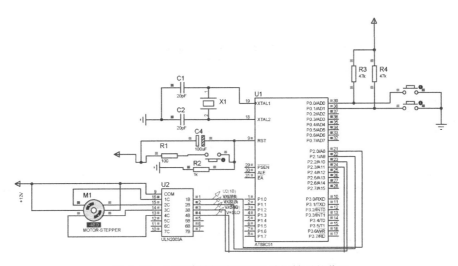

图 6-87　反向旋转键按下后电动机转子的位置

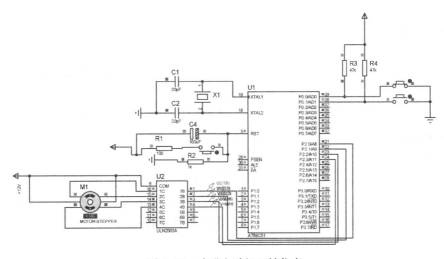

图 6-88　步进电动机正转仿真

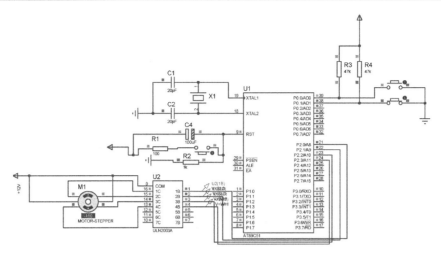

图 6-89　步进电动机反转仿真

 ## 6.4　温度采集与显示控制模块的设计

【设计目的】

☺ 熟悉 DS18B20 的工作原理，重点掌握读/写程序；

☺ 熟悉 STC89C52 单片机各个引脚的功能及使用方法。

【设计任务】

该控制系统以 STC89C52 单片机为核心进行控制，采用数字温度传感器 DS18B20 检测实际温度，并在 LCD1602 显示器上显示，用户可以通过键盘，在允许的温度范围内设定预定温度值。该模块的设计包括硬件设计和软件设计两部分。

☺ 硬件部分需完成的任务：

    ↳ 根据控制要求和精度进行元器件的选型；

    ↳ 查阅各个模块的连接原理，在 PROTEUS 软件中画硬件电路图。

☺ 软件部分需完成的任务：

    ↳ 显示器件的程序编写，本设计采用了 LCD1602 作为显示屏，需要完成显示器的接口程序编写与初始化，使显示器能够正常地显示实时温度和设定温度值；

    ↳ 按键接口程序，通过编写独立按键的程序，能够实现对设定温度值的加减；

    ↳ 温度测量程序，主要完成 DS18B20 的初始化和接口程序编写；

    ↳ 报警程序的编写，该部分主要完成超温报警的功能。

【设计要求】

本设计要求设计一个以 STC89C52 单片机为核心的温度控制系统，要求采用 DS18B20 为温度传感器，能够实时采集、实时显示在 LCD1602 液晶显示屏上，并且设定温度值可以通过三个按键来控制以实现设定温度值的加减。具体的技术指标如下：

☺ 恒温温度控制在 20～150℃ 之间；

☺ 温度超过 75℃ 时报警。

6.4.1　设计原理

温度采集与显示控制模块的系统框图如图 6-90 所示。

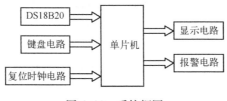

图 6-90　系统框图

1. 系统结构图

温度采集与显示控制模块的电路总设计原理图如图 6-91 所示。

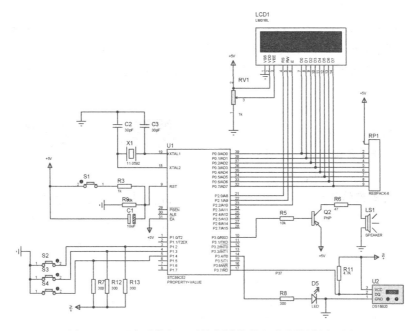

图 6-91　温度采集与显示控制模块的电路总设计原理图

2. STC89C52 单片机简介

STC89C52 单片机是宏晶科技有限公司推出的新一代具有高速、低功耗、超强抗干扰的单片机，指令代码能够完全兼容传统的 8051 单片机，具有 12 时钟/机器周期与 6 时钟/机器周期，可以任意选择。

STC89C52 引脚图如图 6-92 所示，各引脚功能如下：

☺ P0 端口（P0.0～P0.7，39～32 引脚）：P0 口为一个漏极开路式的 8 位双向 I/O 端口。

☺ P1 端口（P1.0～P1.7，1～8 引脚）：P1 口为一个带内部上拉电阻的 8 位双向 I/O 端口。当 P1 端口写入 "1" 时，可以通过内部上拉电阻将 P1 端口拉至高电位，这时可以作为输入口。

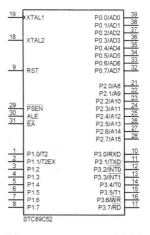

图 6-92　STC89C52 引脚图

☺ P2 端口（P2.0~P2.7，21~28 引脚）：P2 端口是一个带内部上拉电阻的 8 位双向I/O端口。当 P2 端口写入"1"时，通过内部上拉电阻将 P2 端口拉至高电位，此时可以作为输入口。

☺ P3 端口（P3.0~P3.7，10~17 引脚）：P3 端口为一个带内部上拉电阻的 8 位双向I/O端口。当 P3 端口写入"1"时，通过内部上拉电阻将 P3 端口拉至高电位，此时可以作为输入口。

☺ RST：复位输入端口。当输入了两个连续的机器周期以上的高电平时有效。

☺ ALE：地址锁存控制信号。在访问外部程序存储器时，锁存了低 8 位的地址输出脉冲。

☺ XTAL2：作为振荡器反相放大器的输入端口。

☺ $\overline{EA}$：当执行内部程序指令时，$\overline{EA}$ 要接 VCC。

3. DS18B20 温度传感器简介

本设计选用 DS18B20 作为采集温度信号的传感器，它是由美国 DALLAS 半导体有限公司推出的智能型温度传感器，不仅能够直接读取被测温度值，而且集温度信号的采集与A/D转换工作于一体，测量精度高，足以满足用户设计的精度要求。下面具体介绍 DS18B20 温度传感器的引脚及其性能特点。

1）DS18B20 引脚图　如图 6-93 所示。

2）DS18B20 主要性能特点

☺ 用户可自行设定报警的上下限温度值。

☺ 不需要外部元器件，它能测量 −55 ~ +125℃ 范围内的任意温度值。

☺ 在 −10 ~ +85℃ 范围内，测温准确度可达 ±0.5℃，而且 9~12 位的数字读数方式可以通过编程实现，可以在 800ms 内把温度转换为 12 位的数字，分辨率高达 0.063 5℃。

☺ 采用特别的单总线接口方式，与微处理器连接时只用一条线就可以实现与微处理器的双向通信。

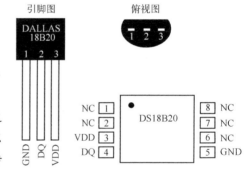

DQ—数字信号输入/输出端；
GND—电源地；VDD—外接供电电源输入端
图 6-93　DS18B20 引脚图

☺ 测量结果可以直接输出数字温度信号，并且以"一线总线"的串行方式传送给 CPU，同时还可以传送校验码，抗干扰纠错能力极强。

☺ 负压特性：当接反电源极性时，芯片不会因发热而被烧毁，但也无法正常工作。

4. LCD1602 液晶显示屏简介

液晶显示运用的是液晶的物理特性，其显示区域由电压来进行控制，有电时显示屏就会显示出图形。LCD1602 因适合采用大规模集成电路来直接驱动，能实现彩色显示的特点，且它能够显示温度上下限，正好满足本设计的要求，所以使用它作为显示器。

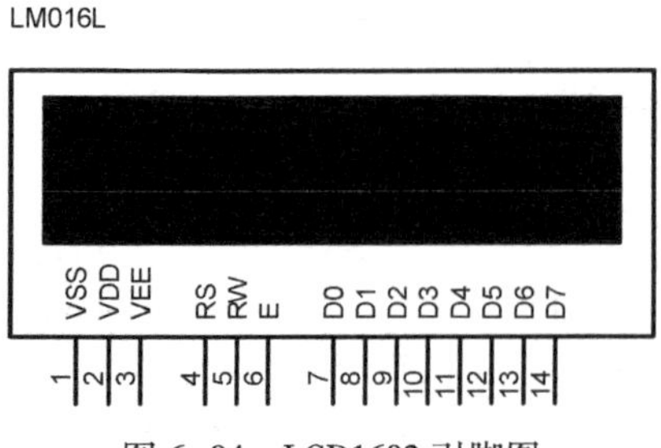

1）LCD1602 的基本参数及引脚功能　本设计中使用的 LCD1602 为不带背光的类型，其引脚图如图 6-94 所示。

LM016L

图 6-94　LCD1602 引脚图

（1）LCD1602 的参数。

☺ 显示容量：32 个字符。

☺ 工作电压：4.5~5.5V。

☺ 工作电流：2.0mA。

☺ 最佳工作电压：5.0V。

☺ 字符尺寸大小：2.95mm×4.40mm（$W×H$）。

（2）引脚功能说明。LCD1602 采用 14 脚（无背光）接口，引脚接口说明如表 6-5 所示。

表 6-5 引脚说明

引 脚 号	引 脚 名	电 平	输入/输出	功 能
1	VSS	—	—	电源地
2	VDD	—	—	电源（+5V）
3	VEE	—	—	对比调整电压
4	RS	0/1	输入	输入指令/数据
5	RW	0/1	输入	写入指令/数据
6	E	1，1-0	输入	使能信号
7~14	D0~D7	0/1	输入/输出	数据总线

2）LCD1602 的指令说明 LCD1602 液晶模块的控制器共有 11 条控制指令，如表 6-6 所示。

表 6-6 控制指令表

序号	指 令	RS	RW	D7	D6	D5	D4	D3	D2	D1	D0
1	清显示	0	0	0	0	0	0	0	0	0	1
2	光标返回	0	0	0	0	0	0	0	0	1	*
3	输入模式	0	0	0	0	0	0	0	1	I/D	S
4	显示器开/关控制	0	0	0	0	0	0	1	D	C	B
5	光标/字符移位	0	0	0	0	0	1	S/C	R/L	*	*
6	置功能	0	0	0	0	1	DL	N	F	*	*
7	置字符发生存储器地址	0	0	0	1	字符发生存储器地址					
8	置数据存储器地址	0	0	1	显示数据存储器地址						
9	读忙标志或地址	0	1	BF	计数器地址						
10	写数至 CGRAM 或 DDRAM	1	0	需写入的数据内容							
11	从 CGRAM 或 DDRAM 中读数	1	1	需读出的数据内容							

5. 系统硬件各个部分的设计

1）复位电路 单片机的复位是通过连接外部电路实现的，在 STC89C52 单片机上有一个复位脚 RST 且为高电平有效。复位电路的功能是当系统上电时，使 RC 电路充电，从而 RST 引脚出现正脉冲，提供复位信号直至系统电源稳定后，才撤销复位信号。为防止电源开关或电源插头分合过程中引起抖动而影响复位，电源稳定后还要延迟一段时间。RC 复位电路能够实现上面的基本功能，调整 RC 常数会对驱动能力产生影响，查阅相关电路手册，要使复位脉冲宽一点，实现完全复位，这里选 $R_9 = 10\text{k}\Omega$，$C_1 = 10\mu\text{F}$，$R_3 = 1\text{k}\Omega$。复位电路如图 6-95 所示。

2）晶振电路　晶振电路为单片机提供时钟控制信号，单片机的时钟产生方式分为内部时钟方式与外部时钟方式。单片机内部有一个用于构成振荡器的高增益反相放大器，引脚 XTAL1 和引脚 XTAL2 分别是反相放大器的输入端和输出端，由这个放大器与作为反馈元件的片外晶体或陶瓷谐振器一起构成一个自激振荡器，这种方式形成的时钟信号称为内部时钟方式。本系统采用内部方式，即利用芯片内部的振荡电路。采用内部方式时，时钟发生器对振荡脉冲二分频，如晶振为 12MHz，时钟频率就为 6MHz。查阅电路设计手册，晶振的频率可以在 1~24MHz 内选择，电容取 30pF 左右。因此，此系统电路的晶体振荡器的值为 11.059 2MHz，电容应尽可能选择陶瓷电容，电容值 $C_2 = C_3 = 30\text{pF}$。时钟振荡电路如图 6-96 所示。

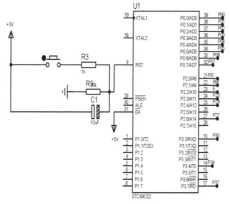

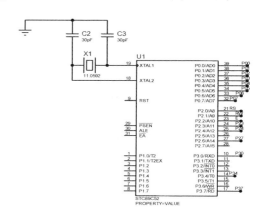

图 6-95　复位电路　　　　　　　　　　　　　图 6-96　时钟振荡电路

3）温度采集单元　本系统采用 DS18B20 数字温度传感器采集温度信号，在一条总线上挂单个 DS18B20，将 DS18B20 温度传感器接在 P3.7 口。本设计中 DS18B20 采用电源供电方式，此时 DS18B20 的 1 脚接地，2 脚作为信号线，3 脚接电源。当 DS18B20 处于写存储器操作和温度 A/D 转换操作时，总线上必须有强的上拉，上拉开启时间最大为 10μs，因此加了一个上拉电阻，通过查阅电路手册，选取 $R_{11} = 4.7\text{k}\Omega$。温度采集电路如图 6-97 所示。

4）显示电路　LCD1602 液晶显示部分将温度传感器采集到的信息转化为可视温度。由前面对单片机的介绍，得知 P0 端口不自带上拉电阻，不能输出高电平。为驱动液晶显示屏显示，这里选用了 RESPACKB 排阻作为上拉电阻，并将 RS、RW、E 接到 P2.0、P2.1 和 P2.2 接口，将 VSS 接地，VDD 接电源，将 VEE 接滑动变阻器来调节屏幕亮度。电路如图 6-98 所示。

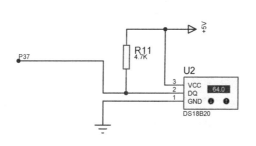

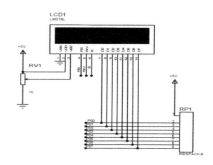

图 6-97　温度采集电路　　　　　　　　　图 6-98　LCD1602 液晶温度显示电路

5）按键电路 按键部分实现的主要原理是通过单片机读取与按键相连接的 I/O 口状态，来判断按键是否按下，从而达到系统参数设置的目的。键盘在单片机应用系统中的作用是实现数据输入、命令输入，是人工干预的主要手段。各按键开关均需要采用上拉电阻，是为了保证在按键断开时，各 I/O 有确定的高电平。在这里键盘配置要求比较低，所以上拉电阻无须太大，通过查阅电路设计手册，这里取 $R_7 = R_{12} = R_{13} = 300\Omega$。在本系统中，由于只需加三个按键，故采用独立式键盘，按键电路如图 6-99 所示。

当用来调节温度时，S2 键被用于控制设定温度的使能。当按下 S2 键时，显示出要设定的温度，接着按下 S3 键可增加设定温度值，按 S4 键可减小设定温度值。当再次按下 S2 键时，不再显示设定温度值，此时 S3、S4 键处于屏蔽状态，无法进行温度设置。

6）报警电路 根据设计要求，当温度高于 75℃时要求报警。蜂鸣器不能直接接到单片机的端口上，因为它需要很大的电流才能发声。这里在蜂鸣器的一端接一个晶体管，用单片机的控制引脚控制晶体管的基极，从而控制晶体管的导通和截止。根据晶体管的原理，基极电流很小，集电极到发射极的电流很大，这样就能用小电流来控制大电流了。通过查阅电路设计手册，取 $R_5 = 200\Omega$。报警电路如图 6-100 所示。

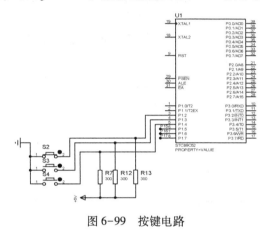

图 6-99 按键电路

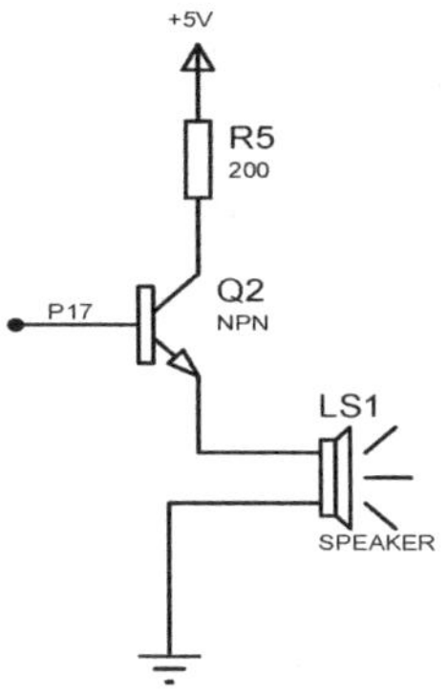

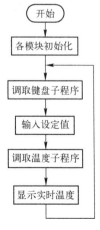

图 6-100 报警电路

6.4.2 程序设计流程

本部分主要介绍以 STC89C52 单片机为基础的温度采集及显示系统的软件设计。依据系统需要实现的功能，系统设计为由一些子程序组成，即 DS18B20 各个子程序、温度采集子程序、按键处理子程序、数据处理子程序、温度显示子程序。本设计采用 Keil C51 来完成 C 语言的编写与编译。整体流程图如图 6-101 所示。其中主程序由各个模块组合而成，单片机复位后，首先进行各个子程序的初始化设置，然后调取 DS18B20 各个子程序、温度采集子程序、显示子程序，最后将设定温度与实时温度显示在液晶显示屏上。

1. DS18B20 各个子程序流程图

1）DS18B20 初始化子程序流程图 初始化时，DS18B20 总线控制器会拉低总线并且在保持 480μs 后发出一个复位脉冲，之后会将总线释放，从而进入接收状态。单总线由 1kΩ 的上拉电阻拉至高电平。当 DS18B20 监测

图 6-101 控制系统
程序流程图

到 I/O 端口上为上升沿后，会等待 15~60μs，之后会发出一个 60~240μs 低电平信号，完成对 DS18B20 的初始化。在每次测温前都必须对其进行初始化，反之系统将无法正常工作，因此此步骤很重要。DS18B20 的初始化子程序流程图如图 6-102 所示。

2) DS18B20 写字节子程序流程图　DS18B20 写字节由两种写时序组成：写 "1" 时序和写 "0" 时序。总线控制器通过写 "1" 时序写逻辑 "1" 到 DS18B20，写 "0" 时序写逻辑 "0" 到 DS18B20。所有写时序必须最少持续 60μs，包括两个写周期之间至少 1μs 的恢复时间。当总线控制器把数据线从逻辑高电平拉到低电平时，写时序开始，总线控制器要生产一个写时序，必须把数据线拉到低电平然后释放，在写时序开始后的 15μs 内释放总线。当总线被释放的时候，1kΩ 的上拉电阻将拉高总线。总线控制器要生成一个写 "0" 时序，必须把数据线拉到低电平并持续保持至少 60μs。总线控制器初始化写时序后，DS18B20 在 15~60μs 的时间内对 I/O 线采样。如果线上是高电平，就写 "1"；如果线上是低电平，就写 "0"。写字节子程序流程图如图 6-103 所示。

3) DS18B20 读字节子程序流程图　总线控制器发起读时序时，DS18B20 仅被用来传输数据给控制器。因此，总线控制器在发出读暂存器指令或读电源模式指令后必须立刻开始读时序，DS18B20 可以提供请求信息。当总线控制器把数据线从高电平拉到低电平时，读时序开始，数据线必须至少保持 1μs，然后总线被释放。在总线控制器发出读时序后，DS18B20 通过拉高或拉低总线来传输 "1" 或 "0"。从 DS18B20 输出的数据在读时序的下降沿出现后 15μs 内有效。因此，总线控制器在读时序开始后必须停止把 I/O 脚驱动为低电平 15μs，以读取 I/O 脚状态。DS18B20 读字节子程序流程图如图 6-104 所示。

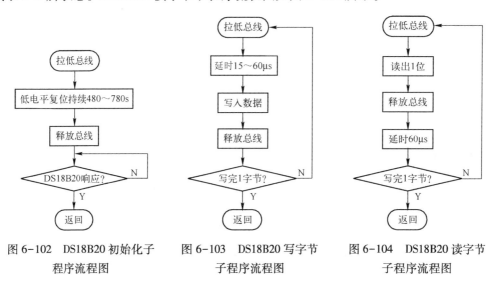

图 6-102　DS18B20 初始化子　　图 6-103　DS18B20 写字节　　图 6-104　DS18B20 读字节
　　　　　程序流程图　　　　　　　　　子程序流程图　　　　　　　子程序流程图

2. 温度采集子程序流程图

程序在采集温度时，测量两次取平均值，就已达到精确读数的目的。温度采集子程序流程图如图 6-105 所示。

3. 显示子程序流程图

显示子程序用于将温度传感器所测得的实时温度值显示出来。该系统使用的是 LCD1602 液晶显示器，首先需要把液晶显示器初始化，因为本系统设计要求液晶显示器只进行写操作，所以不需要读操作时序图。因此 RW 将一直处于低电平，只需控制 RS 和 E 引脚就行了。LCD 液晶显示子程序流程图如图 6-106 所示。

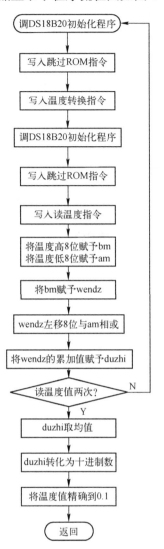

图 6-105　温度采集子程序流程图

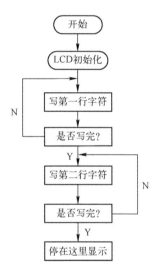

图 6-106　LCD 液晶显示子程序流程图

6.4.3　C 语言程序源代码（整体程序代码）

```c
/*************** DS18B20 温度传感器函数 *******************/
#include <reg52. h>
#include <math. h>
#include <intrins. h>
#include<string. h>
#define uchar unsigned char

unsigned char high_time, low_time, count = 0;
sbit output = P3^4;
sbitSPEAKER = P3^0;
sbit DATA = P3^7;
```

```c
void delay(unsigned int i)
{
    while(i--);
}

Init_DS18B20(void)              //传感器初始化
{
    uchar x=0;
    DATA=1;                     //DQ 复位
    delay(10);                  //稍做延时
    DATA=0;                     //单片机将 DQ 拉低
    delay(80);                  //延时 80s
    DATA=1;                     //拉高总线
    delay(20);
    x=DATA;                     //稍做延时后，如果 x=0 则初始化成功，x=1 则初始化失败
    delay(30);
}
//读 1 字节
ReadOneChar(void)
{
    uchar i=0;
    uchar dat=0;
    for(i=8;i>0;i--)
    {
        DATA=0;                 //给脉冲信号
        dat>>=1;
        DATA=1;                 //给脉冲信号
        if(DATA)
        dat|=0x80;
        delay(8);
    }
    return(dat);
}

//写 1 字节
WriteOneChar(uchar dat)
{
    uchar i=0;
    for(i=8;i>0;i--)
    {
        DATA=0;
        DATA=dat&0x01;
        delay(10);
        DATA=1;
        dat>>=1;
    }
    delay(8);
}
//读取温度
int ReadTemperature(void)
```

```
{
    uchar a=0;
    uchar b=0;
    int t=0;
    float tt=0;
    uchar    flag_Negative_number;
    Init_DS18B20();
    WriteOneChar(0xCC);         //跳过读序号列号的操作
    WriteOneChar(0x44);         //启动温度转换
    Init_DS18B20();
    WriteOneChar(0xCC);         //跳过读序号列号的操作
    WriteOneChar(0xBE);         //读取温度寄存器等(共可读9个寄存器),前两个就是温度
    a=ReadOneChar();            //低位
    b=ReadOneChar();            //高位
    t=b;
    t<<=8;
    t=t|a;
    if(b&0x80)
      {
        t=~t+1;
        flag_Negative_number=1;
      }
    else
      {
        flag_Negative_number=0;
      }
    tt=t*0.0625;                //DS18B20 温度传感器的分辨率
    t=tt*10+0.5;
    tt=tt+0.05;
    return(t);
}
/**************LCD1602 液晶显示函数 ********************/
#include <reg52.h>
#define uchar unsigned char
sbit EN=P2^2;
sbit RS=P2^0;
sbit RW=P2^1;

void Delayms_1602(unsigned int x)           //延时函数
{
        unsigned int i;
        while(x--)
        for(i=0;i<200;i++);
}
uchar Busy_Check_1602()                      //忙检测
{
    uchar LCD_Status;
    RS=0;
    RW=1;
```

```
        EN=1;
        Delayms_1602(1);
        LCD_Status=P0;
        EN=0;
        return LCD_Status;
    }


    void Write_LCD_Command_1602(uchar cmd)          //LCD1602 写命令
    {
        while((Busy_Check_1602()&0x80)==0x80);
        RS=0;
        RW=0;
        EN=0;
        P0=cmd;
        EN=1;
        Delayms_1602(1);
        EN=0;
    }


    void Write_LCD_Data_1602(uchar dat)              //LCD1602 写数据
    {
        while((Busy_Check_1602()&0x80)==0x80);
        RS=1;
        RW=0;
        EN=0;
        P0=dat;
        EN=1;
        Delayms_1602(1);
        EN=0;
    }


    void Initialize_LCD_1602()                       //初始化 LCD1602
    {
        Write_LCD_Command_1602(0x38);               //显示模式设置
        Delayms_1602(1);
        Write_LCD_Command_1602(0x01);               //显示清屏
        Delayms_1602(1);
        Write_LCD_Command_1602(0x06);               //显示光标移动设置
        Delayms_1602(1);
        Write_LCD_Command_1602(0x0c);               //显示开/关及光标设置
        Delayms_1602(1);
    }
    void ShowString_1602(uchar x,uchar y,uchar * str)
    {
        uchar i=0;
        if(y==0)
            Write_LCD_Command_1602(0x80|x);
        if(y==1)
            Write_LCD_Command_1602(0xc0|x);
```

```
        for(i=0;i<16;i++)
        {
            Write_LCD_Data_1602(str[i]);
        }
}
/************温控系统主函数 ********************/
sbit K1=P1^2;
sbit K2=P1^3;
sbit K3=P1^4;
#define uchar unsigned char
#define uint unsigned int
#define Time_5ms    (0x10000-100)
uchar table [ ] =" temp=      .   C " ;
uchar table1 [ ] =" set temp=      .0C" ;
uchar   qian,bai,shi,ge;              //定义变量
uchar   qian1,bai1,shi1,ge1;          //定义变量
uchar   qian2,bai2,shi2,ge2;          //定义变量
uchar h1,h2,h3,h4;
int   temp;
uchar m=0;
uchar set_temper=50;
void keyscan( )                       //按键处理函数
{
    if(K1==0)
    m++;
    if(m==1)
    {if(K2==0)
     set_temper++;
     else if(K3==0)
set_temper--;
}
        if(m==2)
m=0;
}

void display( )
{   int h;
    if(m==1)
    {
    qian1=set_temper%10000/1000;
    bai1=set_temper%1000/100;        //显示百位
    shi1=set_temper%100/10;          //显示十位
    ge1=set_temper%10;               //显示个位
    table1 [ 9 ] =qian1+'0';
    table1 [ 10 ] =bai1+'0';
    table1 [ 11 ] =shi1+'0';
    table1 [ 12 ] =ge1+'0';
    }
        if(m==0)
```

```
        {
        }
    h=high_time;
    h1=h/1000;
    temp=ReadTemperature( );              //读温度
    qian=temp%10000/1000;
    bai=temp%1000/100;                    //显示百位
    shi=temp%100/10;                      //显示十位
    ge=temp%10;                           //显示个位
    table[5]=qian+'0';
    table[6]=bai+'0';
    table[7]=shi+'0';
    table[9]=ge+'0';
}

int redtemper(void)
{  int h=0;
   int w=0;
   h=ReadTemperature( );
   qian2=h%10000/1000;
   bai2=h%1000/100;                       //显示百位
   shi2=h%100/10;                         //显示十位
   ge2=h%10;                              //显示个位
   w=qian2*1000+bai2*100+shi2*10+ge2;
   return(w);
}

void warm( )
{
   uint t,a;
   unsigned char i;
   t=set_temper;
   t=t*10;
   a=bai*100+shi*10+ge;
   SPEAKER=1;
   if(a>750)
      {    SPEAKER=0;
      }
      else
      {SPEAKER=1;
       }
      }

void main( )
{
   TMOD=TMOD|0x01;
   TMOD=TMOD&0xF1;
   ET0=1;                                 //定时器0的中断控制位
   EX0=1;                                 //外部的中断0控制位
```

```
    IT0 = 1;                //外部中断 0 为下降沿触发方式
    EA = 1;
    high_time = 50;
    low_time = 50;
    Init_DS18B20( );        //温度传感器初始化
    Initialize_LCD_1602( );  //LCD1602 初始化
    while(1)
    {
        keyscan( );
        display( );
        warm( );
        ShowString_1602(0,0,table);
        ShowString_1602(0,1,table1);
    }
}
```

6.4.4　系统调试及仿真

下面查看单片机控制作用下的温度传感器实时采集、液晶显示及设定温度值的控制过程。

（1）采集实时温度并显示实时温度与设定温度值，见图 6-107。从图中可以看出，设定温度值是初始程序中所设的 50℃且能正常显示，DS18B20 温度传感器采集到的温度值是50℃且液晶显示屏可以正常显示该温度值。该控制系统经常被用在温室控制系统中，可以通过上位机将现场的实际温度数据远程传输到控制机房，从而达到较好的监控作用。

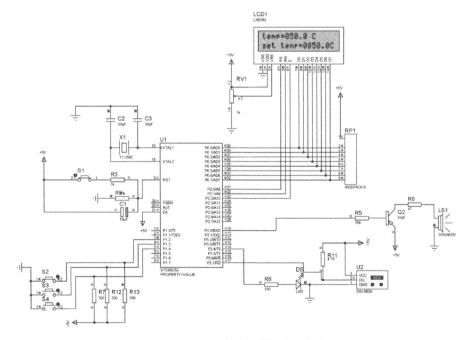

图 6-107　实时温度采集及显示图

（2）按键 S2 和 S3 按下时，使设定温度值升高，见图 6-108。从图中可以看出，在按键 S2 和 S3 按下后，设定温度值不断增加，从原来的 50℃增加到 100℃，满足设计要求。

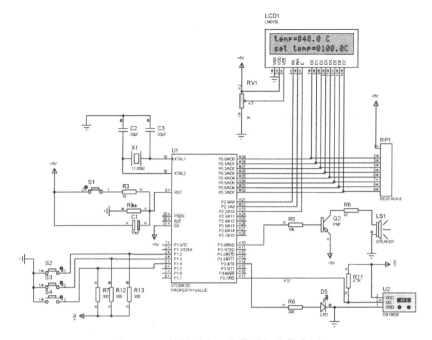

图 6-108　按键设定温度值增加的仿真图

（3）按键 S2 和 S4 按下时，使设定温度值减小，见图 6-109。从图中可以看出，将按键 S2 和 S4 按下后，可以将温度从 100℃不断降低到 24℃，满足设计要求。

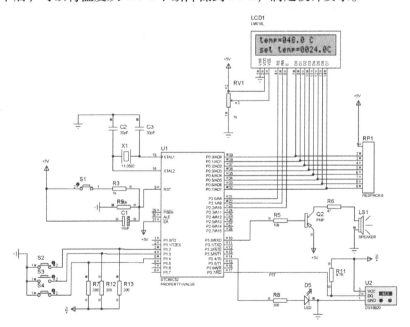

图 6-109　按键设定温度值减小的仿真图

（4）当实际温度高于 75℃时，蜂鸣器报警，发出尖锐的声音，如图 6-110 所示。

报警电路是由低电平触发的，从图 6-110 可以看出，当温度在 75℃以下时 P3^0 为高电平，蜂鸣器不响；当温度高于 75℃时，蜂鸣器控制端口变为低电平，蜂鸣器发出声音。

至此系统调试结束。电路进入电路板制作及实物焊接流程。

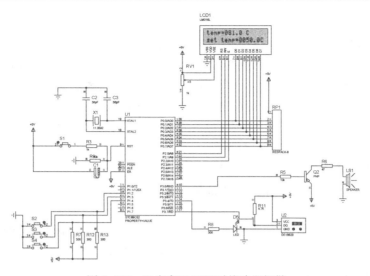

图 6-110　温度高于 75℃时蜂鸣器报警

6.5　将 PROTEUS 与 Keil 联调

单片机教学作为实践性比较强的一门课程，包括理论教学与实践教学，而实践实训教学所占比例更高，硬件投入大。在实践实训中，需要大量的实验仪器和设备，而一般的学校或个人没有较多的经费，因而单片机的课堂教学及实验中存在诸多问题，如：

（1）单片机课堂教学以往多以理论教学为主，实验教学也多是进行验证实验。但单片机是一门实践性很强的课程，教学中需要很多硬件设备，如计算机、仿真机、实验电路、编程器等。一般理论课堂难以辅助硬件进行教学，即便演示，效果也不好，一般单片机实验箱也只是起验证实验的作用。

（2）单片机实验室由于存在场地和时间等问题，学生除了上课外，平时难得有机会实践。而个人配备单片机实验开发系统，因成本较高，很多学生无法承受。同时一般单片机实验箱由于是成品，学生很难参与到其中的细节设计中去，学生的动手能力很难得到训练与提高。

（3）实验设备不足、落后，单片机实验室建立成本高。而且由于技术不断更新，设备不断老化，实验仪器也会很快落后。要解决此问题需要不断地重建单片机实验室，必会带来资金耗费严重等问题。

PROTEUS 是一种低投资的电子设计自动化软件，提供原理图绘制、SPICE 仿真与 PCB设计功能，这一点与 Multisim 比较类似，只不过它可以仿真单片机和周边设备，可以仿真51 系列、AVR、PIC 等常用的 MCU；与 Keil 和 MPLAB 不同的是，它还提供了周边设备的仿真，只要给出电路图就可以仿真，如 373、LED、示波器等。PROTEUS 提供了大量的元件库，有 RAM、ROM、键盘、电动机、LED、LCD、AD/DA、部分 SPI 器件、部分 IIC 器件。在 PCB 设计时，需要器件的封装，PROTEUS 提供了大量元器件封装，并且可以根据封装手册自己进行封装，这就为学习提供了便利。在编译方面，PROTEUS 软件不仅可以进行程序编译，而且支持 Keil 和 MPLAB，并且里面有大量的实例可供参考。下面具体介绍 PROTEUS

的功能。

☺ PROTEUS 软件可仿真数字和模拟、交流和直流等数千种元件及多达 30 多个元件库。

☺ 虚拟仪器仪表的数量、类型和质量是衡量仿真软件实验室是否合格的一个关键因素。在 PROTEUS 软件中，理论上同一种仪器可以在一个电路中随意调用。

☺ 除了现实存在的仪器外，PROTEUS 还提供了一个图形显示功能，可以将线路上变化的信号以图形的方式实时地显示出来，其作用与示波器相似但功能更多。

☺ 这些虚拟仪器仪表具有理想的参数指标，如极高的输入阻抗、极低的输出阻抗。这些都尽可能减小了仪器对测量结果的影响。

☺ PROTEUS 提供了比较丰富的测试信号用于电路的测试。这些测试信号包括模拟信号和数字信号。

在程序编译方面，PROTEUS 常与 Keil 软件联合使用。Keil 是德国开发的一个 51 单片机开发软件平台，最开始只是一个支持 C 语言和汇编语言的编译器软件，后来随着开发人员的不断努力以及版本的不断升级，使它成为了一个重要的单片机开发平台。不过 Keil 的界面并不是非常复杂，操作也不是非常困难，很多工程师开发的优秀程序都是在 Keil 平台上编写出来的。可以说它是一个比较重要的软件，熟悉它的人很多，用户群极为庞大，操作时有不懂的地方只要查看相关的图书，或到相关的单片机技术论坛询问，即可很快掌握它的基本应用。

☺ Keil 的 μVision3 可以进行纯粹的软件仿真（仿真软件程序，不接硬件电路）；也可以利用硬件仿真器，搭接上单片机硬件系统，在仿真器中载入项目程序后进行实时仿真；还可以使用 μVision3 的内嵌模块 Keil Monitor-51，在不需要额外的硬件仿真器的条件下，搭接单片机硬件系统对项目程序进行实时仿真。

☺ μVision3 调试器具备所有常规源极调试、符号调试特性，以及历史跟踪、代码覆盖、复杂断点等功能。DDE 界面和 Shift 语言支持自动程序测试。

为此，利用 PROTEUS 与 Keil 联调，为解决这一问题提供一些思路。

☺ 熟悉 Keil 软件平台的使用；

☺ 掌握 Keil 编程编译调试的方法；

☺ 掌握 PROTEUS 与 Keil 联调的学习方法。

创建源程序实现存储块清零的功能，将该程序在 Keil 和 PROTEUS 中调试，完成两者之间的联调，并对仿真结果进行观测。

6.5.1　Keil 的 μVision3 集成开发环境的使用

μVision3 IDE 是一个 32 位标准的 Windows 应用程序，支持长文件名操作，其界面类似于 MS Visual C++，可以在 Windows 95/98/2000/XP 平台上运行，功能十分强大。μVision3 中包含了一个高效的源程序编辑器、一个项目管理器和一个源程序调试器（MAKE 工具）。

μVision3 支持所有的 Keil 8051 工具，包括 C 编译器、宏汇编器、连接/定位器、目标代码到 HEX 的转换器。μVision3 通过以下特性加速用户嵌入式系统的开发过程：

☺ 全功能的源代码编辑器；

☺ 器件库用来配置开发工具设置；

☺ 项目管理器用来创建和维护用户的项目；

☺ 集成的 MAKE 工具可以汇编、编译和连接用户嵌入式应用；

☺ 所有开发工具的设置都是对话框形式的；

☺真正的源代码级的对 CPU 和外围器件的调试器；

☺高级 GDI（AGDI）接口用来在目标硬件上进行软件调试以及和 Monitor-51 进行通信；

☺与开发工具手册、器件数据手册和用户指南有直接的链接。

1. μVision3 开发环境

运行 μVision3 程序，将出现程序启动界面，如图 6-111 所示。

之后，程序进入 μVision3 用户界面主窗口，如图 6-112 所示。

图 6-111　程序启动界面

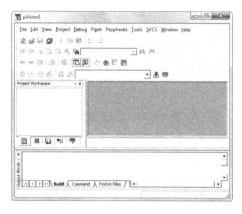

图 6-112　μVision3 用户界面主窗口

主窗口提供一个菜单、一个工具条，以便用户快速选择命令按钮、源代码的显示窗口、对话框和信息显示。μVision3 允许同时打开浏览多个源文件。

2. 建立应用

采用 Keil C51 开发 8051 单片机应用程序一般需要以下步骤：

（1）在 μVision3 集成开发环境中创建一个新项目文件（Project），并为该项目选定合适的单片机 CPU 器件。

（2）利用 μVision3 的文件编辑器编写 C 语言（或汇编语言）源程序文件，并将文件添加到项目中去。一个项目可以包含多个文件，除源程序文件外还可以有库文件或文本说明文件。

（3）通过 μVision3 的各种选项，配置 C51 编译器、A51 宏汇编器、BL51 连接定位器及 Debug 调试器的功能。

（4）利用 μVision3 的构造（Build）功能对项目中的源程序文件进行编译、链接，生成绝对目标代码和可选的 HEX 文件。如果出现编译连接错误则返回第（2）步，修改源程序中的错误后重新构造整个项目。

（5）将没有错误的绝对目标代码装入 μVision3 调试器进行仿真调试，调试成功后将 HEX 文件写入单片机应用系统的 EPROM 中。

3. 创建项目

μVision3 具有强大的项目管理功能，一个项目由源程序文件、开发工具选项及编程说明三部分组成，通过目标创建（Build Target）选项很容易实现对一个 μVision3 项目进行完整的编译、链接，直接产生最终应用目标程序。

（1）双击 Keil μVision3 图标，启动应用程序，进入 μVision3 用户界面主窗口。

μVision3 提供下拉菜单和快捷工具按钮两种操作方法。新建一个源文件时，可以单击工具按钮图标📄，也可以执行菜单命令 File→New，将在项目窗口中打开一个新的文本窗口，即 Text1 源文件编辑窗口，如图 6-113 所示。

在该窗口中可以进行源程序文件的编辑，还可从键盘输入 C 源程序、汇编源程序、混合语言源程序。源程序输入完毕，保存文件，执行菜单命令 File→Save as，弹出如图 6-114 所示的对话框，单击"Save"按钮即可。

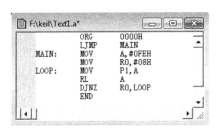

图 6-113　Text1 源文件编辑窗口

图 6-114　保存源文件对话框

📖 注意

源程序文件必须加上扩展名（*.c、*.h、*.a*、*.inc、*.txt）。源程序文件就是一般的文本文件，不一定使用 Keil 软件编写，可以使用任何文本编辑器编写。可把源文件，包括 Microsoft Word 文件中的源文件复制到 Keil C51 文件窗口中，使 Word 文档变为 TXT 文档。这种方法最好，可方便对源文件输入中文注释。

（2）创建一个项目。源程序文件编辑好后，要进行编译、汇编、连接。Keil C51 软件只能对项目而不能对单一的源程序进行编译、汇编、连接等操作。μVision3 集成环境提供了强大的项目（Project）管理功能，通过项目文件可以方便地进行应用程序的开发。一个项目中可以包含各种文件，如源程序文件、头文件、说明文件等。因此，当源文件编辑好后，要为源程序建立项目文件。

以下是新建一个项目文件的操作。执行菜单命令 Project→New Project，弹出一个标准的 Windows 对话框，此对话框要求输入项目文件名；输入项目文件名 max（不需要扩展名），并选择合适的保存路径（通常为每个项目建立一个单独的文件夹），单击"Save"按钮，这样就创建了文件名为 max.uv2 的新项目，如图 6-115 所示。

项目文件名保存完毕后，弹出如图 6-116 所示的器件数据库对话框，用于为新建项目选择一个 CPU 器件。

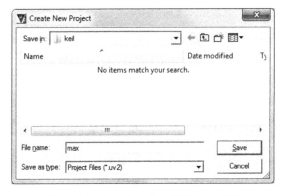

图 6-115　在 μVision3 中新建一个项目

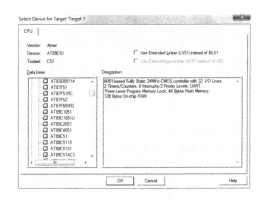

图 6-116　为项目选择 CPU 器件

　　Keil C51 支持的 CPU 器件很多，在选择对话框中选 Atmel 公司的 AT89C51 芯片。选定 CPU 器件后 μVision3 按所选器件自动设置默认的工具选项，从而简化了项目的配置过程。选好器件后单击"OK"按钮，弹出提示信息，询问是否"复制标准 8051 启动代码到工程文件夹，并添加文件到工程?"，如图 6-117 所示。

　　单击"Yes"按钮完成项目的创建。创建一个新项目后，项目中会自动包含一个默认的目标（Target1）和文件组（Source Group 1）。用户可以给项目添加其他项目组（Group）以及文件组的源文件，这对于模块化编程特别有用。项目中的目标名、组名及文件名都显示在 μVision3 的项目窗口/File 标签页中。

　　μVision3 具有十分完善的右键功能，将鼠标指向项目窗口/File 标签页中的 Source Group 1 文件组并右击，弹出快捷菜单，如图 6-118 所示。

图 6-117　工程创建提示信息

图 6-118　项目窗口的右键快捷菜单

　　选择 Add Files to Group'Source Group 1'选项，弹出如图 6-119 所示的添加源文件选择对话框，选择待添加的源文件。

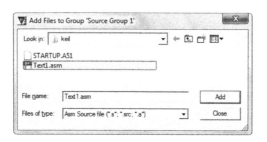

图 6-119　添加源文件选择对话框

> 📖 **注意**
>
> 　　该对话框下面的 Files of type（文件类型）默认为 .c（C 语言源程序），而待添加的文件是以 .asm（汇编语言源程序）为扩展名的，所以要将对话框下面的文件类型进行修改。单击 Files of type 后的下拉式列表，找到并选中 Asm Source file（*.s；*.src；*.a *）选项，这样，在列表中就可以找到 Text1.asm 文件。双击 Text1.asm 文件，就可以将汇编语言文件添加到新创建的项目中去。

4. 项目的设置

项目建立好后，还要根据需要设置项目目标硬件 C51 编译器、A51 宏汇编器、BL51 连接定位器及 Debug 调试器的各项功能。执行菜单命令 Project→Options for Target 'Target 1'，弹出如图 6-120 所示对话框。

图 6-120　Options 选项中的 Target 选项卡

📖 **注意**

这是一个十分重要的对话框，包括 Target、Output、Listing、C51、A51、BL51 Locate、BL51 Misc、Debug 等选项卡，其中许多选项可以直接用其默认值，必要时可进行适当调整。下面介绍常用的一些设置。

（1）单击 Target，在出现的界面中芯片的频率一般是需要修改的，为了与单片机时钟电路的频率相同，一般将频率设定为 12Hz，具体如图 6-121 所示。

（2）单击 Output，在出现的输出设置中，将输出文件格式改为".Hex"形式。这是因为在 PROTEUS 软件中仿真时，只能识别".Hex"的文件格式，所以输出格式必须修改。具体如图 6-122 所示。

图 6-121　设置频率　　　　　图 6-122　设置输出文件格式

---

5. 项目的编译、链接

设置好项目后，即可对当前项目进行整体创建（Build target）。将鼠标指向项目窗口中的文件 Text1. asm 并右击，从弹出的快捷菜单中选择 Build target，或者直接单击上面的快捷菜单，如图 6-123 所示。

µVision3 将按 Options for Target 窗口内的各种选项设置，自动完成对当前项目中所有源程序模块的编译、链接。

同时 µVision3 的输出窗口（Output windows）将显示编译、链接过程中的提示信息，如图 6-124 所示。

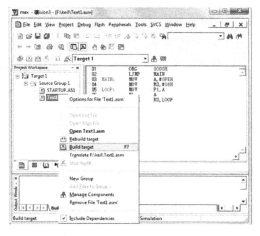

图 6-123　利用右键快捷菜单对当前　　　　　　图 6-124　提示信息
项目进行编译、链接

📖 **注意**

如果源程序中有语法错误，将鼠标指向窗口内的提示信息双击，光标将自动跳到编辑窗口源程序出错位置，以便于修改；如果没有编译错误，则生成绝对目标代码文件。

6. 程序调试

在对项目成功地进行汇编、链接以后，将 µVision3 转入仿真调试状态，执行菜单命令 Debug→Start/Stop Debug Session，即可进入调试状态，如图 6-125 所示。在此状态下的项目窗口自动转换到 Regs 标签页，显示调试过程中单片机内部工作寄存器 R0～R7、累加器 A、堆栈指针 SP、数据指针 DPTR、程序计数器 PC 及程序状态字 PSW 等的值。

在仿真调试状态下，执行菜单命令 Debug→Run，启动用户程序全速运行，如图 6-126 所示。

图 6-125　µVision3 仿真调试状态窗口　　　　　图 6-126　用户程序运行输出窗口

图 6-127 所示为模拟调试窗口的工具栏快捷按钮。

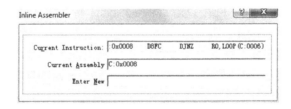

图 6-127　μVision3 调试工具按钮

图 6-128　执行菜单命令
Debug→Inline Assembly

Debug 下拉式菜单上的大部分选项可以在此找到对应的快捷按钮。工具栏快捷按钮的功能从左到右依次为：复位、运行、暂停、单步、过程单步、执行完当前子程序、运行到当前行、下一状态、打开跟踪、查看跟踪、反汇编窗口、观察窗口、代码作用范围分析、1#串行窗口、内存窗口、性能分析、逻辑分析窗口、符号窗口及工具按钮。

7. 在线汇编

在进入 Keil 的调试环境以后，如果发现程序有错误，可以直接对源程序进行修改。但是要使修改后的代码起作用，必须先退出调试环境，重新进行编译、链接后再进入调试。这样的过程未免有些麻烦。为此，Keil 软件提供了在线汇编的功能：将光标定位于需要修改的程序语句上，执行菜单命令 Debug→Inline Assembly，如图 6-128 所示。

此时将出现如图 6-129 所示的 Inline Assembler 窗口。

在 Enter New 文本框内直接输入需要更改的程序语句，输入完成后按回车键，程序将自动指向源程序的下一条语句，继续修改；如果不需要继续修改，可以单击窗口右上角的关闭按钮，关闭窗口。

图 6-129　Debug 菜单在线汇编的功能窗口

8. 断点管理

断点功能对于用户程序的仿真调试是十分重要的，利用断点调试，便于观察了解程序的运行状态，查找或排除错误。Keil 软件在 Debug 调试命令菜单中设置断点的功能。在程序中设置、移除断点的方法是：在汇编窗口光标定位于需要设置断点的程序行，执行菜单命令 Debug→Insert/Remove Breakpoint，可在编辑窗口当前光标所在行上设置/移除一个断点（也可用鼠标在该行双击实现同样功能）；执行菜单命令 Debug→Enable/Disable Breakpoint，可激活/禁止当前光标所指向的一个断点；执行菜单命令 Debug→Disable All Breakpoints，将禁止所有的已经设置的断点；执行菜单命令 Debug→Kill All Breakpoints，将清除所有已经设置的断点；执行菜单命令 Debug→Show Next Statement，将在汇编窗口显示下一条将要被执行的用户程序指令。

除了在程序行上设置断点这一基本方法外，Keil 软件还提供了通过断点设置窗口来设置断点的方法。执行菜单命令 Debug→Breakpoints，将弹出如图 6-130 所示的断点设置对话框。

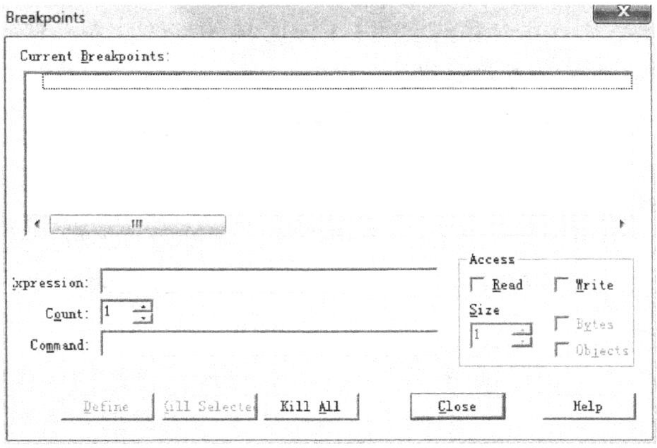

图 6-130　断点设置对话框

该对话框用于对断点进行详细设置。其中 Current Break-points 栏显示当前已经设置的断点列表；Expression 栏用于输入断点表达式，该表达式用于确定程序停止运行的条件；Count 栏用于输入断点通过的次数；Command 栏用于输入当程序执行到断点时需要执行的命令。

9. Keil 的模拟仿真调试窗口

Keil 软件在对程序进行调试时提供了多个模拟仿真窗口，主要包括主调试窗口、输出调试窗口（Output Window）、观测窗口（Watch & Call Stack Window）、存储器窗口（Memory Window）、反汇编窗口（Disassembly Window）、串行窗口（Serial Window）等。进入调试模式后，通过单击 View 菜单中的相应选项（或单击工具条中相应按钮），可以很方便地实现窗口的切换。

调试状态下的 View 菜单如图 6-131 所示。

第一栏用于快捷工具条按钮的显示/隐藏切换。Status Bar 选项为状态栏；File Toolbar 选项为调试工具条按钮。

第二栏、第三栏用于 μVision3 中各种窗口的显示/隐藏切换。

图 6-131　调试状态下的 View 菜单

【存储器窗口】View 菜单的 Memory Window 选项用于系统存储器空间的显示/隐藏切换，如图 6-132 所示。存储器窗口用于显示程序调试过程中单片机的存储器系统中各类存储器中的值，在窗口 Address 处的编辑框内输入存储器地址（字母：数字），将立即显示对应存储空间的内容。

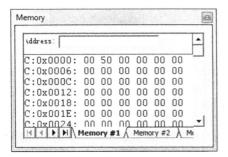

图 6-132　存储器窗口

> 📖 **注意**
>
> 　　输入地址时要指定存储器的类型 C、D、I、X 等，其含义分别是：C 为代码（ROM）存储空间；D 为直接寻址的片内存储空间；I 为间接寻址的片内存储空间；X 为扩展的外部 RAM 空间。数字的含义为要查看的地址值。例如，输入 D：0，可查看地址 0 开始的片内 RAM 单元的内容；输入 C：0，可查看地址 0 开始的 ROM 单元中的内容，也就是查看程序的二进制代码。

　　存储器窗口的显示值可以是十进制、十六进制、字符型等多种形式，改变显示形式的方法是：在存储器窗口单击鼠标右键，弹出如图 6-133 所示的快捷菜单，用于改变存储器内容的显示方式。

　　【观测窗口】观测窗口（Watch & Call Stack Window）也是调试程序中的一个重要的窗口，在项目窗口（Project Window）中仅可以观察到工作寄存器和有限的寄存器内容，如寄存器 A、B、DPTR 等，若要观察其他寄存器的值或在高级语言程序调试时直接观察变量，则需要借助于观测窗口。单击工具栏上观测窗口的快捷按钮可打开观测窗口。观测窗口有四个标签，分别是局部变量（Locals）、观测 1（Watch#1）、观测 2（Watch#2）及调用堆栈（Call Stack）。图 6-134 所示为观测窗口的局部变量 Locals 页，显示用户调用程序的过程中当前局部变量的使用情况。

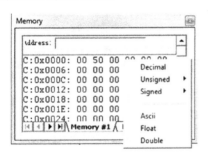 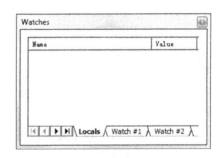

图 6-133　存储器窗口右键快捷菜单　　　　图 6-134　观测窗口的局部变量 Locals 页

　　图 6-135 所示为观测窗口的 Watch#1 页，显示用户程序中已经设置了的观测点在调试中的当前值；在 Locals 栏和 Watch#1 栏中单击鼠标右键，可改变局部变量或观测点的值按十六进制（Hex）或十进制（Decimal）方式显示。

　　图 6-136 所示为观测窗口的 Call Stack 页，显示程序执行过程中调用子程序的情况。

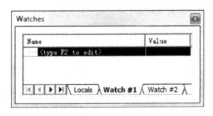 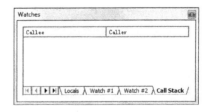

图 6-135　观测窗口的 Watch#1 页　　　　图 6-136　观测窗口的 Call Stack 页

　　另外，执行菜单命令 View→Periodic Window Update（周期更新窗口），可在用户程序全速运行时动态地观察程序中相关变量值的变化。

　　【项目窗口寄存器页】项目窗口（Project Window）在仿真调试状态下自动转换到 Regs

（寄存器）标签页。在调试中，当程序执行到对某个寄存器操作时，该寄存器会以反色（蓝底白字）显示。单击窗口某个寄存器然后按 F2 键，即可修改寄存器的内容。

【反汇编窗口】执行菜单命令 View→Disassembly Window，或单击调试工具条上的反汇编快捷图标按钮 ，可打开如图 6-137 所示的反汇编窗口，用于显示已装入到 μVision3 的用户程序汇编语言指令、反汇编代码及其地址。

当采用单步或断点方式运行程序时，反汇编窗口的显示内容会随指令的执行而滚动。在反汇编窗口中可以使用右键功能，方法是将鼠标指向反汇编窗口并右击，可弹出如图 6-138 所示的快捷菜单。

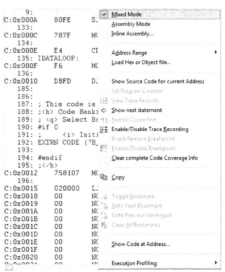

图 6-137　反汇编窗口　　　　　　　　图 6-138　反汇编窗口中右键快捷菜单

第一栏中的选项用于选择窗口内反汇编内容的显示方式，其中 Mixed Mode 选项采用高级语言与汇编语言混合方式显示；Assembly Mode 选项采用汇编语言方式显示；Inline Assembly 选项用于程序调试中"在线汇编"，利用窗口跟踪已执行的代码。

第二栏的 Address Range 选项用于显示用户程序的地址范围；Load Hex or Object file 选项用于重新装入 Hex 或 Object 文件到 μVision3 中调试。

第三栏的 View Trace Records 选项用于在反汇编窗口显示指令执行的历史记录，该选项只有在该栏中另一选项 Enable/Disable Trace Recording 被选中，并已经执行过用户程序指令的情况下才起作用；Show next statement 选项用于显示下一条指令；Run till Cursor line 选项用于将程序执行到当前光标所在的那一行；Insert/Remove Breakpoint 选项用于插入/删除程序执行时的断点；Enable/Disable Breakpoint 选项可以激活/禁止选定一个断点；Clear complete Code Coverage Info 选项用于清零代码覆盖信息。

第四栏的 Copy 选项用于复制反汇编窗口中的内容。

第六栏的 Show Code at Address 选项用于显示指定地址处的用户程序代码。

【串行窗口】View→Serial Window #1/ Serial Window #2/ Serial Window #3 选项用于串行窗口 1、串行窗口 2 和串行窗口 3 的显示/隐藏切换，选中该项则弹出串行窗口。串行窗口在进行用户程序调试时十分有用，如果用户程序中调用了 C51 的库函数 scanf( ) 和 printf( )，则必须利用串行窗口来完成 scanf( ) 函数的输入操作，printf( ) 函数的输出结果也将显示在串行窗口中。利用串行窗口可以在用户程序仿真调试过程中实现人机交互对话，可以直接在串行窗口中输入字符。该字符不会被显示出来，但却能传递到仿真 CPU 中。如果仿真 CPU 通过串口发送字符，则这些字符会在串行窗口显示出来。串行窗口可以在没有硬件的情况下用键盘模拟串口通信。在串行窗口单击鼠标右键将弹出如图 6-139 所示的显示方式选择菜单，可按需要将窗口内容以 Hex 或 ASCII 格式显示，也可以随时清除显示内容。串行窗口中可保持近 8KB 串行输入/输出数据，并可以进行翻滚显示。

Keil 的串行窗口除了可以模拟串行口的输入和输出外，还可以与 PC 上实际的串口相连，接收串口输入的内容，并将信息输出到串口。

【通过 Peripherals 菜单观察仿真结果】µVision3 通过内部集成器件库实现对各种单片机外围接口功能的模拟仿真，在调试状态下可以通过 Peripherals 下拉式菜单来直观地观察单片机的定时器、中断接口、并行端口、串行端口等常用外围接口的仿真结果。Peripherals 菜单如图 6-140 所示。该下拉式菜单的内容与建立项目时所选的 CPU 器件有关，如果选择的是 89C51 这一类"标准"的 51 机，则有 Interrupt（中断）、I/O-Ports（并行 I/O 口）、Serial（串行口）、Timer（定时/计数器）4 个外围接口菜单选项。打开这些对话框，系统列出了这些外围设备当前的使用情况，以及单片机对应的特殊功能寄存器各标志位的当前状态等。

图 6-139　串行窗口显示方式选择菜单

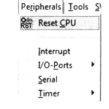

图 6-140　Peripherals 菜单

单击 Peripherals 菜单第一栏 Reset CPU 选项可以对模拟仿真的 8051 单片机进行复位。

Peripherals 菜单第二栏中 I/O-Ports 选项用于仿真 8051 单片机的 I/O 接口 Port 0~Port 3，选中 Port 1 后将弹出如图 6-141 所示的窗口，其中 P1 栏显示 8051 单片机 P1 口锁存器状态，Pins 栏显示 P1 口各引脚状态。

Peripherals 菜单最后一栏 Timer 选项用于仿真 8051 单片机内部定时/计数器。选中 Timer 0 后弹出如图 6-142 所示的窗口。

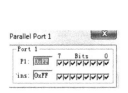

图 6-141　Port 1 窗口

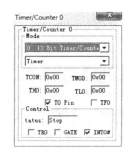

图 6-142　Timer 0 窗口

其中 Mode 栏用于选择工作方式，可选择定时/计数器工作方式，图 6-142 所示为 13 位定时器工作方式。选定工作方式后相应的特殊寄存器 TCON 和 TMOD 控制字也显示在窗口中，可以直接写入命令字；TH0 和 TL0 项用于显示定时/计数器 0 的定时/计数初值；T0 Pin

和 TF0 复选框用于显示 T0 引脚和定时/计数器 0 的溢出状态。Control 栏用于显示和控制定时/计数器 0 的工作状态（Run 或 Stop），TR0、GATE、INT0#复选框是启动控制位，通过对这些状态位的置位或复位操作（选中或不选中），很容易实现对 8051 单片机内部定时/计数器的仿真。单击 TR0，启动定时/计数器 0 开始工作，这时 Status 文本框内的 Stop 变成 Run。如果全速运行程序，可观察到 TH0、TL0 后的值也在快速变化。当然，由于上述源程序未对对话框写入任何信息，所以该程序运行时不会对定时/计数器 0 的工作进行处理。

Peripherals 菜单第二栏中 Serial 选项用于仿真 8051 单片机的串行口。单击该选项弹出如图 6-143 所示的窗口。

其中 Mode 栏用于选择串行口的工作方式，选定工作方式后相应的特殊寄存器 SCON 和 SBUF 的控制字也显示在窗口中。通过对特殊控制位 SM2、REN、TB8、RB8、TI、RI 复选框的置位或复位操作（选中或不选中），很容易实现对 8051 单片机内部串行口的仿真。Baudrate 栏用于显示串行口的工作波特率，SMOD 位置位时将使波特率加倍。IRQ 栏用于显示串行口发送和接收中断标志。

Peripherals 菜单第三栏中的 Interrupt 选项用于仿真 8051 单片机的中断系统状态。单击该选项弹出如图 6-144 所示的窗口。选中不同的中断源，窗口中的 Selected Interrupt 栏将出现与之相对应的中断允许和中断标志位的复选框，通过对这些标志位的置位或复位操作（选中或不选中），很容易实现对 8051 单片机中断系统的仿真。除了 8051 几个基本的中断源以外，还可以对其他中断源如看门狗定时器（Watchdog Timer）等进行模拟仿真。

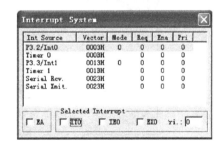

图 6-143　串行口窗口　　　　　　　　图 6-144　系统中断窗口

6.5.2　进行 PROTEUS 与 Keil 的整合

在 Keil 中调用 PROTEUS 进行 MCU 外围器件仿真的步骤如下：

（1）安装 Keil 与 PROTEUS 软件。

（2）安装 Keil 与 PROTEUS 软件的链接文件 vdmagdi. exe。

（3）打开 PROTEUS，画出相应电路，执行菜单命令 Debug→Enable Remote Debug Monitor，如图 6-145 所示。

（4）在 Keil 中编写 MCU 的程序。

（5）在 Keil 中执行菜单命令 Project→Options for Target '工程名'，如图 6-146 所示。

（6）在弹出的对话框中，点选 Debug 选项卡中右栏上部的下拉菜单，选中 Proteus VSM Simulator 选项，如图 6-147 所示。

单击"确定"按钮完成设置。

单击 Keil 中的启动调试按钮，此时 Keil 与 PROTEUS 实现联调。

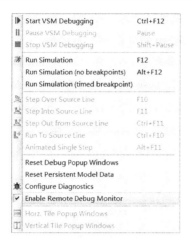

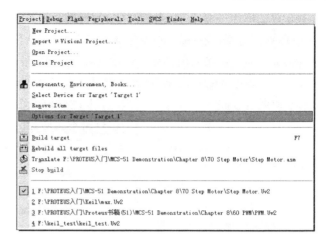

图 6-145 执行菜单命令 Debug→Enable Remote Debug Monitor

图 6-146 执行菜单命令 Project→ Options for Target '工程名'

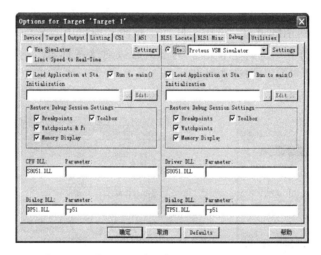

图 6-147 在 Debug 中选择 Proteus VSM Simulator

6.5.3 进行 PROTEUS 与 Keil 的联调

本节以存储块清零为例说明 PROTEUS 与 Keil 联调的过程。

> 📖 **说明**
>
> 　存储块清零指定某块存储空间的起始地址和长度，要求能将存储器内容清零。通过该实验，可以了解单片机读/写存储器的方法，同时也可以了解单片机编程、调试方法。

1. 程序流程

如图 6-148 所示，存储块清零源程序为：

```
        ORG    00H
START   EQU    30H
        MOV    R1,#START      ;起始地址
        MOV    R0,#32         ;设置 32 字节计数值
        MOV    A,#0FFH
```

```
LOOP： MOV    @R1，A
       INC    R1              ;指向下一个地址
       DJNZ   R0，LOOP        ;计数值减 1
       SJMP   $
       END
```

2. 在 Keil 中调试程序

打开 Keil μVision3，在菜单栏中执行菜单命令 Project→New Project，弹出 Create New Project 对话框，选择目标路径，在"文件名"栏中输入项目名，如图 6-149 所示。

图 6-148 存储块清零源程序   图 6-149 新建项目

单击"保存"按钮，此时会弹出 Select Device for Target 对话框。在 Data base 栏中单击 Atmel 前面的+号，或者直接双击 Atmel，在其子类中选择 AT89C51 芯片，确定 CPU 类型，如图 6-150 所示。

在 Keil μVision3 的菜单栏中执行菜单命令 File→New，新建文档，然后执行菜单命令 File→Save，保存此文档，会弹出 Save As 对话框，在 File name 一栏中为此文本命名，如图 6-151 所示。

> 📖 **注意**
>
> 要填写扩展名 .asm。

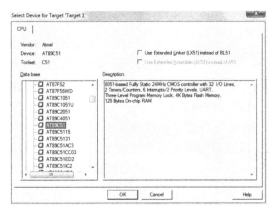

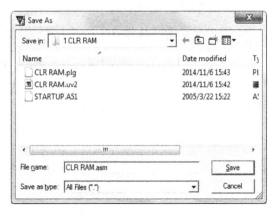

图 6-150 选择 CPU   图 6-151 保存文本

单击"Save"按钮，这样在编写汇编代码时，Keil 会自动识别汇编语言的关键字，并以不同的颜色显示，以减少在输入代码时出现的语法错误。

程序编写完后，再次保存。在 Keil 中 Project Workspace 子窗口中，单击 Target 1 前的+号，展开此目录。在 Source Group 1 文件夹上右击，在弹出的快捷菜单中选择 Add File to Group 'Group Source 1'，弹出 Add File to Group 对话框。在此对话框的"文件类型"栏中选择 Asm Source File，并找到刚才编写的 .asm 文件，双击此文件，将其添加到 Source Group 中，此时的 Project Workspace 子窗口如图 6-152 所示。

在 Project Workspace 窗口中的 Target 1 文件夹上右击，在弹出的快捷菜单中选择 Options for Target 选项，将弹出 Options for Target 对话框。在此对话框中选择 Output 选项卡，选中 Create HEX File 选项，如图 6-153 所示。

图 6-152　添加源程序

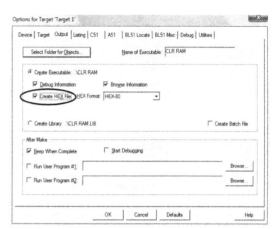

图 6-153　Options for Target 对话框

在 Keil 的菜单栏中执行菜单命令 Project→Build Target，编译汇编源文件。如果编译成功，则在 Keil 的 Output Window 子窗口中会显示如图 6-154 所示的信息；如果编译不成功，双击 Output Window 窗口中的错误信息，则会在编辑窗口中指示错误的语句。

> 📖 **说明**
>
> 为了查看程序运行的结果，在这里把源程序中第 5 行的语句改写为：
>
> MOV　　A,#0FFH
>
> 即把存储空间清零的操作改为置 1 操作，原理相同。

在 Keil 中执行菜单命令 Debug→Start/Stop Debug Session，进入程序调试环境，如图 6-155 所示。按 F11 键，单步运行程序。在 Project Workspace 窗口中，可以查看累加器、通用寄存器及特殊功能寄存器的变化；在 Memory 窗口中，可以看到每执行一条语句后存储空间的变化。在 Address 栏中输入 D：30H，查看 AT89C51 的片内直接寻址空间，并单步运行程序。可以看到，随着程序的顺序执行，从 30H~4FH 这 32 个存储单元依次被置 1。程序调试完毕后，再次在菜单栏中执行菜单命令 Debug→Start/Stop Debug Session，退出调试环境。

3. 在 PROTEUS 中调试程序

打开 PROTEUS ISIS 编辑环境，添加器件 AT89C51。

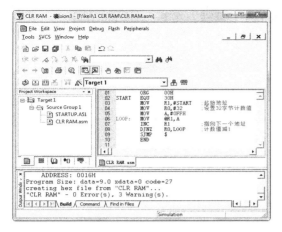
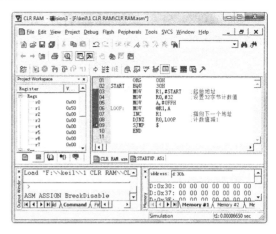

图 6-154 编译源文件   图 6-155 Keil 的程序调试环境

> 📖 **注意**
>
> 在 PROTEUS 中添加的 CPU 一定要与 Keil 中选择的 CPU 相同，否则无法执行 Keil 生成的 .hex 文件。

按照图 6-156 所示连接晶振和复位电路，晶振频率为 12MHz。元件清单如表 6-7 所示。

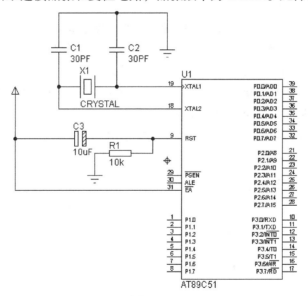

图 6-156 单片机晶振和复位电路

表 6-7 元件清单

元件名称	所 属 类	所属子类
AT89C51	Microprocessor ICs	8051 Family
CAP	Capacitors	Generic
CAP-ELEC	Capacitors	Generic
CRYSTAL	Miscellaneous	—
RES	Resistors	Generic

选中 AT89C51 并双击左键，打开 Edit Component 对话框，在 Program File 栏中选择先前用 Keil 生成的 .hex 文件，如图 6-157 所示。

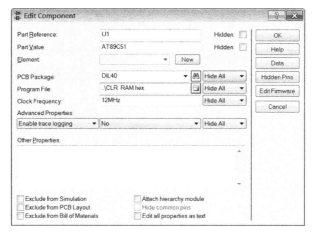

图 6-157　添加 .hex 文件

在 PROTEUS ISIS 的菜单栏中执行菜单命令 File→Save Project，保存设计。在保存设计文件时，最好将与一个设计相关的文件（如 Keil 项目文件、源程序、PROTEUS 设计文件）都存放在一个目录下，以便查找。

单击 PROTEUS ISIS 界面左下角的 ▮▮ 按钮，进入程序调试状态，并在 Debug 菜单中打开 8051 CPU Registers、8051 CPU Internal（IDATA）Memory 及 8051 CPU SFR Memory 三个观测窗口，按 F11 键，单步运行程序。在程序运行过程中，可以在这三个窗口中看到各寄存器及存储单元的动态变化。程序运行结束后，8051 CPU Registers 和 8051 CPU Internal（IDATA）Memory 的状态如图 6-158 所示。

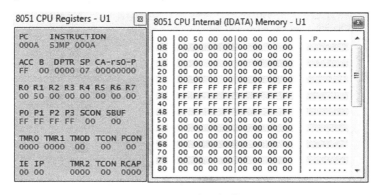

图 6-158　程序运行结果

程序调试成功后，将汇编源程序的第 5 行语句改为：

```
MOV    A,#00H
```

单击 PROTEUS ISIS 界面左下角的 ▮▮ 按钮，进入程序调试状态，并在 Debug 菜单中打开 8051 CPU Registers、8051 CPU Internal（IDATA）Memory 及 8051 CPU SFR Memory 三个观测窗口，按 F11 键，单步运行程序。编译后重新运行，在程序运行过程中，即可实现存储块清零的功能，可以在这三个窗口中看到各寄存器及存储单元的动态变化。程序运行结束后，

8051 CPU Registers 和 8051 CPU Internal（IDATA）Memory 的状态如图 6-159 所示。

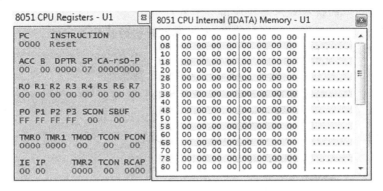

图 6-159　改变语句后的程序运行结果

6.6　PROTEUS 与 IAR EMBEDDED WORKBENCH 的联调应用

　　IAR EMBEDDED WORKBENCH 是一套高度精密且使用方便的嵌入式应用编程开发工具。在其集成开发环境（IDE）中包含 IAR 的 C/C++编译器、汇编工具、链接器、文本编辑器、工程管理器和 C-SPY 调试器。通过其内置的针对不同芯片的代码优化器，IAR EMBEDDED WORKBENCH 可以为 8051 系列芯片生成非常高效和可靠的 Flash/PROMable 代码。IAR EMBEDDED WORKBENCH 不仅有这些过硬的技术，IAR System 还为用户提供专业化的全球技术支持。下面具体介绍 IAR EMBEDDED WORKBENCH for 8051 的特点。

1）模块化、可扩展的集成开发环境

☺ 创建和调试嵌入式应用程序的无缝集成开发环境；

☺ 强大的工程管理器允许在同一工作区管理多个工程；

☺ 层次化的工程表示方法；

☺ 自适应窗口和浮动窗口管理；

☺ 智能的源文件管理器；

☺ 编译器带有代码模板并支持多字节；

☺ 工具选项可以设置为通用的源文件组或者单个源文件；

☺ 灵活的工程编译方式，如编译批处理、前/后编译或在编译过程中访问外部工具的客户定制编译；

☺ 集成了源代码控制系统；

☺ 现成的头文件、芯片描述文件及链接器命令文件，可以支持绝大多数芯片；

☺ 带有针对不同 8051 评估板的代码和工程范例。

2）高度优化的 C/C++编译器

☺ 支持 C 和 C++；

☺ 自带 MISRA C 检查器；

☺ 完全支持大多数经典型和扩展型 8051 架构，登录 www.iar.com/ew8051 获取芯片支持列表；

☺ 针对特定目标的嵌入式应用程序语言扩展：

    ⏎ 用于数据/函数定义以及存储器/类型属性声明的扩展关键字

    ⏎ 用于控制编译器行为（比如怎样分配内存）的 Pragma 指令

    ⏎ C 源码形式的内在函数可直接访问低级处理器操作

☺ 通过专用运行时的库模块来支持硬件乘法器外设模块；

☺ 用户可以控制寄存器的使用情况，从而获得最优的性能；

☺ 支持 DATA、IDATA、XDATA、PDATA 和 BDATA；

☺ 支持编译器和库中的 DPTP 乘法；

☺ SFR 寄存器位寻址；

☺ 最多可以使用 32 个虚拟寄存器；

☺ 完全支持 C++中的存储器属性；

☺ C/C++中的高效中断处理；

☺ IEEE 兼容的浮点型计算；

☺ C/C++和汇编混合列表；

☺ 支持内联汇编；

☺ 高度优化的可重入代码模型，便于工程在不同目标系统之间移植；

☺ 对代码的大小和执行速度多级优化，允许不同的转换形式，如函数内联和循环展开等；

☺ 先进的全局优化和针对特定芯片优化相结合，可以生成最为紧凑和稳定的代码。

3）IAR 汇编器

☺ 强大的可重定位宏编译器，并带有丰富的标识符和操作符；

☺ 内置 C 语言预处理器，支持所有 C 宏定义。

4）仿真方式　EW8051 的 C-SPY 调试器支持以下仿真方式：

☺ 模拟仿真；

☺ IAR ROM-monitor 仿真；

☺ Analog Devices ROM-monitor 仿真；

☺ Chipcon JTAG 仿真；

☺ Silabs 调试仿真器；

☺ 含工程模板的 IAR ROM-minitor 仿真，让用户可以对其他的 8051 开发板和开发全套件进行重配置；

☺ 其他第三方仿真方式。

5）IAR XLINK 链接器

☺ 产生完全链接、重定位和格式生成的 Flash/PROMable 代码；

☺ 灵活的段命令，允许对代码和数据的放置进行细化的控制；

☺ 优化链接，移除不需要的代码和数据；

☺ 直接链接原始二进制图像，如直接链接多媒体文件；

☺ 运行时代码校验和计算校验；

☺ 全面的交叉参考和相关的存储映射；

☺ 支持超过 30 种工业标准输出格式，兼容绝大多数流行的调试器和仿真器。

6）IAR 库和库工具

☺ 包含所有必需的 ISO/ANSI C/C++库和源代码；

☺ 为所有的低级程序，如 writechar 和 readchar 提供完整的源代码；

☺ 轻量级 Runtime 库，可由用户根据应用的需要自行配置（包括完整源代码）；

☺ 用于创建和维护库工程、库和库模块的库工具；

☺ 入口点和符号信息清单。

IAR 支持 8051 系列的单片机，IAR for 8051 专门用于 51 系列单片机程序编译，除可以直接将编译过的程序烧入单片机外，还可以与 PROTEUS 联机调试，其优点如下：

☺ 可以进行纯粹的软件仿真，也可以利用硬件仿真器，搭接上单片机硬件系统，将编译过的程序烧入硬件进行仿真；

☺ 完全支持大多数经典型和扩展型 8051 架构，其编译器带有代码模板并支持多字节，内置 C 语言预处理器，支持所有 C 宏定义，强大的可重定位宏编译器，并带有丰富的标识符和操作符等，使其在仿真方面具有强大的功能和便利性；

☺ 具有单步运行、断点设置、寄存器运行查看等优点，方便用户调试程序，被广泛运用到嵌入式系统设计中。

6.6.1　IAR EMBEDDED WORKBENCH 开发环境的使用

1. IAR EMBEDDED WORKBENCH 开发环境

运行 IAR for 8051 程序，进入 IAR EMBEDDED WORKBENCH 用户主界面，如图 6-160 所示。

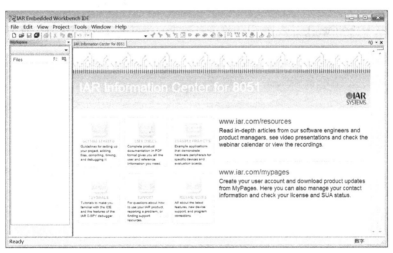

图 6-160　IAR for 8051

2. 建立应用

采用 IAR for 8051 开发 8051 单片机应用程序一般需要以下步骤：

（1）在 IAR for 8051 集成开发环境中创建一个新项目文件（Project）。

（2）根据所选的芯片及使用的编程语言类别配置项目选项，包括基本选项配置（General Option）、C/C++编译器配置、汇编器配置、链接器配置、调试器配置等。

（3）给新建的工程添加文件并编写相关程序。

（4）利用构造所有（Build ALL）功能对项目中的源程序文件进行编译、链接，生成绝对目标代码和可选的 HEX 文件。如果出现编译、链接错误则返回第（2）步，修改源程序中的错误后重新构造整个项目。

（5）将没有错误的绝对目标代码装入 IAR for 8051 调试器进行仿真调试，调试成功后将 HEX 文件写入单片机应用系统的 EPROM 中。

3. 创建项目

1）创建新项目　双击 IRA for 8051 图标，启动应用程序，进入用户界面主窗口。然后执行菜单命令 Project→Create New Project，会弹出新项目创建窗口，如图 6-161 所示。这里选择 Empty project（空工程），然后单击 "OK" 按钮，弹出如图 6-162 所示的保存对话框。将其保存在一个事先建立好的 F 盘中的 IAR Project 中，并命名为 "test"，然后单击 "保存" 按钮，就会出现一个后缀为 .ewp 的文件。

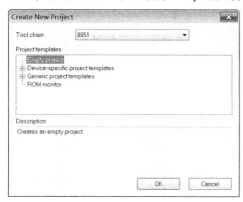

图 6-161　新项目创建窗口

图 6-162　保存工程文件

此时在屏幕左边的 Workspace 窗口中将显示新建的项目名称及配置模式，如图 6-163 所示。

图 6-163　Workspace 窗口

📖 说明

项目名称后面的 Debug 表示当前激活的配置模式。IAR for 8051 为每个新项目提供两种默认的配置模式：Debug 和 Release。Debug 模式生成包含调试信息的可执行文件，且编译器优化级别较低；Release 模式生成不包含调试信息的发行版本文件，且编译器优化级别较高。用户可以从 Workspace 窗口顶部的下拉菜单中选择合适的模式，也可以执行菜单命令 Project→Configurations 创建新的模式。

2）进行项目参数设置　右击工作区窗口中的项目名称 test，在弹出的快捷菜单中选择 Options，如图 6-164 所示，此时会出现如图 6-165 所示的 Options for node "test" 对话框。

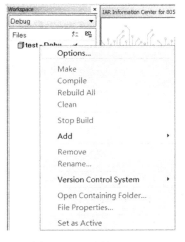

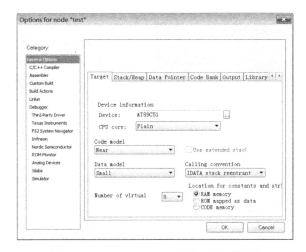

图 6-164　选择 Options　　　　　　　　图 6-165　Options for node "test" 对话框

下面介绍相关设置：

【General Options 配置】 点击 Target，然后单击 Device 复选框查找所使用的单片机，这里选择 AT89C51，如图 6-165 所示，其他选择默认设置。

【C/C++编译器设置】 单击设置框中的 "C/C++ Compiler"，进行编译器设置，如图 6-166 所示。这里选择 C 语言，其他保持默认设置。

【汇编器设置】 单击设置框中的 Assembler，进行汇编器设置，如图 6-167 所示。这里保持默认设置。

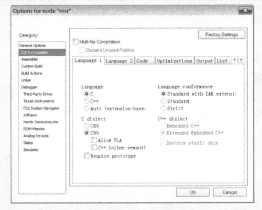

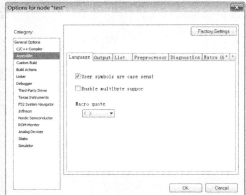

图 6-166　C/C++ Compiler 设置　　　　　　图 6-167　Assembler 设置

【链接器设置】 单击设置框中的 Linker，进行链接器设置，如图 6-168 所示。单击 Config 一项，在链接器配置文件即 Linker configuration file 栏中选择 override default，其他保持不变。

【仿真器调试设置】 单击设置框中的 Debugger，进行仿真器调试设置，如图 6-169 所示。单击 Setup 一项，选择 Simulator 为 Driver，其他保持不变。

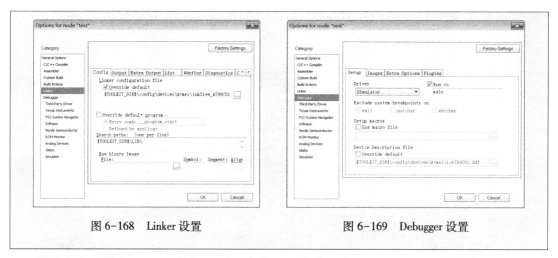

图 6-168　Linker 设置　　　　　　　　图 6-169　Debugger 设置

设置完成后单击"OK"按钮，项目参数配置完成。在 IAR Project 文件夹中会生成一个 settings 文件。

3）为工程添加源程序文件　执行菜单命令 Project→New→File，也可以直接单击菜单栏中的新建图标 □ 建立一个文件，并将其保存为 test.c。

📖 注意

　　源程序文件必须加上扩展名（∗.c、∗.txt）。源程序文件就是一般的文本文件，不一定使用 IAR 软件编写，可以使用任何文本编辑器编写。可把源文件，包括 Microsoft Word 文件中的源文件复制到 IAR 文件窗口中，使 Word 文档变为 TXT 文档。这种方法最好，可方便对源文件输入中文注释。

然后将新建的文件添加到之前创建的工程 test 中，具体操作如图 6-170 所示。添加完成后如图 6-171 所示。

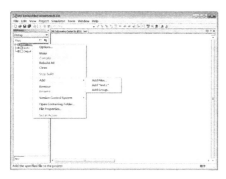

图 6-170　添加文件到工程

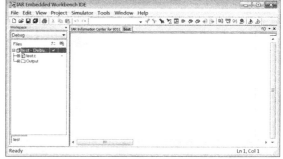

图 6-171　添加了源程序文件的工程

4）项目的编译、链接　这里以矩阵键盘的控制为例，下面是其程序代码。

矩阵键盘程序代码：

```
//数码管显示 4×4 矩阵键盘键值
#include <ioAT89C51.h>
unsigned char disp_buff[ ] = {0xc0,0xf9,0xa4,0xb0,0x99,0x92,0x82,0xf8,
                0x80,0x90,0x88,0x83,0xc6,0xa1,0x86,0x8e,0x00};
```

```c
//上次按键和当前按键序号，该矩阵中序号范围为0~15，16表示无按键
unsigned char pre_keyno = 16, keyno = 16;
//延时函数
void delayms( unsigned int x)
{
  unsigned char i;
  while( x-- )
  {
    for( i = 0; i < 120; i++ );
  }
}
void key_scan( void)
{
  unsigned char i;
  //高4位置1，放入4行
  P1 = 0x0f;
  delayms( 1 );
  //有键按下后，其中一列将变为低电平
  i = P1^0x0f;
  //判断按键发生在哪一列
  switch( i )
  {
    case 1: keyno = 0; break;
    case 2: keyno = 1; break;
    case 4: keyno = 2; break;
    case 8: keyno = 3; break;
    default: keyno = 16;                    //无键按下
  }
  //低4位置1，放入4列
  P1 = 0xf0;
  delayms( 1 );
  //
  i = P1 >> 4 ^ 0x0f;
  //对0~3行分别附加起始值
    switch( i )
  {
    case 1: keyno += 0; break;
    case 2: keyno += 4; break;
    case 4: keyno += 8; break;
    case 8: keyno += 12; break;
  }
}
//主函数
void main( void)
{
  P0 = 0x00;
  while( 1 )
  {
    P1 = 0xf0;
```

```
      if( P1! = 0xf0)                //扫描键盘获得按键序号
        {
          key_scan( );
        }
      if( pre_keyno! = keyno)
        {
          P0 = ~ disp_buff[ keyno] ;      //显示,共阳极段码取反作为共阴极段码
          pre_keyno = keyno;
        }
      delayms( 100) ;
        }
        }
```

将程序写入并执行菜单命令 Project→Build All 或 Make 进行编译。编译完成后出现如图 6-172 所示界面，说明没有错误。为了生成 . hex 文件，同样重复之前的操作，选中工程文件，选择 Options，单击设置框中的 Linker，进行链接器设置。单击 Output 一项，在 Output file 栏中选择 Override default，并在下面文本框中填写 test. hex，如图 6-173 所示。

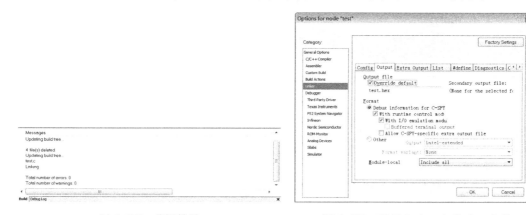

图 6-172 编译结果 　　　　　　　　　　　图 6-173 配置 Linker 生成 . hex 文件

编译成功后，生成的 . hex 文件在 Debug 下的 Exe 文件下，如图 6-174 所示。

图 6-174 生成的 . hex 文件

5）程序调试　对项目进行汇编、链接之后，转入仿真调试状态。执行菜单命令 Project →Download and Debug 进入在线仿真模式，如图 6-175 所示。

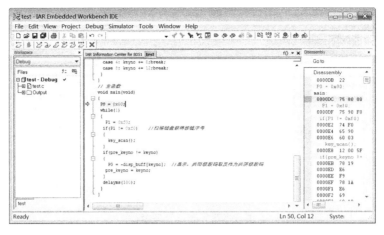

图 6-175　在线仿真调试

下面介绍几个执行命令，如图 6-176 所示为 IAR 在线仿真调试的命令按钮。

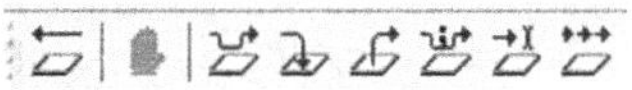

☺ ⬚：回到 main 函数起点；

☺ ✋：停止按钮；

☺ ⬚：单步，不进入下级程序；

☺ ⬚：单步，不进入下级程序；

☺ ⬚：单步，跳出该级目录；

☺ ⬚：运行下一条程序；

☺ ⬚：运行到鼠标光标处停止；

☺ ⬚：全速运行。

图 6-176　命令按钮

Debug 下拉菜单中的大部分选项可以在此找到对应的快捷按钮。

6）断点管理　设置断点的方法是选中要设置断点的行，单击菜单栏的 ⬤ 按钮（Toggle Breakpoint），设置好后这行代码会变成红色，如图 6-177 所示。

图 6-177　断点设置

设置完成之后也可以执行菜单命令 View→Breakpoint，打开断点管理窗口，观察断点的设置情况，如图 6-178 所示。然后单击全速运行按钮，到断点处就会停止执行下面的语句，如图 6-179 所示。

图 6-178　断点管理窗口

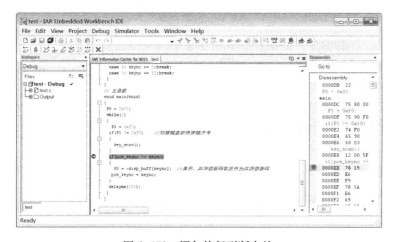

图 6-179　语句执行到断点处

要想取消断点只需要单击菜单栏的 🔘 按钮即可。

7）IAR for 8051 的模拟仿真调试窗口　IAR 软件采用的是 C-SPY 调试器，它在对程序进行调试时提供了多个模拟仿真窗口，主要包括主调试窗口、断点观察窗口、反汇编窗口、观测窗口、存储器窗口、Auto 窗口、Locals 窗口、Live Watch 窗口等。进入调试模式后，通过单击 View 菜单中的相应选项，可以很方便地实现窗口的切换。

调试状态下的 View 菜单如图 6-180 所示。其中 Status Bar 选项为状态栏；Toolbars 选项为调试工具条按钮。下面具体介绍这些仿真调试窗口。

（1）反汇编窗口：IAR 支持反汇编调试以满足用户的多种需求，用户可以在主调试窗口和反汇编窗口两种模式间切换。下面具体介绍反汇编调试方法。

☺ 必要时单击工具条上的 Reset 按钮来复位程序。

☺ 正常情况下，反汇编窗口是默认打开的，若没有打开，可以执行菜单命令 View→Disassembly，打开如图 6-181 所示的反汇编窗口，用于显示已装入到 IAR 中的程序汇编语言指令、反汇编代码及其地址。且反汇编代码与 C 语句逐一对应。

☺ 当采用单步或断点方式运行程序时，反汇编窗口的显示内容会随指令的执行而滚动。

（2）存储器窗口：View 菜单中的 Memory 选项用于系统存储器空间的显示/隐藏切换。用户可以在存储器窗口查看和修改所选择的存储器区域。具体操作如下：

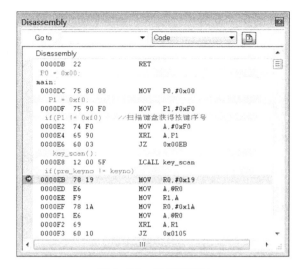

图 6-180　调试状态下的 View 菜单　　　　　　　图 6-181　反汇编窗口

☺ 执行菜单命令 View→Memory，打开如图 6-182 所示的存储器窗口。

☺ 在源程序中任意双击变量名或函数名并将其拖入 Memory 窗口中，调试系统会自动确定该变量的地址或该函数的入口地址并在 Memory 窗口中反亮，显示如图 6-182 所示。

☺ 然后单步执行可以观察存储器内容变化，用户也可以在窗口中直接修改 RAM 存储器的内容，只需将光标放到欲修改的地方，输入值即可。

（3）寄存器窗口：C-SPY 允许用户查看寄存器内容和修改处理器内部的寄存器。执行菜单命令 View→Register，打开寄存器窗口，如图 6-183 所示。图中选中的是 Basic Registers（基本寄存器），也可以查看目标处理器的所有外设寄存器，只需在图中单击左上方的下拉菜单即可。

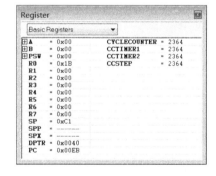

图 6-182　存储器窗口　　　　　　　　　　图 6-183　寄存器窗口

（4）Auto 窗口：执行菜单命令 View→Auto，出现如图 6-184 所示的界面。自动窗口可以自动显示当前语句及周围的相关变量和表达式的值，单步执行时，可以观察变量的变化。

（5）Watch 窗口：在 Debug 状态下，执行菜单命令 View→Watch，即可打开 Watch 窗口，如图 6-185 所示。

把变量名添加到 Watch 窗口的方法有两种，一是双击变量，使变量变成高亮状态，然后用鼠标将变量拖到 Watch 窗口即可；二是右击，在弹出的快捷菜单中选中 Add to Watch 即可。如图 6-186 所示为添加了变量 keyno 的 Watch 窗口。

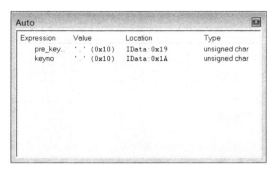

图 6-184　自动窗口

图 6-185　Watch 窗口

📖 **说明**

　　Watch 窗口和自动窗口是最常用的变量观察窗口，大多数情况下，用户可以通过这两个窗口满足大部分变量查看的需求。

　　（6）Locals 窗口：Locals 窗口可以自动显示当前活跃函数的参数及其内部的自变量，执行菜单命令 View→Locals，出现如图 6-187 所示的 Locals 窗口。

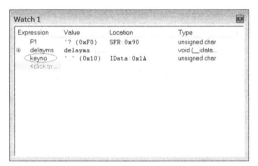

图 6-186　添加了变量 keyno 的 Watch 窗口

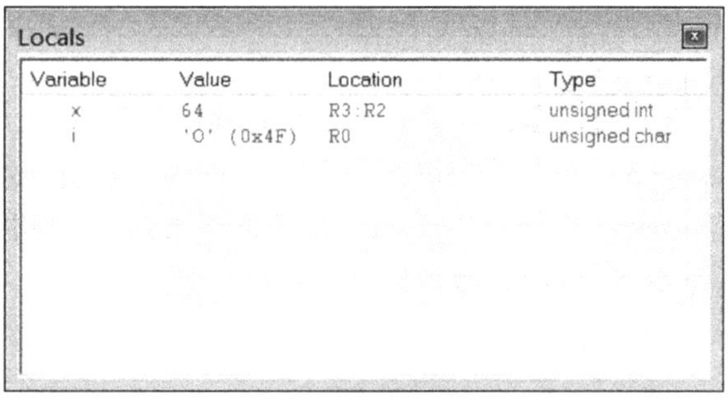

图 6-187　Locals 窗口

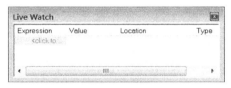

图 6-188　Live Watch 窗口

　　（7）Live Watch 窗口：执行菜单命令 View→Live Watch，打开如图 6-188 所示的 Live Watch 窗口，可以用来观察静止位置上的变量值在程序执行期间如何连续变化，比如全局变量。

📖 **注意**

　　当使用优化级 None 时，所有非静态变量在它们的活动范围内都是活跃的，所以，这些变量是完全可以调试的；但是使用更高级别的优化时，变量可能不能完全调试。

6.6.2　IAR for 8051 与 PROTEUS 的联调

　　通过上面的调试，程序是正确的，而且已经生成了 .hex 文件。下面再以矩阵键盘的控制为例，说明 PROTEUS 与 IAR for 8051 的联调过程。

打开 PROTEUS 原理图编辑环境，添加器件 AT89C51，注意在 PROTEUS 中添加的 CPU 一定要与 IAR 中选择的 CPU 相同，否则无法执行 IAR 生成的 .HEX 文件。

按照图 6-189 连接矩阵键盘电路，晶振频率为 12MHz。元件清单如表 6-8 所示。

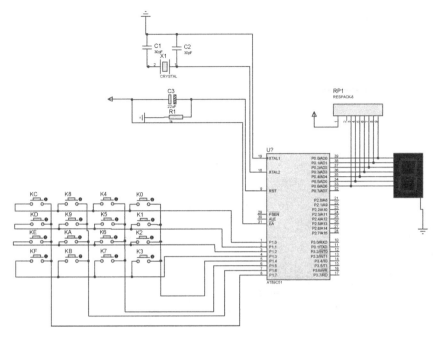

图 6-189　4×4 矩阵键盘电路

表 6-8　元件清单

元 件 名 称	所 属 类	所 属 子 类
AT89C51	Microprocessor ICs	8051 Family
CAP	Capacitors	Generic
CAP-ELEC	Capacitors	Generic
CRYSTAL	Miscellaneous	—
RES	Resistors	Generic
BUTTON	Switches & Relay	Switch
RESPACK-8	Resistors	Resistor Packs
7SEG-CATHODE	Display	—

选中 AT89C51 并双击左键，打开 Edit Component 对话框，在 Program File 栏中选择先前用 Keil 生成的 .HEX 文件，如图 6-190 所示。

在 PROTEUS 原理图的菜单栏中执行菜单命令 File→Save Project，保存设计。在保存设计文件时，最好将与一个设计相关的文件（如 IAR 项目文件、源程序、PROTEUS 设计文件）都存放在一个目录下，以便查找。

单击 PROTEUS 原理图界面左下角的 ▐▌ 按钮，进入程序调试状态，并在 Debug 菜单中打开 8051 CPU Registers、8051 CPU Internal（IDATA）Memory 及 8051 CPU SFR Memory 三个观测窗口，按 F11 键，单步运行程序。在程序运行过程中，可以在这三个窗口中看到各寄存器及存储单元的动态变化。程序运行中，8051 CPU Registers、8051 CPU SFR Memory 及

8051 CPU Internal（IDATA）Memory 的状态如图 6-191 所示。

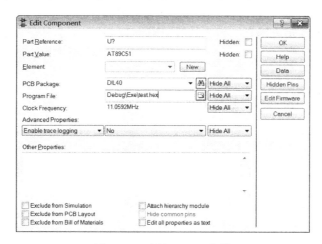

图 6-190　添加 . HEX 文件

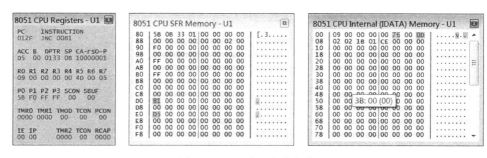

图 6-191　程序运行中间值

　　然后单击各个键盘，使数码管依次显示 0、1、2、3……a、b、c、d、e、f，结果如图 6-192 所示。

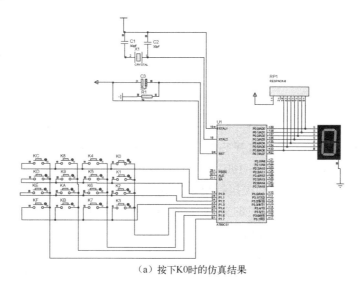

（a）按下 K0 时的仿真结果

图 6-192　仿真结果

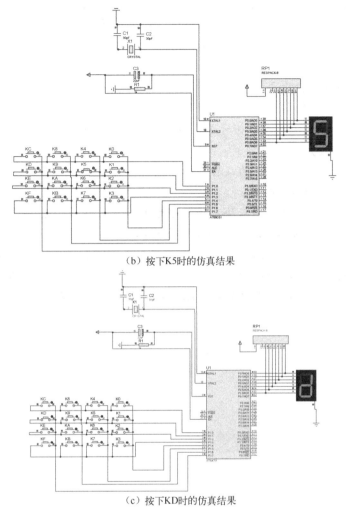

（b）按下K5时的仿真结果

（c）按下KD时的仿真结果

图 6-192　仿真结果（续）

6.7　本章小结

　　本章以信号发生器的设计、直流电动机控制模块的设计、步进电动机控制模块的设计、温度采集与显示控制模块的设计为例，详细介绍了单片机电路设计的过程。针对这些不同的例子，详细介绍了它们的设计原理并对相关芯片做了简单介绍。单片机设计时需要将相关程序导入单片机，本节不仅介绍了 PROTEUS 软件本身自带的编译调试窗口，而且结合实例介绍了 PROTEUS 软件与 Keil 软件、IAR 软件的联机调试。

 思考与练习

　　（1）简述信号发生器的设计原理。

（2）简述如何利用 AT89C51 单片机产生占空比可调的 PWM 波形。

（3）使用 AT89C52 单片机设计一个湿度采集电路，并将采集到的湿度显示到 LCD 液晶显示屏上。

（4）简述矩阵键盘的设计原理。

（5）直流电动机的本次设计只能调节电动机的转速，如何控制电动机的旋转方向和转速？（提示：外接一个单刀双掷开关，用单片机判断开关的输入电平，进而控制直流电动机的旋转方向。）

（6）若要控制直流电动机的旋转方向，电动机的驱动电路应该怎么设计？（提示：设计成差分形式的驱动电路。）

（7）对于步进电动机控制模块，为了避免因开关按钮频繁动作而使电动机转速不稳，应该怎么解决？（提示：在按钮两端并联反向二极管。）

（8）ULN2003A 是怎么驱动步进电动机转动的？（提示：单片机编程使 P1.3～P1.0 口按 1～2 相励磁法，正向励磁顺序 A→AB→B→BC→C→CD→D→DA→A 输出电流脉冲，反向励磁顺序 A→DA→D→CD→C→BC→B→AB→A 输出电脉冲。）

第7章　微机原理设计实例

7.1　8253 定时/计数器

【设计目的】

☺ 掌握 8086 微处理器结构，主要掌握各个引脚的功能；

☺ 掌握 8253 的工作原理，特别是熟悉引脚功能及其相应的时序图。

【设计任务】

利用 8253 计数器功能，在方式 2 和方式 3 下多次计数仿真，观察得到波形之间的关系，验证是否符合芯片对应的工作方式之间的关系。

7.1.1　设计原理

1. 8086 微处理器简介

1）8086 微处理器基本结构　Intel 8086 微处理器有 16 位寄存器和 16 位外部数据总线、20 位地址总线，寻址为 1MB 的地址空间。8086 内部是由执行单元 EU 和总线接口单元 BIU 两大部分构成的。8086 CPU 的内部结构如图 7-1 所示。

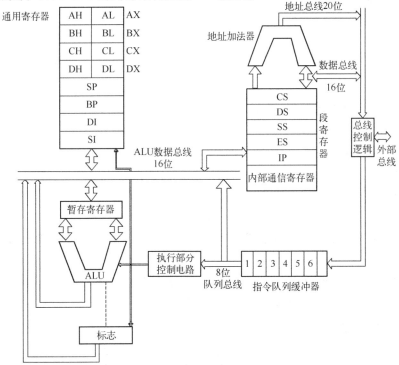

图 7-1　8086 微处理器的内部结构

由图 7-1 可以看出，8086 微处理器按功能可分为两大部分：执行单元（EU）和总线接口单元（BIU）。下面分别进行简要介绍。

☺ 执行单元（EU）

    ➥ 组成：16 位通用寄存器组（AX、BX、CX、DX、SP、BP、SI、DI）、算术逻辑单元（ALU）、标志寄存器（FLAG）、操作控制器电路。

    ➥ 功能：执行单元完成指令执行、分析，暂存中间运算结果并储存结果等功能。

☺ 总线接口单元（BIU）

    ➥ 组成：段寄存器组（CS、DS、SS、ES）、指令指针（IP）、地址加法器、指令队列缓冲器、总线控制逻辑。

    ➥ 功能：总线接口单元主要负责 CPU 与存储器、I/O 接口之间的信息传送。

2）8086 两种工作模式

☺ 最小模式：是指系统中只使用一个 8086 微处理器，在这种模式下，所有的总线控制信号直接由 8086 产生，该模式适用于较小的微机系统。本次仿真电路是在 8086 最小模式下进行的。

☺ 最大模式：是指系统中至少包含两个微处理器，主要应用在中、大规模的微机系统中。其中一个为主处理器，其他的微处理器称为协处理器。

3）8086 微处理器引脚结构　8086 微处理器采用 40 条引脚的双列直插式封装。为减少引脚，采用分时复用的地址/数据总线，因而部分引脚具有两种功能。在两种工作方式下，部分引脚的功能是不同的。8086 CPU 引脚图如图 7-2 所示。下面以最小工作方式为例说明。部分引脚功能如下：

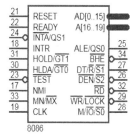

图 7-2　8086 CPU 引脚图

☺ 地址/数据信号引脚

    ➥ AD15~AD0：地址/数据复用引脚，是分时复用总线，三态。

    ➥ A16~A19：地址/状态复用引脚，分时复用引脚，输出，三态。

☺ 控制信号引脚

    ➥ $\overline{BHE}$：数据总线高 8 位允许/状态信号，输出，三态，也是分时复用总线。

    ➥ $\overline{TEST}$：测试信号，当 CPU 执行 WAIT 指令时，每隔 5 个时钟周期对此引脚测试一次，是高电平时，CPU 继续等待，一直等到出现低电平，CPU 才开始执行下一条指令。

    ➥ READY：准备就绪信号，是由所访问的存储器或 I/O 设备发来的响应信号，高电平表示数据已经准备就绪，马上可以进行一次数据传送。

    ➥ INTR：可屏蔽中断请求信号，当此引脚为高电平时，表示外设提出了中断请求。INTA 中断响应信号（输出、三态、低电平有效）。

    ➥ NMI：非屏蔽中断请求，当该引脚输入一个由低电平变为高电平的信号时，CPU会在执行完当前指令后，响应中断请求。

    ➥ $MN/\overline{MX}$：最小/最大工作方式，当 $MN/\overline{MX}$ 引脚接高电平时，8086 工作于最小工作方式；当 $MN/\overline{MX}$ 引脚接低电平时，8086 工作于最大工作方式。

☺ 最小工作方式引脚

↦ ALE：地址锁存允许信号，输出，是 CPU 在每个总线周期 T1 发出的。

↦ $\overline{DEN}$：数据允许信号，输出，三态，低电平有效，表示 CPU 准备好接收和发送数据。

↦ M/$\overline{IO}$：存储器/IO 控制信号，输出，三态，高电平表示访问 I/O，低电平表示访问存储器。

↦ HOLD：总线保持请求信号，输入，高电平有效。

↦ HLDA：总线保持响应信号，输出，三态，高电平有效。

↦ DT/$\overline{R}$：数据发送/接收控制信号输出，三态，当此引脚为高电平时，则 CPU 进行数据发送；为低电平时，CPU 进行数据接收。

2. 8253 可编程定时/计数器简介

1）8253 引脚和功能 8253 是 Intel 公司生产的三通道 16 位的可编程定时/计数器，是具有 24 个引脚的双列直插式器件，其引脚图如图 7-3 所示。它的最高计数频率可达 2MHz，使用单电源+5V供电，部分引脚功能如下：

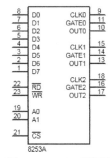

图 7-3　8253 引脚图

☺ 连接系统端的主要引脚

↦ D0~D7：8 位双向数据线，用来传送数据、命令和状态信息。

↦ $\overline{CS}$：片选信号，输入，低电平有效，由系统高位 I/O 地址译码产生。

↦ $\overline{RD}$：读控制信号，输入信号，低电平有效。

↦ $\overline{WR}$：写控制信号，输入信号，低电平有效。

↦ A0、A1：地址信号线，产生 4 个有效地址对应 8253 内部的 3 个计数器通道和 1 个控制寄存器，如表 7-1 所示。

表 7-1　8253 地址表

A0	A1	读操作有效	写操作有效
0	0	读计数器 0	写计数器 0
0	0	读计数器 1	写计数器 1
0	1	读计数器 2	写计数器 2
0	1	无操作	写控制字

☺ 连接外设端的主要引脚

↦ CLK0~CLK2：时钟脉冲输入，计数器对此脉冲进行计数。

↦ GATE0~GATE2：门控信号输入，用于控制计数的启动和停止。

↦ OUT0~OUT2：计数器输出信号，不同的工作方式下，OUT 端产生不同的输出波形。

2）8253 的工作方式 8253 每个计数器具有 6 种工作方式：方式 0~方式 5。

（1）计数启动方式：由 GATE 端门控信号的形式决定计数启动方式。

☺ 软件启动：GATE 端为高电平时用输出指令写入计数初值启动计数；

☺ 硬件启动：用输出指令写入计数初值后并未启动计数，需要 GATE 端有一个上升沿时才启动计数。

（2）8253 的工作方式：工作方式不同，计数器各引脚时序关系不同，每个工作方式将重点阐述引脚的时序关系。

☺ 方式 0——计数结束中断：图 7-4 所示为方式 0 的基本时序，方式 0 为软启动，控制字写入时输出端 OUT 变为低电平，在计数初值写入后下一个 CLK 脉冲的下降沿，计数初值寄存器内容装入减 1 寄存器，计数器开始计数。当计数值计数为 0 时，输出端 OUT 变为高电平，直到 CPU 写入新的控制字或者计数值，才能使输出端 OUT 变为低电平。故这种方式的特点是低电平计数，不重复计数，若要重复计数，需再次写入计数初值；在整个计数过程中，GATE 端应始终保持高电平，若变为低电平，则暂停计数，直到 GATE 端变高后再接着计数。

☺ 方式 1——可重复触发的单稳态触发器：图 7-5 所示为方式 1 的基本时序，方式 1 为硬件启动，控制字写入 OUT 输出端变为高电平，写入计数初值 OUT 输出端保持高电平不变，GATE 的上跳沿启动计数，启动后的下一个 CLK 脉冲，使 OUT 变为低电平，计数初值才由初值寄存器传送给减 1 寄存器。当计数值计数为 0 时，输出端 OUT 变为高电平，直到 GATE 再次出现上跳沿时计数器才开始重新计数。

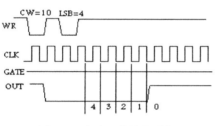

图 7-4　方式 0 的基本时序

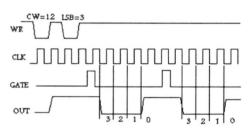

图 7-5　方式 1 的基本时序

☺ 方式 2——频率发生器：图 7-6 所示为方式 2 的基本时序，方式 2 两种启动方式均可以启动计数。控制字写入后，OUT 输出端变为高电平，启动计数后，写入计数初值 OUT 输出端保持高电平不变，在减 1 计数器由 1 到 0 的计数中，OUT 输出一个负脉冲，宽度为一个时钟周期，然后初值寄存器自动装入减 1 计数器，开始下一个周期的计数。

图 7-7 所示为方式 2 GATE 作用时序，当 GATE 为低电平时，输出端 OUT 为高电平，计数器停止计数，出现上跳沿时重新启动计数器，按最新计数初值计数；GATE 为高电平时，不影响计数器工作。

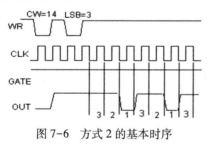

图 7-6　方式 2 的基本时序

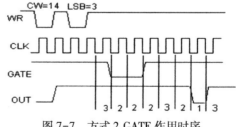

图 7-7　方式 2 GATE 作用时序

图 7-8 所示为方式 2 计数期间写入新的计数值时序，在计数期间写入新的计数初值，不影响当前周期的计数，但影响随后周期的计数。

☺ 方式 3——方波发生器：图 7-9 所示为方式 3 的基本时序，方式 3 两种启动方式均可以启动计数。控制字写入后，OUT 输出端变为高电平，启动计数后，写入计数初值 OUT 输出端保持高电平不变，若初始值 N 为偶数，则在前 $N/2$ 计数期间，OUT 端为高电平，后 $N/2$ 计数期间，OUT 为低电平；若 N 为奇数，则在前 $(N+1)/2$ 计数期间，OUT 为高电平，后 $(N-1)/2$ 计数期间，OUT 为低电平。计数为 0 时，OUT 变为高电平，从而完成一个周期。然后初值寄存器自动装入减 1 计数器，开始下一个周期的计数。这样产生连续的方波，方波的周期等于计数初值乘以时钟周期。

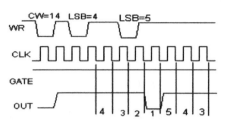

图 7-8　方式 2 计数期间写入新的计数值时序

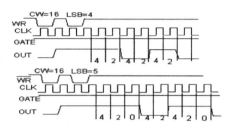

图 7-9　方式 3 的基本时序

图 7-10 所示为方式 3 GATE 作用时序，当 GATE 为低电平时，输出端 OUT 为高电平，计数器停止计数，出现上跳沿时重新启动计数器，按最新计数初值计数；GATE 为高电平时，不影响计数器工作。

图 7-11 所示为方式 3 计数期间写入新的计数值时序，在计数期间写入新的计数初值，不影响当前周期的计数，但影响随后周期的计数。

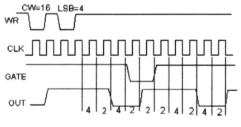

图 7-10　方式 3 GATE 作用时序

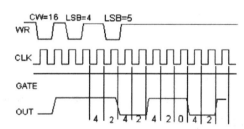

图 7-11　方式 3 计数期间写入新的计数值时序

☺方式 4——软件触发选通：图 7-12 所示为方式 4 的基本时序，方式 4 为软启动，控制字写入 OUT 输出端变为高电平，写入计数初值 OUT 输出端保持高电平不变，此时 GATE 为高电平时将启动计数，计数初值由初值寄存器传送给减 1 计数器。当计数值计数为 0 时，OUT 输出端输出一个时钟周期的负脉冲，之后自动变为高电平，并一直维持高电平，直到重新启动，通常可将此负脉冲作为选通信号。GATE 为低电平时禁止计数，当 GATE 为高电平时允许计数，此时计数从暂停的地方连续计数。

图 7-13 所示为方式 4 计数期间写入新的计数值时序，在计数期间写入新的计数初值，此时 GATE 为高电平时，新的计数值将立即有效。

☺方式 5——硬件触发选通，此方式的输出波形特点与方式 4 相同，不同之处在于方式 5 的启动方式为硬启动，而方式 4 为软启动。

3）8253 控制字　8253 必须先初始化才能正常工作，每个计数通道可分别初始化。CPU 通过指令将控制字写入 8253 的控制寄存器，从而确定三个计数器分别工作于何种工作方式下，8253 控制字的格式与含义如图 7-14 所示。

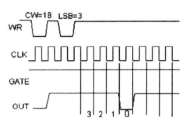

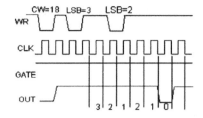

图 7-12　方式 4 的基本时序　　　图 7-13　方式 4 计数期间写入新的计数值时序

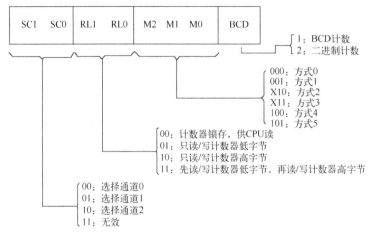

图 7-14　8253 控制字的格式与含义

7.1.2　硬件设计

硬件框图和完整硬件电路原理图如图 7-15 和图 7-16 所示。8086 工作在最小模式，用 74LS373 锁存 8086 的 16 位地址数据复用总线的低 8 位，利用锁存输出的地址一方面给 138 译码器和与门电路，产生 8253 的片选信号；另一方面将锁存分离出的地址送到 8253 的 A0、A1，来确定控制口以及三个计数器的具体地址。电路中 T2 计数器的 CLK2 端接 1MHz 的时钟信号，作为最初的触发源。

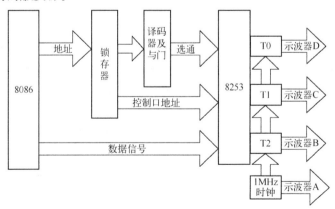

图 7-15　硬件框图

由电路图可以看出 A7、A6 需同时为高电平，A5 为低电平，要使 Y2 输出低电平选通 8253，则 CBA 对应的输入为 010，8253 控制口 A1A0 的地址为 11，所以控制口地址为 1100 1110，即 CEH。同样的方式可以确定 T0、T1 和 T2 的地址分别为 C8H、CAH、CCH。译码电路及 8253 端口的连接如图 7-17 框选部分所示。

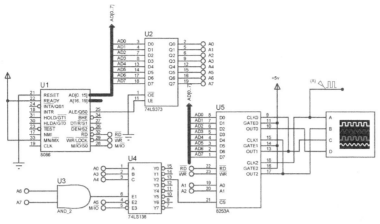

图 7-16 完整硬件电路原理图

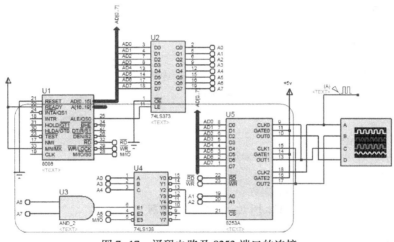

图 7-17 译码电路及 8253 端口的连接

　　输出端接法如硬件框图所示，T2 的 CLK 由时钟给出，且时钟输出到示波器 A 口；T2 端输出波形同时输出到 T1 的 CLK 和示波器 B 口，作为 T1 的触发信号；同样，T1 输出端接示波器 C 口和 T0 的 CLK 端，触发 T0 开始计数。三个计数器的 GATE 端都接 5V 恒压源。输出端口与示波器的连接如图 7-18 框选部分所示。

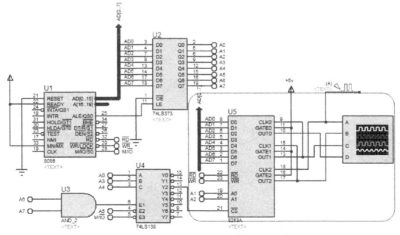

图 7-18 输出端口与示波器的连接

7.1.3　软件实现

汇编语言源程序代码如下：

```
        . MODELSMALL
        . 8086
        . STACK
        . CODE
        . STARTUP
        ORG 100H
        MOV   DX,0CEH
        MOV   AL,36H
        OUT   DX,AL
        MOV   DX,0C8H
        MOV   AX,1234H
        OUT   DX,AL
        MOV   AL,AH
        OUT   DX,AL
        MOV AL,36H          ;T0, 16 位，方式 3，二进制
        MOV DX,0CEH         ;8253 控制口地址端口
        OUT DX,AL
        MOV AX,6
        MOV DX,0c8H
        OUT DX,AL           ;T0 低字节
        MOV AL,AH
        OUT DX,AL           ;高字节
        MOV AL,74H          ;T1, 16 位，方式 2，二进制
        MOV DX,0CEH
        OUT DX,AL
        MOV AX,5
        MOV DX,0CAH
        OUT DX,AL
        MOV AL,AH
        OUT DX,AL
        MOV AL,0B6H         ;T2, 16 位，方式 3，二进制
        MOV DX,0CEH
        OUT DX,AL
        MOV AX,5
        MOV DX,0CCH
        OUT DX,AL           ;T2 低字节
        MOV AL,AH
        OUT DX,AL           ;高字节
        JMP  $
        RET
        . DATA
        END
```

7.1.4　系统仿真

这里介绍一种新的编译软件，而且可以与 PROTEUS 联机使用，即 MASM32 编译器。本

实例应用 MASM32 编译器汇编生成 . EXE 文件。具体编译方法如下：

（1）建立源程序：在 PROTEUS 硬件电路中右击 8086，选择 Display Model Help 帮助文档。在帮助文档中查看 Supported Assemblers and Compilers，找到 Creating a. EXE file with MASM32，复制 SAMPLE. ASM 以下的文本（下述代码）到 MASM32 Editor 应用程序编译器中，并另存为 SAMPLE. ASM 至当前工作目录；程序代码中加粗部分需要根据电路实际要实现的功能进行修改。

```
. MODEL SMALL
. 8086
. STACK
. CODE
. STARTUP



END_LOOP:
    JMP END_LOOP
. DATA
END
```

（2）建立批处理文件：在 PROTEUS 硬件电路中，右击 8086，选择 Display Model Help 帮助文档。在帮助文档中查看 Supported Assemblers and Compilers，找到 Creating a. EXE file with MASM32，复制 BUILD. BAT 以下的文本（下述代码）到 MASM32 Editor 应用程序编译器中，并另存为 BUILD. BAT 至当前工作目录。

```
ml/c/Zd/Zi8253. asm
link16/CODEVIEW8253. obj,8253. exe,,,nul. def
```

第一行命令的作用是编译 8253. asm 源程序；第二行命令的作用是连接 8253. obj，并生成 8253. exe。

（3）在 MASM32 Editor 应用程序中执行菜单命令 File→Cmd Prompt，转至 DOS 当前工作目录。输入 BUILD，完成编译和链接。若有错误，则修改源程序错误后重新编译，如图 7-19 所示。

此时当前目录文件夹中产生了以下文档：8253. asm 源程序、Build. bat 批处理文档、8253. exe 可执行文件，可以直接加载到 8086 CPU 中进行软件和硬件的联合调试。

（4）打开 PROTEUS 中绘制的硬件原理图，双击 8086 CPU，在 Edit Component 界面下添加可执行文件 8253. exe，全速执行或者单步执行调试程序，观察输出波形的变化。图 7-20～图 7-22 分别验证 8253 的工作方式 2 和方式 3 的计数功能。

图 7-20 第一线是 1MHz 时钟波形，第二线是 T2 输出波形，由于 T2 设为方式 3 方波发生器，且计数初值设为 5，是单数，所以前半周期是（5+1）/2 个时钟脉冲，后半周是（5-1）/2 个时钟脉冲。观察图 7-20 第一线和第二线，理论与输出相符。

图 7-21 第三线是计数器 T1 输出波形，方式 2，计数初值为 5，所以是（5-1）个脉冲周期的高电平，1 个脉冲周期的低电平。观察图 7-21 中的第二线和第三线，理论与输出相符。

图 7-19　编译和链接批处理

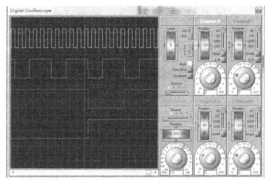

图 7-20　方式 3 计数初值为单数 5 的输出图

图 7-22 的第四线由 T0 计数器经示波器 D 口输出。T0 设为方式 3，计数初值 6 为偶数，所以是三个脉冲周期的高电平和三个脉冲周期的低电平，即标准方波。观察图 7-22 第三线和第四线可得，理论和实际输出相符。

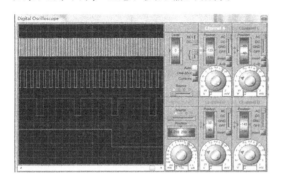

图 7-21　方式 2 计数初值为单数 5 的输出图

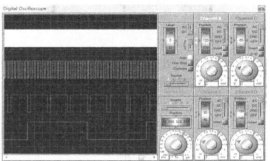

图 7-22　方式 3 计数初值为双数 6 的输出图

7.2　基于 8279 键盘显示控制器的设计

【设计目的】

☺ 掌握 8279 键盘显示电路的基本功能及编程方法；

☺ 掌握一般键盘和显示电路的工作原理；

☺ 进一步掌握定时器的使用和中断处理程序的编程方法。

【设计任务】

☺ 按键显示，有按键输入时，显示在 8 位数码管上，其对应关系如表 7-2 所示。

☺ 利用 8279 以及键盘和数码显示电路，设计电子钟。电子钟显示格式为：XX—XX—XX，由左向右分别为时、分、秒。要求具有如下功能：

　　🔏 C 键：清除，显示全零；

　　🔏 G 键：启动，电子钟计时；

　　🔏 D 键：停止，电子钟停止计时。

表 7-2　按键显示对应表

按键编号	显　　示	按键编号	显　　示	按键编号	显　　示	按键编号	显　　示
0	0	1	1	2	2	3	3
4	4	5	5	6	6	7	7
8	8	9	9	A	A	B	b
C	C	D	d	E	E	F	F
G	q	M	n	P	P	W	U
X	x	Y	Y	R	r	清屏	空白

7.2.1　设计原理

1. 8279 键盘显示控制器简介

8279 是集键盘、显示功能于一体的可编程接口芯片。它既具有按键处理功能，又具有自动显示功能，因其综合功能在单片机系统中应用非常广泛。下面具体介绍 8279 的引脚、结构、功能及工作原理。

1) 8279 部分引脚功能介绍　8279 内部集成了键盘 FIFO（先进先出堆栈）、传感器及双重功能的 8×8＝64B RAM，键盘控制部分可控制 8×8＝64 个按键或 8×8 阵列方式的传感器。该芯片具有自动消抖及双键锁定保护功能。显示 RAM 容量为 16×8＝128B，即显示器最大配置可达 16 位 LED 数码显示。8279 的引脚图如图 7-23 所示。

☺ 数据线

🗝 AD0～AD7：双向三态数据总线，在接口电路中与系统数据总线相连，用以传送 CPU 和 8279 之间的数据和命令。

☺ 地址线

🗝 $\overline{CS}$：8279 的片选端，低电平有效。当 $\overline{CS}$＝0 时，CPU 选中 8279，可以对其进行读/写操作。

🗝 A0：当 A0＝1 时，为命令字及状态字地址；当 A0＝0 时，为片内数据地址，故 8279 芯片占用两个端口地址。

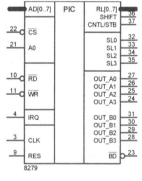

图 7-23　8279 引脚图

☺ 控制线

🗝 CLK：8279 的时钟输入线，用以产生内部定时的时钟脉冲。

🗝 IRQ：中断请求输出线，高电平有效。

🗝 $\overline{RD}$、$\overline{WR}$：读/写输入控制线。

🗝 SL0～SL3：扫描输出线，用来作为扫描键盘和显示的代码输出或直接输出线。

🗝 RL0～RL7：回复输入线，它们是键盘或传感器矩阵的信号输入线。

🗝 SHIFT：换位功能，当有开关闭合时被拉为低电平；没有按下 SHIFT 开关时，SHIFT 输入端保持高电平。在键盘扫描方式中，按键一闭合，按键位置就和换位输入状态一起被存储起来。

🗝 CNTL/STB：控制/选通输入线，高电平有效。键盘输入方式时，键盘数据最高位（D7）的信号输入到该引脚，以扩充键功能；选通输入方式时，当该引脚信号上升沿到来时，把 RL0～RL7 的数据存入 FIFO RAM 中。

�☞ OUT_A0~OUT_A3：通常作为显示信号的高 4 位输出线。

☞ OUT_B0~OUT_B3：通常作为显示信号的低 4 位输出线。

☞ $\overline{\text{BD}}$：显示熄灭输出线，低电平有效。当 $\overline{\text{BD}}=0$ 时将显示全熄灭。

2）8279 内部结构　8279 的内部结构如图 7-24 所示。

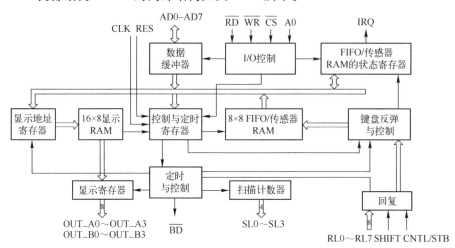

图 7-24　8279 的内部结构

（1）数据缓冲器：数据缓冲器是内部总线到外部总线的双向缓冲器，用来传送 8279 和 CPU 之间的信息。

（2）I/O 控制：控制数据的输入/输出操作，如表 7-3 所示。

表 7-3　I/O 控制

$\overline{\text{CS}}$	$\overline{\text{WR}}$	$\overline{\text{RD}}$	A0	操　作
0	0	1	0	写显示 RAM（写数据）
0	0	1	1	写命令字
0	1	0	0	读 FIFO RAM 或显示 RAM
0	1	0	1	读状态字

（3）控制与定时寄存器及定时控制：

☺ 控制与定时寄存器：用于寄存键盘及显示器工作方式，锁存操作命令，通过译码产生相应的控制信号，使 8279 的各个部件完成一定的控制功能。

☺ 定时控制：含有一个可编程的 5 位计数器，对外部输入时钟信号进行分频，产生 100kHz 的内部定时信号。外部时钟输入信号的周期不小于 500ns。

（4）扫描计数器：扫描计数器有两种工作方式，分别为译码方式和编码方式，由编程设定。

☺ 译码方式：扫描计数器的最低两位经译码并提供一个经过译码的扫描信号（四选一），由 SL0~SL3 输出，作为键盘及显示器的扫描信号（任何时刻，SL0~SL3 只有一根线是低电平，实现四选一）。

☺ 编码方式：在这种方式下提供二进制计数，由外部对计数值进行译码，以便为键盘或显示提供扫描线（实现十六选一）。

（5）回复缓冲器：回复缓冲器具有锁存功能，用来对 8 条回送线上的信息进行缓冲和锁存。在键盘方式中，这些回送线被逐个扫描，以寻找出在该行中被按下的键。若在去抖电路找到某一键被按下，则等待 10ms，以检查此键是否确实被按下。若键保持闭合，则该键在阵列中的地址，加上 SHIFT 状态以及 CONTROL 一起被送入 FIFO 中。在扫描传感器阵列中，回送线的内容在每次按键扫描时被直接存储到传感器 RAM（FIFO）的相应单元中去。在选通输入方式中，回送线的内容在 CNTL/STB 信号的脉冲上升沿被送到先进先出缓冲器（FIFO）。

（6）FIFO/传感器 RAM：FIFO/传感器是双功能 8×8 RAM，用于存储按键数据。在键盘输入方式或选通输入方式，先入先出存储器（FIFO）每一条新的进入信息都被顺序写入相应的 RAM，然后又按写入的顺序读出。FIFO 状态则跟踪 FIFO 中字符数目，并监视 FIFO 是"满"还是"空"。在扫描传感器阵列下，该存储器用作传感器 RAM，传感器 RAM 每一位代表传感器对应的状态。在这种方式中，若检测出某一位的变化，则 IRQ 信号即变为高电平。

（7）显示 RAM 及显示地址寄存器：

☺ 显示 RAM 16×8 位：存储字符的字形码，显示时，从 OUT_A3～OUT_A0 和 OUT_B3～
　 OUT_B0 输出。它们既可单独送数，也可组成一个 8 位的字节。

☺ 显示地址寄存器：显示 RAM 的内部地址，可由命令直接设定，或设置为每次读/写
　 后自动加 1。

2. 键盘扫描基本原理

非编码式键盘工作原理通常分为两种：一是行扫描法，二是线反转法。

行扫描法是通过行线发出低电平信号，如果该行线所连接的键没有按下，则列线所接端口得到的是全"1"信号；如果有键按下，则得到非全"1"信号。找到闭合键后，读入相应的键值，再转至相应的键处理程序。

线反转法先将行线作为输出线，列线作为输入线，行线输出全"0"信号，读入列线的值，然后将行线和列线的输入、输出关系互换，并在刚读到的列线值从列线所接的端口输出，再读取行线的输入值。那么在闭合键所在的行线上值必为"0"。这样，当一个键被按下时，必定可读到一对唯一的行列值，从而确定唯一的键号。

通过对比以上两种方法并结合实际情况，本设计使用行扫描法。即首先利用程序不断扫描键盘是不是有键按下，若有键按下，回复缓冲器缓冲并锁存行列式键盘的列输入线。在逐行列扫描时，回送线用来搜寻每一行列中闭合的键，当某一键闭合时，去抖电路被置位，延时等待 10ms 后，再检查该键是否仍处在闭合状态。如果不是闭合状态，则当作干扰信号不予理睬；如果是闭合状态，则将该键的列扫描码、行回复码、引脚 CNTL/STB 和引脚 SHIFT 的状态（两个独立附加的开关）一起形成键盘数据被送入内部存储器，完成输入，利用汇编的程序核对输入键的数值，并将储存内容显示到 LED 显示器上。

7.2.2　硬件设计

8279 的 SL2～SL0 输出 000～111 循环渐变的编码信号，此信号经 3-8 译码器产生 8 个数码管的位选信号，对应于某个数码管位选信号代码，OUT_A3～A0 和 OUT_B3～B0 输出显示管显示段码，依次循环操作，则可显示 8 位数字或字符。SL2～SL0 信号经 3-8 译码器产生键盘行扫描信号。8279 通过 RL0～RL7 线不断采集键盘矩阵列信号，当有键按下时，8279 将 SL2～SL0 行扫描编码值和 RL0～RL7 列反馈编码值组合成键值存入 FIFO RAM，并向 CPU 发送中断申请信号。CPU 响应中断后，进入中断服务处理程序，读取存在 8279 FIFO RAM 中的键值。键盘显示控制器总设计图如图 7-25 所示，其中地址锁存模块如图 7-26 所示，键盘矩阵模块如图 7-27 所示。

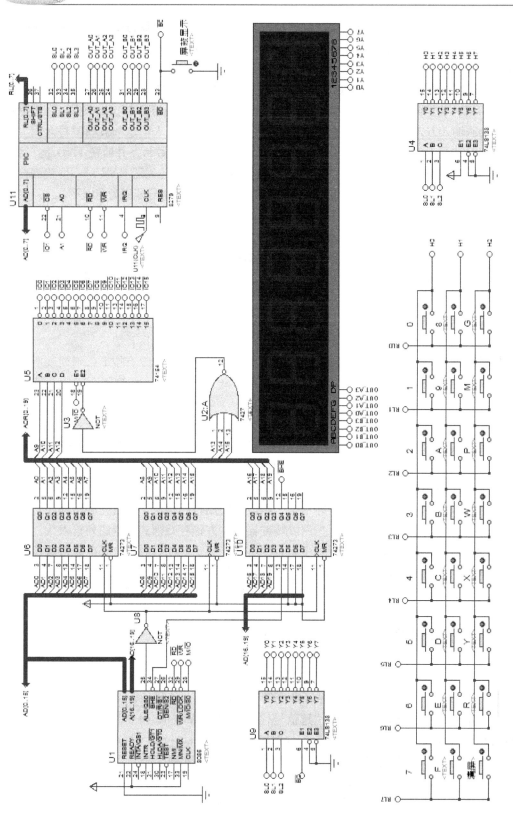

图7-25　键盘显示控制器总设计图

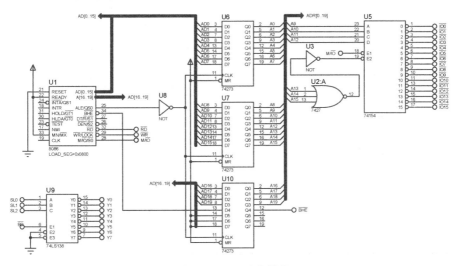

图 7-26 地址锁存模块

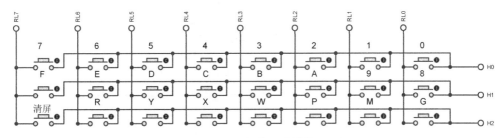

图 7-27 键盘矩阵模块

7.2.3 软件实现

程序设计流程图如图 7-28 所示。

汇编语言键盘显示源程序代码如下：

```
. MODEL SMALL
. 8086
. STACK
. CODE
. STARTUP
PORT EQU 0200H
INIT_8279:MOV DX,PORT+2        ;8279 命令(状态口)地址
MOV AL,02H                     ;8 位, 左入; 编码扫描键盘, 2 键封锁
OUT DX,AL
MOV AL,34H                     ;时钟 2 分频
OUT DX,AL
MOV AL,0D7H                    ;清除显示 RAM, 清零
OUT DX,AL
WAIT1:IN AL,DX
AND AL,80H
JNZ WAIT1
LOP:CALL DISP
```

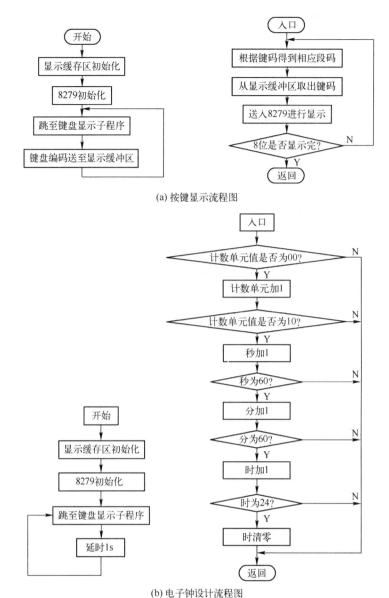

图 7-28　程序设计流程图

```
KEY:MOV DX,PORT+2          ;8279 命令（状态口）地址
     IN AL,DX
     AND AL,0FH
     JZ KEY                 ;有键按下
     MOV AL,40H             ;读 FIFO 键盘缓冲区
     OUT DX,AL
     MOV DX,PORT            ;8279 数据口地址
     IN AL,DX
     AND AL,3FH
     MOV KEY_TEMP,AL        ;暂存键盘号
     MOV AL,DISP_BUF+1      ;显示数码内容左移
```

```
        MOV DISP_BUF,AL
        MOV AL,DISP_BUF+2              ;显示数码内容左移
        MOV DISP_BUF+1,AL
        MOV AL,DISP_BUF+3              ;显示数码内容左移
        MOV DISP_BUF+2,AL
        MOV AL,DISP_BUF+4              ;显示数码内容左移
        MOV DISP_BUF+3,AL
        MOV AL,DISP_BUF+5             ;显示数码内容左移
        MOV DISP_BUF+4,AL
        MOV AL,DISP_BUF+6             ;显示数码内容左移
        MOV DISP_BUF+5,AL
        MOV AL,DISP_BUF+7             ;显示数码内容左移
        MOV DISP_BUF+6,AL
        MOV AL,KEY_TEMP              ;恢复键盘号
        MOV DISP_BUF+7,AL
        JMP LOP
KEY1:
        MOV DX,PORT+2                ;8279 命令(状态口)地址
        IN AL,DX
        AND AL,0FH
        JZ KEY1                     ;有键按下
        MOV AL,40H
        OUT DX,AL
        MOV DX,PORT                 ;8279 数据口地址
        IN AL,DX
        AND AL,3FH
        MOV KEY_TEMP,AL             ;暂存键盘号
        MOV BYTE PTR DISP_BUF+0,10H  ;消隐
        MOV BYTE PTR DISP_BUF+1,10H  ;消隐
        MOV BYTE PTR DISP_BUF+2,10H  ;消隐
        MOV BYTE PTR DISP_BUF+3,10H  ;消隐
        MOV BYTE PTR DISP_BUF+4,10H  ;消隐
        MOV BYTE PTR DISP_BUF+5,10H  ;消隐
        MOV BYTE PTR DISP_BUF+6,10H  ;消隐
        MOV AL,KEY_TEMP             ;恢复键盘号
        MOV DISP_BUF+7,AL
        JMP LOP
DISP PROC NEAR
        MOV DX,PORT+2               ;8279 命令(状态口)地址
        MOV AL,90H                  ;8 位,左入;编码扫描键盘,2 键封锁
        OUT DX,AL
        LEA SI,DISP_BUF
        MOV DX,PORT                 ;8279 数据口地址
        MOV CX,8
        LEA BX,TAB1
DL0:
        MOV AL,[SI]
        XLAT
        OUT DX,AL
        INC SI
        LOOP DL0
        RET
```

```
    DISP ENDP
    . DATA
    KEY_TEMP DB?
    DISP_BUF DB 8 DUP(10H)                        ;显示缓冲区
    TAB1 DB 3FH,06H,5BH,4FH,66H,6DH,7DH,07H       ;共阴极数码管段码表
        DB 7FH,6FH,77H,7CH,39H,5EH,79H,71H
        DB 6FH,54H,73H,31H,3EH,6EH,72H,00H
    END
```

汇编语言电子钟源程序代码：

```
    . MODEL SMALL
    . 8086
    . STACK
    . CODE
    . STARTUP
    PORT EQU 0200H
    INIT_8279:MOV DX,PORT+2          ;8279 命令(状态口)地址
    MOV AL,00H                       ;8 位，左入；编码扫描键盘，2 键封锁
    OUT DX,AL
    MOV AL,34H                       ;时钟 2 分频
    OUT DX,AL
    MOV AL,0D7H                      ;清除显示 RAM，清零
    OUT DX,AL
    WAIT1：
    IN AL,DX
    AND AL,80H
    JNZ WAIT1
    LOP：
    CALL DISP
    CALL DELAY
    MOV BX,OFFSET DISP_BUF
    INC BYTE PTR[BX+7]               ;秒个位加 1
    CMP BYTE PTR[BX+7],0AH
    JNE LOP
    MOV BYTE PTR[BX+7],0
    INC BYTE PTR[BX+6]               ;秒十位加 1
    CMP BYTE PTR[BX+6],06H
    JNE LOP
    MOV BYTE PTR[BX+6],0
    INC BYTE PTR[BX+4]               ;分个位加 1
    CMP BYTE PTR[BX+4],0AH
    JNE LOP
    MOV BYTE PTR[BX+4],0
    INC BYTE PTR[BX+3]               ;分十位加 1
    CMP BYTE PTR[BX+3],06H
    JNE LOP
    MOV BYTE PTR[BX+3],0
    INC BYTE PTR[BX+1]               ;时个位加 1
    CMP BYTE PTR[BX],02H
    JE HOUR4
    CMP BYTE PTR[BX+1],0AH
```

```
        JNE LOP
        MOV BYTE PTR[BX+1],0
        INC BYTE PTR[BX]                    ;时十位加 1
        JNE LOP
HOUR4:CMP BYTE PTR[BX+1],04H
        JNE LOP
        MOV BYTE PTR[BX+1],0                ;时个位清零
        MOV BYTE PTR[BX],0                  ;时十位清零
        JNE LOP
        DELAY PROC NEAR                     ;延时子程序
        PUSH BX
        PUSH CX
        MOV BX,200
LP1:MOV CX,469
LP2:LOOP LP2
        DEC BX
        JNZ LP1
        POP CX
        POP BX
        RET
        DELAY ENDP
        DISP PROC NEAR
        MOV DX,PORT+2                       ;8279 命令(状态口)地址
        MOV AL,90H                          ;8 位，左入；编码扫描键盘，2 键封锁
        OUT DX,AL
        LEA SI,DISP_BUF
        MOV DX,PORT                         ;8279 数据口地址
        MOV CX,8
        LEA BX,TAB1
DL0:
        MOV AL,[SI]
        XLAT
        OUT DX,AL
        INC SI
        LOOP DL0
        RET
        DISP ENDP
        . DATA
        DISP_BUF DB 00H,00H,10H,00H,00H,10H,00H,00H   ;时—分—秒
        TAB1 DB 3FH,06H,5BH,4FH,66H,6DH,7DH,07H        ;共阴数码管段码
            DB 7FH,6FH,77H,7CH,39H,5EH,79H,71H
            DB 40H
        END
```

7.2.4　系统仿真

结合 7.1.4 节的调试方法，本实例同样应用 MASM32 编译器汇编生成 . EXE 文件，即打开 MASM Editor 编辑器，新建 . ASM 文档，输入上述参考程序并存盘至当前工作目录；新建"build. bat"编译批处理文档并存盘至当前工作目录。执行菜单命令 File→CMD Prompt，转至 DOS 当前工作目录，执行 BUILD 批处理直至没有编译和链接错误。最后在 PROTEUS 中打开电路图，添加键盘显示程序生成的 . EXE 可执行程序。

将 8086 时钟频率设置为 1200kHz，单击矩阵键盘，显示屏上会显示相应的数字或字符。本次设计使用 3×8 矩阵键盘，可以输入 0~9 十个数字以及 A~R 13 个字符，还有一个清屏按键，显示空白，即可每次从右向左消掉一个数字或字符。按图 7-29 中所示顺次单击矩阵键盘"F 1 9 2 5 8 9 F"，屏幕上对应显示"F192589F"。

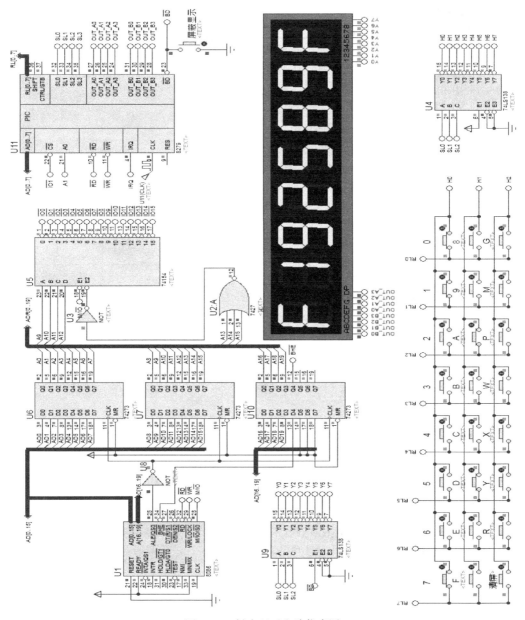

图 7-29　键盘显示电路仿真图

同样设置 8086 时钟频率为 1200kHz，根据上述方法加载电子钟程序生成的 .EXE 可执行程序，电子钟显示格式为：XX—XX—XX，由左向右分别为时、分、秒。C 键：清除，显示全零；G 键：启动，电子钟计时；D 键：停止，电子钟停止计时。如图 7-30 所示，电子钟计时 1 分 4 秒。

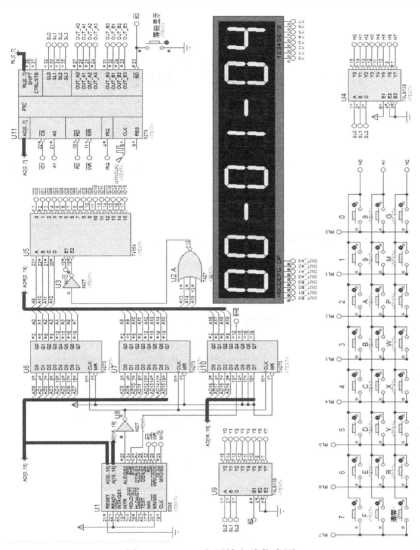

图 7-30　8279 电子钟电路仿真图

7.3　本章小结

　　本章以 8253 定时/计数器的设计、基于 8279 键盘显示控制器的设计为例介绍了如何使用 PROTEUS 软件进行微机原理设计。在设计电路的同时将相关芯片的工作原理做了详细介绍，便于读者理解设计原理，掌握设计方法。

 思考与练习

　　（1）简述 8253 与 8279 的基本工作原理。
　　（2）简述键盘扫描的基本原理。

第 8 章　DSP 设计实例

8.1　基于 TMS320F28027 的 I^2C 总线读/写设计

【设计目的】
☺ 掌握 I^2C 协议，主要了解其工作原理及组成模块；
☺ 掌握 TMS320F2802x 的内部集成电路（I^2C）模块；
☺ 掌握 I^2C 调试器使用方法。

【设计任务】
　　基于 I^2C 总线协议进行 8 位数据传输，将传输的结果显示在 2 位七段数码管上，并通过 I^2C 调试器观察总线上的活动。

8.1.1　设计原理

　　系统框图如图 8-1 所示，利用 8 位拨码开关进行数据输入，根据 I^2C 总线协议，将输入的数据转化为 2 位十六进制数实时显示在七段数码管上。

图 8-1　系统框图

1. I^2C 协议简介

　　I^2C（Inter-Integrated Circuit）总线是一种由 Philips 公司开发的两线式串行总线，用于连接微控制器及其外围设备，是目前应用广泛的串行外围扩展总线。

　　1）I^2C 总线的特点　I^2C 总线最主要的特点是简单性和有效性。由于接口直接在组件之上，因此 I^2C 总线占用的空间非常小，减小了电路板的空间并减少了芯片引脚的数量，降低了互连成本。总线的长度可长达 25 英尺，并且能够以 10Kbps 的最大传输速率支持 40 个组件。I^2C 总线的另一个优点是，它支持多主控（multimastering），其中任何能够进行发送和接收的设备都可以成为主总线。一个主控能够控制信号的传输和时钟频率，并且在任何时间点上只能有一个主控。

　　2）I^2C 总线的工作原理　I^2C 总线由串行数据线 SDA 和串行时钟线 SCL 构成，可发送和接收数据。要求所有挂接在 I^2C 总线上的器件和接口电路都应具有 I^2C 总线接口，且所有的 SDA/SCL 同名端相连。总线上所有器件都有唯一的地址。依靠 SDA 发送的地址信号寻址，不需要片选线。总线的长度可达 7.6m，传输速率可达 400Kbps，标准速率为 100Kbps，支持多个组件，支持多主控器件（某时刻只能有一个主控器件）。I^2C 总线上所有设备的 SDA、SCL 引脚必须外接上拉电阻。

　　3）I^2C 总线信号的时序　I^2C 总线上传输的数据和地址字节都为 8 位，且高位在前，低位在后。I²C 总线以起始信号为启动信号，接着传输的是地址和数据字节，数据字节数不限，但每个字节后都必须跟随一个应答位，以终止信号表示全部数据传输结束。完整的数据传输格式如图 8-2 所示。

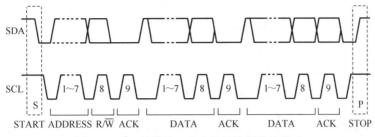

图 8-2　I²C 总线的一次完整的数据传输格式

（1）起始条件（START）：当时钟引脚（SCL）为高电平时，数据引脚（SDA）的电平由高变低，主设备发出起始条件显示一次数据传输开始。

（2）终止条件（STOP）：当时钟引脚（SCL）为高电平时，数据引脚（SDA）的电平由低变高，主设备发出停止条件显示一次数据传输停止。

（3）应答信号（ACK）：I²C 总线上的所有数据都是以 8 位字节传送的，发送器每发送一个字节，就在时钟脉冲 9 期间释放数据线，由接收器反馈一个应答信号。应答信号为低电平时，规定为有效应答位，表示接收器已经成功地接收了该字节；应答信号为高电平时，规定为非应答位（NACK），一般表示接收器接收该字节没有成功。

（4）数据位传送：在 I²C 总线上传送的每一位数据都有一个时钟脉冲相对应（或同步控制），即在 SCL 串行时钟的配合下，在 SDA 上逐位地串行传送每一位数据。进行数据传送时，在 SCL 呈现高电平期间，SDA 上的电平必须保持稳定，低电平为数据 0，高电平为数据 1。只有在 SCL 为低电平期间，才允许 SDA 上的电平改变状态。数据位的传送是边沿触发。

2. TMS320F2802x 的内部集成电路（I²C）模块

F2802x Piccolo™ 系列微控制器为 C28x™ 内核供电，此内核与低引脚数量器件中的高集成控制外设相耦合。该系列的代码与以往基于 C28x 的代码相兼容，并且提供了很高的模拟集成度。一个内部电压稳压器允许单一电源轨运行。对 HRPWM 模块实施了改进，以提供双边缘控制（调频）。增设了具有内部 10 位基准的模拟比较器，并可直接对其进行路由以控制 PWM 输出。ADC 可在 0～3.3V 固定全标度范围内进行转换操作，并支持公制比例 VREFHI/VREFLO 基准。ADC 接口专门针对低开销/低延迟进行了优化。

1）I²C 模块的主要特性（符合飞利浦半导体 I²C-bus 规范）

☺ 支持 8 比特数据传输；

☺ 7 位和 10 位地址模式；

☺ 广播功能；

☺ 起始位模式；

☺ 支持主发和从收复用；

☺ 支持从发和主收复用；

☺ 集成主发/收和收/发模式；

☺ 数据传输速率为 10～400Kbps；

☺ 一个 16 位接收 FIFO 和一个 16 位发送 FIFO；

☺ 模块使能/禁止；

☺ 自由的数据格式模式。

2）I²C 模块的主要组成　I²C 模块主要由以下各部分组成，I²C 模块如图 8-3 所示。

☺ 串行接口：一个数据引脚（SDA）和一个时钟引脚（SCL）。

☺ 时钟同步：用于同步 I²C 输入时钟和 SCL 引脚上的时钟信号，同时在不同时钟速率的主设备之间进行同步数据传输。

☺ 外围总线接口：使 CPU 存取 I²C 模块的寄存器和 FIFO。

☺ 数据寄存器和数据 FIFO 临时保存在数据引脚和 CPU 之间接收及发送的数据。

☺ 预分频器：把输入的时钟频率分频用于驱动 I²C 模块。

☺ 仲裁器：用于在 I²C 模块（设置为主设备）和另外主设备进行仲裁。

☺ FIFO 中断逻辑判断：在 I²C 模块中 FIFO 存取可以与数据接收和数据发送同步。

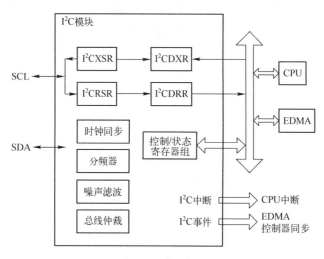

图 8-3　I²C 模块

I²CDXR 是发送缓存，I²CXSR 是发送移位寄存器。总线上的数据送到 I²CDXR 后，被复制到 I²CXSR，按位移出，送到 SDA，先移出的位是最高位。I²CDRR 与 I²CRSR 分别是接收缓存和接收移位寄存器，负责将 SDA 上的数据移入，合并成字节后放到接收缓存，并将数据发送到数据总线。

3）时钟产生　I²C 时钟模块如图 8-4 所示。DSP 输入时钟为 DSP 系统的外接时钟，本书设计的系统时钟频率为 10MHz。PLLCR 为系统的锁相环，先对外接时钟分频，锁定时钟，然后按照不同的分频系数，分出三个时钟，供 TMS320F28027 使用。其中的一个输出到 I²C 模块，I²C 模块先根据 IPSC 的值将时钟预分频，分频后的时钟供 I²C 模块使用。同时根据 ICCL 与 ICCH 的值再将时钟分频，分别控制 SCL 的低电平与高电平周期。为了满足所有的 I²C 协议时钟规范，生成的 I²C 模块时钟信号必须被配置在 7~12MHz 之间。模块时钟可由式（8-1）计算最终频率：

$$模块时钟频率 = I²C 输入时钟频率 \div (IPSC+1) \tag{8-1}$$

预分频器必须只能在 I²C 模块在复位状态时（I²CMDR 寄存器中 IRS=0）被初始化，分频后的频率在 IRS 置 1 的时候才有效，当 IRS 为高电平时，改变 IPSC 的值是没有任何效果的。

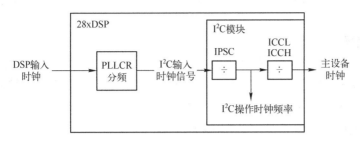

图 8-4　I²C 时钟模块

当 I²C 模块在 I²C 总线上被配置为主设备时，主时钟从 SCL 输出，时钟控制 I²C 模块和从设备的通信计时。从图 8-4 中可知，I²C 模块中的第二个时钟分频器对模块时钟进行分频产生主设备时钟信号，时钟分频器设置 I²CCLKL 寄存器的 ICCL 值对模块时钟信号源的低电平部分进行分频，设置 I²CCLKH 寄存器的 ICCH 值对模块时钟信号源的高电平部分进行分频。

4) I²C 模块操作方式　I²C 模块作为主设备或从设备时有四种基本的操作方式用于支持数据传输，分别是主发送模式、从发送模式、主接收模式、从接收模式。在数据传输期间，主器件和从器件始终处于从发射模式相反的工作模式（发送器/接收器）。

（1）主发送模式：I²C 模块作为主设备，并向从设备发送数据。所有的主设备一开始工作在这个模式，由 7 位或 10 位地址组成的数据从 SDA 脚移出，比特位移出速率和 I²C 模块在 SCL 脚产生的时钟信号同步，发送一个字节的数据后，发送寄存器（XSMT＝0）空时，SCL 脚被模块拉低。

（2）从发送模式：I²C 模块作为从设备，并向主设备发送数据。只能从从接收模式进入到该模式，I²C 首先必须从主设备接收一个命令，当发送的 7 位或 10 位地址模式的地址和 I²C 模块内部的本地址（I²COAR）相一致，同时主设备发送的读/写位（R/W）为 1 时，I²C 模块就进入从发送模式。对于从发送模式，在主设备产生的时钟脉冲下，从 SDA 脚发送串行数据；作为从设备，I²C 模块不产生时钟信号，发送一个字节的数据后，发送寄存器（XSMT＝0）空时，SCL 脚被模块拉低。

（3）主接收模式：I²C 模块作为主设备，并从从设备接收数据。只能从主发送模式进入到该模式。I²C 模块首先向从设备发送一个命令，发送 7 位或 10 位的地址和读/写位（R/W）为 1 后，I²C 就进入主接收模式。在 I²C 产生的时钟脉冲下，SDA 脚接收串行数据移入到模块内部寄存在从器件中，接收到一个字节的数据后，接收寄存器（RSFULL＝1）满时，SCL 脚被模块拉低。

（4）从接收模式：I²C 模块作为从设备，从主设备接收数据。所有的从设备一开始工作在这个模式，在主设备产生的时钟脉冲下，从 SDA 脚接收串行数据；作为从设备，I²C 模块不产生时钟信号，接收到一个字节的数据后，接收寄存器（RSFULL＝1）满时，SCL 脚被模块拉低。

如果 I²C 模块工作在主设备时开始工作在主发送模式，发送一个地址给特定的从设备，当在给从设备发送数据时，I²C 模块必须仍然保持在主发送模式；为了从从设备中接收数据，I²C 模块必须改为主接收模式。如果 I²C 模块工作在从设备时开始工作在从接收模式，识别到从主设备发来的从地址时，就做出应答，如果主设备要向 I²C 模块发送数据，模块必须保持在从接收模式；如果主设备从 I^2C 模块读取数据，模块必须改为从发送模式。

3. I^2C 调试器

PROTEUS 软件的 I^2C 调试器可以很方便地用来监视 I^2C 接口，与 I^2C 接口交互。既可以监视 I^2C 总线上数据的传送，也可以对 I^2C 总线发送数据或从 I^2C 总线上接收数据。在设计 I^2C 控制程序时，它既可以作为调试工具，又可以作为开发和测试的辅助手段。

I^2C 调试器 ISIS 中器件界面非常简单，如图 8-5 所示。

☺ SCL 引脚：双向引脚，用于连接 I^2C 总线的时钟线。

☺ SDA 引脚：双向引脚，用于连接 I^2C 总线的数据线。

☺ TRIG 引脚：输入引脚，用于触发一系列连续的储存数据到输出队列。

当仿真暂停或运行时，I^2C 调试器界面将会出现，它包括输入数据的显示、预定义序列表、缓冲/队列的序列表、序列输入窗口等。

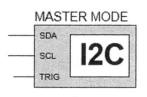

图 8-5　I^2C 调试器

8.1.2　硬件设计

I^2C 总线读/写设计电路总图如图 8-6 所示。GPIO0～GPIO7 连接 8 位拨码开关，GPIO12～GPIO18、GPIO32～GPIO35 分别连接七段数码管进行数据传输，SCL 和 SDA 接上拉电阻。通过 I^2C 调试器监视 I^2C 总线上数据的传送。

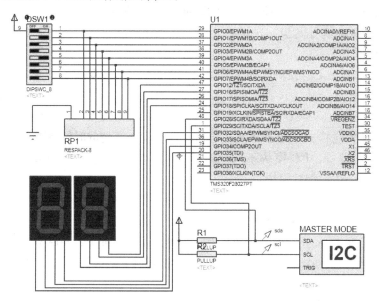

图 8-6　I^2C 总线读/写设计电路总图

8.1.3　软件设计

1. 程序流程图

主程序流程图如图 8-7 所示。

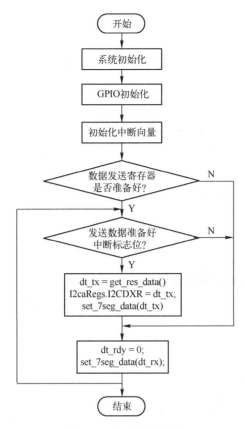

图 8-7 主程序流程图

2. 程序源代码

1) 主程序源代码

```
void main( void )
{   InitSysCtrl( ) ;
    InitGpioCtrls( ) ;
    InitI²CGpio( ) ;
    DINT;
    InitPieCtrl( ) ;
    IER = 0x0000;
    IFR = 0x0000;
    InitPieVectTable( ) ;
    EALLOW;              //写入保护寄存器 EALLOW 中
    PieVectTable. I²CINT1A = &i2c_int1a_isr;
    EDIS;                //禁止写入保护寄存器 EALLOW 中
    PieCtrlRegs. PIEIER8. bit. INTx1 = 1;
    IER | = M_INT8;
    EINT;
    dt_rdy = 0;
    dt_rx = 0;
    set_7seg_data(0);    //应用程序循环
    for( ; ; )
```

```
{ if( dt_rdy)
    { dt_rdy = 0;
      set_7seg_data( dt_rx);
    }
  if( I2caRegs. I²CSTR. bit. XRDY)
    { dt_tx = get_res_data( );
      I2caRegs. I²CDXR = dt_tx;
      set_7seg_data( dt_tx);
    }
  }
}                    //主程序结束
```

2）I²C 初始化

```
void I2CA_Init( void)
{
  #if( CPU_FRQ_40MHZ ‖ CPU_FRQ_50MHZ)
    I2caRegs. I2CPSC. all = 4;          //设置分频器，设置模块时钟 7～12 MHz 的频率
  #endif
  #if( CPU_FRQ_60MHZ)
    I2caRegs. I2CPSC. all = 6;
  #endif
  I2caRegs. I2CCLKL = 10;              //注意：时钟必须是非零
  I2caRegs. I2CCLKH = 5;
  I2caRegs. I2COAR = I2C_SLAVE_ADDR;
    I2caRegs. I2CMDR. all = 0x0000;
  I2caRegs. I2CCNT = 1;                //得到一个字节
    I2caRegs. I2CIER. all = 0x18;      //清除中断( 为 0)
  I2caRegs. I2CSTR. bit. RRDY = 1;
    I2caRegs. I2CIER. bit. RRDY = 1;   //使 I²C 退出复位
  return;
}
interrupt void i2c_int1a_isr( void)
  { Uint16 IntSource;
    IntSource = I2caRegs. I2CISRC. all;  //中断源=检测到停止条件
    if( IntSource = = I2C_RX_ISRC)
    { dt_rdy = 1;                        //收到数据
      dt_rx = I2caRegs. I2CDRR;
    }                                    //检测到停止状态结束
    PieCtrlRegs. PIEACK. all = PIEACK_GROUP8;
}
void InitGpioCtrls( void)
{
  EALLOW;
  GpioCtrlRegs. GPAMUX1. all = 0x0000;   //GPIO 功能 GPIO0～GPIO15
  GpioCtrlRegs. GPAMUX2. all = 0x0000;   //GPIO 功能 GPIO16～GPIO31
  GpioCtrlRegs. GPBMUX1. all = 0x0000;   //GPIO 功能 GPIO32～GPIO34
  GpioCtrlRegs. AIOMUX1. all = 0x0000;   //Dig. IO 功能适用于 AIO2,4,6,10,12,14
  GpioCtrlRegs. GPADIR. all = 0xFFFFFFF0; //GPIO0～GPIO7 是 GP 输入,GPIO8～GPIO31 是输出
  GpioCtrlRegs. GPBDIR. all = 0xFFFFFFFF; //GPIO32～GPIO35 是输出
  GpioCtrlRegs. AIODIR. all = 0x00000000;
```

```
            GpioCtrlRegs. GPAQSEL1. all = 0x0000;      //GPIO0~GPIO15 同步到 SYSCLKOUT
            GpioCtrlRegs. GPAQSEL2. all = 0x0000;      //GPIO16~GPIO31 同步到 SYSCLKOUT
            GpioCtrlRegs. GPBQSEL1. all = 0x0000;      //GPIO32~GPIO34 同步到 SYSCLKOUT
            GpioCtrlRegs. GPAPUD. all = 0x0000;        //上拉使能 GPIO0~GPIO31
            GpioCtrlRegs. GPBPUD. all = 0x0000;        //上拉使能 GPIO32~GPIO34
            GpioCtrlRegs. GPAPUD. all = 0xFFFFFFFF;    //上拉使能 GPIO0~GPIO31
            GpioCtrlRegs. GPBPUD. all = 0xFFFFFFFF;    //上拉使能 GPIO32~GPIO34
            EDIS;
    }
void set_7seg_data( char ch)
    { if( ch & 0x01)
            GpioDataRegs. GPASET. bit. GPIO12 = 1;
        else
            GpioDataRegs. GPACLEAR. bit. GPIO12 = 1;
        if( ch & 0x02)
            GpioDataRegs. GPASET. bit. GPIO16 = 1;
        else
            GpioDataRegs. GPACLEAR. bit. GPIO16 = 1;
        if( ch & 0x04)
            GpioDataRegs. GPASET. bit. GPIO17 = 1;
        else
            GpioDataRegs. GPACLEAR. bit. GPIO17 = 1;
        if( ch & 0x08)
            GpioDataRegs. GPASET. bit. GPIO18 = 1;
        else
            GpioDataRegs. GPACLEAR. bit. GPIO18 = 1;
        if( ch & 0x10)
            GpioDataRegs. GPBSET. bit. GPIO32 = 1;
        else
            GpioDataRegs. GPBCLEAR. bit. GPIO32 = 1;
        if( ch & 0x20)
            GpioDataRegs. GPBSET. bit. GPIO33 = 1;
        else
            GpioDataRegs. GPBCLEAR. bit. GPIO33 = 1;
        if( ch & 0x40)
            GpioDataRegs. GPBSET. bit. GPIO34 = 1;
        else
            GpioDataRegs. GPBCLEAR. bit. GPIO34 = 1;
        if( ch & 0x80)
            GpioDataRegs. GPBSET. bit. GPIO35 = 1;
        else
            GpioDataRegs. GPBCLEAR. bit. GPIO35 = 1;
    }
char get_res_data( )
    { return GpioDataRegs. GPADAT. all & 0x000000FF;
    }
```

8.1.4　系统仿真

通过 GPIO0~GPIO7 连接 8 位拨码开关（接上拉电阻），GPIO12~GPIO18、GPIO32~GPIO35 分别连接七段数码管进行数据传输，SCL 和 SDA 接上拉电阻。本电路控制 8 位拨码开关 DSW1（OFF 为 0，ON 为 1），通过 TMS320F2802x 的内部集成电路（I^2C）模块，在七段数码显示管上输出 2 位十六进制数据，且高位在前，低位在后，输出的数据与拨码开关一一对应。通过 I^2C 调试器监视 I^2C 总线上数据的传送。系统仿真图如图 8-8 所示。

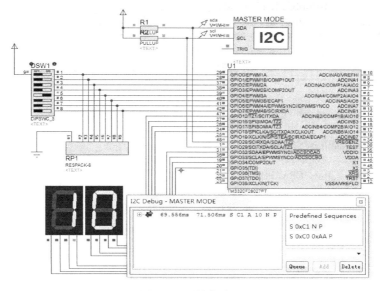

图 8-8　系统仿真图

当仿真暂停或运行后，会出现 I^2C 调试器监视窗口，如图 8-9 所示。如果没有出现监视窗口，可在 ISIS 界面菜单栏执行菜单命令 Debug→I^2C debugger，即可出现。I^2C 调试器监视窗口第一行的数据 "S C1 A 10 N P" 为一次数据传输时序，由该数据可知 I^2C 总线数据传送的详细情况：主机发送起始条件 S 后发送地址 C1（读），然后发送应答信号，接着发送传输的数据 10，再发送非应答信号 N，主机发送终止条件 P。若系统运行不正常，通过查看 I^2C 调试器监视窗口可方便地发现具体是哪个 I^2C 子程序以及该子程序的哪一程序段发生了错误，有针对性地进行修改直至调试成功。I^2C 调试器监视窗口如图 8-9 所示。

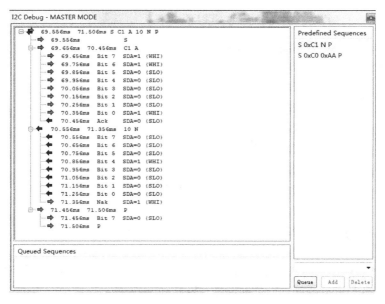

图 8-9　I^2C 调试器监视窗口

8.2　PID 温度控制器的设计

【设计目的】

☺ 掌握 TMS320F2802x 的工作原理；

☺ 掌握 TMS320F2802x 的片内 ePWM 和 SCI 模块的工作原理；

☺ 掌握 PID 控制的基本原理。

【设计任务】

用 TMS320F2802x 设计实现基于 PID 算法的温度控制器。

8.2.1　设计原理

系统框图如图 8-10 所示，温度传感器实时测量实际温度，温度值通过 A/D 转化成数字信号，此信号作为 PID 算法的反馈输入。通过虚拟终端，可以输入希望达到的温度，它将作为 PID 算法的参考输入，并且虚拟终端和 DSP 之间通过 SCI 接口进行通信。PID 算法的输出通过 ePWM 模块来控制温控设备（OVEN）的运行。PID 控制系统原理框图如图 8-11 所示。

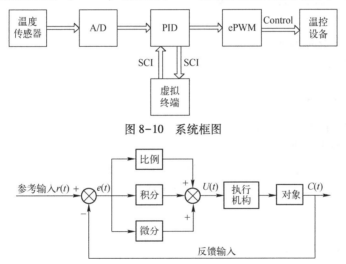

图 8-10　系统框图

图 8-11　PID 控制系统原理框图

本例利用 TMS320F2802x 实现基于 PID 算法的温度控制器设计。TMS320F2802x 片上相关模块工作原理如下所述。

1）ePWM 模块　PWM 外设能够在占用很小的 CPU 资源的情况下产生复杂的脉冲信号，其灵活的特点需要根据具体应用进行编程设置。ePWM 单元需要根据时序和控制需求对每个通道独立设置，避免了各通道之间的相互依赖，这种相互独立的结构为应用提供了更大的灵活性。ePWM 模块主要包括以下几个部分：

☺ 时间基准模块（Time-base module）；

☺ 计数器比较模块（Counter compare module）；

☺ 动作限定模块（Action qualitier module）；

☺ 死区产生模块（Dead-band module）；

☺ PWM 斩波模块（PWM chopper module）；

☺ 制动模块（Trip zone module）；

☺ 事件触发模块（Event trigger module）；

☺ 数字比较模块（Digital compare module）。

ePWM 模块每个 PWM 通道由两个 PWM 输出组成：EPWMxA 和 EPWMxB，在一个器件中集成了多个 ePWM 通道。为了能够输出更高精度的 PWM 信号，该模块还提供了 HRPWM 子模块。ePWM 模块的所有通道采用时间同步模式，在必要的情况下，可以类似一个通道进行操作。此外，还可以利用捕捉单元（eCAP）进行通道间的同步控制。

2）串行通信接口 SCI 模块 串行通信接口（SCI）是采用双线通信的异步串行通信接口，即通常所说的 UART 口。为减少串口通信时 CPU 的开销，支持 16 级接收和发送 FIFO。SCI 模块采用标准非归零数据格式，可以与 CPU 或其他通信数据格式兼容的异步外设进行数字通信。当不使用 FIFO 时，SCI 接收器和发送器采用双缓冲传送数据，SCI 接收器和发送器有自己的独立使能和中断位，可以独立操作，在全双工模式下也可以同时操作。为保证数据完整，SCI 模块对接收的数据进行间断、极性、超限和帧错误检测。通过对 16 位的波特率控制寄存器进行编程，配置不同的 SCI 通信速率。每个 SCI 模块的特性包括：

☺ 两个外部引脚：SCITXD 和 SCIRXD，两个引脚如果不被用于 SCI 的话，可被用作 GPIO。

     ↳ SCITXD：SCI 发送-输出引脚；

     ↳ SCIRXD：SCI 接收-输入引脚；

     ↳ 波特率被设定为 64K 个不同速率。

☺ 数据-字格式。

     ↳ 一个开始位；

     ↳ 数据的字长度可被设定为 1~8 位；

     ↳ 可选偶/奇/无奇偶校验位；

     ↳ 一个或两个停止位。

☺ 四个错误检测标志：奇偶、超载、组帧和中断检测。

☺ 两个唤醒多处理器模式：空闲线路和地址位。

☺ 半双工或全双工运行。

☺ 双缓冲接收和发送功能。

☺ 可通过带有状态标志的中断驱动或轮询算法来完成发射器和接收器操作。

     ↳ 发射器：TXRDY 标志（发射器缓冲寄存器已经准备好接收另外字符）和 TX EMPTY（TX 空）标志（发射器移位寄存器已空）；

     ↳ 接收器：RXRDY 标志（接收器缓冲寄存器已经准备好接收另外的字符）、BRKDT 标志（发生了中断条件）和 RX ERROR 错误标志（监控四个中断条件）。

☺ 用于发射器和接收器中断的独立使能位（除了 BRKDT）。

☺ NRZ（非归零码）格式。

☺ 增强型特性。

☺ 自动波特率检测硬件逻辑电路。

☺ 四级发送/接收 FIFO。

8.2.2　硬件设计

PID 温度控制器电路图如图 8-12 所示。它由温控设备电路模块（见图 8-13）和温度传感器电路模块（见图 8-14）等电路组成。

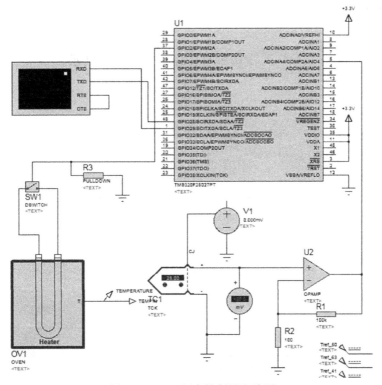

图 8-12　PID 温度控制器电路图

　　PROTEUS 中的 OVEN 是模拟加热的装置，加一定的电压便开始不停地升温，直到电压要消失则开始降温。仿真时，U 形加热器为红色时表示正在加热，发红时将直流电压反过来接，就会制冷，并且变绿。T 端输出的是电压，温度越高，电压就越高。仿真时需要调整一下 OVEN 的时间参数，否则系统仿真时不收敛，会提示最小时间问题。温控设备电路模块如图 8-13 所示。

　　温度传感器电路是使用 K 型热电偶 TCK 实现的，热电偶利用热点效应原理进行温度测量，其中，直接用于测量介质温度的一端叫作工作端（也称为测量端），另一端叫作冷端（也称为补偿端）；冷端与显示仪表或配套仪表连接，显示仪表会指出热电偶所产生的热电势。本设计冷端接地。温度传感器电路模块如图 8-14 所示。

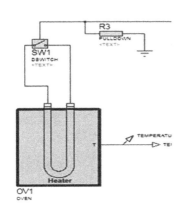

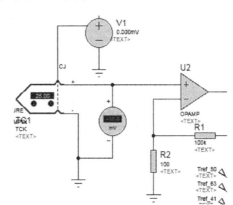

图 8-13　温控设备电路模块　　　　　　图 8-14　温度传感器电路模块

8.2.3 软件设计

1. 流程图

主程序流程图如图 8-15 所示，PID 算法流程图如图 8-16 所示。

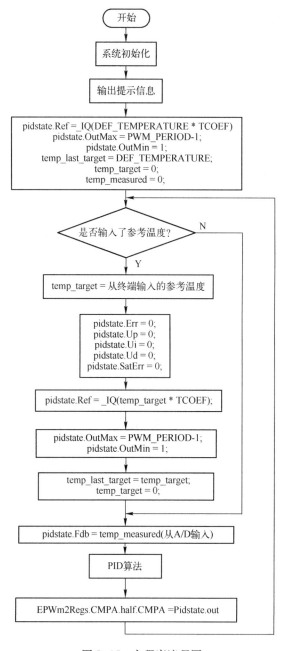

图 8-15　主程序流程图

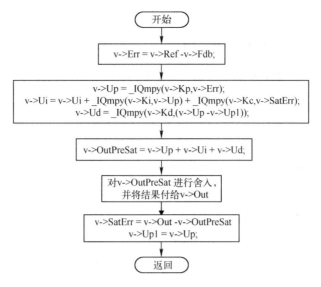

图 8-16　PID 算法流程图

2. 程序源代码

1）主程序

```
void main( void)
{ char * msg;
  char s[16];
  int temp_target;
  int temp_last_target;
  _iq prd;
  PIDREG3 pidstate=PIDREG3_DEFAULTS;
  initialize_peripheral( );
  msg=" \r\nTdef=50\r\nEnter target temperature. . . \r\n\0";
  scia_msg( msg);
  pidstate. Ref=_IQ( DEF_TEMPERATURE * TCOEF);
  pidstate. OutMax=PWM_PERIOD-1;
  pidstate. OutMin=1;
  temp_last_target=DEF_TEMPERATURE;
  temp_target=0;
  temp_measured=0;
  for( ;;)
    { if( read_temperature( temp_last_target,&temp_target))
      { pidstate. Err=0;
        pidstate. Up=0;
        pidstate. Ui=0;
        pidstate. Ud=0;
        pidstate. SatErr=0;
        pidstate. Ref=_IQ( temp_target * TCOEF);
        pidstate. OutMax=PWM_PERIOD-1;
        pidstate. OutMin=1;
        temp_last_target=temp_target;
        temp_target=0;
```

```
        }
        pidstate. Fdb = _IQ( temp_measured);
        pid_reg3_calc( &pidstate);
        EPwm2Regs. CMPA. half. CMPA = pidstate. Out;        //1 .. PWM_PERIOD-1
    }
}
```

2) PID 算法

```
void pid_reg3_calc( PIDREG3 * v)
{//计算错误
    v->Err = v->Ref-v->Fdb;                             //计算比例输出
    v->Up = _IQmpy( v->Kp, v->Err);                     //计算积分输出
    v->Ui = v->Ui+_IQmpy( v->Ki, v->Up) +_IQmpy( v->Kc, v->SatErr);
    v->Ud = _IQmpy( v->Kd, ( v->Up-v->Up1));            //计算微分输出
        v->OutPreSat = v->Up+v->Ui+v->Ud;               //计算预饱和输出
        if( v->OutPreSat > v->OutMax)
        v->Out =   v->OutMax;
    else if( v->OutPreSat < v->OutMin)
        v->Out =   v->OutMin;
    else
        v->Out = v->OutPreSat;
        v->SatErr = v->Out-v->OutPreSat;                //计算饱和差
    v->Up1 = v->Up;                                     //更新以前的比例
}
```

3) 系统初始化程序

```
void initialize_peripheral( )
    {
//PLL, WatchDog, 启用外设时钟
    InitSysCtrl( );
//清除所有中断并初始化 PIE 向量表
    DINT;
//将 PIE 控制寄存器初始化为默认状态
//默认状态是禁止所有的 PIE 中断并清除标志
    InitPieCtrl( );
    IER = 0x0000;
    IFR = 0x0000;
    InitPieVectTable( );
    EALLOW;
//外设时钟使能
//如果不使用外设, 可能需要切换
//时钟关闭以节省功耗, 即设置为 0
    SysCtrlRegs. PCLKCR0. bit. ADCENCLK = 1;             //ADC
    SysCtrlRegs. PCLKCR3. bit. GPIOINENCLK = 0;          //GPIO
    SysCtrlRegs. PCLKCR3. bit. COMP1ENCLK = 0;           //COMP1
    SysCtrlRegs. PCLKCR3. bit. COMP2ENCLK = 0;           //COMP2
    SysCtrlRegs. PCLKCR0. bit. I²CAENCLK = 0;            //I²C
    SysCtrlRegs. PCLKCR0. bit. SPIAENCLK = 0;            //SPI-A
```

```
    SysCtrlRegs. PCLKCR0. bit. SCIAENCLK = 1;        //SCI-A
    SysCtrlRegs. PCLKCR1. bit. ECAP1ENCLK = 0;       //eCAP1
    SysCtrlRegs. PCLKCR1. bit. EPWM1ENCLK = 0;       //ePWM1
    SysCtrlRegs. PCLKCR1. bit. EPWM2ENCLK = 1;       //ePWM2
    SysCtrlRegs. PCLKCR1. bit. EPWM3ENCLK = 0;       //ePWM3
    SysCtrlRegs. PCLKCR1. bit. EPWM4ENCLK = 0;       //ePWM4
    SysCtrlRegs. PCLKCR0. bit. TBCLKSYNC = 1;        //使能 TBCLK
//Timer 0
    CpuTimer0Regs. PRD. all = (long)(TMR0_FREQ * TMR0_PERIOD);
CpuTimer0Regs. TPR. all = 0;
//设置预分频计数器除以 1(SYSCLKOUT):
    CpuTimer0Regs. TPRH. all = 0;
    CpuTimer0Regs. TCR. bit. TSS = 1;
//1 = 停止定时器, 0 = 启动/重启定时器
    CpuTimer0Regs. TCR. bit. TRB = 1;                //1 = 重载计时器
    CpuTimer0Regs. TCR. bit. SOFT = 0;
    CpuTimer0Regs. TCR. bit. FREE = 0;               //定时器自由运行禁用
    CpuTimer0Regs. TCR. bit. TIE = 1;
//0 = 禁止, 1 = 使能定时器中断
    CpuTimer0Regs. TCR. all = 0x4001;
//使用只写指令设置 TSS 位 = 0
//    ADC
    AdcRegs. ADCCTL1. bit. ADCREFSEL = 0;            //选择 interal BG
    AdcRegs. ADCCTL1. bit. ADCBGPWD   = 1;           //Power ADC BG
    AdcRegs. ADCCTL1. bit. ADCREFPWD = 1;            //Power reference
    AdcRegs. ADCCTL1. bit. ADCPWDN   = 1;            //Power ADC
    AdcRegs. ADCCTL1. bit. ADCENABLE = 1;            //Enable ADC
asm("RPT#100 ‖ NOP");
AdcRegs. ADCCTL1. bit. INTPULSEPOS = 1;
//在 AdcResults 锁存后 ADCINT1 跳闸
AdcRegs. ADCSOC0CTL. bit. ACQPS = 6;
    //将 SOC0 S/H 窗口设置为 7 个 ADC 时钟周期(6 个 ACQPS 加 1)
    AdcRegs. INTSEL1N2. bit. INT1SEL = 0;
//设置 EOC0 触发 ADCINT1 触发
    AdcRegs. INTSEL1N2. bit. INT1CONT = 0;
    AdcRegs. INTSEL1N2. bit. INT1E = 1;
    AdcRegs. ADCSOC0CTL. bit. CHSEL = 4;
//将 SOC0 通道选择设置为 ADCINA4
    AdcRegs. ADCSOC0CTL. bit. TRIGSEL = 1;
//在 Timer0 上设置 SOC0 启动触发
        GpioCtrlRegs. AIOMUX1. bit. AIO4 = 2;
//在 Timer0 上设置 SOC0 启动触发
        PieVectTable. ADCINT1 = &adc_isr;
EDIS;
//    SCI
    SciaRegs. SCICCR. all = 0x0007;                  //1 个停止位, 无回送, 无奇偶校验, 8 个
字节, 异步模式, 空闲线路协议
    SciaRegs. SCICTL1. all = 0x0003;                 //启用: TX, RX, 内部 SCICLK。禁用: RX
ERR, SLEEP, TXWAKE
```

```
        SciaRegs. SCICTL2. all = 0x0003;
        SciaRegs. SCICTL2. bit. TXINTENA = 1;
        SciaRegs. SCICTL2. bit. RXBKINTENA = 1;
        SciaRegs. SCIHBAUD      = 0x0000;          //9600 baud @ LSPCLK = 15MHz(60MHz SYSCLK).
        SciaRegs. SCILBAUD      = 0x00C2;
        SciaRegs. SCICTL1. all = 0x0023;           //Relinquish SCI from Reset
        SciaRegs. SCIFFTX. all = 0xE040;
        SciaRegs. SCIFFRX. all = 0x2044;
        SciaRegs. SCIFFCT. all = 0x0;
//   PWM
//B-channel will be configured as example but will not be used
        EPwm2Regs. TBPRD = PWM_PERIOD;
//设置定时器周期，PWM 频率 = 1/周期
        EPwm2Regs. TBPHS. all = 0;                 //Time-Base Phase Register
        EPwm2Regs. TBCTR = 0;                      //Time-Base Counter Register
        EPwm2Regs. TBCTL. bit. PRDLD = TB_IMMEDIATE;      //Set Immediate load
        EPwm2Regs. TBCTL. bit. CTRMODE = TB_COUNT_UP;
//计数模式：用于非对称 PWM
        EPwm2Regs. TBCTL. bit. PHSEN = TB_DISABLE;        //Disable phase loading
        EPwm2Regs. TBCTL. bit. SYNCOSEL = TB_SYNC_DISABLE;
        EPwm2Regs. TBCTL. bit. HSPCLKDIV = TB_DIV1;
        EPwm2Regs. TBCTL. bit. CLKDIV = TB_DIV1;
//在 ZERO 上设置影子寄存器加载
        EPwm2Regs. CMPCTL. bit. SHDWAMODE = CC_SHADOW;
        EPwm2Regs. CMPCTL. bit. SHDWBMODE = CC_SHADOW;
        EPwm2Regs. CMPCTL. bit. LOADAMODE = CC_CTR_ZERO;   //load on CTR = Zero
        EPwm2Regs. CMPCTL. bit. LOADBMODE = CC_CTR_ZERO;   //load on CTR = Zero
//设置比较值
        EPwm2Regs. CMPA. half. CMPA = 1;           //Set duty 0% initially
        EPwm2Regs. CMPB = PWM_PERIOD/2;            //Set duty 50% initially
//设置动作
        EPwm2Regs. AQCTLA. bit. ZRO = AQ_SET;      //Set PWM2A on Zero
        EPwm2Regs. AQCTLA. bit. CAU = AQ_CLEAR;
//清除事件 A 上的 PWM2A，加计数
        EPwm2Regs. AQCTLB. bit. ZRO = AQ_CLEAR;    //Set PWM2B on Zero
        EPwm2Regs. AQCTLB. bit. CBU = AQ_SET;
//Clear PWM2B on event B,up count
        EALLOW;
//GPIO
//GPIO-02-引脚功能 = -备用-
        GpioCtrlRegs. GPAMUX1. bit. GPIO2 = 1;
//0 = GPIO,   1 = EPWM2A,   2 = Resv,   3 = Resv
        GpioCtrlRegs. GPADIR. bit. GPIO2 = 1;              //1 = OUTput,   0 = INput
// GPIO-28-引脚功能 = -备用-
        GpioCtrlRegs. GPAMUX2. bit. GPIO28 = 1;
//0 = GPIO,   1 = SCIRX-A,   2 = I2C-SDA,   3 = TZ2
        GpioCtrlRegs. GPADIR. bit. GPIO28 = 0;             //1 = OUTput,   0 = INput
        GpioCtrlRegs. GPAPUD. bit. GPIO28 = 0;
//启用 GPIO28(SCIRXDA)的上拉电阻
```

```
    GpioCtrlRegs. GPAQSEL2. bit. GPIO28 = 3;          //Async input GPIO28(SCIRXDA)
//    GPIO-29-PIN FUNCTION = --Spare--
    GpioCtrlRegs. GPAMUX2. bit. GPIO29 = 1;
//0 = GPIO,    1 = SCITXD-A,    2 = I2C-SCL,    3 = TZ3
    GpioCtrlRegs. GPADIR. bit. GPIO29 = 1;            //1 = OUTput,    0 = INput
    GpioCtrlRegs. GPAPUD. bit. GPIO29 = 1;
//禁用 GPIO29 上拉(SCITXDA)
//    GPIO-34-PIN FUNCTION = LED for F28027 USB dongle
    GpioCtrlRegs. GPBMUX1. bit. GPIO34 = 0;
//0 = GPIO,    1 = COMP2OUT,    2 = EMU1,    3 = Resv
    GpioCtrlRegs. GPBDIR. bit. GPIO34 = 1;            //1 = OUTput,    0 = INput
    GpioDataRegs. GPBSET. bit. GPIO34 = 1;
//取消注释,如果->最初设置为高
    EDIS;
    PieCtrlRegs. PIEIER1. bit. INTx1 = 1;             //在 PIE 中启用 INT 1.1
    IER  | = M_INT1;
    EINT;                                            //启用全局中断 INTM
}
```

8.2.4　系统仿真

系统开始运行后,会输出提示输入参考温度的信息,系统初始化时设置的参考温度是 50℃,可以看到,加热炉通电开始加热,等系统运行稳定后,温控设备的温度在 50℃ 左右变化,而且从探针 TEMPERATURE 可以看出变化的误差在 1℃ 之内。PID 温度控制器仿真图如图 8-17 所示。

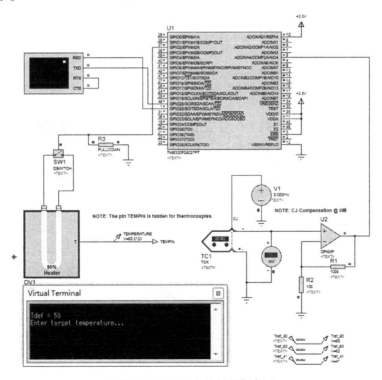

图 8-17　PID 温度控制器仿真图

如果从虚拟终端输入参考温度 35℃，加热炉会有一定的延迟性，温度会慢慢回落，得到如图 8-18 所示的仿真运行结果。从这个结果可以看出，温控设备的实时温度在 35℃左右变化，并且从探针 TEMPERATURE 可以看出变化的误差在 1℃之内。

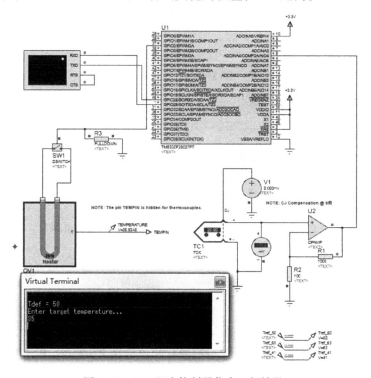

图 8-18　PID 温度控制器仿真运行结果

8.3　本章小结

本章以基于 TMS320F28027 的 I^2C 总线读/写设计、PID 温度控制器的设计为例介绍了 DSP 设计过程。设计包括软件及硬件设计，为加强读者对电路设计原理的理解，重点讲解了各个模块的设计原理，将知识点渗透于各个实例中，便于读者理解。

思考与练习

（1）简述 I^2C 通信协议。

（2）简述 K 型热电偶的工作原理。

第9章 基于 Arduino 的可视化设计

基于 Arduino 的可视化设计作为 PROTEUS 的新增功能，仅需要学生掌握微控制器的基本架构，就可以在一个简单的流程图中编写任何应用程序来进行可视化设计。学生在可视化编程的实践中，不需要很深入地了解单片机内部工作原理，不需要熟练掌握一门编程语言，只需要简单了解单片机的基本架构，就可以用简单的流程图在没有任何程序设计经验的情况下设计出复杂的、令人惊讶的嵌入式应用程序。

【学习任务及要求】

了解 Arduino 开发板，学习利用 PROTEUS Visual Designer 进行可视化的设计，了解 PROTEUS Visual Designer 的编辑环境，熟悉菜单栏各个工具的使用，掌握可视化编程设计的一般流程。

9.1 可视化设计简介

传统的8位单片机有着非常烦琐和复杂的控制逻辑，更不用说32位单片机了，其开发周期较为漫长。单片机工程开发流程主要包括确定题目、芯片选型及方案选择、硬件设计及制作、软件设计、仿真测试、系统调试这些方面。在硬件电路设计环节，最主要的是需要仔细查阅商家提供的硬件手册，弄清楚元件和芯片每个引脚的用途、控制器的存储结构以及其中详细的控制逻辑。要想完整开发一个单片机嵌入式项目，这一步骤至关重要并且耗时较长，而且一般外围设备对存储器级别有着非常复杂的控制方式。在软件设计环节，首先学生至少要学习一门编程语言。常用的是 C、C++语言或汇编语言，熟练掌握其语法和运算逻辑难度就比较大，再熟练运用进行单片机工程设计就更难了。所以，要想进行完整的单片机工程开发，学生往往是先花一段时间研究单片机内部各个部分的控制逻辑，再花一定的时间学习编程语言。完成这些基础知识准备后，等到需要用所学语言进行单片机项目开发时，才发现二者的结合依旧是一个难点。为了解决硬件和软件结合困难的问题，接下来需要学生搭建开发环境进行应用练习。需要在第三方 IDE（Integrated Development Environment）软件中编写一些示例小程序，编译成功后使用目标文件烧写器将程序烧录到单片机系统再进行系统调试。这些程序往往是学生用来检测单片机的部分引脚功能以及用来巩固单片机内部的控制逻辑的。只有将这些功能应用熟练，学生才能进行综合的复杂课题设计。

基于传统单片机工程开发时难度大、工作量大、开发周期长的劣势，我们提出可视化设计的理念。目前，一些嵌入式系统的可视化编程工具的目标就是简化编程和控制外设的方式。仅需要学生掌握微控制器的基本架构，就可以在一个简单的流程图中编写任何应用程序来进行可视化设计。

综上所述，可视化设计理念的重点不在于夯实学生的基础知识，其理念的关键之处在于激发学生的创造能力。并不是掌握控制器的内部工作原理和掌握一门编程语言不重要、没有用处，在一定的条件下我们仍然需要熟练掌握。可视化设计的过程避免了学习进阶编程所带来的挫折和限制，淡化了电子设计初学者的盲目思维，其根本目的在于冲破初学者创造性思维的限制，使电子设计初学者能够愉快、轻松地快速入门嵌入式系统的设计。

1. 可视化设计的优点

（1）学生在可视化编程的实践中，不需要很深入地了解单片机内部工作原理，不需要熟练掌握一门编程语言，只需要简单了解单片机的基本架构，就可以用简单的流程图在没有任何程序设计经验的情况下设计出复杂的、令人惊讶的嵌入式应用程序。

（2）随着新型高科技技术的迅猛发展，当今社会最需要的是具有创造性和创新性思维能力的人才。而且随着物质水平的不断提高，精神层面的满足感也逐渐成为人们的追求。在此大环境下，以激发学生"享受创新的喜悦"为目标的"创客教育"热潮迅速席卷全球，我国对此也给予了高度重视。理所当然地，Arduino 工程的可视化设计成为人们当前关注的热点，尤其在教育界备受追捧。它能够很好地激发学生的创造性，使学生快速入门嵌入式开发项目。

（3）由于 Arduino 平台的开源性、经济性、跨平台性及可扩展性，其在国内外电子设计行业的应用已经渗入到很多领域。在国外，伴随着机器人在各行业的普及应用，Arduino 在教育机器人领域的应用较为广泛。如将 Arduino 控制板与教育机器人的内置系统进行整合，从硬件上改进系统的性能并且降低了成本。印度研究学者还论证并分析了将 Arduino 作为一门高中生学习课程的可行性。

（4）开发人员对当前最完善的图形化编程工具 Scratch 进行改进，开发了 mBlock 软件，使软件编程达到与 Arduino 交互的效果。

（5）基于 Arduino 的可视化设计应用范围广泛，目前正被广泛应用于各个领域。比如，在家庭数控系统的设计中，通过 Arduino 平台扩展 Android 数控手机与 ZigBee 无线传感器网络的连接，体现了其在无线通信方面的应用；一部分电子及机械研究人士还设计了基于 Arduino 单片机控制的无线儿童玩具；在教学方面的应用也有一部分研究人士开始探究，国立台中教育大学黄小纹提出用 Arduino 整合绘本与感测装置，感测装置能够捕捉儿童的直觉操作来形成互动，达到激发儿童阅读兴趣的效果；上海交通大学研究人员提出了使用 Arduino 平台开发交互式产品原型的理念，研究了将模块化思想应用在 Arduino 教学中并且分析了学生的学习和原型构建的效果。

2. 传统单片机设计与可视化设计的区别

由于可视化突出的优点，目前被火热应用到教学中，但由于电子、物理、机械等专业技术门槛的限制，其课程的开设给教学带来了极大的挑战。为了论证 Arduino 工程可视化设计在教学中的有效性和必要性，这里主要介绍传统单片机工程设计的知识储备以及可视化设计知识储备的对比，突出可视化设计在教学中应用的特点。

1）传统单片机开发的特点 传统单片机的开发周期较为漫长。这里主要从传统单片机设计的知识储备角度来阐述传统单片机开发的特点。

要想熟练完成单片机工程的开发，需要有几个方面的知识储备：基本的模拟与数字电路的知识、基本的计算机理论知识与操作知识（二进制、ROM 和 RAM）、单片机内部工作原理（内部控制和存储逻辑及引脚功能）和至少一门编程语言的语句和规则。其中最后两方面的基础知识是必不可少和需要扎实掌握的。

具体来说，在硬件电路知识储备方面，学生需要仔细查阅商家提供的技术手册，弄清楚所选单片机内部的各类寄存器、RAM 存储器、ROM 存储器、多种 I/O 口、中断系统、定时

/计数器的功能和工作方式，以及其复杂的控制逻辑，而且一般嵌入式系统所需外围设备对存储器级别有着非常复杂的控制方式。现在一些单片机还集成了脉宽调制电路、模拟多路转换器及 A/D 转换器、显示驱动电路等功能，在进行硬件电路方案确定时，对这些功能的控制方法都需要明确才能达到熟练应用的效果。

在软件知识储备方面，学生最少要学习一门编程语言。汇编语言或 C、C++语言是单片机编程常用语言。语言最基本的数据类型、控制命令语句、语法及运算逻辑是在初期就需要掌握的。

当完成这两方面的知识储备后，发现二者的结合依旧是一个难点。所以后期要想真正熟练运用于嵌入式系统的开发，还需要多结合一些单片机例程来学习其各部分功能的实现方法。只有将这些功能应用熟练，才能进行综合的复杂课题设计。其开发周期之长、工作量之大是可以想象的。

2）Arduino 工程可视化开发的特点　Arduino 是一个基于开放原始码的软硬件平台。该平台包括一块具备简单 I/O 功能的电路板和一套程序开发环境软件。用户可以在此平台上设计和制作一些基于微控制器的数字装置和交互式系统。这些设计出来的系统可以在现实生活中感知和控制物体。

之所以将 Arduino 应用在教学中，是因为该平台具有以下几方面优势：

（1）其硬件和软件均具有很强的开源性。硬件可部署在 Uno、Mega 和 Leonardo 板块上，软件工作环境简单、直观、交互性强，流程图化的编写界面和程序语言编写界面可以满足学生不同层次的需要。其硬件系统包括各个扩展板模块，价格低廉，适合学生及老师教学方面的研究。

（2）具有很强的扩展性。Arduino 常用的扩展板包括显示器、按钮、开关、传感器和电机，以及更强大的器件如 TFT 显示屏、SD 卡和音频播放器。

（3）Arduino IDE 可以跨平台使用。Arduino IDE 可以在 Windows、Mac、Linux 系统中使用，适用性较强。

（4）相比于传统单片机设计，Arduino 的可视化设计有其独特的优点。第一，知识储备"大瘦身"。传统单片机设计需要掌握单片机内部复杂的工作原理及控制逻辑，软件还需要精通掌握一门语言的语法规则及算法逻辑，而 Arduino 的可视化设计过程根本不需要这些。硬件电路方面仅需要学生掌握微控制器的基本架构：有几个 I/O 口，哪些是数字量输入/输出口，哪些是模拟量输入口，哪些是 PWM 输出口，有几个定时/计数器，有几种中断方式。了解这些基本架构常识，不用深究其内部的工作原理即可进行可视化设计。软件方面，也不需要精通一门语言的语法规则和算法逻辑，不存在学习进阶编程所带来的挫折和限制，Arduino 可视化设计软件通过"拖"、"放"的流程图编程和世界级的扩展板仿真，使学生对硬件更快速地上手。第二，拖放流程图编辑器使编程更加快捷。这种可视化编程方法能减少打字输入，学生仅需了解流程图布局的操作确保其软件设计的逻辑呈现就可以了。第三，丰富的外设使初学者对硬件快速入门。本文提出的可视化设计软件为 PROTEUS Visual Designer，它包含 Arduino 功能扩展板和 Grove 模块，如所有常用的显示器、按钮、开关、传感器和电机，以及更强大的器件如 TFT 显示屏、SD 卡和音频播放。而且，调用这些模块方法比较简单。在图库窗口选中模块，然后能自动放置在原理图上，不需要布线就可以将 Grove 模块分配给接口。其驱动程序 API 提供的抽象化概念使初学者能够理解复杂的外设。第四，学生还可以自行创建新的外设模块来满足进阶的学习要求。

3）Arduino 工程可视化设计的教学优势　前面从 Arduino 自身的优势及可视化设计的优

势角度阐述了学生学习 Arduino 工程可视化设计的便利性、趣味性和高效性，接下来从老师教学及教学过程的角度阐述可视化教育在教学中的应用优势。

（1）老师可以在一个讲座或一节课的时间里完成基本知识的教学。因为老师只需要讲解微控制器的基本架构、编程语言的流程图操作，再辅以简单应用例程的讲解，就可以使从未进行编程的学生深深陷入其交互任务的乐趣中。而且学生能免除语法错误、编译问题和硬件故障的种种干扰，能更专注到程序逻辑的开发上。

（2）Arduino 工程可视化设计可以作为理想的家庭作业任务。完整的 Arduino/Grove 应用程序可以在没有硬件设备的情况下，通过仿真功能设计和开发。流程图项目可以在 C++代码级别上逐步或完整调试，使学生更容易地学习如何正确使用 C++编程。所以这样富有创新性、探索性的家庭作业设计任务能够很好地锻炼学生的独立思考、勇于创新的能力。

（3）可视化设计在教学中的应用可以实现进阶的教育效果。如图 9-1 所示，在可视化设计第一讲课程结束后，较优秀的初学者就已经懂得创建、编程、仿真、调试和部署工程等操作了；设计过程中，软件能将流程设计转换为源代码命令，允许学生看到他们的流程图是如何在代码中表示的；可视化设计软件使用标准的 Arduino 功能扩展板和 Grove 模块接口作为可编程的"积木"；优秀的学生可以继续在 PROTEUS VSM 工作环境下用 C++或汇编语言对同一个硬件进行编程。

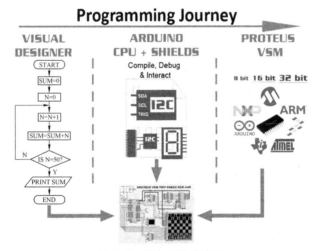

图 9-1　教育进阶路线图

通过对比传统单片机设计和 Arduino 可视化设计在知识储备方面各自的特点，突出 Arduino 的开源性、经济性、可扩展性和可跨平台使用，Arduino 工程的可视化设计软件简单、直观、交互性强。这二者的优势使学生采用 Arduino 进行可视化设计时，效率高、兴趣浓，能够快速入门嵌入式系统的设计。老师在教学可视化设计时，通过这种简单、高效培养学生创新能力的方法，也能使没有进行过编程的学生设计出复杂的、令人惊讶的嵌入式系统。

 ## 9.2　Arduino 工程可视化设计流程

本节通过简单外设的调用和制作的设计过程，带领学生熟悉 Arduino 工程可视化设计流程。

PROTEUS Visual Designer 是一款通过简单流程图界面来进行嵌入式系统设计，同时能进行仿真和调试的软件。它的集成开发环境最有意义的变革是提供了编辑界面和调试界面。

此外，因其使用 PROTEUS 的仿真环境，可以逐步调试用户的应用程序，更容易发现和修正错误；使学生对编程的原理有更深入的认识，也在流程图上给予学生视觉反馈。以上的一切都是从前的软、硬件教学所不能达到的。而且，可视化软件充分结合 PROTEUS 套件，允许学生和专业人士将他们的工程转化成行业标准的专业 PCB 设计和仿真环境。使用 PROTEUS 可视化软件能够真正为 Arduino 工程增添乐趣。

9.2.1　PROTEUS Visual Designer 编辑环境简介

由于其集成开发环境最有意义的变革是提供了编辑界面和调试界面，所以主要介绍这两部分的功能。

1. 编辑界面

进行设计时，需要添加硬件外设和嵌入式控制逻辑来创建嵌入式系统。Visual Designer 的编辑环境主要分为 6 个区域，如图 9-2 所示。

图 9-2　Visual Designer 的编辑环境

1）菜单栏、工具栏、标签页　功能同前，此处不再赘述。

2）工程树　在可视化设计中，工程树具有三个主要作用：流程图表的控制、嵌入式系统的资源控制、嵌入式系统的外围硬件控制。

（1）流程图表的控制：开始设计一个新的工程时，会在设计窗口默认得到一张图纸，名称为 Main。如果程序描述起来较为复杂，可以添加更多的图纸（副图），如图 9-3 所示。

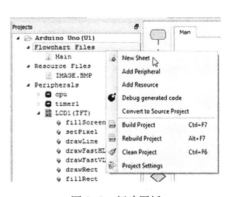

图 9-3　新建图纸

（2）嵌入式系统的资源控制：可以将图片与音频资源文件添加至工程中。在工程树中右击，在弹出的快捷菜单中选择添加或删除资源文件。如果当前工程中有资源文件，可以直接将其拖曳至流程图程序的设计规则中来进行分配。

（3）嵌入式系统的外围硬件控制：对于一个完整的嵌入式系统开发，可视化设计具有其先进的开发环境。所以对于外设模块，不论是 CPU 板上外设还是外设终端（支持 Arduino Shield 或 Grove Sensors），学生都可以将其用于自己的硬件设计。开始设计一个新的工程，可以看到两三个外设已经存在于当前工程中，如与处理器核心相关的 CPU、Time1 等。还可以右击工程树，在弹出的快捷菜单中选择相关选项或选择工程菜单中的命令选项来添加其他外设，如图 9-4 所示。一旦添加成功，将可以看到该器件可用的编辑选项。这些选项用于实现对硬件的设计要求，只需将需要编辑的选项拖入流程图程序中，随后将出现一个对应的 I/O 外设模块，如图 9-5 所示。

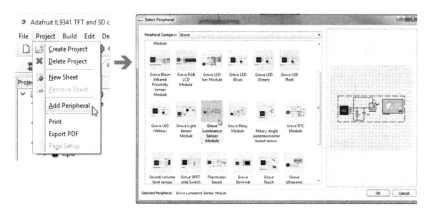

图 9-4　添加外设

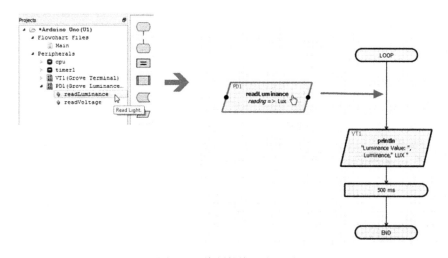

图 9-5　将硬件拖入流程图

3）流程图模块　流程图模块是程序设计的基础部分。除了在工程树中直接对上述模块进行拖曳外，用户还可以在编辑窗口下对该列的流程图模块进行拖曳。事实上，一些设计功能，如延迟模块、循环构造、时间触发等，只可以在流程图模块中找到并使用。

4）编辑窗口　编辑窗口直接用于用户设计流程、建立工程。对于拥有多页的程序设计来说，编辑窗口显示当前图纸，并且在顶部提供一个小标签页，使用户能够在多张设计图中进行切换。

5）输出窗口　输出窗口会存储状态信息，将列出所有在构造流程图或硬件编程过程中的错误。

6）仿真控制面板　如同遥控一般操作，可以通过一个控制面板来控制仿真过程。

☺ PLAY 键——开始仿真。

☺ STEP 键——使仿真过程以规定速度进行；如果将按键按下并立即松开，仿真会以步进方式进行；如果将按键一直按下，仿真将持续进行，直到将按键松开。步进仿真速度可通过系统菜单的 Animated Circuit Configuration 工具箱调节。以步进方式进行仿真对于仔细研究与观察电路中的问题具有十分显著的作用。

☺ PAUSE 键——暂停键，可以使仿真暂停/重新开始，在此过程中可单击 STEP 按键进行单步仿真。仿真在遇到设计中的断点时同样会进入暂停状态。

☺ STOP 键——停止当前实时仿真。一旦按下，所有的仿真将会停止，仿真工具将停止使用。所有的指示设备将会复位至初始状态，但是执行机构（如开关）将保持其现有状态。

2. 调试界面

在仿真与调试过程中，工程环境提供了相关工具，能够方便学生了解系统的运行过程，在系统运行出现问题时，该界面能逐步调试出问题的所在。调试界面如图 9-6 所示。

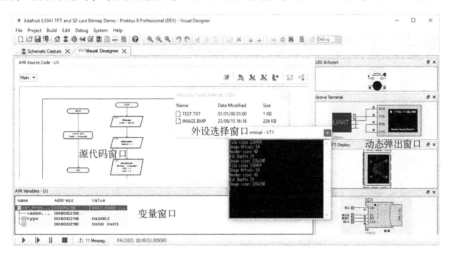

图 9-6　调试界面

1）源代码窗口　源代码窗口是调试软件设计的基本工具，它可以具体、细致地对程序进行改进，使我们能更加理想地实现嵌入式系统功能。当仿真处于暂停状态时，源代码窗口将会高亮（红）显示当前正在执行的流程图程序。可以选择在工程树菜单中的调试生成代码选项，使设计以代码显示代替流程图显示。

2）外设选择窗口　在仿真时，所用到的外设可在外设选择窗口中找到。如图 9-7 所示，如果添加 Grove Terminal Module，可以看到一个虚拟终端在仿真中出现。可以进一步对其分配读/写工作。

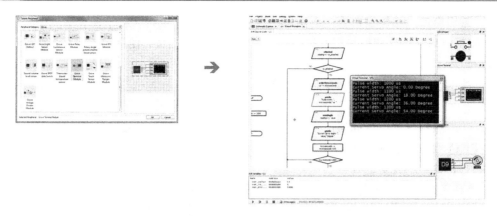

图 9-7　外设选择窗口中的虚拟终端

3）动态弹出窗口　动态弹出窗口可以显示设计中需要监视的区域，其默认在调试界面的右边显示，主要有两个功能：可以在软件执行过程中看到相关的硬件响应，如 LCD 的文字显示；可以在调试软件时与相关的硬件互动，如按下按键或调节传感器。使用动态弹出窗口的好处是用户不需在调试阶段频繁地在原理图与显示结果之间切换。动态弹出窗口使这些相关信息能够同时在一个页面中显示。

4）变量窗口　变量窗口是一项调试工具，它可以在调试过程中列出所有程序变量。变量窗口拥有以下几项十分重要的功能。

（1）数据类型扩展显示。如图 9-8 所示，变量窗口将连续显示数据类型（结构体、数组）和指针，它将指针隐藏的数据类型以扩展树的方式显示。

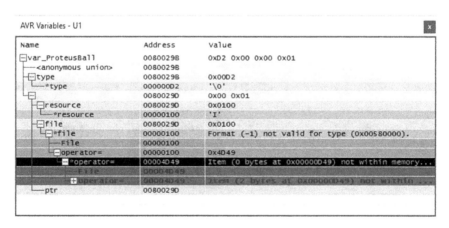

图 9-8　数据类型扩展显示

（2）改变通知与预置值。当变量窗口中变量的值发生改变时，该变量名将会高亮显示，并且仿真将会暂停。我们可以通过选择变量窗口菜单下的显示预置值选项查看该变量先前的预置值，如图 9-9 所示。

（3）将变量添加至观察窗口。变量窗口在运行仿真时是不可见的，但观察窗口是可见的。可以通过右键快捷菜单将变量添加至观察窗口。观察窗口可以在调试菜单中打开。

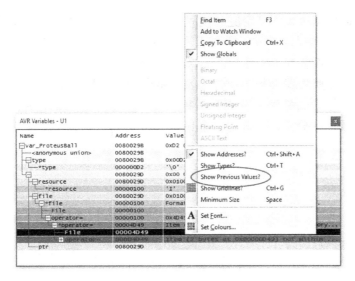

图 9-9　显示预置值

9.2.2　Arduino 工程可视化设计流程

上面简单介绍了可视化设计软件的核心功能、界面显示及操作方法，为下面具体应用该软件进行可视化设计奠定了基础。Arduino 工程的可视化设计流程与传统单片机的设计流程相同，均包括确定题目、芯片选型及方案选择、硬件设计及制作、软件设计、仿真测试、系统调试这些环节。流程环节虽然相同，但是在 Arduino 工程的可视化设计中硬件设计、软件设计、仿真测试这三个环节的难度会大大降低，趣味性和创新性将大大提高。

下面以简单例程 LED 路灯来熟悉 Arduino 工程的可视化设计流程。LED 路灯由一个亮度传感器模块和一个 LED 模块组成。当亮度变暗时，控制 LED 灯亮；亮度增强时，控制 LED 灯暗，达到自适应路灯的功能。后面为了路灯更智能、节能，加一个红外测距传感器，实现当热源靠近路灯并且天黑时，路灯才亮的效果。

1. 新建工程

打开新建工程向导，在固件选项卡选择流程图工程，并选择一个 Arduino Uno 板来创建流程图工程，如图 9-10 所示。

2. 硬件外设调用

完成新建工程向导设置后，出现一个用于 Arduino 程序的关于常用设置和循环程序的略图。同时，在原理图捕获标签页上，Arduino Uno 板的原理图已经连线并且放置好了。首先，我们需要添加硬件传感器。课题为设计 LED 路灯，所以添加 GROVE 亮度传感器模块和 LED 模块。具体操作过程如图 9-11～图 9-13 所示。当在流程图标签页添加好外设后，切换到原理图捕获标签页，就会发现外设硬件电路自动连好添加到原理图中，如图 9-14 所示。

3. 软件设计

亮度传感器返回值在 0～1000 之间，取决于光的亮度。因此程序中需要读取此值，测试该值并由此切换 LED 灯点亮或熄灭。可视化设计讲究"拖、放"的设计方式，无论是流程图板块还是外设方式的调用都适用。为了读取传感器的亮度返回值，首先，拖动工程树中亮度传感器的读取亮度选项到主循环体上，操作如图 9-15 所示。其次，需要判定亮度传感器的返回值是否大于设定值（夜间光照强度）。操作为在流程图控制窗口拖动判决模块到主循环，设定判定条件，即是否大于夜间光照强度值，操作过程如图9-16所示。双击判决模块，设置判定条件为Lux<300，如图9-17所示。最后，对判定结果做出相应的动作。即当光照强度小于300时，表明是夜间，设置使LED灯亮，否则，设置使LED灯灭。具体操作类似图9-15，将工程树中LED1的on选项拖入判决条件下的Yes分支，将off选项拖到No分支，再进行流程图连线即可。这样，一个简单的路灯程序就完成了，如图9-18所示。

图9-10　新建工程向导

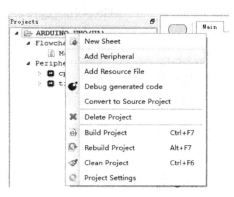

图9-11　工程树添加外设

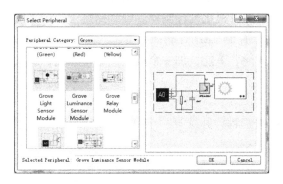

图9-12　添加外设亮度传感器

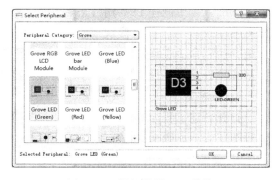

图9-13　添加外设LED模块

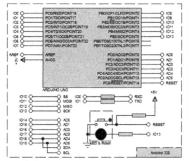

图9-14　原理图

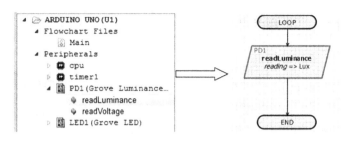

图 9-15 读取亮度程序

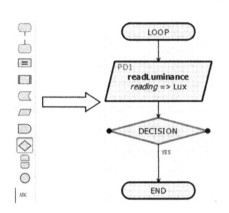

图 9-16 判断亮度程序

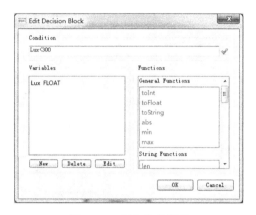

图 9-17 判定条件设置

4. 数控自适应路灯的设计

为了使路灯更加智能、节能，添加一个红外测距传感器作为扩展，使得当热源接近时，路灯才会亮。这就意味着软件设计时，读取完光照强度还要读取距离，不仅要判定光照强度，而且要判定距离，设置判定条件为 cm<20，当光照强度和距离都小于设定值时，LED 的 on 选项才会出现在此分支，否则，设定灯灭。需要注意的是，又多加了一个外设红外测距传感器模块，需要保证前面的原理图模块 ID 不能重复。完整的原理图如图 9-19 所示，可以看到 ID 没有重复。重复表明两个硬件电路连接到 Arduino 单片机外设相同的插槽上，也就是连接单片机相同的 I/O 口，功能自然得不到实现。添加红外测距传感器的操作类似于图 9-11，添加 Grove 80cm Infrared Proximity Sensor Module。最终完整的流程图如图 9-20 所示。

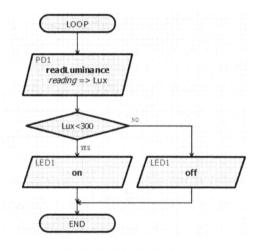

图 9-18 路灯流程图一

5. 仿真结果

硬件系统和软件程序均设计好后，利用可视化设计仿真功能来调试程序，直观地看一下程序运行结果。单击仿真控制面板的开始仿真按钮，可以直观地看到系统运行效果，如图 9-21 所示。可以看到此时 A2 插槽的亮度传感器很形象地显示为夜晚的星星状态、云层将阳光全部遮盖的状态，即传感器的亮度返回值基本为零，再加上红外测距传感器的返回值为 19，因此 LED 灯亮。下面调节两个传感器的返回值，通过不同情况下的仿真结果来验证程序逻辑的正确性。

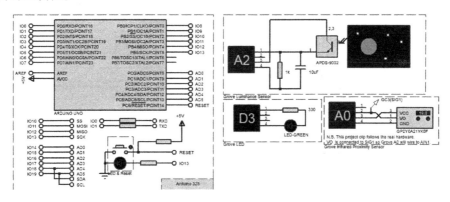

图 9-19　原理图二

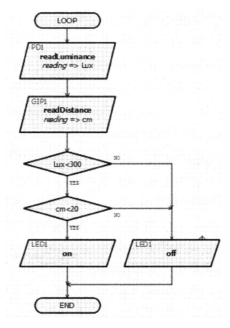

图 9-20　流程图三

图 9-21　仿真结果

（1）调节亮度传感器的"+"调节键，使得云层不遮盖阳光，红外传感器的距离不变，可以看到仿真结果中 LED 灯熄灭，如图 9-22 所示。由此可以看到，程序已经实现了天亮即使有人走过 LED 灯也不会亮的逻辑功能。

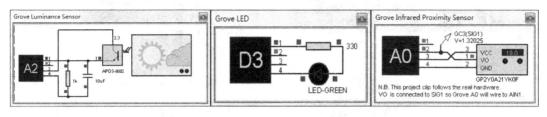

图 9-22　模拟天亮有人走过时的仿真结果

（2）调节亮度传感器的"-"调节键，使得传感器的亮度返回值减小，模拟夜晚的光线强度。调节红外测距传感器的"+"调节键，使得距离返回值大于 20，模拟夜晚没人路过的情况。仿真结果如图 9-23 所示，可以看出程序实现了夜晚没人路过时 LED 灯也不会亮的逻辑功能。

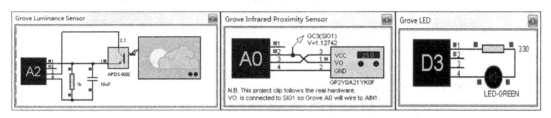

图 9-23　模拟夜晚没人走过时的仿真结果

（3）调节传感器的返回值，回到最初的情况。使亮度传感器的返回值较小，红外测距传感器的返回值也小于 20，来模拟夜晚有人经过的情况。仿真结果如图 9-24 所示，可以看出程序实现了夜晚有人经过 LED 灯会亮的逻辑功能。

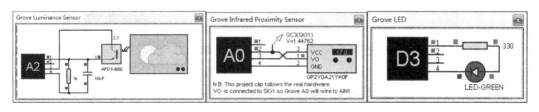

图 9-24　模拟夜晚有人走过时的仿真结果

6. 系统调试

当准备好部署在硬件上时，插上真正的传感器，连接扩展板并单击编译按钮，就可以将程序下载到 Arduino 及其扩展板上。扩展槽如图 9-25 所示。每个插槽对应 Arduino 控制器上的几个 I/O 口，所以硬件原理图上各个外设 ID 不能一样。整个系统的运行效果如图 9-26 所示，当手接近并且挡住光强传感器时，LED 灯亮。

通过系统调试，效果较好，表明使用该平台进行可视化设计具有简单、直观和便捷的特点。从整个设计过程可以看出，可视化设计软件通过"拖"、"放"的编程和世界级的扩展板仿真，使用户对硬件能够更快速地上手。可视化设计仿真是一个"真实的世界"，示意图像被赋予生命一样，演示硬件将会如何运行，会使初学者充满了成就感和探索创新的热情。

图 9-25　扩展槽

图 9-26　系统运行效果

9.3　基于可视化设计的数控稳压电源的设计与开发

上面以一个简单的自适应路灯的设计过程初步体现了可视化设计的直观便捷的流程图编程方法，这里将讲解一个较为复杂的系统在可视化设计平台上的实现方法，即基于可视化设计的数控稳压电源的硬件设计和软件设计。

9.3.1　数控稳压电源的设计任务

设计一种基于 Arduino Uno 的数控稳压电源，原理是通过 Arduino Uno 控制数模转换，再经过模拟电路电压调整实现后面的稳压模块的输出。系统输出电压在 9.5~30.0V 之间步进可调，步进值为 0.1V。初始化显示电压为常用电压 10V，电压采用独立式按键调整，每按一次增加键，电压增加 0.1V；每按一次减小键，电压减小 0.1V。

9.3.2　数控稳压电源系统方案

系统结构分为 7 个部分，如图 9-27 所示。核心控制电路 Arduino Uno 控制 LCD 显示电压，并且通过按键调整电路输出的数字量及输出电压的显示。LCD 显示电路显示和最终输出端的模拟电压相等的电压值。D/A 转换电路将单片机输出的数字量转换为模拟量，便于后续电压调整电路调整电压。反相放大电路将模拟电压放大 2 倍。电压调整电路即反相求和运算电路，进一步调整电压值，使输出模拟电压为 LCD 显示的值。输出稳压电路使电路的输出随着调整后的电压变化，并且达到了输出稳压的效果。

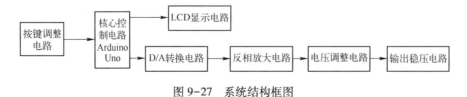

图 9-27　系统结构框图

9.3.3　硬件系统与软件设计的可视化呼应

传统的单片机设计往往是硬件设计和软件设计分开说明，使学生最终不能将两部分的功能很好地结合起来，而且导致后期进行系统调试时不能快速地检测出是硬件问题还是软件问题，或者是二者不匹配的问题。本小节顺应可视化设计的理念，将硬件系统和软件设计结合起来进行说明，更加深刻地阐述了可视化设计的深层理念"软件是硬件想表达的看法"。硬件在本设计中要实现哪些功能，可视化设计程序就很直观、简洁地表明硬件想要完成的这些功能，由此一一对应地介绍来展现可视化设计的优点，同时使初学者能够很迅速、彻底地掌握硬件功能及软件实现方法。

1. 主控芯片及其可视化编程设计

主控芯片选择 Atmega328 型单片机，它是 Arduino Uno 处理器的核心。后面进行可视化流程图编程时，只需要知道其有 14 路数字 I/O 口（包含 6 路可作为 PWM 输出的 I/O 口）、6 路模拟输入口就可以了，无须更深入地了解其内部繁杂的工作原理。

本设计中需要微控制器控制数模转换，控制 LCD 显示电压值，接收按键输入信号。因此，与微控制器相对应的流程图程序只需要将各个职能所需的 I/O 口分配好，初始化时设置好其输入/输出属性及数字输入口的初始状态量即可。

1）主控芯片的硬件电路　由于本设计的键盘调整模块和数模转换模块不是现成的扩展外设，直接连接主控芯片的 12 个数字 I/O 口，而 LCD 是现成的扩展外设，因此主控芯片的硬件电路只需保证这 12 个 I/O 口和 LCD 在板块上所接 I/O 口没有重复利用就行。如图 9-28 所示，最终确定为 IO1 ~ IO2 启动 DAC0832 进行数模转换，IO4 ~ IO8、IO11 ~ IO13 连接 DAC0832 的数字量输入端，IO2、IO3 用于连接按键输入产生外部中断，AD4、AD5 用于连接 LCD 外设接口。

2）主控芯片的可视化编程　主控芯片的流程图程序就是要完成前面硬件连接所准备实现的功能。首先，主控芯片要完成的整个系统的主程序如图 9-29 所示。状态变量 update 更新时，执行电压值更新和电压值显示子程序。每当按键响应时，状态变量更新。其次，对于主控芯片所连接外部元件的 I/O 口，要进行 I/O 口初始化，如图 9-30 所示。

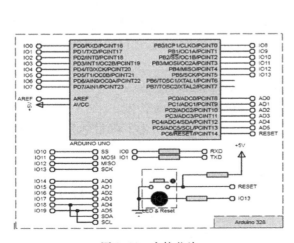

图 9-28　主控芯片

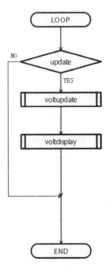

图 9-29　主程序

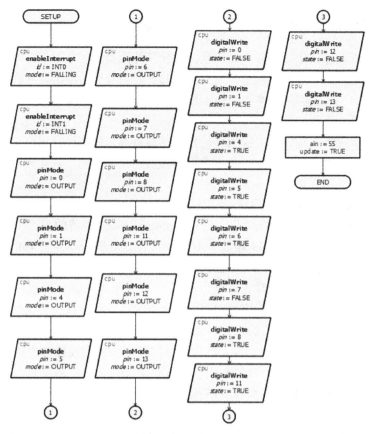

图 9-30　初始化

本设计初始化用到的选项是工程树中 cpu 的 pinMode、enableInterrupt、digitalWrite 选项。pinMode 选项用来初始化引脚的模式，0-1、9-8、11-13 引脚设为 OUTPUT 输出模式。连接按键的两个 I/O 口 IO2、IO3，用 enableInterrupt 选项设置中断模式为外部中断 INT0、INT1，中断方式为产生下降沿 FALLING。digitalWrite 选项给前面设置的输出模式的 I/O 口赋初始布尔量值：IO0、IO1 均设为 FALSE，与 DAC0832 数字量输入口 DI7~DI0 相连的 I/O 口初始化状态为 00110111，其中 "0" 对应布尔量 FALSE，"1" 对应布尔量 TRUE。IO0、IO1 初始化状态均为 "0"。从流程图模块拖动 Assignment Block，初始化整型变量 ain 为 55，该变量为显示电压值原变量；初始化状态变量 update 为布尔量 TRUE。如何初始化这些引脚及变量会结合后面的电路功能进行介绍。

2. 按键调整模块、D/A 转换模块与其可视化编程设计

1）按键调整模块和 D/A 转换模块的硬件电路　按键调整电路如图 9-31 所示，按键没有按下时，IO2、IO3 为高电平，按下去时为低电平，即产生下降沿触发外部中断 INT0、INT1，与前面引脚初始化相呼应。

D/A 转换电路如图 9-32 所示，采用数模转换芯片 DAC0832 和运算放大电路 LM324 将控制芯片输出的数字量转化为模拟电压量。该模块的输出电压如式（9-1）所示：

$$V_{\text{OUT1}} = -B \cdot V_{\text{REF}}/256 \tag{9-1}$$

式中，B 的值为 DI0~DI7 组成的 8 位二进制数，取值范围为 0~255；V_{REF} 为由电源电路提供的 -9V 的 DAC0832 的参考电压。工作中 IOUT1 引脚为低电平时 DAC0832 开始数模转换。

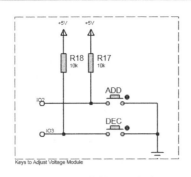

图 9-31　按键调整电路

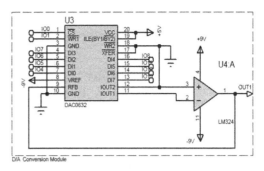

图 9-32　D/A 转换电路

2）按键调整模块和 D/A 转换模块的可视化编程　按键调整模块的功能是：当 ADD 键按下时，触发外部中断 IT0，微控制器输出的数字量加 1；当 DEC 键按下时，触发外部中断 IT1，微控制器输出的数字量减 1。下面以 INT0 子程序为例，介绍如何使微控制器输出的数字量加 1。如图 9-33 所示，cpu 的 INT0 被触发时，执行该子程序。ain 变量是整数型变量，即为十进制变量。ADD 键按下时，该变量加 1。为了使微控制器的 I/O 口输出的数字量加 1，本设计将更新的整型变量"除 2 取余"转换后二进制变量。每一个 state 变量就是转化后的二进制位。由于 state 变量依然是整型变量，没法直接赋值到相应的 I/O 口，故一一单独赋值。如果 state 变量为"1"，就给相应的 I/O 口赋值布尔量 TRUE；如果 state 变量为"0"，就给相应的 I/O 口赋值布尔量 FALSE。这样，就实现了 ADD 键按下使得微控制器相应 I/O 口输出的数字量加 1 的逻辑功能。同理，DEC 键按下使得微控制器相应 I/O 口输出的数字量减 1 的程序如图 9-34 所示。

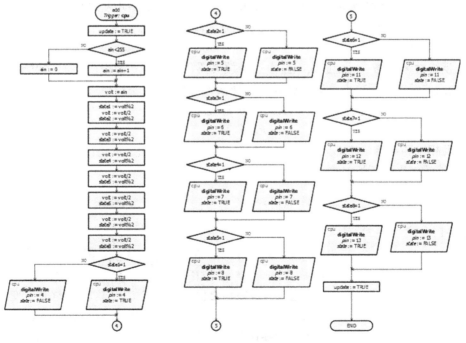

图 9-33　INT0 子程序

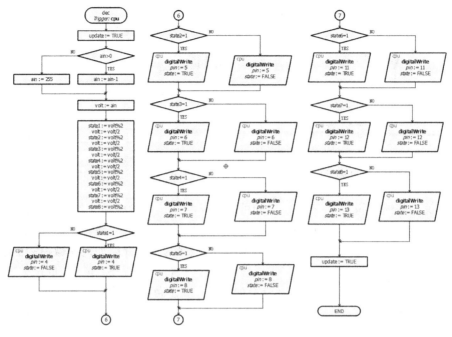

图 9-34 INT1 子程序

3. 反相放大、反相求和、输出稳压电路的设计

前面的按键调整电路和微控制器电路实现了按键按下微控制输出数字量增加或者减小的功能以后，数模转换电路自动将该数字量转换为模拟电压量（这部分功能实现直接由硬件电路实现），下面反相放大电路、反相求和电路、输出稳压电路均从硬件方面保证了设计指标的完成，即初始化电压显示值及按键电压调整的步进值的准确性。这三部分电路是模拟电路，无须编写程序。

1）反相放大电路 反相放大电路由运算放大器 TL084 和相应电阻组成。由于前一级数模转换电路的模拟电压较小，这一级电路选择放大倍数为 2，将前一级模拟电压初步放大。如图 9-35 所示，该模块电压输出量如式（9-2）所示。

$$V_{OUT2} = -(R_9/R_7)\,V_{OUT1} = -2V_{OUT1} \tag{9-2}$$

2）反相求和电路 该部分电路由运算放大器 TL084 和相应的电阻组成，如图 9-36 所示。该模块的输出电压值如式（9-3）所示。

$$V_{OUT} = -(V_{OUT2} + V_P)\frac{RV_2}{R_{12}} \tag{9-3}$$

将式（9-1）、式（9-2）代入式（9-3）得

$$V_{OUT} = -(V_{OUT2} + V_P)\frac{RV_2}{R_{12}} = 2V_{OUT1} \cdot \frac{RV_2}{R_{12}} - V_P \cdot \frac{RV_2}{R_{12}} = -2B \cdot \frac{V_{REF}}{256} \cdot \frac{RV_2}{R_{12}} - V_P \cdot \frac{RV_2}{R_{12}} \tag{9-4}$$

由式（9-4）可以分析得到，电压的最终输出值由数字量 B、RV_2、V_P 这几个变量决定。而 V_P 值由 RV_1 分压得到，因此硬件电路的输出电压值由 B、RV_2、RV_1 决定。继续分析步进值和初始电压分别由哪些变量决定。当输出数字量 B 加 1 时，电路输出电压 V_{OUT}，步进值如式（9-5）所示：

$$V'_{OUT} - V_{OUT} = -2 \cdot \frac{V_{REF}}{256} \cdot \frac{RV_2}{R_{12}} = \frac{18}{256} \cdot \frac{RV_2}{10 \times 10^3} \tag{9-5}$$

由此可以得出，步进值只与 RV_2 有关。本设计中步进值要求为 0.1V，只需由式（9-5）计算出相应的 RV_2 值即可。RV_2 阻值确定后，代入式（9-4）可计算出预设初始电压所对应的 P 点电压。由 P 点分压即可计算出 RV_1 的阻值，即 RV_1 的大小是电源预设初始化电压输出的硬件保证。

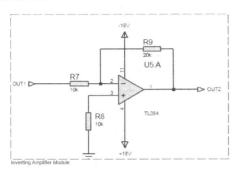

图 9-35　反相放大电路

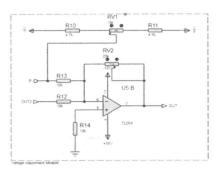

图 9-36　反相求和电路

3）输出稳压电路　本电路用于使未经稳压的电源电路输出稳定可调的电压。我们期望输出电压跟随前一级电压可调。采用三端稳压器 7805 和运算放大器 NE5532 使得输出电压稳定并且从 0 可调，如图 9-37 所示。电路最终的输出电压如式（9-6）所示：

$$V_{\text{OUTPUT}} = \left(1 + \frac{R_{15}}{R_{16}}\right) V_{\text{OUT}} = 1.001 V_{\text{OUT}} \tag{9-6}$$

分析的电路最终输出电压为前端电压输出的 1.001 倍，可调节输出稳压电路保证电路输出电压稳定且紧密跟随前级输出电压可调。

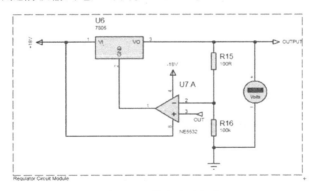

图 9-37　输出稳压电路

4. 显示电路与其可视化设计

1）显示电路　显示电路模块为 Arduino 外设模块 JHD-2X16-I2C 型显示器，直接连接在 Arduino 的扩展槽上，如图 9-38 所示。

2）显示电路的可视化设计　显示电路要将电路输出的实时电压值显示到 LCD 上。

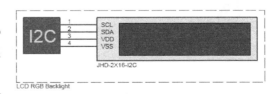

图 9-38　显示电路

电压值更新程序如图 9-39 所示，电压值源变量 ain 初始化时设为 55，这样程序中设置加 45 再除以 10，即可满足初始显示电压值为 10.0V 的要求。同时，ain 的步进值为 1，除以 10 即可保证 Voltdisp 变量的步进值为 0.1V。电压值显示程序如图 9-40 所示，调用 LCD 外设选项直接显示 Voltdisp 变量值。

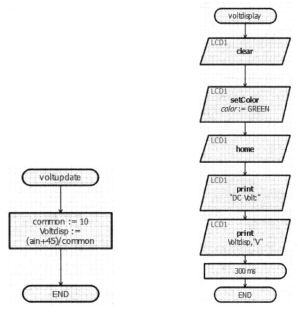

图 9-39　电压值更新程序　　　　图 9-40　电压值显示程序

5. 仿真结果

（1）初始化数字显示 10.0V，电压表测得电路终端输出也为 10.0V 如图 9-41 所示。

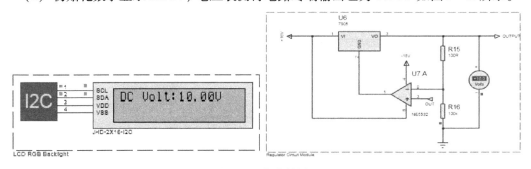

图 9-41　仿真结果一

（2）当 ADD 按键被触发时，数字显示和电压表测得的电路终端输出均为 10.1V，如图 9-42 所示。

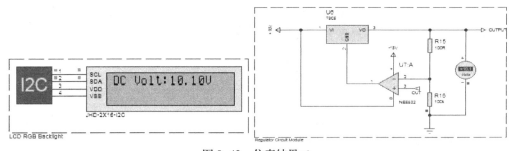

图 9-42　仿真结果二

（3）当 DEC 按键被触发时，数字显示为 9.9V，电压表测得的电路终端输出为 9.93V，有 0.03V 误差。误差原因：步进值设定电阻 RV_2 的误差及稳压输出电路中 1.001 倍的跟随误差，如图 9-43 所示。

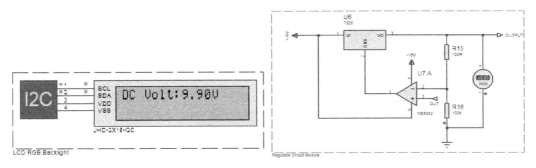

图 9-43　仿真结果三

本节主要介绍一个较为复杂的系统在可视化设计平台上的实现方法，即基于可视化设计的数控稳压电源的硬件设计和软件设计。整个方案硬件电路结合固有外设调用和传统原理图设计，硬件电路中 RV2 保证电路输出达到步进值的设定，RV1 保证电路输出达到初始电压的设定。软件方案采用可视化流程图实现。从设计任务、系统方案及各部分模块硬件电路和流程图程序的设计细节，可以得出可视化设计简单易上手的结论。

9.4　本章小结

基于传统单片机工程开发时难度大、工作量大、开发周期长的劣势，PROTEUS 软件提出可视化设计的理念。可视化设计不需要学生很深入地了解单片机内部工作原理，不需要熟练掌握一门编程语言，只需简单了解单片机的基本架构，就可以用简单的流程图在没有任何程序设计经验的情况下设计出复杂的、令人惊讶的嵌入式应用程序。因此，可视化设计的理念能够充分激发学生的探索热情和创新思维，将其应用于教学中将是十分有效和必要的。

针对以上情况，本章做了以下几部分研究内容：

（1）对比了传统单片机设计和 Arduino 可视化设计在知识储备方面各自的特点，突出 Arduino 的开源性、经济性、可扩展性和可跨平台使用，Arduino 工程的可视化设计软件简单、直观、交互性强，具体分析了可视化设计在教学中应用的可行性及优势。

（2）研究了可视化设计的开发平台 PROTEUS Visual Designer 编辑界面和调试界面的开发环境及功能，得出使用该平台进行可视化设计简单、直观和便捷的结论。以自适应路灯及数控自适应路灯的硬件和软件设计过程为例，具体阐述了如何用 PROTEUS Visual Designer 完成一个设计任务。从整个设计过程可以看出，可视化设计软件通过"拖"、"放"的编程和世界级的扩展板仿真，使用户能够对硬件更快速地上手。

（3）研究了一个较为复杂的系统在可视化设计平台上的实现方法，即基于可视化设计的数控稳压电源的硬件设计和软件设计。整个方案硬件电路结合固有外设调用和传统原理图设计，软件方案采用可视化流程图实现。

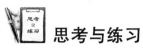 **思考与练习**

（1）可视化设计的优点有哪些？

（2）简述传统单片机设计与可视化设计的区别。

（3）利用可视化设计点亮一个七段数码管。

第10章 PCB 设计简介

PROTEUS ARES PCB 的设计采用原 32 位数据库的高性能 PCB 设计系统，以及高性能的自动布局和自动布线算法；支持多达 16 个布线层、两个丝网印刷层、4 个机械层，加上线路板边界层、布线禁止层、阻焊层，可以在任意角度放置元件和焊盘连线；在放置元件时能够自动生成飞线（Ratsnest）和力向量；具有理想的基于网表的手工布线系统；物理设计规则检测功能可以保证设计的完整性；电气设计规则可以保证设计的正确性；具有完整的 CAD、CAM 输出及嵌板工具；支持光绘文件的生成；具有自动的门交换功能；集成了高度智能的布线算法；有超过 1000 个标准的元器件引脚封装；支持输出各种 Windows 设备；可以导出其他线路板设计工具的文件格式；能自动插入最近打开的文档；当用户修改了原理图并重新加载网表时，ARES 将更新相关联的元件和连线，同理，ARES 中的变化也将自动地反馈到原理图中。

10.1 PROTEUS ARES 编辑环境

PROTEUS 的印制电路板是在 PROTEUS ARES 环境中进行设计的。其设计功能强大，使用方便，易于上手。

单击"开始"菜单，选择 Proteus 8 Professional 程序，在出现的子菜单中选择 Proteus 8 Professional 选项，如图 10-1 所示。

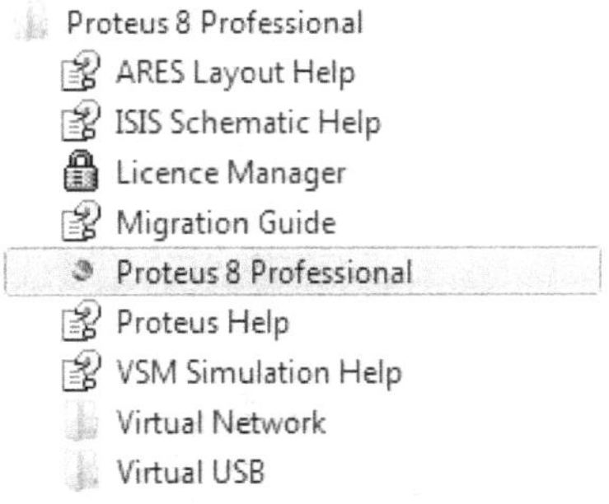

弹出系统界面，单击系统界面中的 按钮，进入 PROTEUS ARES 编辑环境，如图 10-2 所示。

图 10-2 中网状的栅格区域为编辑窗口，左上方为预览窗口，左下方为元器件列表区，即对象选择器。其中，编辑窗口用于放置元器件，进行连线等；预览窗口可显示选中的

> Proteus 8 Professional
> 　 ARES Layout Help
> 　 ISIS Schematic Help
> 　 Licence Manager
> 　 Migration Guide
> 　 Proteus 8 Professional
> 　 Proteus Help
> 　 VSM Simulation Help
> 　 Virtual Network
> 　 Virtual USB

图 10-1 选择 Proteus 8 Professional 选项

元件及编辑区。同 PROTEUS ISIS 编辑环境相似，在预览窗口中有两个框，蓝框表示当前页的边界，绿框表示当前编辑窗口显示的区域。在预览窗口上单击，并移动鼠标指针，可以在当前页任意选择当前编辑窗口。

下面分类对编辑环境做进一步介绍。

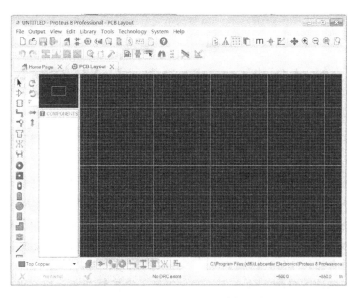

图 10-2　PROTEUS ARES 编辑环境

10.1.1　PROTEUS ARES 菜单栏介绍

PROTEUS ARES 主菜单栏如图 10-3 所示。

PROTEUS ARES 的主菜单栏包括 File（文件）、Edit（编辑）、View（视图）、Tool（工具）、Design（设计）、Graph（图形）、Library（库）、Template（模板）、System（系统）、Help（帮助）等。

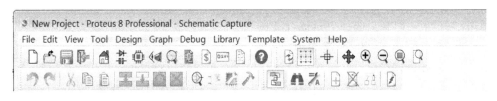

图 10-3　PROTEUS ARES 的主菜单栏和主工具栏

☺ File 菜单：包括新建设计、打开设计、保存设计、导入/导出文件等。

☺ View 菜单：用于设置各层的颜色、网格类型、原点、坐标、光标、线宽、查找元器件、引脚及缩放视图等。

☺ Edit 菜单：用于撤销/恢复操作、查找与编辑元件、选择所有对象、剪切、复制、粘贴对象、改变过孔、将直角线斜切等。

☺ Library 菜单：用于从库中选择元件/图形或将元件/图形保存到库，以及设置贴片、导线、过孔样式。

☺ Tool 菜单：提供了多个用于对元件/图形元素进行调整和编辑的命令，如自动轨迹跟随、自动角度锁定、自动轨迹选择、自动元件名管理、自动布局、自动布线、生成和清除网络列表、断线检查等。

☺ System 菜单：提供了多个属性设置命令，如设置层颜色、环境设置、板层设置、模板设置、绘图设置等。

☺ Help 菜单：帮助菜单，提供了众多帮助内容和条目，读者在学习过程中遇到问题时，可从中查找相应的解决方法。

10.1.2　PROTEUS ARES 工具箱

PROTEUS ARES 编辑环境当中提供了很多可使用的工具，如图 10-2 左侧所示，选择相应的工具箱图标按钮，系统可提供相应的操作工具。

▶ Selection Mode 按钮：光标模式，可以单击任意元件并编辑元件的属性。

▷ Component Mode 按钮：放置和编辑元件。

▯ Package 按钮：放置和编辑元件封装。

⌐ Track 按钮：放置和编辑导线。

♀ Via 按钮：放置和编辑过孔。

▯ Zone 按钮：放置和编辑敷铜。

✕ Ratsnest 按钮：输入或修改连线。

⊢ Connectivity Highlight 按钮：以高亮度显示连接关系。

◉ Round Through-hole Pad 按钮：放置圆形通孔焊盘。

▣ Square Through-hole Pad 按钮：放置方形通孔焊盘。

▯ DIL Pad 按钮：放置椭圆形通孔焊盘。

▮ Edge Connector Pad 按钮：放置板插头（金手指）。

⬤ Circular SMT Pad 按钮：放置圆形单面焊盘。

▮Rectangular SMT Pad 按钮：放置方形单面焊盘，具体尺寸可在对象选择器中选择。

▥ Polygonal SMT Pad 按钮：放置多边形单面焊盘。

▤ Padstack 按钮：放置测试点。

／2D Graphics Line 按钮：直线按钮，用于绘制线。

▢ 2D Graphics Box 按钮：方框按钮，用于绘制方框。

◯ 2D Graphics Circle 按钮：圆形按钮，用于绘制圆。

◠ 2D Graphics Arc 按钮：弧线按钮，用于绘制弧线。

∞ 2D Graphics Closed Path 按钮：任意闭合形状按钮，用于绘制任意闭合图形。

A 2D Graphics Text 按钮：文本编辑按钮，用于插入各种文字说明。

▤ 2D Graphics Symbols 按钮：符号按钮，用于选择各种二维符号元件。

✛ 2D Graphics Markers 按钮：标记按钮，用于产生各种二维标记图标。

✐ Dimension 按钮：测距按钮，用于放置测距标识。

对于具有方向性的对象，系统还提供了各种旋转图标按钮（需要选中对象）：

↻ Rotate Clockwise 按钮：顺时针方向旋转按钮，以 90° 偏置改变元器件的放置方向。

↺ Rotate Anti-clockwise 按钮：逆时针方向旋转按钮，以 90° 偏置改变元器件的放置方向。

↔ X-mirror 按钮：水平镜像旋转按钮，以 Y 轴为对称轴，按 180°偏置旋转元器件。

↕ Y-mirror 按钮：垂直镜像旋转按钮，以 X 轴为对称轴，按 180°偏置旋转元器件。

10.1.3　印制电路板（PCB）设计流程

PCB 的设计就是将设计的电路在一块板上实现。一块 PCB 上不但要包含所有必需的电路，而且还应该具有合适的元件选择、元件的信号速度、材料、温度范围、电源的电压范围及制造公差等信息，一块设计出来的 PCB 必须能够制造出来，所以 PCB 的设计除满足功能要求外，还要求满足制造工艺要求及装配要求。为了有效地实现这些设计目标，需要遵循一定的设计过程和规范。

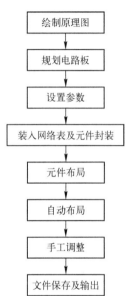

图 10-4　PCB 板设计流程框图

图 10-4 所示为一个完整 PCB 项目设计的基本流程。

PCB 设计的一般步骤如下：

1）绘制原理图　这是 PCB 设计的先期工作，主要是完成原理图的绘制，包括生成网络表。当然，有时也可以不进行原理图的绘制，而直接进入 PCB 设计系统。原来用于仿真的原理图需将信号源及测量仪表的接口连上适当的连接器。另外，在生成网络列表时，要确保每一个元器件都带有封装信息。由于实际元器件的封装是多种多样的，如果元器件的封装库中没有所需的封装，就必须自己动手创建元器件封装。

2）规划电路板　在绘制 PCB 前，用户要对 PCB 有一个初步的规划，比如说 PCB 采用多大的物理尺寸，采用几层 PCB（单面板、双面板或多层板），各元件采用何种封装形式及其安装位置等。这是一项极其重要的工作，是确定 PCB 设计的框架。

3）设置参数　参数的设置是电路板设计中非常重要的步骤。设置参数主要是设置元件的布置参数、层参数、布线参数等。一般说来，有些参数采用其默认值即可。

4）装入网络表及元件封装　网络表是电路板自动布线的灵魂，也是原理图设计系统与印制电路板设计系统的接口，因此这一步也是非常重要的环节。只有将网络表装入之后，才可能完成对电路板的自动布线。元件的封装就是元件的外形，对于每个装入的元件必须有相应的外形封装，才能保证电路板设计的顺利进行。

5）元件布局　元件的布局可以让软件自动布局。规划好电路板并装入网络表后，用户可以让程序自动装入元件，并自动将元件布置在电路板边框内。当然，也可以进行手工布局。元件布局合理后，才能进行下一步的布线工作。

6）自动布线　如果相关的参数设置得当，元件的布局合理，自动布线的成功率几乎是 100% 。

7）手工调整　自动布线结束后，往往存在令人不满意的地方，需要手工调整。

8）文件保存及输出　完成电路板的布线后，保存完成的电路线路图文件。然后通过设置输出光绘文件。

10.2　PCB 板层结构介绍

PCB 即印制电路板，由绝缘基板和附在其上的印制导电图形（焊盘、过孔、铜膜导线）及图文（元件轮廓、型号、参数）等构成。印制电路板常见的板层结构包括单层板、双面板和多层板。

1）单面板　单面板的电路板一面敷铜，另一面不敷铜，敷铜的一面用来布线及焊接，另一面放置元器件。单面板的成本低，适用于设计比较简单的电路。

2）双面板　双面板包括顶层和底层且顶层和底层都敷铜，双面都可以布线，元件一般放在顶层，顶层也叫作元件面，底层为焊接面，两面的导电图形靠过孔实现电气连接。双面板适用于较为复杂的电路设计。

3）多层板　多层板是由交替的导电图形层及绝缘材料层叠压黏合而成的电路板。除电路板顶层及底层两个表面有导电图形外，内部还有一层或多层相互绝缘的导电层，各层之间通过金属化过孔实现电气连接。多层板适用于设计更为复杂的电路。

10.3　本章小结

从本章开始进入 PCB 设计，PROTEUS ARES PCB 的设计采用了原 32 位数据库的高性能 PCB 设计系统，以及高性能的自动布局和自动布线算法；支持多达 16 个布线层、两个丝网印刷层、4 个机械层，加上线路板边界层、布线禁止层、阻焊层，可以在任意角度放置元件和焊盘连线；有超过 1000 个标准的元器件引脚封装，因其功能强、性能优、操作便捷、互动性好、人性化强，成为电子设计自动化领域的常用软件。

本章作为 PCB 设计的入门，详细介绍了 PROTEUS ARES 的菜单栏、常用工具栏，使读者对编辑界面有了大致的了解，对各个工具有了大体上的认识。除此之外，还介绍了印制电路板（PCB）的设计流程和板层结构。

思考与练习

（1）简述印制电路板设计的一般步骤。

（2）PCB 是什么？

（3）简述印制电路板常见的板层结构。

第11章 创建元器件

11.1 概述

PROTEUS 元器件库中有数万个元器件，它们是按功能和生产厂家的不同来分类的。前面已经介绍过用户可以执行 ⏸→🅿️，在出现的 Pake Devices 对话框中输入要查找的器件名，就可以添加器件到原理图界面上。但元器件库中的元器件毕竟是有限的，有时在元器件库中找不到所需的元器件，这时就需要创建新元器件，并将新的元器件保存在一个新的元器件库中，以备日后调用。

11.1.1 Proteus 元器件类型

用 Schematic Capture 绘制的电路图可用于各种仿真、印制电路板（PCB）设计等不同用途，因此元器件库中包含多种类型的元器件。它们有不同的分类方法。

1）根据元器件是否商业化进行分类

☺ 商品化的元器件符号：包括各种型号的晶体管、集成电路、A/D 转换器和 D/A 转换器等元器件。同时还提供配套信息，包括描述这些元器件功能和特性的模型参数（供仿真用），以及封装信息（供 PCB 设计用）。

☺ 非商品化的通用元器件符号：如通常的电阻、电容、晶体管和电源等元器件，以及与电路图有关的一些特殊符号。

☺ 常用的子电路可以作为图形符号存入库文件中：可以用移动和复制的方法将选中的子电路添加到库文件中，然后对库文件中的子电路进行编辑修改。

2）根据元器件有无仿真模型分类 根据元器件有无仿真模型，可以将其分为有仿真模型和无仿真模型两种。无仿真模型的元器件是为 PCB 设计的。仿真模型可根据其属性分为四类。

☺ 仿真原型（Primitive Models）。

☺ SPICE 模型（SPICE Models）：该类模型是基于元件的 SPICE 参数构建的模型。

☺ VSM 模型（VSM DLL Models）：该类模型是使用 VSM SDK 在 C++环境下创建的 DLL 模型，一般被用于设计 MCU 和较复杂的器件，如 LCD 显示屏。

☺ 原理图模型：该模型是由仿真原型搭建的元器件模型。

3）根据元器件模型内部结构分类 根据元器件内部结构可以分为三类：

☺ 单组件模型：此模型的原理图符号与 PCB 封装是一一对应的，每一个引脚都有一个编号和名称。

☺ 同类多组件模型：此模型在一个 PCB 封装中有几个相同的组件。

☺ 异类多组件模型：此模型在一个 PCB 封装中有几个不同的组件。

11.1.2　定制自己的元器件

制作元器件模型一般包括制作元器件模型原理图符号、模型封装设置、模型内电路设计、模型仿真验证、建立模型文件。其设计流程如图 11-1 所示。若无须仿真，只需要进行原理图设计和 PCB 设计，则可不进行模型内电路设计、模型仿真、建立元器件模型文件等过程。若不进行 PCB 设计而只进行电路仿真，则可以不进行元器件封装。

在制作元器件时，有三个实现途径：

☺ 用 PROTEUS VSM SDK 开发仿真模型，并制作元器件。

☺ 在已有的元器件基础上进行改造，比如把元器件改为有 bus 接口的。

☺ 利用已制作好（别人的）的元器件，可以到网上下载一些新元器件并把它们添加到自己的元器件库里面。

这里只介绍前两种。

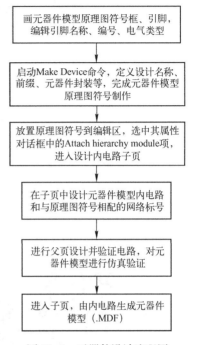

图 11-1　元器件设计流程图

11.1.3　制作元器件命令、按钮介绍

制作元器件时用到的主要命令和工具按钮如下：

☺ 引脚模式按钮 。

☺ 2D 图形操作模式按钮：方框模式按钮 、标记按钮 等。

☺ 菜单（Library）中的相关命令：制作元器件 Make Device 、封装工具 Packaging Tool 、分解工具 Decompose 等。

☺ 菜单 Design（设计）中的相关命令：编辑页属性 Edit Sheet Properties 、切换页面工具按钮 Goto Sheet 等。

☺ 右击引脚，使用菜单选项 Edit Properties 中的 Edit Pin 操作。

11.1.4　原理图介绍

在前面几章对原理图详细介绍的基础上，这里采用第 4 章仿真过的电原理图，对其进行后处理，其原理图如图 11-2 所示。

对于 PROTEUS ISIS 电路功能仿真来说，图 11-2 所示的电路图已经能够达到预期的目标，也就是说，该电路图的原理是正确的，其仿真结果如图 11-3 所示。

为使用图 11-2 所示的电路原理图进行 PCB 设计，必须对原理图进行中处理和后处理。原理图中包含三组电源，分别是 VCC、+15V 和−15V；包含三组电源共地（GND）；还包含一组信号输出接口 OUTPUT，输出电压以 GND 作为参考。

所以，在进行 PCB 设计之前需要添加两组连接器：电源输入端、信号输出端。另外，PCB 设计过程中不需要示波器，要在原理图中将其删除。

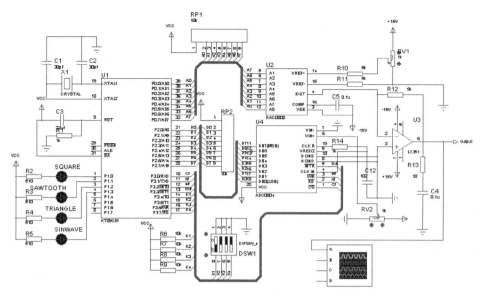

图 11-2　用于仿真的电路原理图

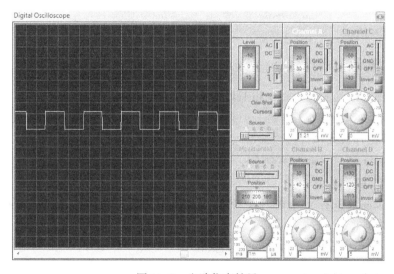

图 11-3　电路仿真结果

11.2　制作元器件模型

在原理图的后处理过程中，如果 ISIS 元器件库中没有用户需要的元器件，可根据需要自行制作元器件模型。下面介绍各种元器件模型的制作过程。

11.2.1　制作单一元器件

1. 绘制 4 针连接器符号 POWER_CON_4P，不定义封装

（1）单击 PROTEUS ISIS 工具箱中的 2D Graphics Box 按钮██，在列表中选择 COMPO-

NENT，在编辑区域中拖动鼠标左键，直至形成一个所需要的矩形框即松开鼠标，就绘制出一个矩形框，如图 11-4 所示。

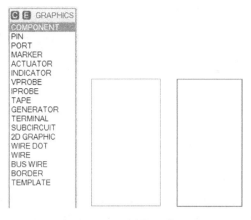

图 11-4　绘制矩形框

双击矩形框或者选中图形单击鼠标右键，在弹出的快捷菜单中选择 Edit Properties，将出现如图 11-5 所示的界面。

（a）Edit Box 选项卡　　　　　　　　　（b）Edit Style 选项卡

图 11-5　2D 图形编辑界面

在 Edit Box 选项卡中，可以设置编辑主体图形的坐标和尺寸大小。在 Edit Style 选项卡中包含两项设置：

☺ Line Attributes：线型分配。

    ↪ Line style：线风格；

    ↪ Width：线宽；

    ↪ Colour：线的颜色。

☺ Fill Attributes：填充分配设置。

    ↪ Fill style：填充风格；

    ↪ Fg. Colour：填充颜色。

这里可以对线的格式和填充的实体进行设置。采用默认设置时，只需对应勾选后面的

Follow Global 即可。也可以执行菜单命令 Template→Set Graphic Style，弹出如图 11-6 所示界面，设置器件的线的风格及填充风格。按图 11-6 设置器件格式，设置以后如图 11-7 所示。

图 11-6　设置器件格式

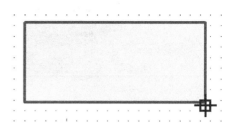

图 11-7　设置完成的器件格式

这种设计便于在白纸上打印。

执行 ✛→ORIGIN 可以定义元器件的原点，如图 11-8 所示。如果不指定一个原点，默认将原点放在器件顶部左边的引脚边缘。定义完成后的图形如图 11-9 所示。

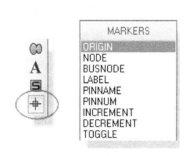

图 11-8　编辑原点操作

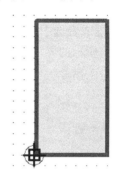

图 11-9　定义完成后的图形

（2）单击工具箱中的 Device Pins Mode 按钮 ▷，则在列表中出现以下 6 种引脚类型，如图 11-10 所示。

☺ DEFAULT：普通引脚；　　　　　　　　☺ INVERT：低电平有效引脚；

☺ POSCLK：上升沿有效的时钟输入引脚；　☺ NEGCLK：下降沿有效的时钟输入引脚；

☺ SHORT：较短引脚；　　　　　　　　　☺ BUS：总线。

首先单击鼠标左键选择 DEFAULT 引脚类型，选中后单击下方的 Horizontal Reflection 按钮 ↔，将引脚水平翻转或者使用小键盘上的"+"号翻转引脚；在编辑窗口单击鼠标左键出现 DEFAULT 引脚，按照图 11-11 所示开始添加 4 个引脚。在此处应注意添加引脚时的方向，引脚中带有"x"号的一端为引脚的接线端，要放在元件的外侧，如图 11-11 所示。

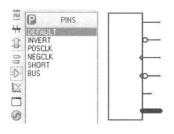

图 11-10　6 种类型的引脚

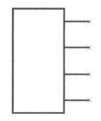

图 11-11　添加元件引脚（DEFAULT 型）

（3）添加引脚名及引脚号，有两种方法。方法一：右击选中引脚，再单击左键打开 Edit Pin 对话框，在 Pin Name 栏中输入引脚名 P1，在 Default Pin Number 栏中输入默认的引脚号 1，如图 11-12 所示。

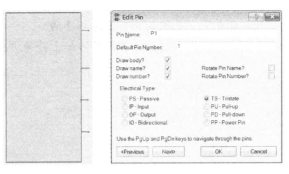

图 11-12 设置引脚属性

☺ Pin Name：设置引脚名称；　　　　　☺ Default Pin Number：设置引脚号；

☺ Draw body：是否显示引脚；　　　　　☺ Draw name：是否显示引脚名称；

☺ Draw number：是否显示引脚号；　　　☺ Rotate Pin name：引脚名称是否旋转；

☺ Rotate Pin Number：引脚号是否旋转；　☺ PP-Power Pin：电源引脚。

☺ PS-Passive：无缘式的；　　　　　　　☺ TS-Tristate：三态引脚；

☺ IP-Input：输入引脚；　　　　　　　　☺ PU-Pull-up：上拉引脚；

☺ OP-Output：输出引脚；　　　　　　　☺ PD-Pull-down：下拉引脚；

☺ IO-Bidirectional：双向作用引脚；

按照图 11-2 设置其他选项，设置完后单击"OK"按钮，保存设置。

方法二：执行菜单命令 Tool→Property Assignment Tool，如图 11-13 所示，将出现如图 11-14 所示对话框，也可以编辑引脚名、引脚属性。

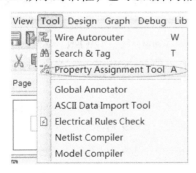

图 11-13 执行菜单命令 Tool→Property Assignment

图 11-14 Property Assignment Tool 对话框

选中的引脚设置完成后如图 11-15（a）所示。按照图 11-15（b）所示编辑其他 3 个引脚的引脚名及引脚号。

（4）选中整个元件符号，在 PROTEUS 的菜单栏中执行菜单命令 Library→Make Device（见图 11-16），弹出 Make Device 对话框，如图 11-17 所示。

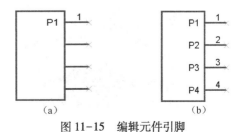

图 11-15 编辑元件引脚

📖 注意

对引脚命名、编号时：

☺ 引脚必须有名称；

☺ 若两个或多个引脚名称相同，系统认为它们是相连的；

☺ 在引脚上放置下画线的方法：在引脚名前和后添加上符号"\$"即可。

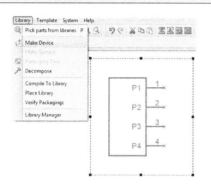

图 11-16　执行菜单命令

图 11-17　Make Device 对话框

这里包括一般属性和活动器件属性。

☺ 一般属性：确定器件的名称及引用前缀。这是出现在新放置的器件部分标识前面的字母或数字。

📖 注意

如果不添加前缀，新放置的器件将不被注释，其部分参数值和属性文本也将被隐藏。这对框图类型的原理图是有用的，对器件如虚拟示波器也是有用的。

☺ 活动器件属性：用于使用 PROTEUS VSM 创建动画元件。更多这方面的信息是在 PROTEUS VSM SDK 上才裁决的。

这里在 General Properties 选项组中，设置 Device Name 为 POWER＿CON＿4P，在 Reference Prefix 栏中键入字母 P，单击"Next"按钮，进入下一步设置，定义元件封装，如图 11-18 所示。

如果暂时不能确定元件的封装情况，则可以跳过此步进行设置。单击"Next"按钮，进入下一步设置，设置元件属性，基本保持默认值即可，如图 11-19 所示。

图 11-18　定义元件封装

图 11-19　设置元件属性

单击"Next"按钮，定义元件的数据手册（Data Sheet），如图 11-20 所示。

单击"Next"按钮，设置元件索引，如图 11-21 所示。

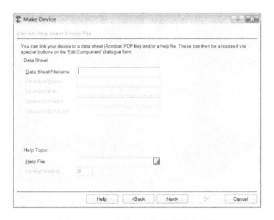
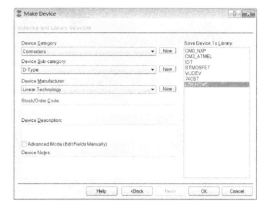

图 11-20　定义元件的数据手册　　　　　　　图 11-21　设置元件索引

☺ Device Category：元件所属类；

☺ Device Sub-category：元件所属子类；

☺ Device Manufacturer：元件制造厂商。

单击"OK"按钮，完成元件定义，此时元件列表中自动添加了新建的元件 POWER_CON_4P，将其添加到原理图中的元器件列表中，如图 11-22 所示。

2. 绘制 BNC 连接器符号 BND_1，并指定封装

（1）按图 11-23 所示的模型绘制元件符号，单击 PROTEUS ISIS 工具箱中的 2D Graphics Circle 按钮，在列表中选择 COMPONENT，在编辑区域中拖动鼠标左键，直至形成一个所需要的圆形框即松开鼠标，就绘制出一个圆形框，如图 11-23 所示。

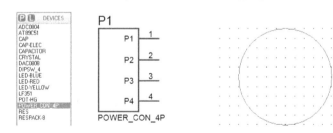
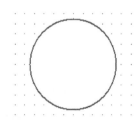

图 11-22　添加元件 POWER_CON_4P　　　　图 11-23　绘制圆形框

再单击列表选项中的 ACTUATOR，在上述所画的圆形框中心位置单击鼠标左键并拖动，直至形成一个如图 11-24 所示的图形。

（2）添加元件的引脚，按照图 11-25 所示开始添加两个引脚。单击工具箱中的 Device Pins Mode 按钮，先用鼠标左键单击选择 DEFAULT 引脚类型，在编辑窗口中放置引脚 1，再点选 DEFAULT 引脚，选中后单击下方的 Rotate Anti-Clockwise 按钮，将引脚逆时针进行翻转；在此处应注意添加引脚时的方向，引脚中带有"x"号的一端为引脚的接线端，要放在元件的外侧，如图 11-25 所示。

（3）添加引脚名及引脚号，右击选中引脚，再单击左键打开 Edit Pin 对话框，在 Pin Name 栏中输入引脚名 P1，在 Default Pin Number 栏中输入默认的引脚号 1，如图 11-26 所示。

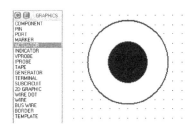

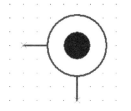

图 11-24　绘制双环圆形框　　　　　图 11-25　添加元件的引脚（DEFAULT 型）

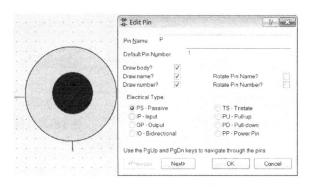

图 11-26　设置引脚属性

　　按照图 11-26 设置其他选项，设置完成后单击"OK"按钮，保存设置。此时选中的引脚如图 11-27（a）所示。按照图 11-27（b）所示编辑另一个引脚的引脚名及引脚号。

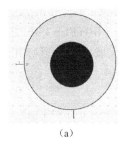

（a）

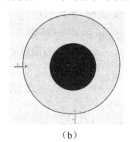

（b）

图 11-27　编辑元件引脚

　　（4）选中整个元件符号，在 PROTEUS 的菜单栏中执行菜单命令 Library→Make Device，弹出 Make Device 对话框，如图 11-28 所示。

　　单击"Next"按钮，进入下一步设置，如图 11-29 所示。

图 11-28　Make Device 对话框　　　　　图 11-29　设置封装

单击"Add/Edit"按钮，打开 Package Device 对话框，如图 11-30 所示。

单击"Add"按钮，选中 PROTEUS 库中自带的封装 RF-SMX-R，如图 11-31 所示。

图 11-30　Package Device 对话框

图 11-31　查找库中的封装

单击"OK"按钮，导入封装，如图 11-32 所示。

在表格区中选中引脚号 1，在封装预览区中单击焊盘 S，这样就将元件符号中的 1 号引脚 P 映射为 PCB 封装中的引脚 S，如图 11-33 所示。同样，将 2 号引脚映射为焊盘 E。

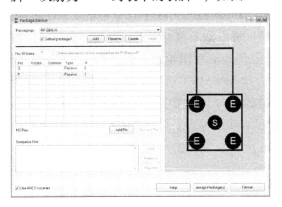

图 11-32　导入封装

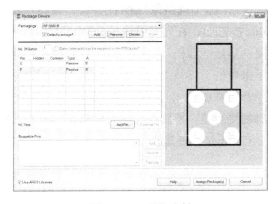

图 11-33　引脚映射

单击"Assign Package(s)"按钮，指定封装，如图 11-34 所示。

单击"Next"按钮，定义元件属性，如 11-35 所示。

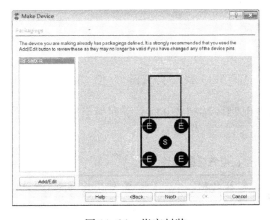

图 11-34　指定封装

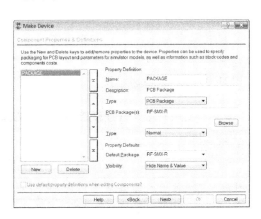

图 11-35　定义元件属性

单击"Next"按钮，定义器件手册，如图 11-36 所示。

单击"Next"按钮，指定元件路径，如图 11-37 所示。

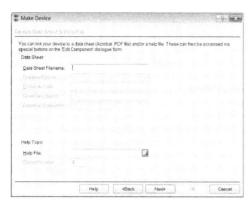

图 11-36　定义器件手册　　　　　　图 11-37　指定元件路径

单击"OK"按钮，即可完成元件符号的制作。

3. 制作六十进制计时器模型

1）制作模型原理图符号框、编辑引脚　单击 PROTEUS ISIS 工具箱中的 2D Graphics Box 按钮▣，在列表中选择 COMPONENT，在编辑区域中拖动鼠标左键，直至形成一个所需要的矩形框即松开鼠标，此时就绘制出一个矩形框作为原理图轮廓，如图 11-38 所示。接下来单击工具箱中的 Device Pins Mode 按钮 ⇥，选择 DEFAULT 引脚类型，按照图 11-39 所示开始添加 14 个引脚。在此处应注意添加引脚时的方向，引脚中带有"x"号的一端为引脚的接线端，要放在元件的外侧，如图 11-39 所示。然后单击工具栏中的 ✛，选择列表中的原点 Origin，将其放在符号框左下角，如图 11-40 所示。

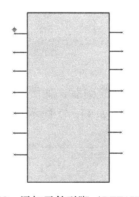
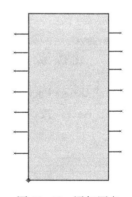

图 11-38　原理图轮廓　　图 11-39　添加元件引脚（DEFAULT 型）　　图 11-40　添加原点

接下来按照制作 4 针连接器符号的方法编辑引脚：按照表 11-1 所列的引脚属性和命名编号编辑引脚。

表 11-1　引脚名称、编号、电气类型属性

引 脚 名 称	引 脚 编 号	显 示 引 脚	显 示 名 称	显 示 编 号	引脚电气类型
clk	1	√	√	√	IP
en	2	√	√	√	IP

续表

引脚名称	引脚编号	显示引脚	显示名称	显示编号	引脚电器类型
d0	3	√	√	√	OP
d1	4	√	√	√	OP
d2	5	√	√	√	OP
d3	6	√	√	√	OP
d4	8	√	√	√	OP
d5	9	√	√	√	OP
d6	10	√	√	√	OP
VDD	14	×	×	×	×
GND	7	×	×	×	×
nc	11	×	×	×	×
nc	12	×	×	×	×
nc	13	×	×	×	×

编辑好引脚的器件如图 11-41 所示。

2）使用 Make Device 制作元器件、设置封装、完成原理图符号制作　选中整个元件符号，在 PROTEUS 的菜单栏中执行菜单命令 Library→Make Device，弹出 Make Device 对话框，如图 11-42 所示。定义设计属性，这里定义器件名称为 JSQ60，标号前缀为 JS。

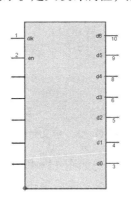

图 11-41　编辑好引脚的器件　　　　　图 11-42　Make Device 对话框

单击 "Next" 按钮，出现如图 11-43 所示界面，单击 "Add/Edit" 按钮，打开 Package Device 对话框，如图 11-44 所示。

图 11-43　设置封装　　　　　图 11-44　Package Device 对话框

单击"Add"按钮，选中 PROTEUS 库中自带的封装 DIL14，如图 11-45 所示。

单击"OK"按钮，导入封装，如图 11-46 所示。

图 11-45　查找库中的封装

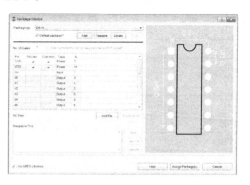

图 11-46　导入封装

之后单击"Assign Package(s)"按钮，进入下一页对话框，如图 11-47 所示。

单击"Next"按钮，定义元件属性，如图 11-48 所示。

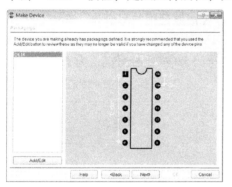

图 11-47　指定封装

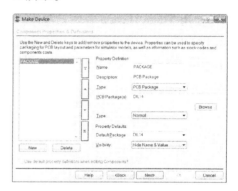

图 11-48　定义元件属性

单击"Next"按钮，定义器件手册，然后跳过此页，出现如图 11-49 所示对话框。这里需要定义分类及所在库，按照图 11-49 所示进行设置。设置完成后单击"OK"按钮，即可完成元件符号制作并存入用户库中；同时在原理图对象选择器中出现 JSQ60，也可以从库中查找和选取，如图 11-50 所示。

图 11-49　定义分类及所在库对话框

图 11-50　完成后的 ISIS 对话框

图 11-50 所示对话框右侧封装浏览器说明 JSQ60 有封装，但没有仿真模型，因为上面的制作过程都仅仅制作了一个原理图符号，但不是元件模型。它可以参与到 PCB 制作中，但

需要有仿真模型，因而还需要内电路的设计。下面具体介绍内电路的设计过程。

3）设计模型的内电路、进行仿真验证、生成模型文件

（1）进入内电路设计页：将 JSQ60 放置到原理图编辑区域并双击打开属性编辑对话框，如图 11-51 所示。在下方选中 Attach hierarchy module 即捆绑模块复选框，然后单击"OK"按钮，退出属性对话框并形成名为 JS1 的下层设计页。按住 PgDn 键进入下层设计页，在该层进行内电路设计，此页也称为"子页"，其对应的上层称为"父页"。

（2）在子页中设计元件模型的内电路：在子页中设计元件内电路的方法与在其他层设计是一样的，设计完成的内电路如图 11-52 所示。

> **注意**
> ☺ 内电路的终端标注应与元件模型引脚相一致；
> ☺ 组成内电路的模型应该是仿真模型（若要求仿真）。

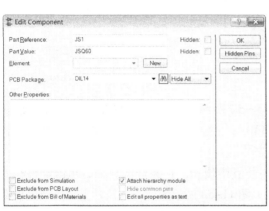

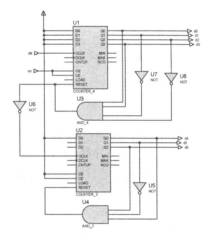

图 11-51 属性编辑对话框　　　　图 11-52 模型内电路设计

（3）设计验证电路进行仿真验证：内电路设计完成后，按住 PgUp 键返回父页，设计验证电路如图 11-53 所示，这里选用的数码管是 7SEG-BCD（带译码器的数码管），数字时钟频率设置为 5Hz。

然后单击原理图界面下方的仿真按钮 ▶，查看数码管的显示情况，如图 11-54 所示。数码管应该从 0 开始，以 1 累加，累加到 59 时，返回 0，重新递增，反复循环。实际运行情况与期待的情况一致，证明内电路设计是正确的。

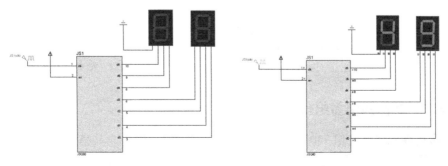

图 11-53 验证电路　　　　图 11-54 验证电路仿真

（4）由内电路生成模型文件（.MDF）：再次进入子页，执行菜单命令 Tools→Model Compiler，弹出 Compiler Model 对话框，如图 11-55 所示，将文件保存成 JSQ60.MDF，如图 11-55 所示。

4）进入父页启动 Make Device、加载模型文件、完成模型制作　返回父页，选中 JS1，执行 Make Device 操作，单击"Next"按钮，直到弹出如图 11-56 所示的操作界面为止。单击左下方的"New"按钮，在弹出的下拉菜单中选择 MODFILE，属性名称和描述会自动出现。在 Default Value 中填写 d：\P\MYLIBJSQ60.MDF，单击"Next"按钮。

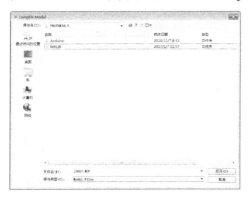

图 11-55　保存.MDF 文件　　　　　　　图 11-56　器件模型文件加载

单击"Next"按钮，直到弹出如图 11-57 所示界面为止。单击 Device Category 处的"New"按钮，新建一种器件分类即"MYLIB"，将器件存储到 USERDVC 库中，然后单击"OK"按钮，至此，器件仿真模型建立成功。

仿真模型建立后可以在各种电路设计与仿真中使用。在原理图界面，单击器件模式按钮 ，然后在出现的界面中单击 ，就会出现如图 11-58 所示界面，在器件查找区域填写 JSQ60，在器件封装查看区域可以看到该器件已经具备了仿真模型，说明器件仿真模型添加成功。

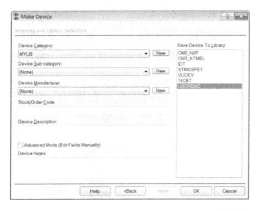
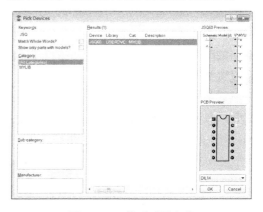

图 11-57　Indexing and Library Selection 对话框　　　图 11-58　模型元件查找

11.2.2　制作同类多组件元器件

同类多组件元器件就像 7400 一样，它由几个相同的元素构成其物理部分，我们希望在原理图上以圆形展示。对于这种器件，ISIS 必须允许一组引脚被应用到同一元素。对于一个 7400，有 4 组引脚，每组被集成为一个门，哪组引脚被用于哪一个给定的门是由器件参考后缀确定的。标签 7400 门为 U1：C，则 ISIS 将使用引脚编号集：8、9 和 10。

下面将以 Relay 和 4 个 2 输入或非门 7436 模型为例，叙述同类多组件元器件模型的制作，具体介绍同类多组件元器件的制作过程。

1. Relay 器件的制作

（1）执行 □→COMPONENT，在原理图上合适的位置放置元器件所需的图形，如图 11-59 所示为绘制主体图形的过程。

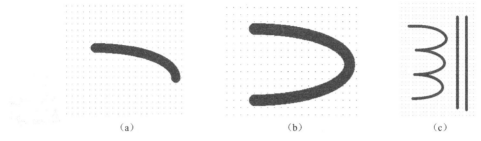

（a）　　　　　　　　　　（b）　　　　　　　　　　（c）

图 11-59　绘制主体图形

（2）添加元器件引脚，按照图 11-60 所示开始添加 5 个引脚。单击工具箱中的 Device Pins Mode 按钮 ⫢，分别选择 DEFAULT 和 INVERT 两种引脚类型，在编辑窗口中放置引脚 1，再点选 DEFAULT 引脚，选中后单击下方的 Rotate Anti-Clockwise 按钮 ↻，将引脚逆时针翻转；在此处应注意添加引脚时的方向，引脚中带有"x"号的一端为引脚的接线端，如图 11-60 所示。

执行 ╱→COMPONENT，添加剩余的线，完善后的图形如图 11-61 所示。

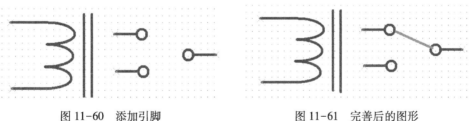

图 11-60　添加引脚　　　　　　　　　　图 11-61　完善后的图形

（3）添加引脚名及引脚号。右击选中引脚，再单击打开 Edit Pin 对话框，在 Pin Name 栏中输入引脚名，在 Default Pin Number 栏中输入默认的引脚号，如图 11-62 所示。

（4）选中前面一部分元件符号，在 PROTEUS 的菜单栏中执行菜单命令 Library→Make Device，如图 11-63 所示，弹出 Make Device 对话框，按如图 11-64 所示进行设置。

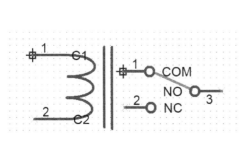

图 11-62　编辑引脚

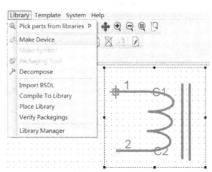

图 11-63　执行 Make Device 的操作

按照正常的方式通过向导进行下面操作，但不进行封装，最后把该元素存储在一个库中。

完成制作后可以执行 ⬦→P，在出现的界面中输入 RELAY:A，即可找到它，如图 11-65 所示。

图 11-64　Make Device 对话框

图 11-65　完成后的器件查找界面

重复步骤（4）的过程，将另一半元素命名为 RELAY:B，如图 11-66 所示。

按照上面的步骤完成后，查找 RELAY:B，如图 11-67 所示。

图 11-66　制作 RELAY:B 的元器件

图 11-67　查找 RELAY:B 的界面

选择元器件图标，并将一个元素 A（线圈）和两个元素 B（接触）放在原理图的一个自由区域，如图 11-68 所示。

编辑 RL?:A 和第一个 RL?:B 为 RL1:A 和 RL1:B，如图 11-69 所示。

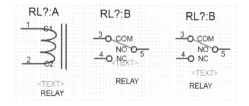

图 11-68　放置 A 和两个 B

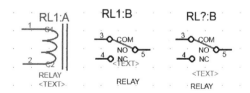

图 11-69　编辑元素 RL?:A 和第一个 RL?:B

编辑第二个元素 B 并重新标注元素 C，如图 11-70 所示。

图 11-70 编辑第二个元素

编辑后选中这些图形，执行菜单命令 Library→Packaging Tool，如图 11-71 所示，或者单击菜单栏上的 ▓ (Packaging Tool)，弹出如图 11-72 所示对话框。

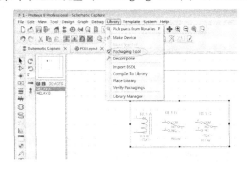

图 11-71 执行菜单命令 Library→Packaging Tool

图 11-72 Package Device 对话框

单击 "Add" 按钮，出现如图 11-73 所示界面，在 Keywords 栏中查找 DIL08。

单击 "OK" 按钮，出现如图 11-74 所示界面。

图 11-73 添加 DIL08 封装

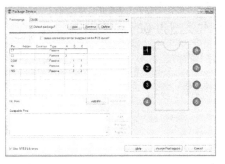

图 11-74 添加上的封装

修改引脚编号并与 DIL08 对应，如图 11-75 所示。单击 "Assign Package(s)" 按钮，出现如图 11-76 所示界面，选择封装的库。

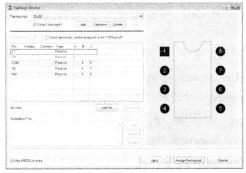

图 11-75 对应引脚编号

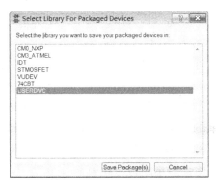

图 11-76 选择封装的库

单击"Save Package(s)"按钮，完成封装添加。

在原理图中执行 ⬚→P，查找 RELAY:A 和 RELAY:B，出现如图 11-77 和 11-78 所示界面。图 11-77 和图 11-78 说明封装类型为 DIL08，封装添加成功。

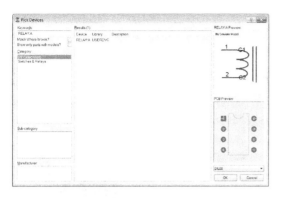

图 11-77　查找 RELAY:A　　　　　　　　图 11-78　查找 RELAY:B

2. 7436 模型的制作

鉴于前面对 Relay 的制作过程进行了详细介绍，故此处简化叙述，只做简略介绍。

1）制作模型原理图符号、编辑引脚

（1）绘制元件符号库、放置引脚和原点。在原理图编辑区，采用 2D 图形模式下的某种图形风格，绘制 7436 的门符号，如图 11-79 所示。

（2）编辑引脚。或非门的输入引脚命名为 A、B，电气类型为输入 IP，输出引脚命名为 Y，电气类型为 OP，引脚和引脚名可见。编辑好引脚的器件如图 11-80 所示。

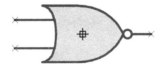
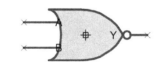

图 11-79　7436 的门符号　　　　　图 11-80　编辑好引脚的器件

2）执行 Make Device、设置封装属性、完成原理图符号制作　　选中或非门器件，执行 Make Device，在 Device Properties 界面输入元件名 7436 和前缀 U。单击"Next"按钮，设置封装，单击"Add/Edit"按钮，启动可视化封装工具，指定封装为 DIL14。之后指定组件数目为 4，如图 11-81 所示。接下来为每一组件对应引脚，4 个与非门共 12 个引脚，其他两个需要自行添加。只需单击图 11-81 界面中的"Add Pin"按钮即可添加引脚。将它们分别命名为 VCC 和 GND。

还可以指定输入引脚 A、B 可交换，方便 PCB 设计。只需在如图 11-82 所示对话框中勾选 Gates（elements）can be swapped on the PCB layout？即可。

单击"Next"按钮，进入 Component Properties…对话框，输入属性定义。

单击"Next"按钮，进入 Device Data Sheet…对话框，指定相关数据。

单击"Next"按钮，进入 Indexing & Library Selection 对话框，选择存入自定义库。

至此，原理图符号库就制作成功了。单击 7436，在原理图编辑区域连续放置 4 个，如图 11-83 所示。

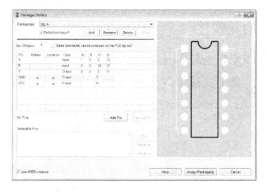
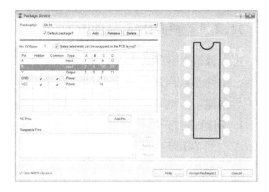

图 11-81　为 7436 封装对应引脚　　　　　　图 11-82　对 7436 封装定义结果

3）设计模型内电路、进行仿真验证、生成模型文件　进入内电路层，设计内电路。因为 7436 有 4 个相同的或非门，所以内电路可以通过一个 2 输入的或非门实现，设计好的内电路如图 11-84 所示。

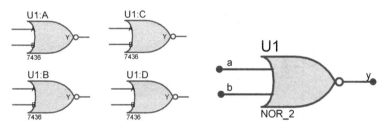

图 11-83　7436 的 4 个组件　　　　　　图 11-84　7436 内电路

在主页层对电路进行仿真验证，其仿真电路如图 11-85 所示。

再根据之前设计 JSQ60 的方法设计内电路生成模型文件 7436. MDF。

4）进入父页执行 Make Device、加载模型文件、完成模型制作　对制作的 7436 启动 Make Device，添加 MODFILE 属性，使模型具有仿真功能。最后存入用户库，完成模型制作。

然后查找器件 7436，如图 11-86 所示，可见 7436 具有仿真模型。

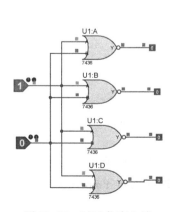
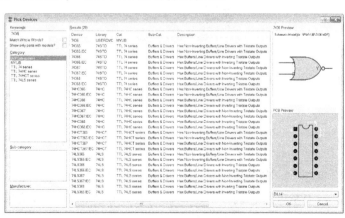

图 11-85　7436 仿真电路　　　　　　图 11-86　查找器件 7436

11.2.3　把库中元器件改成 . bus 接口的元器件

可以修改 PROTEUS 中的元器件，比如把 74LS373 改成 . bus 接口的元器件。有两种实现方案，一种是利用现有的元器件，在 74LS373 的基础上直接修改；另一种就是利用图形和封装工具创建。

1. 利用现有元器件创建

库中的 74LS373 器件如图 11-87 所示。

1）"拆"元件　在原理图界面查找 74LS373，然后选中 74LS373，再单击工具栏中的 ✎ （Decompose），如图 11-88 所示。操作完成后，元器件将会被分解，如图 11-89 所示。

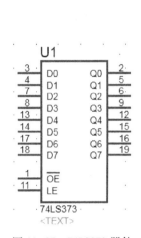

图 11-87　74LS373 器件

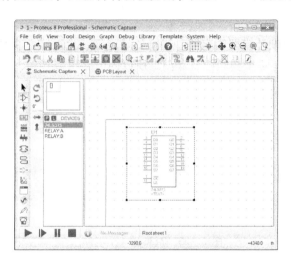

图 11-88　执行 Decompose 操作

2）修改　先把 Q0~Q7 、D0~D7 引脚删掉，如图 11-90 所示。

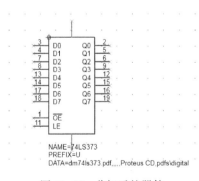

图 11-89　分解后的器件

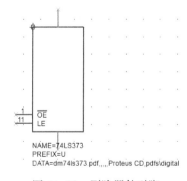

图 11-90　删除器件引脚

单击 ↦ ，在引脚列表中选择 BUS 引脚并添加到器件上，如图 11-91 所示。

选中左边的总线，单击鼠标右键，在弹出的快捷菜单中选择 Edit Properties，出现如图 11-92 所示界面，开始编辑。

按图 11-92 中的方式编写引脚名，完成后单击"OK"按钮。然后用同样的操作编辑输出引脚，如图 11-93 所示。编辑完成后，器件如图 11-94 所示。

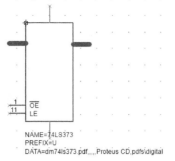

图 11-91　添加 BUS 引脚的器件

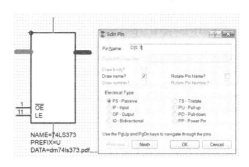

图 11-92　编辑输入引脚

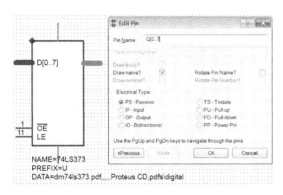

图 11-93　编辑输出引脚

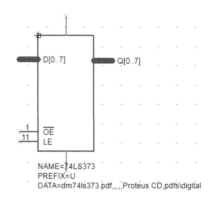

图 11-94　编码完成的器件

3）重新 Make Device　用右键拖选整个元件，执行菜单命令 Library→Make Device，出现如图 11-95 所示对话框。

将 74LS373 改为 74LS373.BUS，其他不变，如图 11-96 所示。

图 11-95　Make Device 对话框

图 11-96　修改器件名

单击"Next"按钮，出现如图 11-97 所示界面。

单击"Add/Edit"按钮，选择 DIL20 封装，出现如图 11-98 所示界面。

完成引脚匹配后，单击"Assign Package(s)"按钮，再单击"Next"按钮，出现如图 11-99 所示界面。

不做修改，单击"Next"按钮，直到出现如图 11-100 所示界面。

图 11-97　器件封装效果图

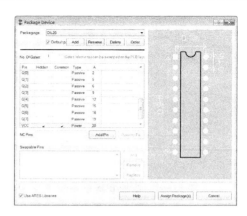

图 11-98　引脚匹配

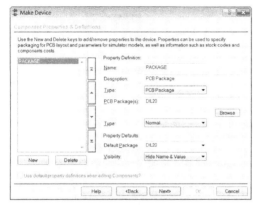

图 11-99　封装属性图

图 11-100　封装库选择

单击"OK"按钮，器件原理图符号创建完成。

然后参照之前的方法完成 74LS373.BUS 的仿真模型的建立，注意加载仿真模型 MODFILE 为 74LS373.BUS.MDF，使其具有仿真功能。

完成后在原理图上执行 ▷→P，查找 74LS373.BUS，如图 11-101 所示。

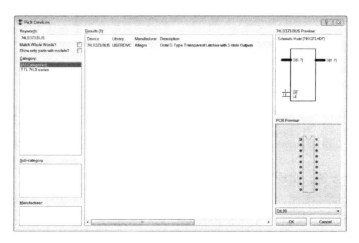

图 11-101　查找 74LS373.BUS

至此器件创建成功。从图中可以看出器件具有仿真模型。

2. 重新绘制元器件

（1）单击 PROTEUS ISIS 工具箱中的 2D Graphics Box 按钮▨，在列表中选择 COMPO-
NENT，在编辑区域中拖动鼠标左键，直至形成一个所需要的矩形框即松开鼠标，此时就绘
制出一个矩形框，如图 11-102 所示。

双击矩形框或者选中图形单击鼠标右键，在弹出的快捷菜单中选中 Edit Properties，将
出现如图 11-103 所示界面，修改其尺寸为 0.3in×1.0in。

执行┿→ORIGIN 可以定义元器件的原点，定义后的图形如图 11-104 所示。

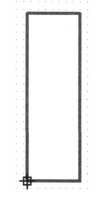

图 11-102　绘制矩形框　　　　图 11-103　2D 图形编辑框　　　　图 11-104　编辑原点

（2）单击工具箱中的 Device Pins Mode 按钮▷，在列表中选择
DEFAULT 和 BUS 两种线为器件添加引脚，添加完成后如图 11-105
所示。

（3）修改引脚属性。引脚设置说明：如图 11-105 所示，①为
GND，PIN10；②为 D[0..7]；③为 OE，PIN1；④为 LE，PIN11；
⑤为 VCC，PIN20；⑥为 Q[0..7]。

双击①引脚，在出现的引脚编辑对话框中输入如图 11-106 所示
数据。这里需要注意 GND 是隐藏的，所以 Draw body 选项不选。双
击⑤引脚，在出现的引脚编辑对话框中输入如图 11-107 所示数据。
注意，VCC 也是隐藏的，所以 Draw body 选项不选。

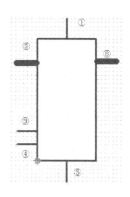

图 11-105　添加引脚

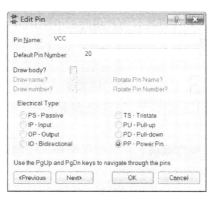

图 11-106　编辑①引脚　　　　　　图 11-107　编辑⑤引脚

接着编辑②和⑥引脚，引脚参数设置如图 11-108 和图 11-109 所示。

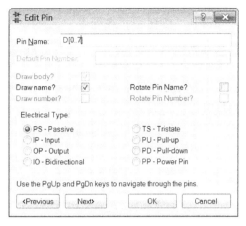

图 11-108　编辑②引脚

图 11-109　编辑⑥引脚

接着编辑③和④引脚，引脚参数设置如图 11-110 和 11-111 所示。编辑好引脚的器件图如图 11-112 所示。

图 11-110　编辑③引脚

图 11-111　编辑④引脚

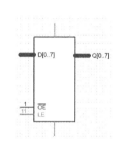

图 11-112　编辑好引脚的器件图

（4）选中图 11-112 所示的器件图，然后执行 Make Device 操作，下面与第一种方法的操作完全一样，具体操作参见第一种方法，这里不再介绍。

11.2.4　制作模块元件

模块元件将具有仿真功能的电路作为元件内电路与元件捆绑到一块。设计时，要双击元件，在编辑框中选中 ☑Attach hierarchy module（捆绑层次模块），注意内电路与主电路的引脚要匹配。内外电路的连接是通过同名引脚的终端来实现的。

下面以制作 5V 稳压电源元件为例，说明模块元件的制作过程。

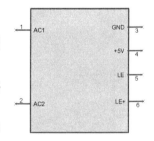

图 11-113　模块元件外形设计

1）制作模块元件原理图符号　绘制元件符号框，放置引脚、原点，如图 11-113 所示。

参照表 11-2 标注引脚。

表 11-2　5V 电压引脚属性

引 脚 名 称	引 脚 标 号	电 气 类 型
AC1	1	IP
AC2	2	IP
GND	3	PP
+5V	4	PP
LE	5	OP
LE+	6	OP

选中元件符号，执行 Make Divice 操作，出现如图 11-114 所示的 Device Properties 对话框，在对话框中输入元件名"WY5"及前缀"W"。

单击"Next"按钮，出现如图 11-115 所示 Packagings 对话框，单击"Add/Edit"按钮添加封装，这里添加 DIL60 封装，将会出现如图 11-116 所示界面。

图 11-114　Device Properties 对话框

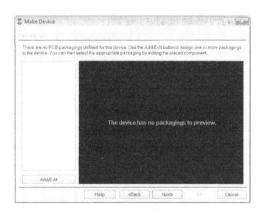

图 11-115　Packagings 对话框

单击"Next"按钮，进入 Component Properties & Definitions 对话框，输入属性定义及默认值，如图 11-117 所示。

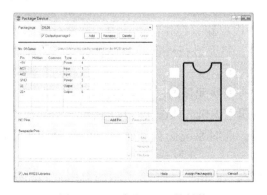

图 11-116　定义 WY5 的封装

图 11-117　Component Properties & Definitions 对话框

单击"Next"按钮，进入"Device Data Sheet & Help File"对话框，如图 11-118 所示，在此处一般不设置。

单击"Next"按钮，出现如图 11-119 所示 Indexing and Library Selection 对话框，这里

主要设置器件的分类及存储的位置。将器件存放在用户库中，然后单击 "OK" 按钮，WY5 出现在对象选择器中。

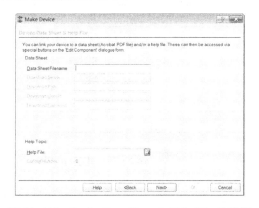 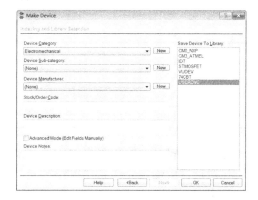

图 11-118　Device Data Sheet & Help File 对话框　　　图 11-119　Indexing and Library Selection 对话框

2）内电路设计与验证　在原理图编辑区放置 WY5，双击打开其属性编辑框，选中 ☑ Attach hierarchy module ，进行内电路设计，如图 11-120 所示。

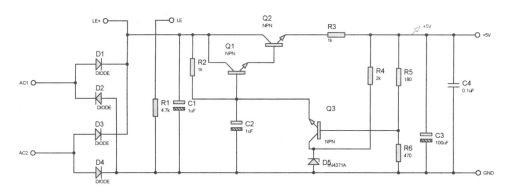

图 11-120　WY5 内电路

然后进行电路仿真验证。至此模块元件 WY5 制作完成。

3）模块元件的捆绑　上面所设计的模块元件内电路只存在该设计中，并没有与库元件 WY5 捆绑在一起，要实现内电路与库元件的捆绑，需要进行外部模块设置操作。下面具体介绍捆绑过程。

首先在原理图编辑区放置 WY5，并建立一个有模块元件的层次电路；然后进入子页层，执行菜单命令 Design→Set Sheet Properties 进行页属性编辑。如图 11-121 所示，单击选中左下角的 External. MOD file，然后单击 "OK" 按钮，此时系统会自动建立一个与设计文件在同一路径下、与模块元件同名的文件 WY5. MOD。

返回父页，选中元件，执行 Make Device 操作，在如图 11-122 所示的 Device Properties 对话框中，在 External Module 栏填写 WY5。

单击 "Next" 按钮，直到最后一项，单击 "OK" 按钮。此时新放置的元件自动与 WY5. MOD 捆绑，其内电路同 W1 的内电路一样。

这样新建立的具有外部模块的元件就具有了仿真功能。

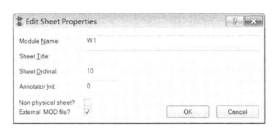

图 11-121　生成 . MOD 文件的操作　　　　　　　图 11-122　Device Properties 对话框

11.3　检查元件的封装属性

右击选中一个元件符号 AT89C51，在列表中单击鼠标右键打开 Edit Properties 对话框，勾选左下角的 Edit all properties as text 复选框，则所有元件属性都以文本显示，如图 11-123 所示。

此元件具有一条 PACKAGE = DIL40 属性，说明此元件已指定了封装，封装名称为 DIL40。

右击选中元件符号 DIPSW_4，在列表中单击鼠标右键打开 Edit Component 对话框，查看元件属性，可见此元件没有定义 PACKAGE 属性，如图 11-124 所示。

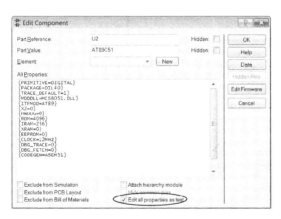

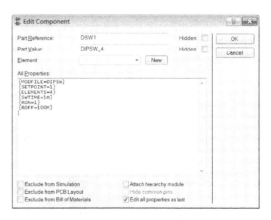

图 11-123　查看元件 AT89C51 的属性　　　　　　图 11-124　查看元件 DIPSW_4 的属性

对于没有 PACKAGE 属性的元件，可以在 Edit Component 对话框中为其添加 PACKAGE =?，为其指定封装。现在在此对话框中输入｛PACKAGE = DIP_SW_4_8P｝，设置完成后如图 11-125 所示。

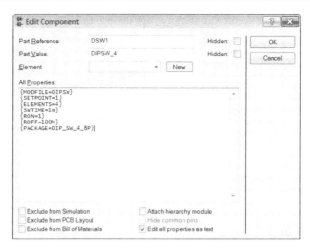

图 11-125　添加 PACKAGE

> 📖 **注意**
>
> 　　如果指定的封装是封装库里没有的，在进入 PCB 环境时会显示错误。用户可以在自己创建完成需要的元件封装后再指定。

11.4　完善原理图

　　在原理图中添加电源输入及信号输出接口，如图 11-126 所示。至此，原理图的前期工作已经完成。

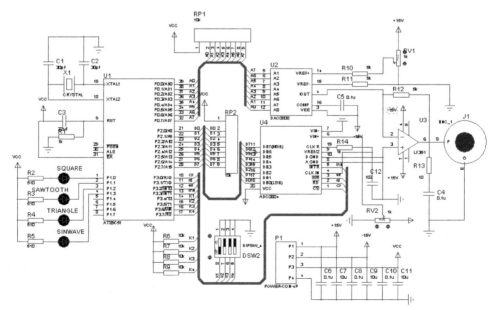

图 11-126　PCB 用原理图

11.5　原理图的后续处理

完善原理图后，要对原理图的设计规则进行检查。执行菜单命令 Tools →Electrical Rules Check（电气规则校核），如图 11-127 所示，出现如图 11-128 所示 ERC 对话框，检查电路原理图是否满足电气规则。

图 11-127　执行菜单命令 Tool→Electrical Rules Check

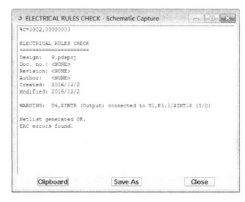

图 11-128　ERC 对话框

单击工具栏中的 Physical Partlist View 图标，如图 11-129 所示，出现如图 11-130 所示 Physical Partlist View 对话框。其中包含了原理图中所有的元器件的标号、类型、取值及封装类型。通过检查封装情况，对下面哪些器件需要添加封装有了了解。

之后查看网络列表的编译情况，执行菜单命令 Tool → Netlist Compiler，如图 11-131 所示，出现如图 11-132 所示 Netlist Compiler 编译设置界面，单击"OK"按钮，出现如图 11-133 所示界面，即原理图网络列表。

图 11-129　Physical Partlist View 图标

图 11-130　Physical Partlist View 对话框

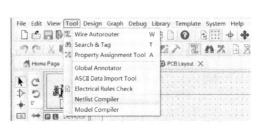

图 11-131　执行菜单命令 Tool→Netlist Compiler

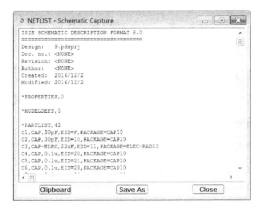

图 11-132　Netlist Compiler 编译设置界面　　　　图 11-133　原理图网络列表

11.6　本章小结

　　PROTEUS 元器件库中有数万个元器件，它们是按功能和生产厂家的不同来分类的。但元器件库中的元器件毕竟是有限的，有时在元器件库中找不到所需的元器件，这时就需要创建新元器件，并将新的元器件保存在一个新的元器件库中，以备日后调用。本章主要介绍元器件的创建过程，包括原理图符号的创建及内电路的设计，内电路的设计使新建的器件真正具有了电气特性，能被用于电路仿真。电子设计中元器件的类型分类多种多样，本章根据元器件内部结构的不同，详细介绍了单一组件元器件的创建过程、多组件元器件的创建过程及具有总线引脚的元器件的创建过程。

思考与练习

　　（1）简述制作元器件模型的一般步骤。

　　（2）简述元器件的常用分类。

　　（3）在 PROTEUS 软件上创建 7431 模型。

第 12 章 元器件封装的制作

12.1 基本概念

元器件的封装是指元器件焊接到 PCB 时的外观和焊盘的位置。既然元器件封装只是元器件外观和焊盘的位置，那么元器件的封装仅仅只是空间的概念。因此，不同的元器件可以共用同一个元器件封装，另外，同种元器件也可以有不同的封装形式，所以在取用、焊接元器件时，不仅要知道元器件的名称，还要知道元器件的封装类型。

PCB 上的元器件大致可以分为 3 类，即连接器、分立元器件和集成电路。元器件封装信息的获取通常有两种途径，即元器件数据手册和自己测量实物。元器件数据手册可以从厂家或互联网上获取。

12.1.1 元器件封装的具体形式

元器件封装分为插入式封装和表面贴片式封装。其中将零件安置在板子的一面，并将接脚焊在另一面上，这种技术称为插入式（Through Hole Technology，THT）封装；而接脚是焊在与零件同一面，不用为每个接脚的焊接而在 PCB 上钻洞，这种技术称为表面粘贴式（Surface Mounted Technology，SMT）封装。使用 THT 封装的元件需要占用大量的空间，并且要为每只接脚钻一个洞，因此它们的接脚实际上占掉两面的空间，而且焊点也比较大；SMT 元件也比 THT 元件要小，因此使用 SMT 技术的 PCB 上零件要密集很多；SMT 元件也比 THT 元件要便宜，所以现今的 PCB 上大部分都是 SMT 元件。但 THT 元件和 SMT 元件比起来，与 PCB 连接的构造比较好。

1）SOP/SOIC 封装 小外形封装（Small Outline Package，SOP）技术由飞利浦公司开发成功，以后逐渐派生出 SOJ（J 型引脚小外形封装）、TSOP（薄小外形封装）、VSOP（甚小外形封装）、SSOP（缩小型 SOP）、TSSOP（薄的缩小型 SOP）及 SOT（小外形晶体管）、SOIC（小外形集成电路）等。以 SOJ 封装为例，SOJ-14 封装如图 12-1 所示。

2）DIP 封装 双列直插式封装（Double In-line Package，DIP）属于插装式封装，引脚从封装两侧引出，封装材料有塑料和陶瓷两种。DIP 是最普及的插装型封装，应用范围包括标准逻辑 IC、存储器 LSI 及微机电路。以 DIP-14 封装为例，如图 12-2 所示。

3）PLCC 封装 塑封 J 引线封装（Plastic Leaded Chip Carrier，PLCC），外形呈正方形，四周都有引脚，外形尺寸比 DIP 封装小得多。PLCC 封装适合用 SMT 表面安装技术在 PCB 上安装布线，具有外形尺寸小、可靠性高的优点。以 PLCC-20 封装为例，如图 12-3 所示。

4）TQFP 封装 薄塑封四角扁平封装（Thin Quad Flat Package，TQFP）工艺能有效利用空间，从而降低印制电路板空间大小的要求。由于缩小了高度和体积，这种封装工艺非常适合对空间要求较高的应用，如 PCMCIA 卡和网络器件。

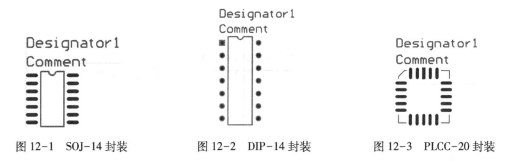

图 12-1　SOJ-14 封装　　　图 12-2　DIP-14 封装　　　图 12-3　PLCC-20 封装

5) PQFP 封装　塑封四角扁平封装（Plastic Quad Flat Package，PQFP）的芯片引脚之间距离很小，引脚很细，一般大规模或超大规模集成电路采用这种封装形式。以 PQFP84（N）封装为例，如图 12-4 所示。

6) TSOP 封装　薄型小尺寸封装（Thin Small Outline Package，TSOP）技术的一个典型特征就是在封装芯片的周围做出引脚，TSOP 适合用 SMT 技术在 PCB 上安装布线，适合高频应用的场合，操作比较方便，可靠性也比较高。以 TSOP8×14 封装为例，如图 12-5 所示。

7) BGA 封装　球栅阵列封装（Ball Grid Array Package，BGA）的 I/O 端子以圆形或柱状焊点按阵列形式分布在封装下面，BGA 技术的优点是 I/O 引脚数虽然增加了，但引脚间距并没有减小反而增加了，从而提高了组装成品率；虽然它的功耗增加，但 BGA 能用可控塌陷芯片法焊接，从而可以改善它的电热性能；厚度和重量都较以前的封装技术有所减小；寄生参数减小，信号传输延迟小，使用频率大大提高；组装可用共面焊接，可靠性高。以 BGA12_25_1.5 封装为例，如图 12-6 所示。

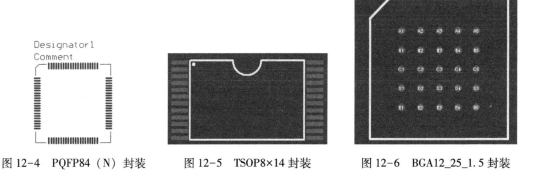

图 12-4　PQFP84（N）封装　　　图 12-5　TSOP8×14 封装　　　图 12-6　BGA12_25_1.5 封装

12.1.2　元器件封装的命名

元器件封装的命名规则一般是元器件分类+焊盘距离（或焊盘数）(+元器件外形尺寸)。下面具体介绍几种封装命名。

☺ CAP10：普通电容的封装，CAP 表示电容类，10 表示两个引脚间距为 10mil。

☺ CONN-DIL8：接插件封装，CONN 表示插件类，DIL 表示通孔式，8 表示 8 个焊盘。

☺ 0402：表面安装元件的封装，两个焊盘，焊盘间距为 36th（th 为毫英寸，即 10^{-3} in），焊盘大小为 20th×30th。

12.1.3　焊盘简介

元器件封装设计中最主要的是焊盘的选择。焊盘的作用是放置焊锡从而连接导线和元器件的引脚。焊盘是 PCB 设计中最常接触的也是最重要的概念之一。在选用焊盘时要从多方面考虑，PROTEUS 中可选的焊盘类型很多，包括圆形、正方形、六角形和不规则形等。在设计焊盘时，需要考虑以下因素。

☺ 发热量的多少；

☺ 电流的大小；

☺ 当形状上长短不一致时，要考虑连线宽度与焊盘特定边长的大小差异不能过大；

☺ 需要在元器件引脚之间布线时，选用长短不同的焊盘；

☺ 焊盘的大小要按元器件引脚的粗细分别进行编辑确定；

☺ 对于 DIP 封装的元器件，第一引脚应该为正方形，其他为圆形。

1. 通过孔焊盘层面分析

通过孔焊盘可以分为以下几层：

（1）阻焊层（Solder Mask）：又称为绿油层，是 PCB 的非布线层，用于制成丝网漏印板，将不需要焊接的地方涂上阻焊剂。由于焊接 PCB 时焊锡在高温下的流动性，所以必须在不需要焊接的地方涂上一层阻焊物质，防止焊锡流动、溢出而造成短路。在阻焊层上预留的焊盘大小要比实际焊盘大一些，其差值一般为 10~20mil。在制作 PCB 时，使用阻焊层来制作涓板，再用涓板将防焊漆（绿、黄、红等）印到 PCB 上，所以 PCB 上除了焊盘和导通孔外，都会印上防焊漆。

（2）热风焊盘（Thermal Relief）：又称为花焊盘，是一种特殊的样式，在焊接的过程中嵌入的平面所做的连接阻止热量集中在引脚或导通孔附近。通常是一个开口的轮子的图样，PCB Editor 不仅支持正平面的花焊盘，也支持负平面的花焊盘。花焊盘一般用于连接焊盘到敷铜的区域，放置在平面上，但也用于连接焊盘到布线层的敷铜区域。

（3）锡膏防护层（Paste Mask）：为非布线层，该层用来制作钢膜（片），而钢膜上的孔就对应着电路板上的 SMD 器件的焊点。在表面贴装（SMD）器件焊接时，先将钢膜盖在电路板上（与实际焊盘对应），然后将锡膏涂上，用刮片将多余的锡膏刮去，移除钢膜，这样 SMD 器件的焊盘就加上了锡膏。之后将 SMD 器件贴附到锡膏上去（手工或贴片机），最后通过回流焊机完成 SMD 器件的焊接。通常钢膜上孔径的大小会比电路板上实际的焊点小一些。

2. 焊盘的类型

如图 12-7 所示为 PROTEUS 中的焊盘类型。

  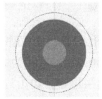

　　　（a）热风焊盘　　　　　　（b）规则通孔焊盘　　　　　　（c）规则贴片焊盘

图 12-7　焊盘类型

3. 焊盘操作及新建焊盘

在 ARES 界面左侧工具栏放置的焊盘如图 12-8 所示，依次是圆形通孔焊盘、方形通孔焊盘、DIL 通孔焊盘、边沿连接焊盘、圆形 STM 焊盘、方形 STM 焊盘、多边形 STM 焊盘及焊盘栈。

下面具体介绍焊盘操作及如何新建焊盘。

1）放置焊盘　单击焊盘模式按钮（●、■等），接着单击 PCB 编辑区左下角的层选择器，从弹出的列表中单击选中所要求放置的层（默认为 ALL），从对象选择器中单击选中要放置的焊盘，将光标移至编辑区单击完成放置焊盘的操作。

图 12-8　焊盘类型

2）焊盘编辑操作　在左侧的工具栏中选中某种焊盘，在对象选择器中将列出其下所有的焊盘名。如图 12-9 所示，选中方形通孔焊盘，单击焊盘名 S-80-40，然后双击就会弹出焊盘编辑对话框，如图 12-10 所示，从而编辑焊盘尺寸等。编辑完成后单击"OK"按钮，将更新设计中所有的同名焊盘。

（1）方形通孔焊盘：如图 12-10 所示，方形焊盘 Square 的边长为 80th，Drill Hole（孔径）为 40th，Drill Mark（钻孔标识）为 25th。钻孔标识是用于钻孔定位的孔径，一般比 Drill Hole 小。

☺ Guard Gap：安全间隙，当以 RESIST 模式输出时是对指定焊盘扩展的距离。若选择 Present→Not Present，焊盘就不会出现在 RESIST 模式输出图形上。这里安全间距设为 5th。

☺ Local Edit：本地有效。

☺ Update Defaults：长久有效设置。

（2）圆形通孔焊盘：圆形通孔焊盘的编辑对话框如图 12-11 所示。焊盘 C-90-40 的直径为 90th，通孔为 40th。

图 12-9　查找焊盘　　图 12-10　编辑方形通孔焊盘属性　　图 12-11　编辑圆形通孔焊盘属性

（3）DIL 通孔焊盘：DIL 通孔焊盘编辑对话框如图 12-12 所示。焊盘为 STDDIL，焊盘宽为 60th，高为 0.1in，半径为 12th。

（4）边沿连接焊盘：边沿连接焊盘编辑对话框如图 12-13 所示，焊盘名为 STDEDGE，焊盘宽为 60th，高为 0.4in，圆端面一侧的半径为 0th，该半径要小于宽、高的一半。

（5）圆形 STM 焊盘：圆形 STM 焊盘编辑对话框如图 12-14 所示。圆形焊盘名为 FIDU-CIAL，直径为 1mm。

（6）方形 STM 焊盘：方形 STM 焊盘编辑对话框如图 12-15 所示。方形焊盘宽为 25th，高为 40th。

3）新建焊盘类型　下面以新建圆形通孔焊盘 C-60-40 为例，介绍新建焊盘的方法。

图 12-12　DIL 通孔焊盘编辑

图 12-13　边沿连接焊盘编辑

图 12-14　圆形 STM 焊盘编辑

单击 PCB 编辑区左侧工具栏的按钮 ，再单击对象选择器上的"C"按钮，弹出如图 12-16 所示的创建新焊盘对话框。在 NAME 中填写 S-60-40，Normal 中选择 Circular，由于建立的是通孔焊盘，STM 栏不选择，然后单击"OK"按钮，弹出圆形焊盘属性编辑对话框。按如图 12-17 所示填写新建焊盘的尺寸，完成后新建焊盘就会出现在对象选择器中。

图 12-15　方形 STM 焊盘编辑

图 12-16　创建新焊盘 C-60-40

图 12-17　编辑新焊盘 C-60-40

其他焊盘也可以按照该步骤新建。

4）新建多边形焊盘　先用 2D 图形工具画一个封闭的焊盘外形，如图 12-18 所示。放置原点标志，如图 12-19 所示，原点也是导线连接点，原点需要位于多边形内部。

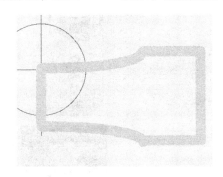
图 12-18　多边形图形外形

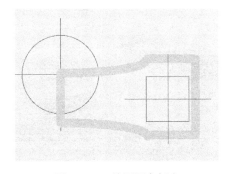
图 12-19　放置原点标志

选中焊盘图形，执行菜单命令 Library→New Pad Style，弹出如图 12-20 所示界面，输入焊盘名 DOT，单击类型下面的 Polygonal，单击"OK"按钮，出现如图 12-21 所示界面，可进行多边形编辑。完成后自建的 DOT 就会出现在对象选择器中。

图 12-20　焊盘类型及命名

图 12-21　编辑多边形焊盘

5）新建焊盘栈　焊盘栈可以用来解决普通焊盘不能跨层的问题。对于普通通孔式焊盘，它们只能放在单一的层或所有的铜箔层，对不同层、不同形状焊盘的引脚定义无能为力。

焊盘栈可以有一个圆孔、一个方槽，或者仅有一个表面。仅有一个面的焊盘应用在要对阻焊、掩膜空隙明确定义的地方。焊盘栈在所有层上孔和槽的直径都相等。在必须使用焊盘栈创建开槽孔的焊盘时，不能以普通的焊盘类型指定开槽孔。

图 12-22　Create New Padstack 对话框

下面具体介绍焊盘栈的创建过程。

定义新的焊盘栈：执行菜单命令 Library → Create New Pad Stack，打开 Create New Padstack 对话框，如图 12-22 所示。定义焊盘名称及初始焊盘类型，然后单击"Continue"按钮进入如图 12-23 所示的焊盘栈编辑对话框，所有的层都以该焊盘开始；可以调整焊盘层分配，指定全局层钻孔标识大小、钻孔大小，然后单击"OK"按钮，完成设计。

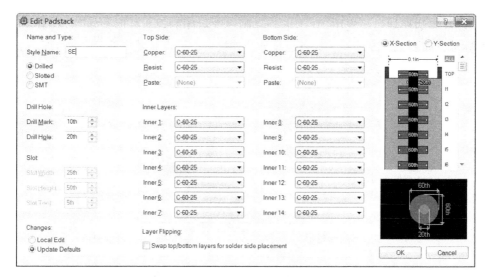

图 12-23　焊盘栈编辑对话框

12.1.4　与封装有关的其他对象

1. 过孔（Via）

过孔即在各层需要连通的导线交会处钻出一个公共孔。过孔有 3 种：

☺ 通孔：从顶层贯穿到底，为穿透式过孔。

☺ 盲孔：从顶层通过内层或从内层通到底层的盲过孔。

☺ 埋孔：内层间隐藏的过孔。

2. 导线与飞线

☺ 导线（Track）：有电气连接的敷铜走线，用于连接各个焊盘，传递各种电流信号。

☺ 飞线（Ratsnest）：表示连接关系的形式上的连线，并不具备实质性的电气连接关系。
飞线在手工布局时可以起到引导作用，以方便手工布局。飞线在导入网络表后生成，
而飞线所指的焊盘间一旦完成实质性的布线，飞线就自动消失。当布线未通时，飞
线不消失。所以可以根据电路板中有无飞线来判断是否已完成布线。

3. 敷铜（Zone）

敷铜可以有效屏蔽信号，提高电路板的抗电磁干扰能力。

4. 安全距离（Clearance）

安全距离是铜线与铜线、铜线与焊盘、焊盘与焊盘、焊盘与过孔之间的最小距离。

5. 缩颈（Neck down）

当导线穿过较窄的区域时自动减缩线宽，以免违反设计规则。

12.1.5　设计单位说明

设计中的单位说明如下：

☺ in：英寸（1 in＝25.4 mm）；

☺ th：毫英寸（10^{-3} in）；

☺ m：米；

☺ cm：厘米；

☺ mm：毫米；

☺ μm：微米。

12.2　元器件的封装

　　PROTEUS 软件系统本身提供的封装库包含了较丰富的内容，有通用的 IC、三极管、二极管等大量的穿孔元器件封装库，有连接器类型封装库，还有包含所有分立元器件和集成电路的 SMT 类型封装库。

　　如果 PROTEUS 元器件库中包含所需的封装，可以直接使用 PACKAGE 属性调用；如果没有，则需要预先创建元器件封装。本节举例说明在 PROTEUS ARES 中创建元器件封装的方法。这里主要介绍插入式和表面粘贴式两种封装。

12.2.1　插入式元器件封装

1. 元器件符号、实物与元器件封装介绍

原理图中的元器件符号反映的是元器件的电气信息，包括网络及引脚之间的互连、引脚名与引脚号的对应关系等；而元器件的封装反映的是元器件的物理信息，包括元器件外形、尺寸、引脚间距、引脚排列顺序等。下面结合信号发生器原理图说明插入式元器件的封装过程。

（1）DIP 开关 DIPSW_4 的符号、实物与 PCB 封装如图 12-24 所示。

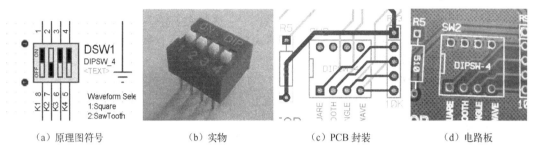

（a）原理图符号　　　（b）实物　　　（c）PCB 封装　　　（d）电路板

图 12-24　DIPSW_4 的符号、实物与 PCB 封装

（2）电源插座 POWER_CON_4P 的符号、实物与 PCB 封装如图 12-25 所示。

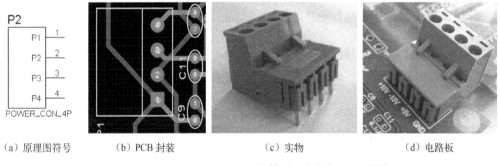

（a）原理图符号　　　（b）PCB 封装　　　（c）实物　　　（d）电路板

图 12-25　POWER_CON_4P 的符号、实物与 PCB 封装

（3）单片机 AT89C51 的符号、实物与 PCB 封装如图 12-26 所示。

2. 创建 DIP 元器件封装

本节举例说明在 PROTEUS ARES 中创建 DIP 元器件封装的方法。制作 4 位拨码开关的封装 DIP_SW_4_8P。

4 位拨码开关 DIP_8 的封装尺寸如图 12-27 所示，可根据其尺寸进行封装。

在 PROTEUS 工具栏中单击 ，启动 ARES 界面，如图 12-28 所示。

单击 ARES 界面左侧工具栏中的 Square Through-hole Pad Mode 按钮 ，这时对象选择器中列出了所有正方形焊盘的内径和外径尺寸，选择 S-60-25（其中 S 表示正方形焊盘，60 为其外径尺寸，25 为其内径尺寸），如图 12-29 所示。

在原点处单击鼠标左键，摆放选中的焊盘，并把它放在一个原点的位置上，如图 12-30 所示。

当列表中没有需要的方形焊盘尺寸时，可以自己创建焊盘。比如，创建 S-60-30 的方

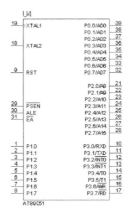

（a）原理图符号　　　　　　　　　　（b）封装 1

（c）电路板 1

（d）封装 2

（e）电路板 2

图 12-26　AT89C51 的符号、实物与 PCB 封装

形焊盘，单击列表上面的图标 ⓒ，如图 12-31（a）所示，出现图 12-31（b）所示界面，在 Name 栏中填写 S-60-30，单击"OK"按钮，出现如图 12-31（c）所示界面。

在 Edit Square Pad Style 对话框中设置焊盘参数：

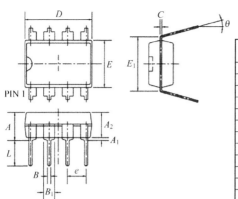

Symbol	Dimensions In Millmeters			Dimensions In Inches		
	Min	Mom	Max	Min	Mom	Max
A	——	——	4.31	——	——	0.170
A_1	0.38	——		0.015	——	
A_2	3.15	3.40	3.65	0.124	0.134	0.144
B	0.38	0.46	0.51	0.015	0.018	0.020
B_1	1.27	1.52	1.77	0.050	0.060	0.070
C	0.20	0.25	0.30	0.008	0.010	0.012
D	8.95	9.20	9.45	0.352	0.362	0.372
E	6.15	6.40	6.65	0.242	0.252	0.262
E_1	——	7.62		——	0.300	
e	——	2.54		——	0.100	
L	3.00	3.30	3.60	0.118	0.130	0.142
θ	$0''$		$15''$	$0''$		$15''$

图 12-27　DIP_8 的封装尺寸

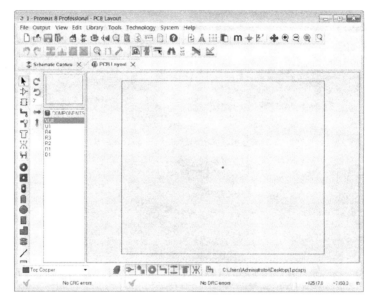

图 12-28　PROTEUS ARES 界面

图 12-29　选择焊盘

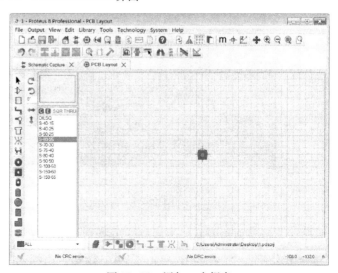

图 12-30　添加一个焊盘

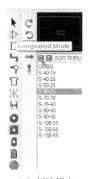

（a）新建焊盘　　　　（b）Create New Pad Style 对话框　　　　（c）Edit Square Pad Style 对话框

图 12-31　创建方形焊盘

☺ Square（焊盘边长）：60th；

☺ Drill Mark（钻孔标记尺寸）：20th；

☺ Drill Hole（钻孔直径）：30th；

☺ Guard Gap（安全间距）：20th。

单击"OK"按钮，完成焊盘设置，此时焊盘列表中自动添加了新建的焊盘 S-60-30，如图 12-32 所示。

再在 ARES 窗口左侧工具箱中单击 Round Through-hole Pad

图 12-32　方形焊盘列表

Mode 按钮 ●，此时需要在列表中选择焊盘 C-60-25，而列表中没有所需要的焊盘，则需要单击列表上方的 Create Pad Style 按钮 ❻，如图 12-33（a）所示，弹出 Create New Pad Style 对话框，如图 12-33（b）所示。

（a）新建焊盘　　　　（b）Create New Pad Style 对话框　　　　（c）Edit Circular Pad Style 对话框

图 12-33　创建圆形焊盘

在对话框的 Name 栏中输入焊盘名 C-60-25，在 Normal 选项组中选中 Circular 选项，单击"OK"按钮，弹出 Edit Circular Pad Style 对话框，如图 12-33（c）所示。

在 Edit Circular Pad Style 对话框中设置焊盘参数：

☺ Diameter（焊盘直径）：60th；

☺ Drill Mark（钻孔标记尺寸）：20th；

☺ Drill Hole（钻孔直径）：25th；

☺ Guard Gap（安全间距）：20th。

单击"OK"按钮，完成焊盘设置，此时焊盘列表中自动添加了新建的焊盘 C-60-25，如图 12-34 所示。

图 12-34　圆形焊盘列表

选中焊盘 C-60-25，在坐标（100，0）处单击，添加一个圆形焊盘 C-60-25，如图 12-35 所示。在编辑窗口右击选中新添加的圆形焊盘 C-60-25，如图 12-36 所示，在菜单栏中执行菜单命令 Edit→Replicate，在弹出的 Replicate 对话框中设置复制的参数，如图 12-37 所示。单击"OK"按钮，将选中的焊盘沿 X 轴方向复制两份，间距为 100th，如图 12-38 所示。

按之前操作选中 3 个圆形焊盘，在菜单栏中执行菜单命令 Edit→Replicate。

在对话框中设置复制的参数，如图 12-39 所示。

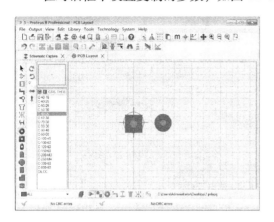

图 12-35　添加圆形焊盘 C-60-25

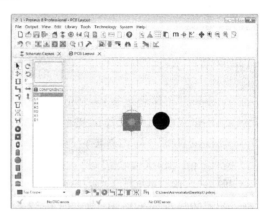

图 12-36　选中焊盘

图 12-37　Replicate 对话框

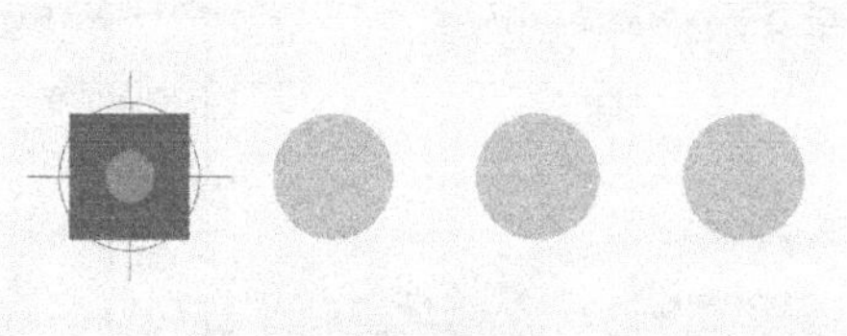

图 12-38　批量复制焊盘

图 12-39　设置复制的参数

单击"OK"按钮，则把所选中的 3 个焊盘沿 Y 轴方向复制 1 份，间距为 400th，如图 12-40 所示。在坐标（0，400）处再添加一个圆形焊盘 C-60-25，如图 12-41 所示。

右击选中左下角的方形焊盘，在弹出的快捷菜单中选择 Edit Properties，如图 12-42 所示，出现如图 12-43 所示界面，即 Edit Single Pin 对话框。在 Number 栏中输入 1。也可以直接双击焊盘，弹出如图 12-43 所示窗口，在其中进行设置。

单击"OK"按钮，确认并关闭对话框，此时焊盘上会显示引脚编号，如图 12-44 所示。利用上述方法，按照图 12-45 所示为其余的引脚分配编号。

单击左侧工具箱中的 2D Graphics Box Mode 按钮 ，在左下方的下拉列表中选择层面 Top Silk 即顶层丝印层，按照图 12-46 所示添加丝印外框。

单击工具箱中的 2D Graphics Markers Mode 按钮 ，在列表中选择 ORIGIN，在第一个焊盘处添加原点标记，如图 12-47 所示。

然后在列表中选择 REFERENCE，如图 12-48 所示。再按图 12-49 所示添加元件 ID（添加 REFERANCE）。

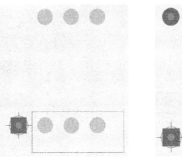
图 12-40 批量复制焊盘

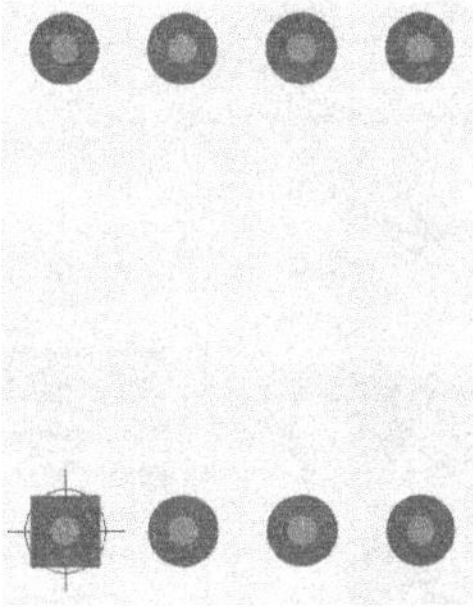

图 12-41 添加焊盘

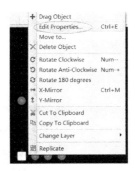
图 12-42 选择 Edit Properties

图 12-43 Edit Single Pin 对话框

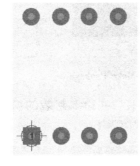
图 12-44 显示引脚编号

图 12-45 分配引脚编号

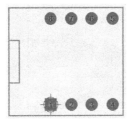
图 12-46 添加丝印外框

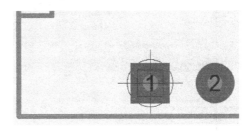
图 12-47 添加原点标记

图 12-48 在列表中选择 REFERENCE

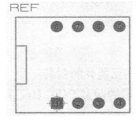
图 12-49 添加 REFERANCE

选中所有焊盘及丝印图形，在菜单栏中执行菜单命令 Library→Make Package（见图 12-50），打开 Make Package 对话框，如图 12-51 所示。其中，New Package Name 为新封装名称，Package Category 为封装类别，Package Type 为封装类型，Package Sub-category 为封装子类别，Package Description 为封装描述，Advanced Mode（Edit Manually）为高级模式（手工编辑），Save Package To Library 为保存封装到指定库中。进行如下设置：

☺ New Package Name：DIP_SW_4_8P；

☺ Package Category：Miscellaneous；

☺ Package Type：Through Hole；

☺ Package Sub-category：Switches。

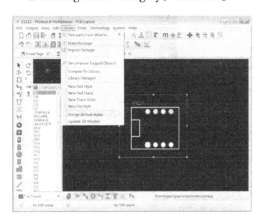

图 12-50　执行菜单命令 Library→Make Package

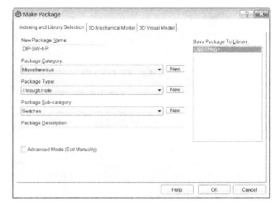

图 12-51　Make Package 对话框

单击"OK"按钮，保存封装。在拾取封装的窗口中即可找到此元件，如图 12-52 所示。这时此元件封装就可以正常使用了。

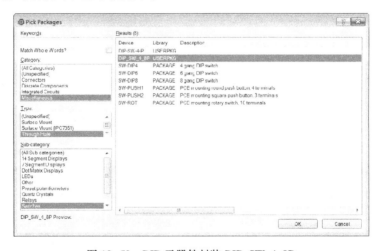

图 12-52　DIP 元器件封装 DIP_SW_4_8P

3. 其他直插式元器件的封装

1）制作电位器的封装 POT_HG_3P　电位器的实物模型如图 12-53 所示，数据手册如图 12-54 所示。

图 12-53　电位器

根据数据手册，可知焊盘间的间距为 100th，方形焊盘大小选 S-60-25 即可，圆形焊盘选 C-60-25 即可。

按照制作 DIP_SW_4_8P 封装的方式进行封装制作，得到的封装图如图 12-55 所示。

2）制作 4 针电源插座封装 CON_4P_W200　前面已经给出了电源插座的实物图，通过测量知方形焊盘大小选 S-60-25 即可，圆形焊盘选 C-60-25 即可。

单击 ARES 界面左侧工具栏中的 Square Through-

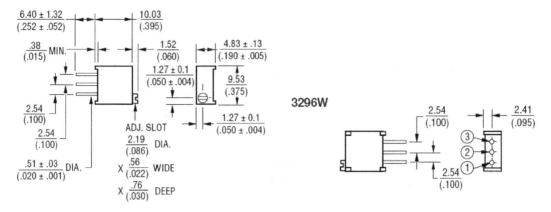

图 12-54　数据手册

hole Pad Mode 按钮 ▣，在列表中选择焊盘 S-60-25，放在坐标原点；然后单击 Round Through
-hole Pad Mode 按钮 ◉，在列表中选择焊盘 C-60-25，放在（100，0）处，如图 12-56 所示。
选中圆形焊盘，执行菜单命令 Edit→Replicate，在弹出的 Replicate 对话框中设置复制的参数，
如图 12-57 所示。

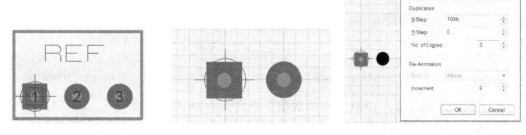

图 12-55　电位器封装 POT_HG_3P　　图 12-56　放置焊盘　　图 12-57　Replicate 对话框

单击"OK"按钮，复制焊盘，如图 12-58 所示。双击各个焊盘，在出现的 Edit Single
Pin 对话框中对焊盘进行编号，如图 12-59 所示。单击左侧工具箱中的 2D Graphics Box Mode
按钮 ▢，在左下方的下拉列表中选择层面 ▣ Top Silk　▾ 即顶层丝印层，按照图 12-60 所示
添加丝印外框。

图 12-58　批量复制焊盘　　图 12-59　为焊盘编号　　图 12-60　添加丝印外框

单击工具栏中的 ／，放置区分散热层的线段，如图 12-61 所示。单击工具箱中的 2D
Graphics Markers Mode 按钮 ✛，在列表中选择 ORIGIN，在第一个焊盘处添加原点标记，如
图 12-62 所示；在列表中选择 REFERENCE，按图 12-63 所示添加元件 ID（添加 REFER-
ANCE）。

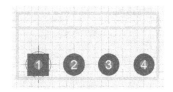

图 12-61　放置区分散热层的线段

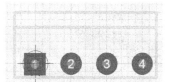

图 12-62　添加原点标记

图 12-63　添加 REFERANCE

选中所有的焊盘及丝印图形，在菜单栏中执行菜单命令 Library→Make Package，打开 Make Package 对话框，如图 12-64 所示，按图进行设置。

单击"OK"按钮完成封装制作，可以在拾取封装的列表中找到此元件，如图 12-65 所示。

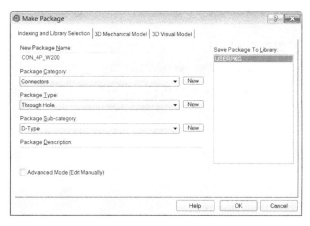

图 12-64　Make Package 对话框

图 12-65　封装列表

3）制作发光二极管 LED_100 的封装　查找红色 LED 的数据手册，如图 12-66 所示。根据数据手册，可知焊盘间距为 100th，方形焊盘大小选 S-60-25 即可，圆形焊盘选 C-60-25 即可。按照前面介绍的方法进行封装，封装完成后如图 12-67 所示。

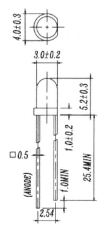

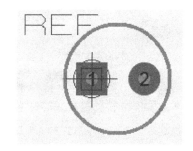

图 12-66　数据手册

图 12-67　LED 封装 LED_100

12.2.2　贴片式（SMT）元器件封装的制作

贴片式封装主要用于分立元器件，分立元器件主要包括电阻、电容、电感、二极管和三极管等，这些都是电路设计中最常用的电子元器件。现在，60%以上的分立元器件都有贴片封装，下面主要介绍贴片式分立元器件封装的制作。

信号发生器电路原理图中的分立元器件 LED 可以采用贴片式的封装，通过查阅数据手册，这里采用贴片式的 0805 封装系列的黄色 LED 封装形式进行封装，其数据手册如图 12-68 所示。

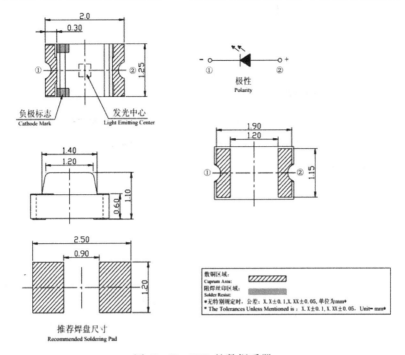

图 12-68　LED 的数据手册

将数据手册推荐的焊盘尺寸（0.8mm×1.2mm）转化为（35th×50th），且两焊盘间距为 35th。下面根据其尺寸进行封装。

单击 PROTEUS 软件界面上的 ，进入 PCB 设计界面，然后单击 ARES 界面左侧工具栏中的 Rectangular SMT Pad 按钮 ，这时对象选择器中列出了所有矩形焊盘的长和宽尺寸，如图 12-69 所示。

这里没有需要的焊盘尺寸（35×50），则需要单击列表上方的 Create Pad Style 按钮 ，弹出 Create New Pad Style 对话框，如图 12-70 所示。

在 Name 栏中输入焊盘名 35×50，在 SMT 选项组中选中 Square 选项，单击"OK"按钮，弹出 Edit Rectangular Pad Style 对话框，如图 12-71 所示。

图 12-69　焊盘尺寸列表

在 Edit Rectangular Pad Style 对话框中设置焊盘参数：

☺ Width（焊盘宽）：35th；

☺ Height（焊盘高）：50th；

☺ Guard Gap（安全间距）：5th。

单击"OK"按钮，完成焊盘设置，此时焊盘列表中自动添加了新建的焊盘 35×50，如图 12-72 所示。

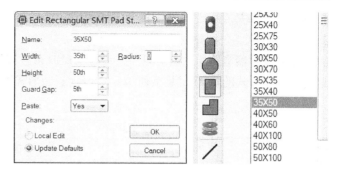

图 12-70　Create New Pad Style 对话框　　图 12-71　创建新的矩形 SMT 焊盘　　图 12-72　焊盘列表

选中焊盘 35×50，在坐标（0,0）处单击，添加一个矩形焊盘 35×50，如图 12-73 所示。然后在坐标（70,0）处再次添加一个相同的焊盘，如图 12-74 所示。

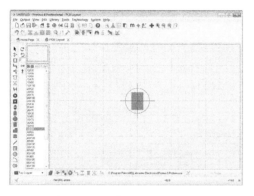
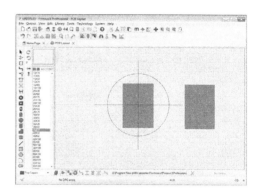

图 12-73　添加矩形焊盘 35×50　　　　　　　　　图 12-74　添加第二个焊盘

右击选中左边的矩形焊盘，在弹出的快捷菜单中选择 Edit Properties，出现如图 12-75 所示界面，即 Edit Single Pin 对话框，在 Number 栏中输入 1。用同样的方法对另一个焊盘进行编号，编辑完成后如图 12-76 所示。

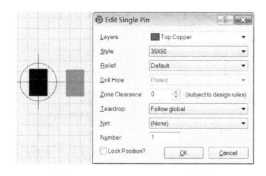
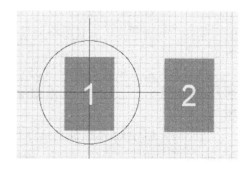

图 12-75　Edit Single Pin 对话框　　　　　　　　图 12-76　编好号的焊盘

然后单击左侧工具箱中的 2D Graphics Box Mode 按钮 ▪，在左下方的下拉列表中选择层面 ▪ Top Silk　▾ 即顶层丝印层，按照图 12-77 所示添加丝印外框。

单击工具箱中的 2D Graphics Markers Mode 按钮 ✛，在列表中选择 ORIGIN，在第一个焊盘处添加原点标记，如图 12-78 所示；然后在列表中选择 REFERENCE，如图 12-79 所示，再按图 12-80 所示添加元件 ID（添加 REFERANCE）。

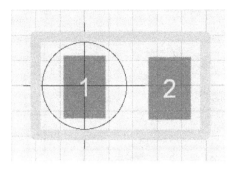

图 12-77　添加丝印外框

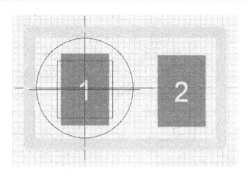

图 12-78　添加原点标记

图 12-79　在列表中选择 REFERENCE

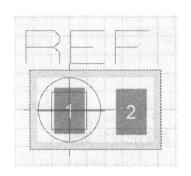

图 12-80　添加 REFERANCE

选中所有焊盘及丝印图形，在菜单栏中执行菜单命令 Library→Make Package（见图 12-81），打开 Make Package 对话框，如图 12-82 所示。

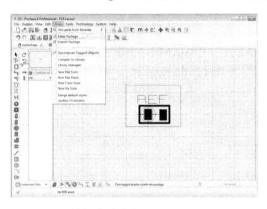

图 12-81　执行菜单命令 Library→Make Package

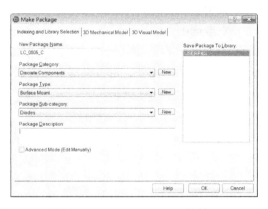

图 12-82　Make Package 对话框

进行以下设置：

☺ New Package Name：LC_0805_C；

☺ Package Category：Discrete Components；

☺ Package Type：Surface Mount；

☺ Package Sub-category：Diodes。

单击"OK"按钮，保存封装。

在拾取封装的窗口中即可找到此元件，如图 12-83 所示。这时此元件封装就可以正常使用了。

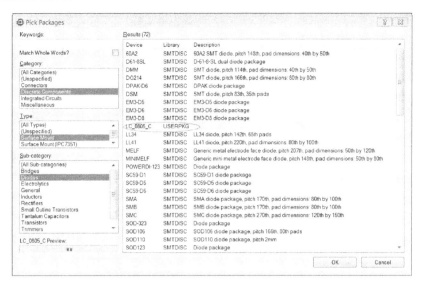

图 12-83　LED 封装 LC_0805_C

12.2.3　指定元器件封装

在原理图中，右击选中一个命名为 SQUARE 的 LED，单击鼠标左键打开 Edit Component 对话框，选中窗口左下角的 Edit all properties as text 选项，在文本区域添加一条属性｛PACKAGE＝LED_100｝，如图 12-84 所示。此外，也可以双击 SQUARE 的 LED，弹出如图 12-84 所示的界面，进行相关设置。

采用上述相同的方法，为其他 3 个 LED 指定封装为 PACKAGE＝LED_100。

右击选中 4 位拨码开关，单击鼠标左键打开 Edit Properties 对话框，选中窗口左下角的 Edit all properties as text 选项，在文本区域添加一条属性｛PACKAGE＝DIP_SW_4_8P｝，如图 12-85 所示。此外，也可以双击 4 位拨码开关，打开图 12-85 所示界面进行设置。

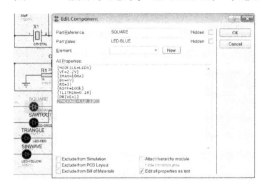
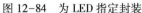

图 12-84　为 LED 指定封装

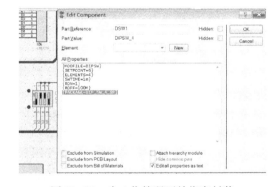

图 12-85　为 4 位拨码开关指定封装

用同样的方法为其他元器件选择封装：POWER_CON_4P 选择封装 CON_4P_W200、POT-HG 选择封装 POT_HG_3P、LED-YELLOW 选择封装 LED_100。

在进行 PCB 设计之前应该先检查一下元器件的封装是否全部指定或是否全部正确。单击工具栏图标■，出现如图 12-86 所示的窗口，可以观察元器件封装是否全部指定。

再在菜单栏执行菜单命令 Library→Verify Packagings，如图 12-87 所示，查看元器件封装是否有错误，出现如图 12-88 所示界面。

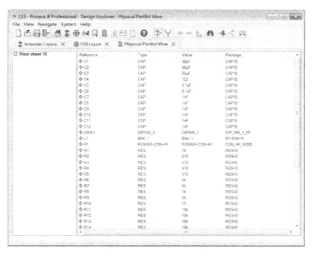

图 12-86　查看元器件封装

图 12-87　检查元件封装

图 12-88　检查有错误

检查有错误，此处错误说明封装时 LED_100 的引脚没有对应上，可以进行以下操作。右击 SQUARE，在弹出的快捷菜单中选择 Packaging Tool，如图 12-89 所示，出现如图 12-90 所示 Package Device 对话框。

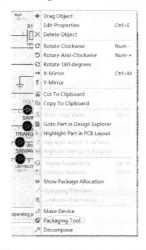

图 12-89　选择 Packaging Tool

图 12-90　Package Device 对话框

在对话框中先选中 1，再选中 A，将引脚号 1 和 A 对应，同理可操作 2 和 B，如图 12-91 所示。

（a）对应引脚 1 和 A　　　　　　　　　　　　　（b）对应引脚 2 和 B

图 12-91　引脚匹配操作

　　完成以后单击"Assign Package(s)"按钮，将出现如图 12-92 所示对话框，选择 USER-DVC，单击"Save Package(s)"按钮，完成封装。用同样的方法对其他 LED 进行封装。完成以后再在菜单栏执行菜单命令 Library→Verify Packagings，如图 12-93 所示，查看元器件封装是否有错误。

图 12-92　封装库选择　　　　　　　　　图 12-93　检查无错误

　　在检查没有错误后，单击工具栏图标，进入 ARES PCB 编辑环境。

12.3　本章小结

　　本章主要介绍了焊盘的编辑创建及元器件封装的制作过程。掌握了封装的编辑与制作技术，就能解决 ARES PCB 设计中有的元器件无封装的烦恼，同时还可以不断补充、丰富封装库。常见的元器件封装分为直插式和贴片式，本章主要介绍了这两种封装的制作过程，为使读者快速入门，本章采用了一些典型例子，细化了制作步骤。

 思考与练习

　　（1）简述元器件封装的具体形式有哪些。

　　（2）简述焊盘类型并简述通过孔焊盘可以分为哪几层。

　　（3）将 RES40 改为 RES20。

第 13 章 PCB 设计参数设置

在 PCB 布局前，首先要根据绘制的 PCB 的具体情况，对板层、编辑环境、栅格、保存路径及编辑界面进行设置，从而便于设计。下面将具体介绍板层及编辑环境参数的设置。

13.1 设置电路板的工作层

1. 电路板层介绍

在设置电路板的工作层前，首先介绍一下 PCB 由哪些层构成及各层的含义。PROTEUS 的 PCB 由 Signal layer（信号层）、Internal plane layer（内部电源/接地层）、Mechanical layer（机械层）、Solder mask layer（阻焊层）、Paste mask layer（锡膏防护层）、Keep out layer（禁止布线层）、Silkscreen layer（丝印层）、Multi layer（多层）、Drill layer（钻孔层）组成。下面具体介绍各层的作用。

1）主要层

（1）Signal layer（信号层）：信号层主要用于布置电路板上的导线，PROTEUS 提供了 16 个信号层，包括 Top layer、Bottom layer 和 14 个 Mid Layer。

☺ Top layer（顶层布线层）：设计为顶层铜箔布线，如为单面板则没有该层。也称元件层，主要用来放置元器件，对于双层板和多层板可以用来布线。

☺ Bomttom layer（底层布线层）：设计为底层铜箔布线。也称焊接层，主要用于布线及焊接，有时也可放置元器件。

☺ Mid layer（中间层）：最多可有 14 层，在多层板中用于布信号线。

（2）Internal plane layer（内部电源/接地层）：PROTEUS 提供了 4 个内部电源/接地层 Plane 1~4。该类型的层仅用于多层板，主要用于布置电源线和接地线。通常说的双层板、四层板、六层板，一般指信号层和内部电源/接地层的数目。

（3）Mechanical layer（机械层）：PROTEUS 提供了 4 个机械层，一般用于设置电路板的外形尺寸、数据标记、对齐标记、装配说明及其他的机械信息。默认 LAYER1 为外形层，LAYER2/3/4 等可用于机械尺寸标注或者特殊用途，如某些板子需要制作导电碳油时可以使用 LAYER2/3/4 等，但是必须在同层标识清楚该层的用途。这些信息因设计公司或 PCB 制造厂家的要求而有所不同。另外，机械层可以附加在其他层上一起输出显示。

（4）Solder mask layer（阻焊层）：在焊盘以外的各部位涂覆一层涂料，如防焊漆，用于阻止这些部位上锡。阻焊层用于在设计过程中匹配焊盘，是自动产生的。PROTEUS 提供了 Top Solder 和 Bottom Solder 两个阻焊层。

☺ Top/Bottom Solder（顶层/底层阻焊绿油层）：顶层/底层敷设阻焊绿油，以防止铜箔上锡，保持绝缘。在焊盘、过孔及本层非电气布线处阻焊绿油开窗。焊盘在设计中默认会开窗（OVERRIDE：0.101 6mm），即焊盘露铜箔，外扩 0.101 6mm，波峰焊时会上锡。建议不做设计变动，以保证可焊性；过孔在设计中默认会开窗

（OVERRIDE：0.101 6mm），即过孔露铜箔，外扩 0.101 6mm，波峰焊时会上锡。如果设计为防止过孔上锡，不要露铜，则必须将过孔的附加属性 SOLDER MASK（阻焊开窗）中的 PENTING 选项选中，则关闭过孔开窗。另外，本层也可单独进行非电气布线，则阻焊绿油相应开窗。如果是在铜箔布线上面，则用于增强布线过电流能力，焊接时加锡处理；如果是在非铜箔布线上面，一般设计用于做标识和特殊字符丝印，可省掉制作字符丝印层。

（5）Paste mask layer（锡膏防护层）：它和阻焊层的作用相似，不同的是在机器焊接时对应的是表面粘贴式元件的焊盘。PROTEUS 提供了 Top Paste 和 Bottom Paste 两个锡膏防护层。

☺ Top/Bottom Paste（顶层/底层锡膏层）：该层一般用于贴片元器件的 SMT 回流焊过程时上锡膏，与印制板厂家制板没有关系，导出 Gerber 时可删除，PCB 设计时保持默认即可。

（6）Drill layer（钻孔层）：钻孔层提供电路板制造过程中的钻孔信息（如焊盘、过孔就需要钻孔）。PROTEUS 提供了 Drill Gride 和 Drill Drawing 两个钻孔层。

☺ Drill Guide（钻孔定位层）：焊盘及过孔钻孔的中心定位坐标层。

☺ Drill Drawing（钻孔描述层）：焊盘及过孔钻孔孔径尺寸描述层。

（7）Silkscreen layer（丝印层）：丝印层主要用于放置印制信息，如元器件的轮廓和标注、各种注释字符等。PROTEUS 提供了 Top Overlayer 和 Bottom Overlayer 两个丝印层。一般各种标注字符都在顶层丝印层，底层丝印层可关闭。

☺ Top Overlayer（顶部丝印层）：用于标注元器件的投影轮廓、元器件的标号、标称值或型号及各种注释字符。

☺ Bottom Overlayer（底部丝印层），与顶部丝印层作用相同，标注元器件的投影轮廓、元器件的标号、标称值或型号及各种注释字符。

2）其他层

（1）Multi layer（多层）：电路板上焊盘和穿透式过孔要穿透整个电路板，与不同的导电图形层建立电气连接关系，因此系统专门设置了一个抽象的层，即多层。一般焊盘与过孔都要设置在多层上，如果关闭此层，焊盘与过孔就无法显示出来。

（2）Keep out layer（禁止布线层）：用于定义在电路板上能够有效放置元器件和布线的区域。在该层绘制一个封闭区域作为布线有效区，在该区域外是不能自动布局和布线的。

2. 设置电路板层数

进入 PROTEUS ARES 界面后，在菜单栏中执行菜单命令 Technology→Set Layer Usage，弹出 Set Layer Usage 对话框，具体设置如图 13-1 所示。

这里显示了电路板的 14 个内部层（不包括电路板的顶层（Top Copper）和底层（Bottom Copper））和 4 个机械层，可根据需要进行勾选。然后单击"OK"按钮确定，并关闭对话框。

3. 设置层的颜色

执行菜单命令 View→Edit Layer Colours/Visibility，弹出 Display Settings 对话框，如图 13-2 所示。

这里给出了所有工作层的默认颜色。单击颜色块，可出现一个选择颜色的显示框，用于改选其他颜色。不过这里建议用户一般还是使用默认颜色比较好，这样可增强图的易读性。

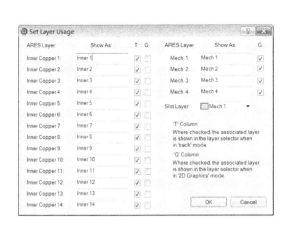

图 13-1　设置层面

图 13-2　Display Settings 对话框

4. 定义板层对

ARES 系统可以将两个板层定义为一对，如顶层（Top Copper）和底层（Bottom Copper），这样在设计 Top Copper 时，可以用空格键将系统切换到 Bottom Copper，反之亦然。具体步骤如下：

执行菜单命令 Technology→Edict Layer Pair，弹出 Edit Layer Pairs 对话框，如图 13-3 所示。

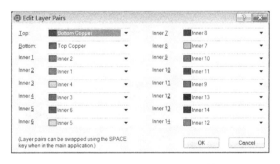

图 13-3　Edit Layer Pairs 对话框

在 Top 后面的方框内可选择与 Top 成对的工作层，默认为 Bottom Copper；在 Bottom 后面的方框内可选择与 Bottom 成对的工作层，默认为 Top Copper。其他选择方法一样。

13.2　栅格设置

执行菜单命令 Technology→Set Grid Snaps，弹出 Grid Configuration 对话框，如图 13-4 所示。可分别对英制和公制的栅格尺寸进行设置。

无论是公制还是英制，系统都提供了三种快捷方式对其尺寸进行实时调整，使用的分别是 F2、F3、F4 键。

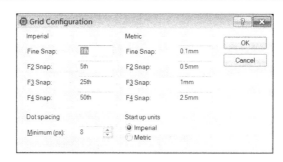

图 13-4　栅格设置对话框

13.3　路径设置

执行菜单命令 System→System Settings，弹出 System Settings 对话框，如图 13-5 所示。

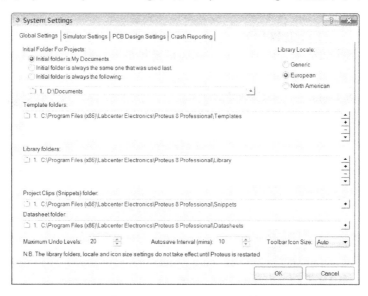

图 13-5　System Settings 对话框

此对话框可用于设置初始文件夹及库文件夹的默认路径。另外，在使用第三方软件时，需在此分别增加 model（模型）和 library（库文件）。在 Simulator Setting 和 PCB Design Settings 选项卡中可以设置和修改原理图及 PCB 的保存路径。

此外，执行菜单命令 Technology→Save Layout As Template，还可以进行模板设置，这里不再详细说明。

13.4　批量操作设置

1. 对象批量对齐

在绘制 PCB 时，有时需要将元件批量对齐，具体操作如下：

（1）选中需对齐的器件，如图 13-6 所示。

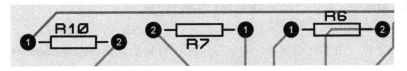

图 13-6　选中需对齐的器件

（2）执行菜单命令 Edit→Align Objects，出现如图 13-7 所示界面，该界面包括了左对齐、上对其、居中纵对齐、居中水平对齐、右对齐、底对齐 6 种对齐方式。这里选择了上对齐（Align Top Edges），完成编辑后，单击"OK"按钮，器件实现上对齐，如图 13-8 所示。

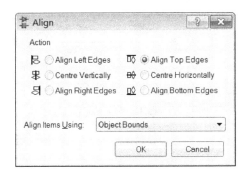

图 13-7　Align 对话框

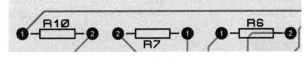

图 13-8　完成对齐的器件

2. 对象的批量复制

在绘制 PCB 时，批量复制常常可以节约大量的时间，下面以复制电阻为例具体介绍批量复制的过程。

首先选中电阻，然后执行菜单命令 Edit→Replicate，出现如图 13-9 所示对话框，其中包括了复制的坐标、数量及编号。这里在 Y 轴方向以 100th 为间距复制 5 个同样的电阻且编号以 1 递增，设置如图 13-9 所示。

设置完成后如图 13-10 所示。

图 13-9　Replicate 对话框

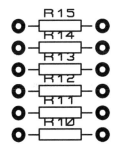

图 13-10　批量复制好的电阻

3. 布线的批量斜化处理

在绘制 PCB 时，在导线转折处一般是成 45°斜化角，这里介绍批量斜化工具的使用。

选中连接好的 PCB，然后执行菜单命令 Edit→ Mitre All Tracks on Layout，出现如图 13-11 所示的 Mitre Settings 对话框，这里可以设置斜化的最小距离和最大距离。

364　　　基于 PROTEUS 的电路设计、仿真与制板（第 2 版）

同时也可以批量去斜化，只需执行菜单命令 Edit→ Unmitre All Tracks on Layout ，出现如图 13-12 所示对话框，单击"OK"按钮即可去斜化。

4. 自动注释

在绘制 PCB 时，为了让相同器件的编号不同，可以启动 Automatic Annotator，实现自动注释。只需执行菜单命令 Tools→Automatic Annotator，或者直接单击工具栏中的图标，此时出现如图 13-13 所示对话框，可以实现重新注释。

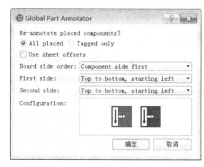

图 13-11　Mitre Settings 对话框　　　图 13-12　去斜化处理　　　图 13-13　Global Part Annotator 对话框

13.5　编辑环境设置

1. 环境设置

执行菜单命令 System→Set Environment，弹出 Environment Configuration 对话框，如图 13-14 所示。

图 13-14　Environment Configuration 对话框

这里主要对引脚工具的延时时间进行了设置。

2. 编辑器界面的缩放

编辑器界面的大小可以通过执行菜单命令 View→Zoom 或者使用下述功能键进行控制。

按 F6 键，可以放大电路图，连续按会不断放大，直到最大。

按 F7 键，可以缩小电路图，连续按会不断缩小，直到最小。

（以上两种情况无论哪种都以当前鼠标位置为中心重新显示。）

按 F8 键，可以把一整张图缩放到完整显示出来。无论在任何时候，都可以使用此功能键控制缩放，即便是在滚动和拖放对象时也可以。

按住 Shift 键，同时在一个特定的区域用鼠标左键拖一个框，则框内的部分就会被放大，这个框可以是在编辑窗口内，也可以是在预览窗口内。

3. 编辑器界面的其他设置

（1）执行菜单命令 View→Redraw Display，或者使用快捷键 R，也可以使用工具栏中的 按钮，能够对电路进行刷新显示。

（2）执行菜单命令 View→Toggle Board Flip，或者使用快捷键 F，也可以使用工具栏中的 ⚠ 按钮，能够使整个电路镜像翻转。

（3）执行菜单命令 View→Toggle Grid，或者使用快捷键 G，也可以使用工具栏中的 ⊞ 按钮，能够使编辑区显示栅格或取消栅格。

（4）执行菜单命令 View→Edit Layer Colours/Visibility，或者使用快捷键"Ctrl+L"，也可以使用工具栏中的 🔲 按钮，可以打开如图 13-15 所示层的显示设置框，在此可以设置绘图区的颜色，也可以选择哪些层需要显示，哪些层不需要显示。其中不选中 Ratsnest 时，不显示飞线。

（5）执行菜单命令 View→Toggle Metric/Imperial，或者使用快捷键 M，也可以使用工具栏中的 m 按钮，能够使编辑区内坐标单位在公制和英制之间进行转换。

（6）执行菜单命令 View→Toggle False Origin，或者使用快捷键 O，也可以使用工具栏中的 ✛ 按钮，然后在编辑区内某处单击，将该点设为原点。

图 13-15　层的显示设置框

（7）执行菜单命令 View→Toggle X-Cursor，或者使用快捷键 X，可以使光标的显示在三种形式之间改变。

执行菜单命令 View→Toggle Polar Co-ordinators、View→Goto Component 或 View→Goto Pin，可以将光标快速移动到一个坐标点、某一个元件或某个元件的某个引脚（如 C1 的第一个引脚，注意输入格式为 C1-1）。

 ## 13.6　本章小结

在 PCB 布局前，首先要根据绘制的 PCB 的具体情况，对板层、编辑环境、栅格、保存路径及编辑界面进行设置，从而便于设计。本章具体介绍板层及编辑环境参数的设置。

 思考与练习

简述 PCB 由哪些层构成及各层的含义。

第14章 PCB布局

在设计中，布局是一个重要的环节。布局的好坏将直接影响布线的效果，合理的布局是PCB设计成功的第一步。

PROTEUS软件提供了自动布局和手工布局两种方式。布局的方式分两种，一种是交互式布局，一种是自动布局。一般是在自动布局的基础上用交互式布局进行调整。在布局时，还可根据布线的情况对门电路进行再分配，将两个门电路进行交换，使其成为便于布线的最佳布局。在布局完成后，还可对设计文件及有关信息进行返回标注，使得PCB中的有关信息与原理图一致，以便能与今后的建档、更改设计同步起来，同时对模拟的有关信息进行更新，使得能对电路的电气性能及功能进行板级验证。

14.1 布局应遵守的原则

在实际设计中布局的好坏直接关系到布线的质量，因此合理的布局是PCB设计成功的至关重要的一步。在实际设计中，布局必须遵守以下原则。

☺ 按电路模块进行布局。实现同一功能的相关电路称为一个模块，电路模块中的元器件应就近集中，同时将数字电路和模拟电路分开。

☺ 布局应该合理设置各个功能电路的位置，尽量使布局便于信号流通，使信号尽可能保持一致的方向。

☺ 以每一个功能电路的核心元器件为中心，围绕它们来布局。元器件应均匀、整齐、紧凑地摆放在PCB上，尽量减少和缩短元器件之间的引线和连接。

☺ 尽可能缩短高频元器件之间的连线，设法减小它们的分布参数和相互之间的电磁干扰。易受干扰的元器件之间不可离得太近，输入和输出的元器件应该尽量远离。

☺ 热敏元器件应该远离发热元器件，高热元器件要均衡分布。

☺ 电感之间的距离和位置要得当，以免发生互感。

☺ 定位孔、标准孔等非安装孔周围1.27mm内不得贴装元器件，螺钉等安装孔周围3.5mm（对于M2.5）、4mm（对于M3）内不得贴装元器件。

☺ 卧装电阻、电感（插件）、电解电容等元器件的下方避免布过孔，以免波峰焊后过孔与元器件壳体短路。

☺ 元器件的外侧距板边的距离一般应大于5mm。

☺ 贴装元器件焊盘的外侧与相邻插装元器件的外侧距离应大于2mm，PCB的最佳形状为矩形，长宽比为3:2或4:3。PCB板面尺寸大于200mm×150mm时，应考虑PCB的机械强度。

☺ 金属壳体元器件和金属件（屏蔽盒等）不能与其他元器件相碰，不能紧贴印制线、焊盘，其间距应大于2mm。定位孔、紧固件安装孔、椭圆孔及板中其他方孔外侧距板边的尺寸应大于3mm。

☺ 电源插座要尽量布置在印制电路板的四周，电源插座与其相连的汇流条接线端应布置在同侧。特别应注意不要把电源插座及其他焊接连接器布置在连接器之间，以利于这些插座、连接器的焊接及电源线缆设计和扎线。电源插座及焊接连接器的布置间距应考虑方便电源插头的插拔。

☺ 尽量使贴片元器件单边对齐，字符方向一致，封装方向一致。

☺ 有极性的元器件在同一电路板上的极性标志方向尽量保持一致。

☺ 元器件疏密应该得当，布局均匀合理。

布局后要进行以下严格的检查：

☺ PCB 尺寸是否与加工图纸尺寸相符，能否符合 PCB 制造工艺要求，有无定位标志。

☺ 元器件在二维、三维空间上有无冲突。

☺ 元器件布局是否疏密有序、排列整齐，是否全部布完。

☺ 需经常更换的元器件能否方便地更换，插件板插入设备是否方便。

☺ 热敏元器件与发热元器件之间是否有适当的距离。

☺ 调整可调元器件是否方便。

☺ 在需要散热的地方是否装了散热器，空气流动是否通畅。

☺ 信号流程是否顺畅且互连最短。

☺ 插头、插座等与机械设计是否矛盾。

☺ 线路的干扰问题是否有所考虑。

14.2　自动布局

对第 13 章已导入网络表之后的 ARES 界面进行层的设置和相关系统设置后，进行如下具体操作。

（1）在自动布局之前需要先画一个板框。在 ARES 左侧的工具箱中选择 ▢，从主窗口底部左下角下拉列表框中选择 Board Edge（见图 14-1），在适当的位置画一个矩形，作为板框，如图 14-2 所示。如果以后想修改这个板框的大小，需要再次单击 2D Graphics Box 中的矩形符号▢，在板框的边框上右击，这时会出现控制点，拖动控制点就可以调整板框的大小了。

图 14-1　选择图层

（2）执行菜单命令 Tools→Auto Placer，打开 Auto Placer 对话框，如图 14-3 所示。对话框中各项设置说明如下：

☺ Design Rules：设计规则。

　　↪ Placement Grid：布局格点；

　　↪ Edge Boundary：元件距电路板边框的距离。

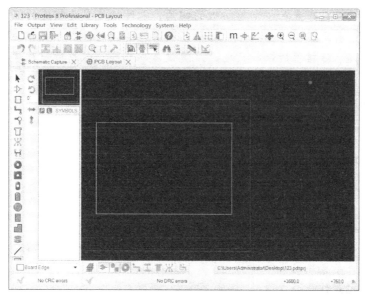

图 14-2　绘制板框

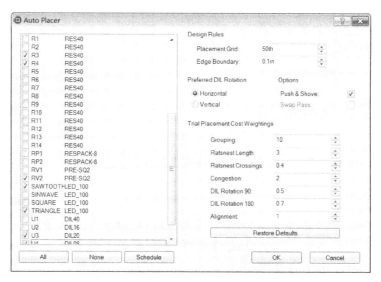

图 14-3　Auto Placer 对话框

☺ Preferred DIL Rotation：元件的方向。

　　↬ Horizontal：水平；

　　↬ Vertical：垂直。

☺ Options：选项。

　　↬ Push & Shove：推挤元件；

　　↬ Swap Pass：元件交换。

☺ Trial Placement Cost Weightings：尝试摆放的权值。

　　↬ Grouping：群组；

　　↬ Ratsnest Length：飞线长度；

　　↬ Ratsnest Crossing：飞线交叉；

　　⧎ Congestion：密集度；

　　⧎ DIL Rotation 90：元件旋转 90°；

　　⧎ DIL Rotation 180：元件旋转 180°；

　　⧎ Alignment：对齐。

　☺ Restore Defaults：恢复默认值。

　　（3）在 Auto Placer 对话框的元件列表中选中所有元件，单击"OK"按钮，元件会逐个摆放到板框中，如图 14-4 所示。

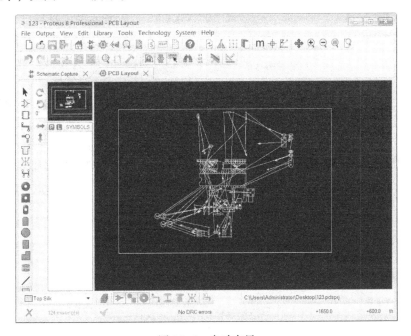

图 14-4　自动布局

> 📖 **注意**
>
> 　　在没有连线前，会显示错误。

14.3　手工布局

　　单击 ARES 界面左侧工具箱中的 Component Placement and Editing 按钮 ⟫，在元件列表中会列出所有未摆放的元件。在列表中选中元件，在板框中单击鼠标左键，摆放选中的元件。

1.　自动布局后手工调整或手工布局时用到的一些操作

　　（1）右键选中元件，拖动到预期位置。选中的同时可按"+"键或"−"键旋转元件。

　　（2）鼠标光标放在任意引脚上时，ARES 界面底部的状态栏将显示此引脚的属性。

　　（3）按下 Edit Objects 按钮 ▶ 后，可直接单击元件，编辑其属性，相当于右击选中后，单击左键编辑属性。

图 14-5　Display Settings 对话框

（4）⟳⟲▯ 在 PCB 的当前层垂直或按角度旋转。

（5）↔ ↕ 对元件进行水平或垂直翻转。

（6）🔲 🔲 🔲 🔳 对元件进行复制、移动、旋转和删除操作。

（7）显示飞线和向量符号：在菜单栏中执行菜单命令 View→Edit Layers Colours/Visibility，或者单击工具栏中的图标🔲，弹出 Display Settings 对话框，如图 14-5 所示。勾选 Ratsnest，显示飞线；取消选中 Force Vectors，不显示向量符号。

2. 对自动布局后的 PCB 进行手工调整布局的步骤

根据布局的原则对自动布局后的 PCB 进行手工调整布局的步骤如下。

（1）摆放主要的中心器件，如图 14-6 所示，将 U1、RP1、RP2、U2、U4 摆放到中心位置。

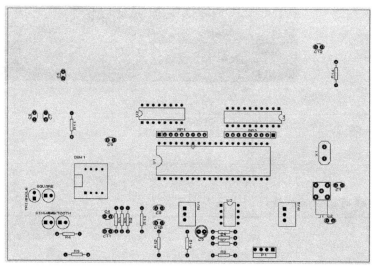

图 14-6　摆放中心器件

📖 **注意**

　　☺ 摆放引脚多、连线多的器件时要根据飞线方向，尽量使器件走线最短、交叉最少。

　　☺ 器件摆放要疏密得当。

（2）摆放晶振和复位电路部分，即摆放 C1、C2、C3 和 X1，如图 14-7 所示。

在摆放晶振电路时要使 C1、C2 和 X1 靠近单片机 U1，并且电容要分布于其两侧且也要靠近单片机。摆放时要根据飞线的指引来摆放，尽量使飞线不相交且引线最短。

（3）摆放 4 个 LED 灯，如图 14-8 所示。

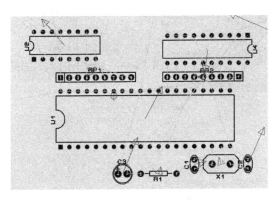

图 14-7　摆放晶振和复位电路

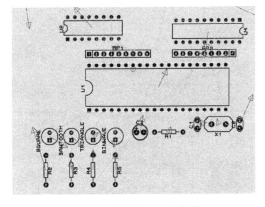

图 14-8　摆放 LED 灯部分

（4）摆放拨码开关和其上拉电阻，如图 14-9 所示。

（5）摆放电源电路，如图 14-10 所示，将 P1、C6、C7、C8、C9、C10、C11 摆放到 PCB 图上。

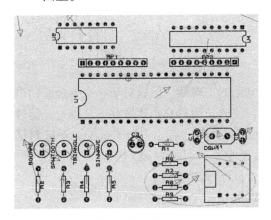

图 14-9　摆放拨码开关及其上拉电阻

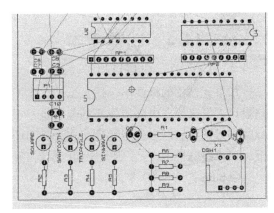

图 14-10　摆放电源电路

> 📖 **注意**
> ☺ 电源电路一般要放在板子的左边且靠近边缘，这样做的目的一方面是为了便于安装接线，另一方面是为了减少电磁干扰。
> ☺ 电源两边的电容是为了滤波，为了获得好的滤波效果，一般电容是输入放一边，输出放一边。
> ☺ 放置电容时，要根据飞线指示的方向调整器件方向以保证走线最短、交叉最少。

（6）摆放其他元器件，如图 14-11 所示。这里将输出元器件 J1 及电位器放置在外侧，一方面是为了便于接线，另一方面是为了便于操作电位器。同样在放置时要考虑走线最短、无交叉。

（7）在放置好元器件后，综合考虑整体布局的美观性，对布局做微调，得到如图 14-12 所示布局。

> 📖 **注意**
> 布局大致已经布好，但在实际布线过程中根据布线要求，还要对布局进行修改。

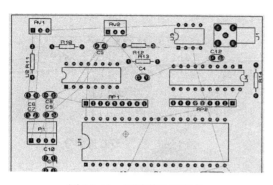

图 14-11　摆放其他元器件

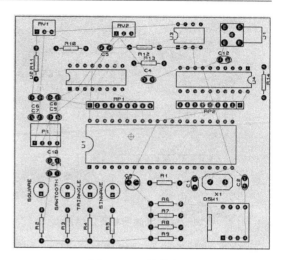

图 14-12　整体布局

14.4　调整文字

如果元器件的标注不合适，虽然大多不会影响电路的正确性，但是对于一个有经验的电路设计人员来说，电路板板面的美观也是很重要的。因此，用户有必要按如下步骤对元器件标注加以调整。右击选中元件，在元件 ID 号上单击鼠标左键，弹出 Edit Component Id 对话框，可修改器件 ID 号、所属层面、旋转角度、高度及宽度，如图 14-13 所示。

☺ Sting：元件 ID 号；　　　　　　　☺ Height：文字高度；

☺ Layer：所在层面；　　　　　　　　☺ Width：文字宽度。

☺ Rotation：旋转角度；

通常可以像移动元件一样移动元件 ID 号，当需要旋转时，调出 Edit Component Id 对话框，修改 Rotation 值即可。调整后如图 14-14 所示。

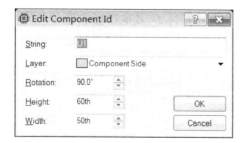

图 14-13　Edit Component Id 对话框

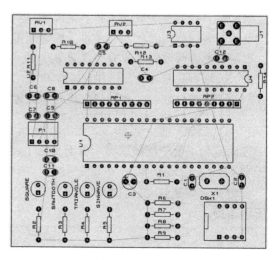

图 14-14　调整文字

14.5　本章小结

在 PCB 设计中，布局是一个重要的环节。布局的好坏将直接影响布线的效果，合理的布局是 PCB 设计成功的第一步。本章围绕 PCB 布局，结合实例介绍了布局的原则，以及 PCB 布局的两种方法，即自动布局和手工布局方式，使读者能够深入了解布局的重要性，并且能掌握布局的原则。

> **思考与练习**
>
> （1）简述 PCB 布局的一般原则。
> （2）简述 PCB 布局的重要性。

第 15 章　PCB 布线

PCB 设计中布线是完成产品设计的重要步骤，可以说前面的准备工作都是为它而做的。在整个 PCB 设计中，布线的设计过程要求最高、技巧最细、工作量最大。PCB 布线分为单面布线、双面布线及多层布线多种。PCB 布线可使用系统提供的自动布线和手动布线两种方式。虽然系统给设计者提供了一个操作方便、布通率很高的自动布线功能，但在实际设计中，仍然会有不合理的地方，这时就需要设计者手动调整 PCB 上的布线，以获得最佳的设计效果。

15.1　布线的基本规则

印制电路板（PCB）设计的好坏对 PCB 抗干扰能力影响很大，因此在进行 PCB 设计时，必须遵守 PCB 设计的基本原则，并应符合抗干扰设计的要求，使得电路获得最佳的性能。

（1）印制导线的布设应尽可能短，在高频回路中更应如此；同一元器件的各条地址线或数据线应尽可能保持一样长；印制导线的拐弯应呈圆角，因为直角或尖角在高频电路和布线密度高的情况下会影响电气性能；当双面布线时，两面的导线应互相垂直、斜交或弯曲布线，避免相互平行，以减小寄生耦合；作为电路的输入和输出用的印制导线应尽量避免相邻平行，最好在这些导线之间加地线。

（2）PCB 导线的宽度应满足电气性能要求而又便于生产，最小宽度主要由导线与绝缘基板间的黏附强度和流过的电流值决定，但最小不宜小于 0.2mm，在高密度、高精度的印制线路中，导线宽度和间距一般可取 0.3mm；导线宽度在大电流情况下还要考虑其温升，单面板实验表明，当铜箔厚度为 50 μm、导线宽度为 1~1.5mm、通过电流为 2A 时，温升很小，一般选用 1~1.5mm 宽度导线就可以满足设计要求而不致引起温升；印制导线的公共地线应尽可能粗，通常使用大于 2~3mm 的线条，这在带有微处理器的电路中尤为重要，因为当地线过细时，由于流过的电流的变化，地电位变动，微处理器时序信号的电平不稳，会使噪声容限劣化；在 DIP 封装的 IC 脚间布线，可采用 10—10 与 12—12 原则，即当两脚间通过两根线时，焊盘直径可设为 50mil，线宽与线距均为 10mil，当两脚间只通过一根线时，焊盘直径可设为 64mil，线宽与线距均为 12mil。

（3）印制导线的间距：相邻导线间距必须能满足电气安全要求，而且为了便于操作和生产，间距也应尽量宽。最小间距至少要能适合承受的电压。这个电压一般包括工作电压、附加波动电压及其他原因引起的峰值电压。如果有关技术条件允许导线之间存在某种程度的金属残粒，则其间距就会减小。因此设计者在考虑电压时，应把这种因素考虑进去。在布线密度较低时，信号线的间距可适当加大，对高、低电平悬殊的信号线应尽可能地缩短且加大间距。

（4）PCB 中不允许有交叉电路，对于可能交叉的线条，可以用"钻"、"绕"两种方法解决，即让某引线从别的电阻、电容、三极管引脚下的空隙处钻过去，或者从可能交叉的某条引线的一端绕过去。在特殊情况下，如果电路很复杂，为简化设计也允许用导线跨接，解决交叉电路问题。

（5）印制导线的屏蔽与接地：印制导线的公共地线应尽量布置在 PCB 的边缘部分。在 PCB 上应尽可能多地保留铜箔做地线，这样得到的屏蔽效果比一长条地线要好，传输线特性和屏蔽作用也将得到改善。另外，还起到了减小分布电容的作用。印制导线的公共地线最好形成环路或网状，这是因为当在同一 PCB 上有许多集成电路时，由于图形上的限制产生了接地电位差，从而引起噪声容限的降低，当做成回路时，接地电位差减小。另外，接地和电源的图形应尽可能与数据的流动方向平行，这是抑制噪声能力增强的秘诀；多层 PCB 可采取其中若干层做屏蔽层，电源层、地线层均可视为屏蔽层，一般地线层和电源层设计在多层 PCB 的内层，信号线设计在内层或外层。还要注意，数字区与模拟区应尽可能进行隔离，并且数字地与模拟地要分离，最后接于电源地。

15.2　设置约束规则

在 PROTEUS ARES 界面的菜单栏中执行菜单命令 Technology→Design Rule Manager，弹出 Design Rule Manager 对话框，如图 15-1 所示。

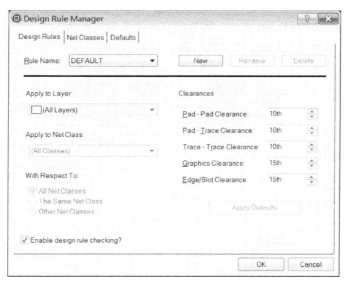

图 15-1　Design Rule Manager 对话框

☺ Rule Name：规则名称。

☺ Apply to Layer：应用到的层。

☺ Apply to Net Class：网络种类。

☺ With Respect To：与上面相关的内容。

☺ Clearances：间隙。

    ↳ Pad-Pad Clearance：焊盘间距；

    ↳ Pad-Trace Clearance：焊盘与 Trace 之间的间距；

    ↳ Trace-Trace Clearance：Trace 与 Trace 之间的间距；

　　ℬ Graphics Clearance：图形间距；

　　ℬ Edge/slot Clearance：板边沿/槽间距。

☺ Apply Defaults：应用默认值。

单击图 15-1 所示对话框中的 Net Classes 选项卡，可弹出如图 15-2 所示的对话框，按照图中所示设置 POWER 层约束规则。

☺ Net Class：网络种类分别为 POWER 层或 SIGNAL 层。

☺ Routing Styles：布线样式。

　　ℬ Trace Style：Trace 的样式；

　　ℬ Neck Style：Neck 线的样式；

　　ℬ Via Style：过孔的样式。

☺ Via Type：过孔。

　　ℬ Normal：普通过孔；

　　ℬ Top Blind：顶层盲孔；

　　ℬ Bottom Blind：底层盲孔；

　　ℬ Buried：埋孔。

☺ Ratsnest Display：构筑显示。

　　ℬ Colour：颜色；

　　ℬ Hidden：隐藏。

☺ Layer Assignment forAutorouting：为自动布线给各层次赋值。

　　ℬ Pair 1：层对 1，顶层水平布线，底层垂直布线。

☺ Priority：优先级。

接下来单击 Net Class 旁边的下拉菜单，按照图 15-3 所示设置 SIGNAL 层约束规则。

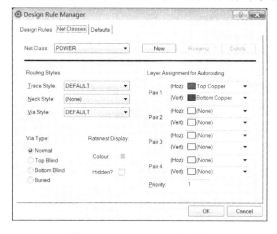

图 15-2　Net Classes 选项卡

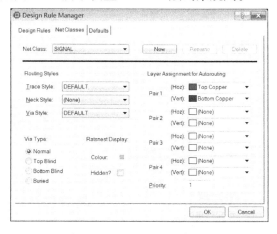

图 15-3　SIGNAL 层约束规则

15.3　手动布线及自动布线

　　布线就是在电路板上放置导线和过孔，并将元件连接起来。前面讲述了设计规则的设置，当设置了布线的规则后，就可以进行布线操作了。PROTEUS ARES 提供了交互手动布线和自动布线两种方式，这两种布线方式不是孤立使用的，通常可以结合在一起使用，以提高布线效率，并使 PCB 具有更好的电气特性，也更加美观。

15.3.1　手动布线

PROTEUS ARES 提供了许多有用的手动布线工具，使得布线工作非常容易。另外，尽管自动布线器提供了一个简单而强大的布线方式，然而自动布线的结果仍有不尽如人意之处，所以很多专业的电路板布线人员还是非常青睐于手动去控制导线的放置。下面仍以信号发生器电路为例来讲述手动布线的一些操作。

（1）执行菜单命令 View→Edit Layers Colours/Visibility，或者单击工具栏中的图标📖，弹出 Display Settings 对话框，如图 15-4 所示。勾选 Ratsnest，显示飞线；勾选 Force Vectors，显示向量符号。

（2）在 ARES 窗口左侧工具栏中单击📐按钮，到列表框中选择合适的导线类型（如 T10），在 ARES 界面左下角的层面列表中选择布线层 Top Copper，然后单击一个焊盘作为布线的起点，沿着飞线的提示开始布线，如图 15-5 所示。与该焊盘连接的飞线以高亮显示，到达目标引脚后单击完成布线，如图 15-6 所示。

然后再在 ARES 界面左下角的层面列表中选择布线层 Bottom Copper，如图 15-7 所示，进行底层布线，如图 15-8 所示。

图 15-4　Display Settings 对话框

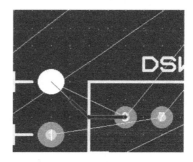

图 15-5　布线起点

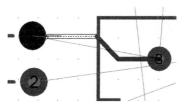

图 15-6　完成布线

图 15-7　切换布线层

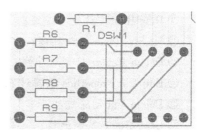

图 15-8　底层布线

📖**注意**

☺ 电路的布线最好按照信号的流向采用全直线，需要转折时可用 45°折线或圆弧曲线来完成，这样可以减少高频信号对外的发射和相互间的耦合。如图 15-9 所示为两种布线方式，在使用弧线布线方式时，只需按住键盘上的 Ctrl 键即可实现弧线布线。

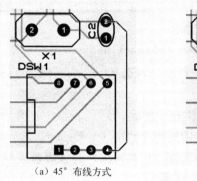

（a）45°布线方式　　　　　（b）弧线布线方式

图 15-9　转折处的布线方式

☺ 高频信号线与低频信号线要尽可能分开，必要时采取屏蔽措施，防止相互间干扰。对于接收比较弱的信号输入端，容易受到外界信号的干扰，可以利用地线做屏蔽将其包围起来或做好高频接插件的屏蔽。

☺ 同一层面上应该避免平行布线，否则会引入分布参数，对电路产生影响。若无法避免时可在两平行线之间引入一条接地的铜箔，构成隔离线。

☺ 在数字电路中，对于差分信号线，应成对布线，尽量使它们平行、靠近一些，并且长短相差不大。

☺ 高频信号线的布线应尽可能短。要根据电路的工作频率，合理地选择信号线布线的长度，这样可以减小分布参数，降低信号的损耗。制作双面板时，在相邻的两个层面上线最好相互垂直、斜交或弯曲相交，避免相互平行，这样可以减少相互干扰和寄生耦合。

（3）需要删除导线时，在 ARES 窗口左侧工具栏中单击按钮 ▶ ，然后选中需要删除的导线，按 Delete 键删除。或使用右键快捷菜单，选择 Delete Route(s)删除导线。

（4）单击已布好的线，该 Trace 高亮显示，右击弹出如图 15-10 所示的快捷菜单。其中包括：

☺ Drag Route(s)拖动连线；

☺ Modify Route 修改连线；

☺ Delete Route(s)删除导线；

☺ Edit Via Properties 编辑过孔属性；

☺ Delete Via 删除过孔；

☺ Copy Route 复制连线；

☺ Move Route 移动连线；

☺ Change Layer 改变层；

☺ Change Trace Style 改变连线类型；

☺ Change Via Style 改变过孔类型；

☺ Mitre 转折带倒角；

☺ Unmitre 转折不带倒角；

☺ SetMitre Depth 设定倒角的宽度；

☺ Trim tovias 截取到过孔；

☺ Trim to current layer 截取到当前层；

☺ Trim to single segment 截取一段；

☺ Trim manually 手动截取。

（5）当同一层中出现交叉线时，需要添加过孔。添加过孔的方法一般有两种：一种是在手工放置导线的过程中，走到需要添加过孔的位置，双击添加过孔；另一种方法是选择 ARES 窗口左侧工具栏中的 按钮，然后在编辑区内双击也可添加过孔，如图 15-11 所示。光标放在过孔上，右击，在弹出的快捷菜单中选择 Edit Via Properties，即可打开 Edit Via 对话框，如图 15-12 所示，具体包括过孔的起始层和结束层、过孔类型、过孔的网络等内容。设计人员可根据需要对其进行修改。

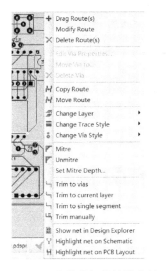
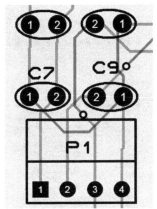

图 15-10　布线的相关快捷菜单　　图 15-11　添加过孔　　　图 15-12　Edit Via 对话框

（6）按照同样的方法将所有的线一一布完。

15.3.2　自动布线

PROTEUS ARES 基于网格的布线既灵活又快速，并能使用任何导线密度或孔径宽度，布线参数设置好后，就可以利用 PROTEUS ARES 提供的布线器进行自动布线了。下面讲述如何自动布线，以及如何修改布线错误。

在菜单栏中执行菜单命令 Tools→Auto Router，或者单击 图标，弹出 Shape Based Auto Router 对话框，按照图 15-13 所示进行设置。

单击 "Begin Routing" 按钮，完成自动布线，如图 15-14 所示。在布线过程中，状态栏实时显示当前的操作，按下 Esc 键即可随时停止布线。

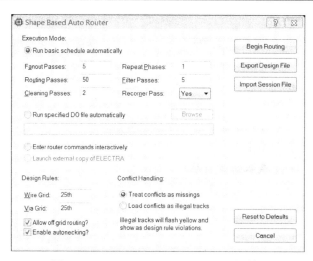

图 15-13　Shape Based Auto Router 对话框

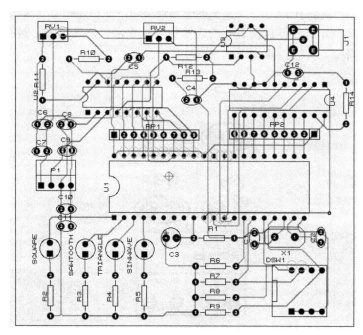

图 15-14　完成自动布线

图 15-15　布线错误提示框

此时会出现如图 15-15 所示的提示框，提示自动布线所出现的错误，单击"OK"按钮，下面查看 CRC 和 DRC 错误，如图 15-16 所示。

布线检查：

☺ CRC 检查：在菜单栏中执行菜单命令 Tools→Connectivity Checker，主要侧重于电学错误的连通性检查，如是否有多余的、遗漏的连接等情况；

☺ DRC 检查：在菜单栏中执行菜单命令 Tools→Design Rule Checker，检查违反规则的物理错误。

图 15-16　CRC 和 DRC 提示

此处说明布线中有 DRC 错误，单击 PROTEUS ARES 界面最下面的错误框，将弹出 Design Rule Errors 界面，如图 15-17 所示。

下面介绍常见的几种自动布线中的错误。

1. 布线离焊盘太近，间距小于设定值报错

（1）在 PCB 图中查看具体错误，如图 15-18 所示，此处的错误是顶层的导线离器件焊盘太近。

Design Rule Errors

Design Rule	Violation Type	Layer(s)	Spec'd Clearance	Actual
DEFAULT	RESIST-TRACE	BOT	0.00th	-6.00th
DEFAULT	RESIST-TRACE	TOP	0.00th	-6.00th
DEFAULT	RESIST-TRACE	TOP	0.00th	-6.00th
DEFAULT	RESIST-TRACE	TOP	0.00th	-1.00th
DEFAULT	RESIST-TRACE	TOP	0.00th	-1.00th
DEFAULT	RESIST-TRACE	BOT	0.00th	-6.00th
DEFAULT	RESIST-TRACE	TOP	0.00th	-1.00th
DEFAULT	RESIST-TRACE	TOP	0.00th	-1.00th
DEFAULT	RESIST-TRACE	TOP	0.00th	-1.00th

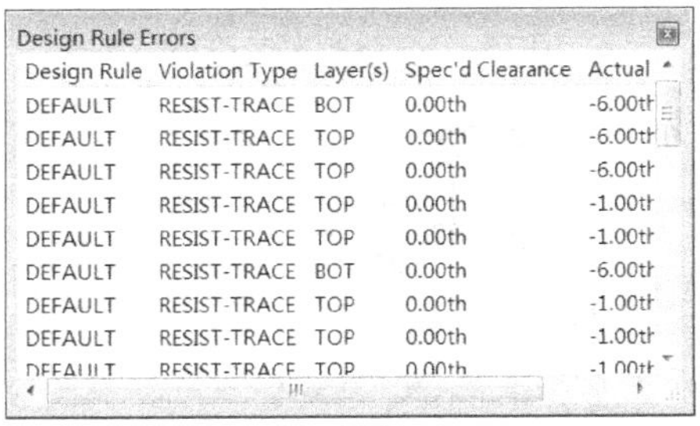

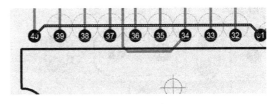

图 15-17　Design Rule Errors 界面

图 15-18　布线错误

通过拖动该布线，使该线远离器件焊盘，修改以后如图 15-19 所示。

（2）布线离焊盘太近的另一种形式，如图 15-20 所示。

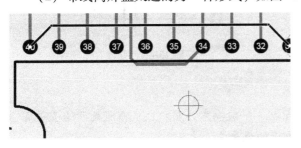

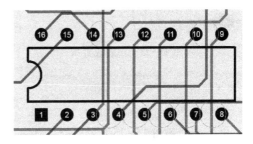

图 15-19　修改布线错误

图 15-20　布线错误

对于焊盘 4 和 5、5 和 6、6 和 7、7 和 8 之间的布线错误，可以通过拖动布线来修改，如图 15-21 所示。

> **注意**
>
> 这种错误之所以可以修改是因为两焊盘间距为 100mil，布线宽度为 10mil，而焊盘与布线的间距设定的是 10mil，所以两焊盘间是允许一条布线过去的，只是自动布线的局限性使布线通过的路径不对。

下面修改焊盘 13 和 14 之间的布线错误，对于这种错误，只能改变其中一条的布线路径，修改后如图 15-22 所示。

2. 布线之间的夹角成锐角或直角

如图 15-23 所示为直角布线，这种直角布线在 PCB 设计中虽然不报错，但这是不允许的，它是由自动布线的局限性造成的。

这种错误可以通过改变布线路径来修改，修改之后如图 15-24 所示。

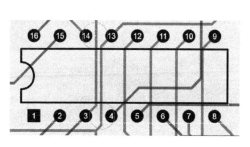

图 15-21　修改布线错误

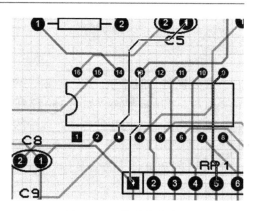

图 15-22　修改布线路径

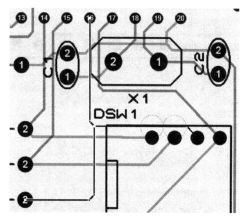

图 15-23　布线成直角

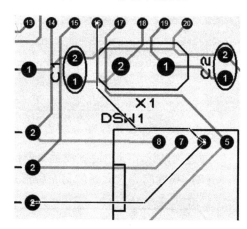

图 15-24　修改直角布线

📖 **注意**

在 PCB 布线时为避免上下层布线相互干扰，一般要求顶层和底层布线处于垂直关系比较好。如图 15-25 所示为上下层布线不垂直的现象。

通过修改布线使上下层布线成垂直关系，修改后如图 15-26 所示。

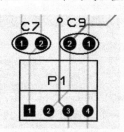

图 15-25　上下层布线不垂直

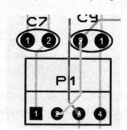

图 15-26　上下层布线垂直

15.3.3　交互式布线

在实际的 PCB 布线中，一般是采用交互式布线。交互式布线的优点在于它能在用户输入的交互命令下控制下一步布线，这样有利于观察、分析布线情况，有利于发现布线中不符合设计要求的情况，以便及时调整布线配置，使布线更加合理，更符合设计要求。下面具体介绍交互仿真过程。

1) 设置自动布线交互仿真模式　单击自动布线按钮 ，弹出自动布线对话框，单击选中交互式布线模式，如图 15-27 所示。接下来单击 Begin Routing 按钮，弹出如图 15-28 所示交互式布线模式命令输入框，在这里可以根据用户需要设定布线规则。

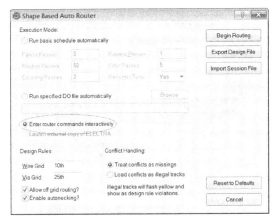

图 15-27　设置自动布线为交互式布线模式　　　　图 15-28　交互式布线模式命令输入框

2) 交互模式布线

（1）在交互式布线模式命令输入框中输入布线命令 route 2，按回车键，自动布线情况如图 15-29 所示。图中飞线尚存，布线没有完成，且飞线数量比较多，说明布通率还不够。

（2）在交互式布线模式命令输入框中输入布线命令 clean 2，按回车键，自动布线情况如图 15-30 所示。从图中可以看出还有飞线，布线还没有完成，但图中的飞线数量已经不多了。

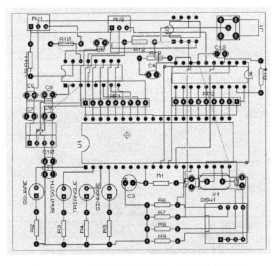

图 15-29　交互模式布线第一步的布线情况

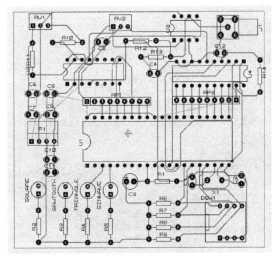

图 15-30　交互模式布线第二步的布线情况

（3）在交互式布线模式命令输入框中输入布线命令 route 2，按回车键，自动布线情况如图 15-31 所示。从图中可以看出没有飞线了。

（4）在交互式布线模式命令输入框中输入布线命令 recorner diagonal，按回车键，自动布线情况如图 15-32 所示。该步骤可以将布线斜化。

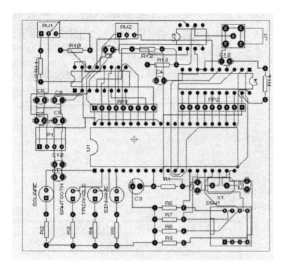

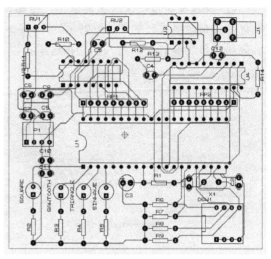

图 15-31　交互模式布线第三步后 PCB 布通　　　　图 15-32　交互模式布线第四步后布线斜化

15.3.4　手动布线与自动布线相结合

一般设计过程中，将手动布线与自动布线相结合，中心大器件一般通过手动连线，然后执行自动布线，下面具体介绍此过程。

1）手动连接中心大器件　在此过程中要根据布线距离最近的原则调整元器件的方向和位置，手动调整器件并连接中心大器件后如图 15-33 所示。

2）自动布线　执行菜单命令 Tools→Auto Router，或者单击 ╲ 图标进行自动布线，弹出 Shape Based Auto Router 对话框，按照图 15-34 所示进行设置。

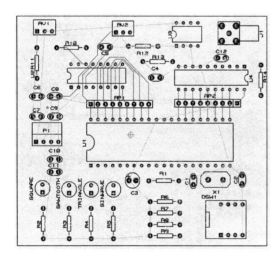

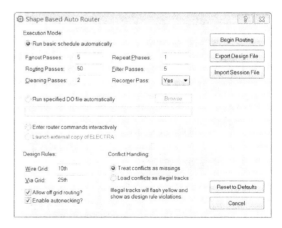

图 15-33　手动连接中心大器件　　　　图 15-34　Shape Based Auto Router 对话框

单击对话框中的 Begin Routing 按钮，完成自动布线，如图 15-35 所示。

此时会出现如图 15-36 所示的提示框，提示自动布线所出现的错误，单击"OK"按钮，下面查看 CRC 和 DRC 错误，如图 15-37 所示。

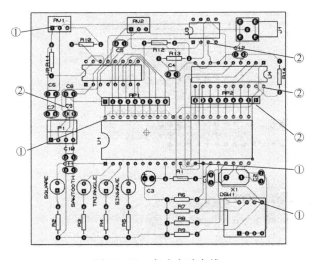

图 15-35　完成自动布线　　　　　　　　　　图 15-36　布线错误提示框

图 15-37　CRC 和 DRC 提示

这里的错误明显比之前直接自动布线的错误少，说明手动布线与自动布线相结合可以减少布线的错误，从而提高布线效率。

3）根据布线错误提示修改布线错误　图 15-35 中已将错误分类，①类错误是焊盘与布线太近导致的，②类错误是两焊盘间的布线错误。下面将对这两类错误进行修改。

（1）修改①类布线错误，只需要拖动布线远离器件焊盘即可。如图 15-38 所示，图中虚线标注的是修改后的布线。

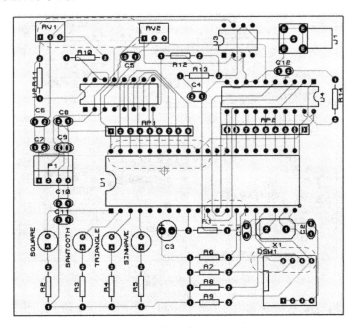

图 15-38　修改①类布线错误

（2）修改②类布线错误，如图 15-39 所示。

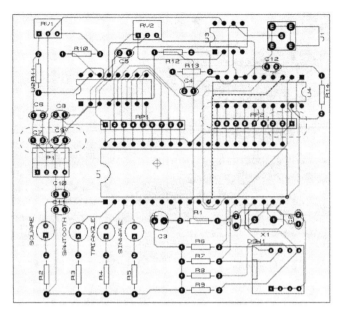

图 15-39　修改②类布线错误

　　修改这类布线时，要重新修改周围的布线，从而达到完整布线的效果。至此 PCB 已经不再报错。

　　4）完善 PCB 布线　根据布线最短原则及布线之间不能成锐角或直角来完善 PCB 布线。完善布线后的 PCB 如图 15-40 所示。

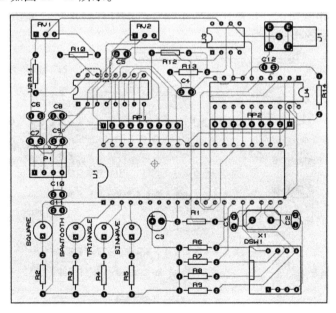

图 15-40　完善布线后的 PCB

　　完成布线后，执行菜单命令 Edit→Tidy Layout，如图 15-41 所示，出现如图 15-42 所示的提示框，单击"OK"按钮，完成清理区外元件。

　　然后使用 3D 效果观察器件，单击工具栏上的 图标，弹出 3D 效果图，如图 15-43 所示。

图 15-41　执行菜单命令 Edit→Tidy Layout

图 15-42　提示框

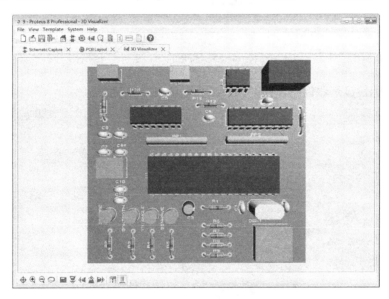

图 15-43　3D 效果图

另外，利用三维显示页面左下角的 3D 视图工具，可以对视图进行缩放和改变视图的角度等操作，如图 15-44 所示。

图 15-44　3D 视图工具

☺ ⊕ (Navigate)：导航键；

☺ ⊕ (Zoom in)：放大；

☺ ⊖ (Zoom out)：缩小；

☺ ⌒ (Flip the board)：翻转板子；

☺ ▭ (Top view)：俯视图；

☺ ▽ (Front view)：正视图；

☺ ◁ (Left view)：左视图；

☺ ⌂ (Back view)：后视图；

☺ ▷ (Right view)：右视图；

☺ ⫯⫯ (Height bound)：高亮；

☺ ⌶ (Show Component)：显示器件。

下面使用这些工具查看效果图，单击 图标，显示其高亮的 3D 图，如图 15-45 所示。

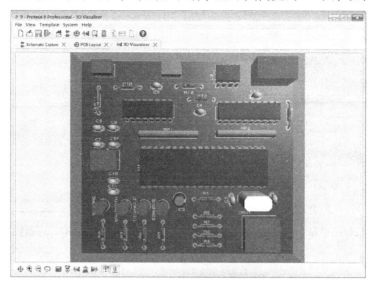

图 15-45　高亮的 3D 图

单击 图标，显示器件图，如图 15-46 所示。

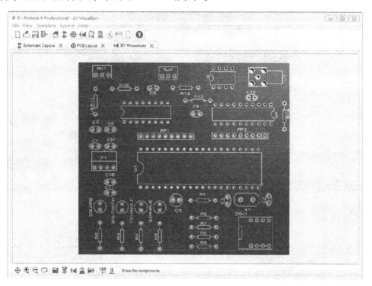

图 15-46　器件图

【新增功能】

　　PROTEUS 在 8.1 的基础上增加了 STEP/IGES 的 3D Model 视图，可以查看单个元器件的 3D Model 模型。这里我们查看 U1 的 3D Models。在完成的 PCB 上，选中 U1，单击鼠标右键，在弹出的快捷菜单中选择执行 3D Models，如图 15-47 所示，出现如图 15-48 所示的 3D Models 对话框。

　　此时为 3D Mechanical Model→M-CAD File 界面，在这里可以输出 STEP 或 IGES 的机械文件。

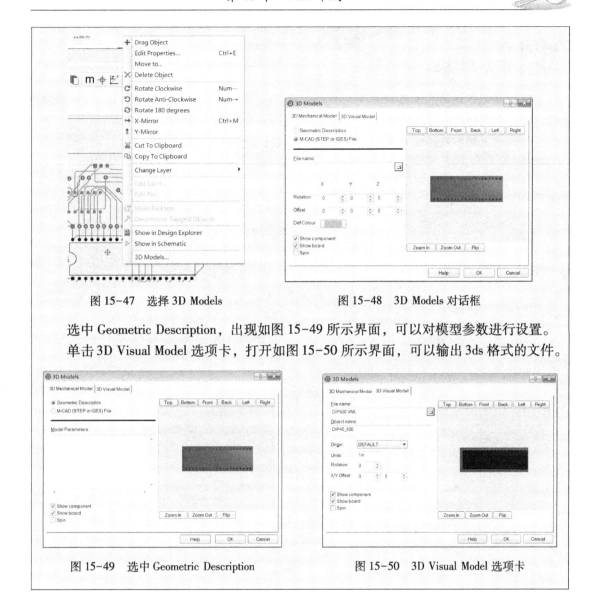

图 15-47　选择 3D Models　　　　图 15-48　3D Models 对话框

选中 Geometric Description，出现如图 15-49 所示界面，可以对模型参数进行设置。
单击 3D Visual Model 选项卡，打开如图 15-50 所示界面，可以输出 3ds 格式的文件。

图 15-49　选中 Geometric Description　　　　图 15-50　3D Visual Model 选项卡

15.4　本章小结

在 PCB 设计中，布线是完成产品设计的重要步骤，可以说前面的准备工作都是为它而做的。在整个 PCB 设计中，布线的设计过程要求最高、技巧最细、工作量最大。PCB 布线可使用系统提供的自动布线、手动布线及交互布线三种方式。虽然系统给设计者提供了一个操作方便、布通率很高的自动布线功能，但在实际设计中，仍然会有不合理的地方，这时就需要设计者手动调整 PCB 上的布线，以获得最佳的设计效果。

本章围绕 PCB 布线介绍了布线的基本原则、布线前的相关设置，并结合实例介绍了如何手动布线、自动布线及交互式布线。本章的亮点就在于指出了布线中出现的几种常见布线错误，并给出了详细的解决方法。其中交互式布线方法最快捷，出现的布线错误较少。

思考与练习

（1）简述布线的基本原则。

（2）常见的布线方式有哪些？

（3）常见的布线错误有哪些？应该怎样处理这些布线错误？

第16章 PCB后续处理及光绘文件生成

16.1 铺铜

为了提高PCB的抗干扰性，通常需要对性能要求较高的PCB进行覆铜处理。所谓铺铜，就是将PCB上闲置的空间作为基准面，然后用固体铜填充，这些区域又称为灌铜。铺铜的意义有以下4点。

☺ 对于大面积的地或电源铺铜，会起到屏蔽作用；对某些特殊地，如PGND，可起到防护作用。

☺ 铺铜是PCB的工艺要求。一般为了保证电镀效果，或者层压不变形，对于布线较少的PCB板层进行铺铜。

☺ 铺铜是信号完整性的要求。它可给高频数字信号一个完整的回流路径，并减少直流网络的布线。

☺ 散热及特殊器件安装也要求铺铜。

以第15章的电路板为例，讲述铺铜处理，其顶层和底层的铺铜均与GND相连。

16.1.1 底层铺铜

在ARES菜单栏中执行菜单命令Tools→Power Plane Generator，弹出Power Plane Generator对话框，如图16-1所示。其中，Net表示铺铜的网络，Layer表示为哪一层进行铺铜，Boundary表示铺铜边界的宽度，Edge clearance表示与板子边缘的间距。设置：

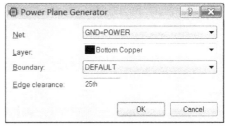

☺ Net：GND = POWER，选择铺铜网络为GND；

☺ Layer：Bottom Copper，选择铺铜层面为底层；

图16-1 Power Plane Generator 对话框

☺ Boundary：DEFAULT，使用默认的边界；

☺ Edge clearance：25th，铜皮距板边框的距离为25th。

设置完成后，单击"OK"按钮，开始铺设底层铜皮，如图16-2所示。

> 📖 **注意**
>
> 所有与网络GND相连的引脚或过孔都会以热风焊盘的形式与铜皮相连，如图16-3所示。

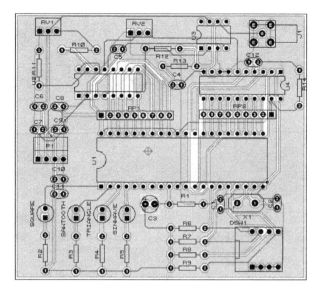

图 16-2　铺设底层铜皮

图 16-3　热风焊盘

16.1.2　顶层铺铜

按照同样的方法可以在顶层（Top Copper）进行铺铜，打开 Power Plane Generator 对话框，将 Layer 设置为顶层，如图 16-4 所示。

单击"OK"按钮，铺设顶层铜皮，如图 16-5 所示。

图 16-4　将 Layer 设置为顶层

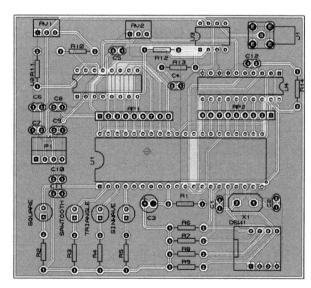

图 16-5　铺设顶层铜皮

此外，也可以使用 ARES 中左侧工具 来完成铺铜。具体操作如下：

（1）单击 ，在列表框中选择铺铜边界的宽度，将当前层切换到底层，这时光标变成笔头。

（2）在 PCB 上拖出需要铺铜的区域，弹出如图 16-6 所示的 Edit Zone（编辑区域）对话框，按照之前的方法进行设置。

☺ Net：铺铜网络；

☺ Layer/Colour：铺铜所在层及颜色；

☺ Boundary：铺铜边线类型；

☺ Relief：热焊盘类型；

☺ Type：铺铜类型，有实心、轮廓线、网格线、空和共存型；

☺ Clearance：铺铜与其他铜箔间距；

☺ Relieve Pins：引脚散热；

☺ Exclude Tracking：排除导线；

☺ Route to this Zone：布线到本区域。

（3）单击"OK"按钮，完成底层（Bottom Copper）的铺铜，如图 16-7 所示为底层局部铺铜。

（4）同样可对顶层（Top Copper）进行铺铜，不同的是，当前层需切换为 Top Copper。

图 16-6　Edit Zone 对话框

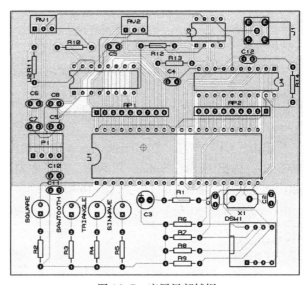

图 16-7　底层局部铺铜

16.2　输出光绘文件

Gerber 格式是线路板行业软件描述线路板（线路层、阻焊层、字符层等）图像及钻、铣数据的文档格式集合。它是线路板行业图像转换的标准格式。不管设计软件如何强大，都必须最终创建 Gerber 格式的光绘文件才能光绘胶片。Gerber 文件是一种国际标准的光绘格式文件，PROTEUS 8.5 以前的版本包含 RS-274-D 和 RS-274-X 两种格式。其中 RS-274-D 称为基本 Gerber 格式，并要同时附带 D 码文件才能完整描述一张图形；RS-274-X 称为扩展 Gerber 格式，它本身包含有 D 码信息。常用的 CAD 软件都能生成此两种格式的文件。

PROTEUS ARES 具有多种输出方式，这里主要介绍一下 CADCAM 输出。PROTEUS 8.5 在原有的 RS-274-D 和 RS-274-X 输出格式基础上增加了 Gerber X2 的输出格式，去除了 RS-274-D 格式，它可以保存为 PDF 格式。下面将具体介绍 RS-274-X 和 Gerber X2 两种输出格式。

16.2.1　输出光绘文件为 RS-274-X 形式

在 PROTEUS ARES 的菜单栏中执行菜单命令 Output→Gerber/Excellon Files，打开 CAD CAM（Gerber and Excellon）Output 对话框，按照图 16-8 所示进行设置。

图 16-8　CAD CAM（Gerber and Excellon）Output 对话框

选择 Run Gerber Viewer When Done，单击"OK"按钮，生成光绘文件，并弹出 Gerber View 对话框，如图 16-9 所示。

单击"OK"按钮，在 Gerber Viewer 的菜单栏中执行菜单命令 View→Edit layer colours/visibility，弹出 Display Settings 对话框，在其中勾选不同的层，如图 16-10 所示，可以得到相应的光绘层，如图 16-11～图 16-16 所示。

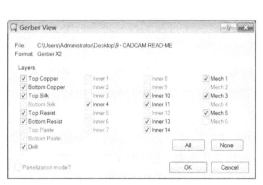

图 16-9　Gerber View 对话框　　　　　　　　图 16-10　Display Settings 对话框

在完成光绘文件的生成后，如果发现布局或布线有不合适的地方，还可以通过过滤器返回任一界面进行重新布局或布线，下面对具体操作进行详细讲解。

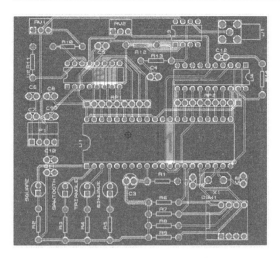

图 16-11　顶层铜（Top Copper）

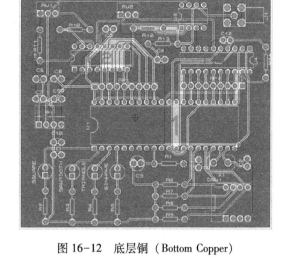

图 16-12　底层铜（Bottom Copper）

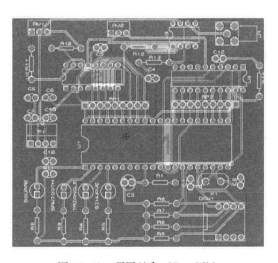

图 16-13　顶层丝印（Top Silk）

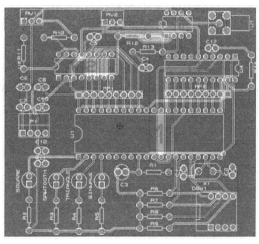

图 16-14　顶层阻焊层（Top Resist）

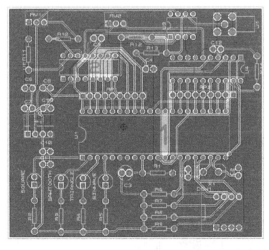

图 16-15　底层阻焊层（Bottom Resist）

图 16-16　钻孔层（Drill）

1）滤去铜皮层 执行菜单命令 System→Set Selection Filter，出现如图 16-17（a）所示界面。这里可以选择需要删去的东西。单击第一个下拉菜单，出现如图 16-17（b）所示界面。

（a）

（b）

图 16-17 Selection Filter Configuter 编辑界面

下面介绍该编辑环境：

☺ Selection & Editing Mode（选择或编辑模型）：

  ☞ Component Placement Mode：器件摆放模型；

  ☞ Route Placement Mode：线路摆放模型；

  ☞ Zone Placement Mode：区域摆放模型；

  ☞ Pad Placement Mode：焊盘摆放模型；

  ☞ Graphics Placement Mode：图形摆放模型；

  ☞ Ratsnest Editing Mode：飞线编辑模型。

☺ Default Filter State（默认滤去的数据）：

  ☞ Components：元器件；

  ☞ Graphic Objects：图形；

  ☞ Components Pins：元器件引脚；

  ☞ Tracks：轨迹；

  ☞ Vias：过孔；

  ☞ Zones/Power Planes：区域或铜皮层；

  ☞ Ratsnest Connections：连接起来的飞线。

图 16-18 选择滤去 Zones/Power Planes

在对话框中勾选 Zones/Power Planes，如图 16-18 所示。

选中整个 PCB，如图 16-19 所示。然后单击键盘上的 Delete 键，删除铜皮后的 PCB 如图 16-20 所示。

2）滤去布线 执行菜单命令 System→Set Selection Filter，出现如图 16-21 所示界面。按图所示进行设置，同样选中整个 PCB，如图 16-22 所示，单击键盘上的 Delete 键，将滤去所有布线，如图 16-23 所示。

3）选择性滤去元器件 执行菜单命令 System→Set Selection Filter，出现如图 16-24 所示界面。按图所示进行设置，同样选中需要滤去的元器件，如图 16-25 所示，单击键盘上的 Delete 键，将滤去该器件，如图 16-26 所示。

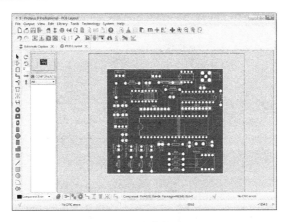

图 16-19　选中整个 PCB

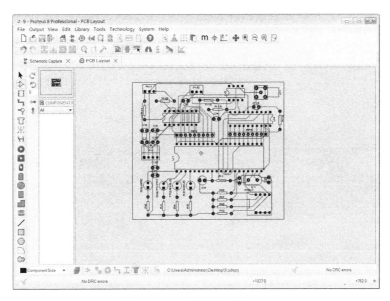

图 16-20　删除铜皮后的 PCB

图 16-21　选择滤去 Tracks

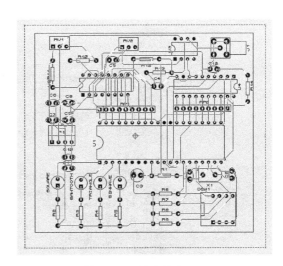

图 16-22　选中整个 PCB

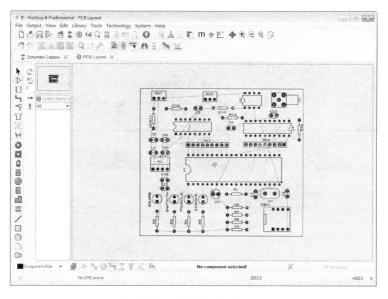

图 16-23　滤去布线的 PCB

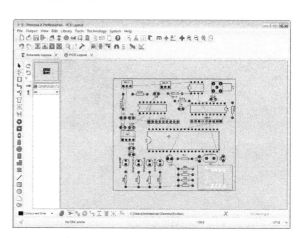

图 16-24　选择滤去 Components　　　　　图 16-25　选中滤去的器件

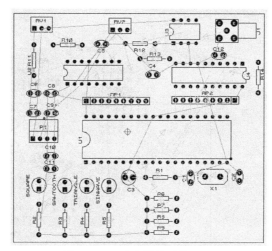

图 16-26　滤去器件后的 PCB

16.2.2 输出光绘文件为 Gerber X2 形式

在 PROTEUS ARES 的菜单栏中执行菜单命令 Output→Gerber/Excellon Files，打开 CAD CAM（Gerber and Excellon）Output 对话框，按照图 16-27 所示进行设置。

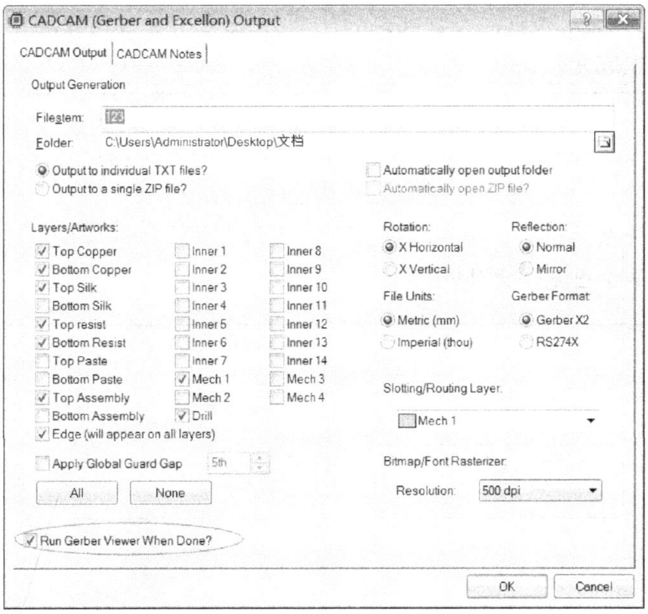

图 16-27 CADCAM（Gerber and Excellon）Output 对话框

选择 Run Gerber Viewer When Done，单击"OK"按钮，生成光绘文件，并弹出 Gerber View 对话框，如图 16-28 所示。

单击"OK"按钮，在 Gerber Viewer 的菜单栏中执行菜单命令 View→Edit layer colours/ visibility，勾选不同的层，可以得到相应的光绘层，与上面图 16-11~图 16-16 所示相同。只是生成的光绘格式不同。

然后执行菜单命令 Output→Export Graphics→Export Adobe PDF File，就可以将各层生成的文件保存为 PDF 格式，如图 16-29 所示。

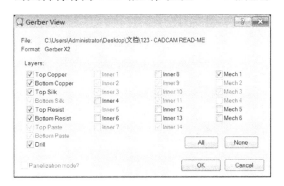

图 16-28 Gerber View 对话框

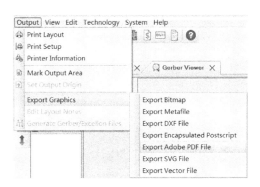

图 16-29 执行菜单命令 Output→Export Graphics→ Export Adobe PDF File

16.3　本章小结

在 PCB 布局、布线完成后，还有铺铜、生成光绘文件等后续处理，本章重点介绍了如何铺铜，以及如何生成光绘文件。

 思考与练习

（1）PCB 为什么要铺铜？铺铜有什么意义？

（2）为什么要输出光绘文件？

参 考 文 献

［1］Labcenter 公司 . PROTEUS ISIS 用户手册，2016.

［2］周润景，张丽娜 . 基于 PROTEUS 的电路及单片机系统设计与仿真［M］. 北京：北京航空航天大学出版社，2006.

［3］周润景，袁伟亭，景晓松 . PROTEUS 在 MCS-51&ARM7 系统中的应用百例 . 北京：电子工业出版社，2006.

［4］周润景，张丽娜，丁莉 . 基于 PROTEUS 的电路及单片机系统设计与仿真（第 2 版）［M］. 北京：北京航空航天大学出版社，2009.

［5］周润景，蔡雨恬 . PROTEUS 入门实用教程（第 2 版）［M］. 北京：机械工业出版社，2011.

［6］康华光，邹寿彬，秦臻 . 电子技术基础数电部分（第五版）［M］. 北京：高等教育出版社，2006.

［7］胡建波 . 微机原理与接口技术实验——基于 Proteus 仿真［M］. 北京：机械工业出版社，2011.

［8］冯博琴，吴宁 . 微型计算机原理与接口技术［M］. 北京：清华大学出版社，2011.

［9］顾晖 . 微机原理与接口技术——基于 8086 和 Proteus 仿真［M］. 北京：电子工业出版社，2011.

［10］唐思超 . 嵌入式系统软件设计实战［M］. 北京：北京航空航天大学出版社，2010.

［11］周灵彬，任开杰 . 基于 Proteus 的电路与 PCB 设计［M］. 北京：电子工业出版社，2010.

［12］周润景，李志，张大山 . Altium Designer 原理图与 PCB 设计（第 3 版）［M］. 北京：电子工业出版社，2015.

［13］周润景，赵建凯，任冠中 . PADS 高速电路板设计与仿真［M］. 北京：电子工业出版社，2011.

反侵权盗版声明

　　电子工业出版社依法对本作品享有专有出版权。任何未经权利人书面许可，复制、销售或通过信息网络传播本作品的行为；歪曲、篡改、剽窃本作品的行为，均违反《中华人民共和国著作权法》，其行为人应承担相应的民事责任和行政责任，构成犯罪的，将被依法追究刑事责任。

　　为了维护市场秩序，保护权利人的合法权益，本社将依法查处和打击侵权盗版的单位和个人。欢迎社会各界人士积极举报侵权盗版行为，本社将奖励举报有功人员，并保证举报人的信息不被泄露。

举报电话：(010) 88254396；(010) 88258888

传　　真：(010) 88254397

E-mail： dbqq@phei.com.cn

通信地址：北京市海淀区万寿路173信箱

　　　　　电子工业出版社总编办公室

邮　　编：100036